职业教育理实一体化规划教材

电气控制技术与技能训练

沈柏民　主　编
程　周　主　审

電子工業出版社
Publishing House of Electronics Industry
北京·BEIJING

内 容 提 要

本书共分两个部分，上篇为电动机基本控制线路，主要介绍了电动机基本控制线路中常用的低压开关、熔断器、主令电器、接触器、继电器等低压电器识别与检修；点动控制线路、正转控制线路、正反转控制线路、位置控制线路、降压启动控制线路、制动控制线路、调速控制线路等常用基本控制线路的工作原理和安装与检修；下篇为常用生产机械电气控制线路，主要介绍车床、钻床、磨床、铣床、镗床、桥式起重机等电气设备的电气控制线路的工作原理与检修方法。本书还配有电子教学参考资料包（包括教学指南、电子教案、习题答案）。

本书是一本理实一体化教材，其内容面向实际，与职业岗位“接轨”，将电气控制技术与实用技能训练相结合。

本书可作为职业院校相关专业教学用书，也可作为维修电工职业技能培训与技能鉴定辅导用书。

图书在版编目（CIP）数据

电气控制技术与技能训练/沈柏民主编. —北京：电子工业出版社，2013. 3
职业教育理实一体化规划教材
ISBN 978-7-121-18717-9

Ⅰ. ①电…　Ⅱ. ①沈…　Ⅲ. ①电气控制－中等专业学校－教材　Ⅳ. ①TM921. 5

中国版本图书馆 CIP 数据核字（2012）第 244286 号

策划编辑：靳　平
责任编辑：王凌燕
印　　刷：北京虎彩文化传播有限公司
装　　订：北京虎彩文化传播有限公司
出版发行：电子工业出版社
　　　　　北京市海淀区万寿路 173 信箱　邮编　100036
开　　本：787×1 092　1/16　印张：19. 5　字数：499. 2 千字
版　　次：2013 年 3 月第 1 版
印　　次：2025 年 1 月第11次印刷
定　　价：36. 90 元

凡所购买电子工业出版社的图书，如有缺损问题，请向购买书店调换。若书店售缺，请与本社发行部联系，联系及邮购电话：（010）88254888，88258888。

质量投诉请发邮件至 zlts@ phei. com. cn，盗版侵权举报请发邮件至 dbqq@ phei. com. cn。

本书咨询联系方式：（010）88254592，bain@ phei. com. cn。

出 版 说 明

为进一步贯彻教育部《国家中长期教育改革和发展规划纲要（2010—2020）》的重要精神，确保职业教育教学改革顺利进行，全面提高教育教学质量，保证精品教材走进课堂，我们遵循职业教育的发展规律，本着“着力推进教育与产业、学校与企业、专业设置与职业岗位、课程教材与职业标准、教学过程与生产过程的深度对接”的出版理念，经过课程改革专家、行业企业专家、教研部门专家和教学一线骨干教师共同努力，开发了这套职业教育示范性规划教材。

本套教材采用理论与实践一体化的编写模式，突破以往理论与实践相脱节的现象，全程构建素质和技能培养框架，且具有如下鲜明的特色：

（1）理论与实践紧密结合

本系列教材将基本理论的学习、操作技能的训练与生产实际相结合，注重在实践操作中加深对基本理论的理解，在技能训练过程中加深对专业知识、技能的应用。

（2）面向职业岗位，兼顾技能鉴定

本系列教材以就业为导向，其内容面向实际、面向岗位，并紧密结合职业资格证书中的技能要求，培养学生的综合职业能力。

（3）遵循认知规律，知识贴近实际

本系列充分考虑了专业技能要求和知识体系，从生活、生产实际引入相关知识，由浅入深、循序渐进地编排学习内容。

（4）形式生动，易于接受

充分利用实物照片、示意图、表格等代替枯燥的文字叙述，力求内容表达生动活泼、浅显易懂。丰富的栏目设计可加强理论知识与实际生活生产的联系，提高了学生学习的兴趣。

（5）强大的编写队伍

行业专家、职业教育专家、一线骨干教师，特别是“双师型”教师加入编写队伍，为教材的研发、编写奠定了坚实的基础，使本系列教材符合职业教育的培养目标和特点，具有很高的权威性。

（6）配套丰富的数字化资源

为方便教学过程，根据每门课程的内容特点，对教材配备相应的电子教学课件、习题答案与指导、教学素材资源、教学网站支持等立体化教学资源。

职业教育肩负着服务社会经济和促进学生全面发展的重任。职业教育改革与发展的过程，也是课程不断改革与发展的历程。每一次课程改革都推动着职业教育的进一步发展，从而使职业教育培养的人才规格更适应和贴近社会需求。相信本系列教材的出版对于职业教育教学改革与发展会起到积极的推动作用，也欢迎各位职教专家和老师对我们的教材提出宝贵的建议，联系邮箱：jinping@ phei. com. cn。

电子工业出版社

前　言

本教材是根据教育部颁发的相关专业教学指导方案以及国家人力资源和社会保障部颁发的相关工种国家职业标准和职业技能鉴定规范编写的。

职业教育要以就业为导向，其质量主要体现在学生对专业技能、技巧掌握的熟练程度。因此，专业课教学中的实践操作技能教学是职业技术教育不可或缺的一种教学形式。加强学生操作技能训练，在动手实践中锻炼过硬的本领，是提高职业教育水平的关键。

本书是一本“理、实”一体的教材，其内容面向实际，面向岗位，与职业岗位“接轨”，将电气控制技术与实际工作岗位中的实用技能训练相结合，在突出培养学生分析问题、解决问题和实践操作技能的同时，注重培养学生的综合素质和职业能力，以适应行业发展带来的职业岗位变化，突现职业教育的特色和本色，为学生的可持续发展奠定基础。

本书各个课题有机地融入了工作岗位中的规程、规范，优化和精简了理论教学内容，对复杂的计算推导进行了简化，主要介绍了电动机基本控制线路中常用的低压开关、熔断器、主令电器、接触器、继电器等低压电器识别与检修；点动控制线路、正转控制线路、正反转控制线路、位置控制线路、降压启动控制线路、制动控制线路、调速控制线路等常用基本控制线路的工作原理和安装与检修；车床、钻床、磨床、铣床、镗床、桥式起重机等电气设备的电气控制线路的工作原理与检修方法。为方便学习理论、掌握操作技能，每个课题安排了“技能训练”和“思考与练习”，以提高学生的实践操作技能，为今后从事生产实际工作奠定基础。

本书由沈柏民主编，参与编写的还有吴国良、万亮斌、霍永红、朱峰峰、陆晓燕、童立立等。本书由程周教授担任主审，提出了许多宝贵意见。本书编写过程中得到了杭州钢铁集团公司、杭州地铁集团有限公司等相关单位领导和技术人员的大力支持和帮助，在此一并致以诚挚的谢意。

为了方便教师教学，本书还配有电子教学参考资料包（包括教学指南、电子教案、习题答案），请有此需要的教师登录华信教育资源网（http：//www. hxedu. com. cn）下载。

由于编者水平有限，书中难免存在错误和不妥之处，敬请批评指正。

编　　者

目　　录

上篇　电动机基本控制线路

下篇　常用生产机械电气控制线路

电动机基本控制线路

单元提要	本篇主要介绍有触头的低压开关、接触器、继电器、按钮、位置开关等低压电器元件及由它们组成的电动机基本控制线路。掌握电动机基本控制线路的工作原理及安装与检修是检修工厂电气控制设备的基础。对电动机基本控制线路中所涉及的常用低压电器元件，应掌握其型号及含义、结构、符号、工作原理、选用方法、安装与使用方法和常见故障及处理方法；对常见的电动机基本控制线路应熟记、会画图、会分析、会安装、会检修。更重要的是要掌握这些基本控制线路的特点和在电气控制设备中的运用，找出本质的规律，也就是：继电器和接触器线圈的通、断电造成它们触头闭合与断开，用这些触头又如何去控制另一些电器元件线路或电动机主电路的通、断电，从而实现对电动机的启动、停止、反向、制动和调速等方式的控制；对电动机基本控制线路的安装与检修，应熟悉绘制、识读控制线路的一般原则，能根据工厂电气控制设备的控制要求正确绘制控制线路图，按所设计的控制线路图确定主要材料单，按所给的材料和电气安装规范要求，正确利用工具和仪表熟练安装电器元件，正确配线，最后进行通电试验，并能排除控制线路中的常见故障。 工厂电气控制设备中无论多复杂的控制线路，极大部分都是这些低压电器元件常开、常闭触头的有机组合，都是几种电动机基本控制线路、环节的有机组合。常见的电动机控制线路主要有：点动控制线路、正转控制线路、正反转控制线路、位置控制线路、多地控制线路、降压启动控制线路、调速控制线路及制动控制线路等。
知识目标	● 理解常用低压电器的型号及含义。 ● 了解常用低压电器的结构。 ● 掌握常用低压电器的符号及工作原理。 ● 熟悉绘制、识读电气控制线路图的一般原则。 ● 掌握电动机基本控制线路及其工作原理。
技能目标	● 能参照低压电器技术参数和工厂电气控制设备要求选用低压电器。 ● 会正确安装和使用常用低压电器。 ● 能对低压电器的常见故障进行处理。 ● 能正确、熟练分析电动机基本控制线路。 ● 能正确、熟练地安装电动机基本控制线路。 ● 能分析与排除电动机基本控制线路的常见故障。

课题 1
砂轮机控制线路的安装与检修

知识目标

□ 了解低压电器的分类、产品标准和型号组成。
□ 了解常用低压开关、熔断器的型号、结构、符号。
□ 掌握常用低压开关、熔断器的工作原理及其在电气控制设备中的典型应用。

技能目标

□ 能参照低压电器技术参数和砂轮机控制要求选用常见低压开关、熔断器。
□ 会正确安装和使用常见低压开关、熔断器，能对其常见故障进行处理。
□ 能分析砂轮机控制线路的工作原理、特点及其在电气控制设备中的典型应用。
□ 能根据要求安装与检修砂轮机控制线路。
□ 能够完成工作记录、技术文件存档与评价反馈。

知识准备

所谓电器，是根据外界特定的信号或要求，能自动或手动接通和断开电路，断续或连续地改变电路参数，实现对电量或非电量的切换、控制、保护、检测和调节等功能的电气设备。

根据电器工作电压的高低，电器可分为高压电器和低压电器。工作在交流 50Hz（或 60Hz）、额定电压 1 200V 及以下、直流额定电压 1 500V 及以下的电路中起通断、保护、控制或调节作用的电器称为低压电器。

1. 低压电器的分类

低压电器在电力输配电系统和电力拖动系统中应用极为广泛。常用低压电器的分类及用途如表 1-1 所示。

表 1-1 常用低压电器的分类及用途

序号	分类方法	名称	用途	主要品种举例
1	按用途和所控制对象分	低压配电电器	主要用于低压配电系统及动力设备中，对电气线路及动力设备进行保护和通断、转换电源或负载	刀开关（开启式负荷开关、封闭式负荷开关）
				转换开关（组合开关、倒顺开关）
				断路器（框架式、塑料外壳式、限流式、漏电保护断路器）
				熔断器（有填料熔断器、无填料熔断器、自复熔断器）

续表

序号	分类方法	名　称	用　途	主要品种举例
1	按用途和所控制对象分	低压控制电器	主要用于电力拖动与自动控制系统中，进行控制、检测和保护	接触器（交流接触器、直流接触器）
				控制继电器（电流继电器、电压继电器、时间继电器、中间继电器、热继电器）
				启动器（磁力启动器 、减压启动器）
				主令电器（按钮、位置开关）
				控制器（凸轮控制器、平面控制器）
2	按动作方式分	自动切换电器	依靠电器本身参数的变化或外来信号的作用，自动完成接通或分断等动作	接触器、控制继电器等
		非自动切换电器	依靠外力（如手控）直接操作来进行切换	按钮、刀开关等
3	按执行机构分	有触点电器	具有可分离的动、静触点，利用触点的接触和分离来实现电路的通断控制	接触器、控制继电器、刀开关、主令电器等
		无触点电器	没有可分离的触点，主要利用半导体器件的开关效应来实现电路的通断控制	接近开关、固态继电器等
4	按工作环境分	一般用途电器	一般环境和工作条件下使用	在正常环境下使用的接触器、控制继电器等
		特殊用途电器	特殊环境和工作条件下使用	防腐、防尘类低压电器，防爆类低压电器，高海拔类低压电器等

2. 低压电器的产器标准

低压电器的产品标准的内容主要包括产品的用途、适用范围、环境条件、技术性能要求、试验项目和方法、包装运输的要求等，是厂家和用户制造与验收的依据。

低压电器标准按内容性质可分为基础标准、专业标准和产品标准三大类。按批准的级别则分为国家标准（GB）、专业（部）标准（JB）和局批企业标准（JB/DQ）三级。因与国际接轨的需要，常用国际通用标准为IEC欧洲标准。

3. 低压电器的常用术语

低压电器的常用术语如表1–2所示。

表1–2　低压电器的常用术语

常用术语	常用术语的含义
通断时间	从电流开始在开关电器一个极流过的瞬间起，到所有极的电弧最终熄灭瞬间为止的时间间隔
燃弧时间	电器在分断过程中，从触点断开（或熔体熔断）出现电弧的瞬间开始到电弧完全熄灭为止的时间间隔

续表

常用术语	常用术语的含义
分断能力	开关电器在规定条件下，能在给定的电压下分断的预期电流值
接通能力	开关电器在规定条件下，能在给定的电压下接通的预期电流值
通断能力	开关电器在规定条件下，能在给定的电压下接通和分断的预期电流值
短路接通能力	在规定的条件下，包括开关电器的出线端短路在内的接通能力
短路分断能力	在规定的条件下，包括开关电器的出线端短路在内的分断能力
操作频率	开关电器在每小时内可能实现的最高循环操作次数
通电持续率	开关电器的有载时间和工作周期之比，常用百分数表示
电寿命	在规定的正常工作条件下，机械开关电器不需要修理或更换的负载操作循环次数

指点迷津：低压电器的技术要求与生产

在电力系统中所用的低压配电电器的技术要求是：灭弧能力强、分断能力好、热稳定性好、限流准确等。

在电力拖动及自动控制系统中所用的低压电器的技术要求是：动作可靠、操作频率高、寿命长（电寿命和机械寿命），并具有一定的过载能力。

为保证不同产地、不同企业生产的低压电器产品规格、性能和质量一致，通用和互换性好，低压电器的设计和制造必须严格遵守国家的有关标准，特别是基本系列的各类开关电器必须执行三化（标准化、系列化、通用化）、四统一（型号规格、技术条件、外形及安装尺寸、易损零部件统一）的原则。在选用低压电器元件时，要特别注意检查其结构是否符合标准，防止给低压电器在运行和维护工作中留下隐患和麻烦。

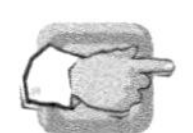

任务1 低压开关的识别与检测

低压开关主要起隔离、转换及接通和分断电路的作用，多数用做电气控制设备的电源开关和局部照明电路的控制开关，有时也可用来直接控制小容量电动机的启动、停止和正、反转。

低压开关一般是非自动切换类电器，主要有低压刀开关、组合开关、低压断路器等。

一、低压刀开关

在工厂电气控制设备中常用的低压刀开关是由刀开关和熔断器组合而成的负荷开关。分开启式负荷开关和封闭式负荷开关两种。

（一）开启式负荷开关

1. 开启式负荷开关的功能

图1–1所示为工厂电气控制设备中常用的HK系列开启式负荷开关，又称瓷底胶盖刀开

关、闸刀开关，简称刀开关。它具有结构简单、价格便宜、手动操作的特点，主要有以下两方面作用：

（1）适用于交流频率50Hz、额定电压单相220V或三相380V、额定电流10～100A的照明、电热设备及小容量电动机等不需要频繁接通和分断电路的控制，并能起到短路保护的作用。

（2）用于将电路与电源隔离，作为线路或设备的电源开关。

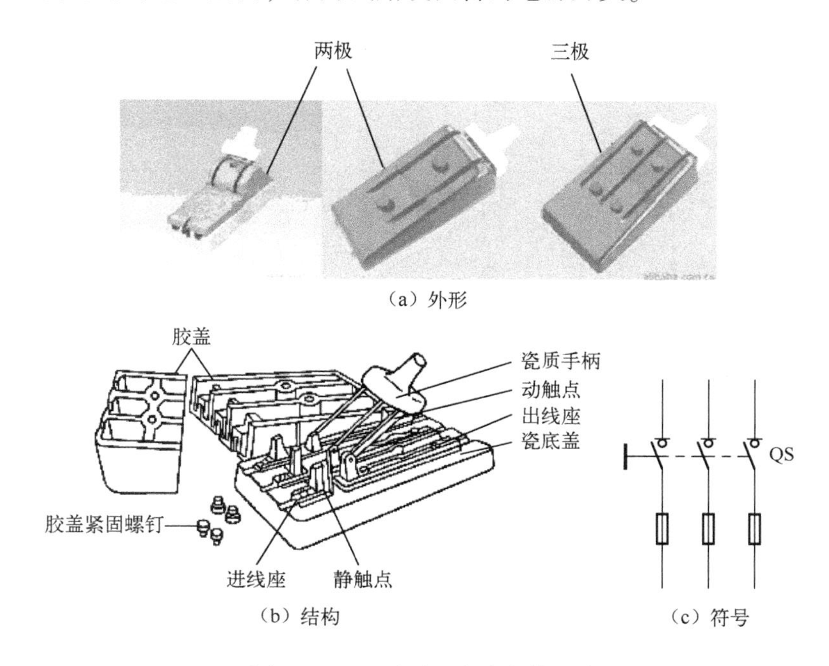

图 1-1　HK 系列开启式负荷开关

2. 开启式负荷开关的结构与型号

HK 系列开启式负荷开关的结构与符号如图 1-1（b）、（c）所示。它由刀开关和熔断器组合而成，其刀开关的瓷底座上装有进线座、静触头、熔体、出线座和带瓷质手柄的刀式动触头，上面盖有胶盖，以防止操作时人体触及带电体或开关分断时产生的电弧飞出伤人。

开启式负荷开关的型号及含义如下：

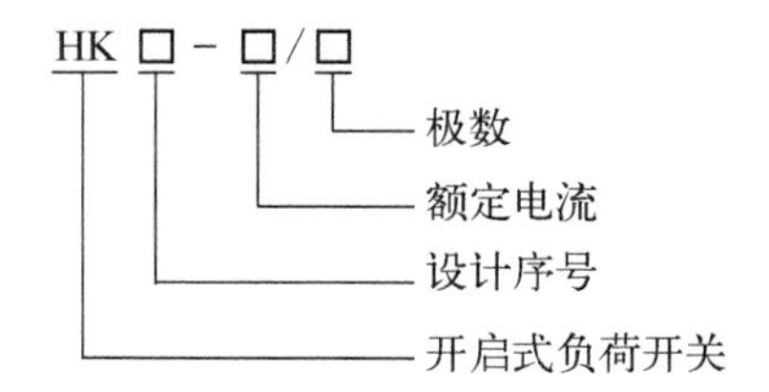

3. 开启式负荷开关的技术参数

常用的开启式负荷开关有 HK1～HK4 系列。以 HK1 系列开启式负荷开关为例，其基本技术参数如表 1-3 所示。

表 1-3 HK1 系列开启式负荷开关基本技术参数

型号	极数	额定电流（A）	额定电压（V）	可控制电动机最大容量（kW）		熔丝线径（mm）
				220V	380V	
HK1-15	2	15	220	—	—	1.45~1.59
30	2	30	220	—	—	2.30~2.52
60	2	60	220	—	—	3.36~4.00
HK1-15	3	15	380	1.5	2.2	1.45~1.59
30	3	30	380	3.0	4.0	2.30~2.52
60	3	60	380	4.5	5.5	3.36~4.00
HK2-15	3	15	380	1.1	2.2	0.45
30	3	30	380	1.5	4.0	0.71
60	3	60	380	3.0	5.5	1.12

4. 开启式负荷开关的选用

HK 系列开启式负荷开关用于一般照明电路和功率小于5.5kW 的三相交流异步电动机控制线路中。由于这种开关没有专门的灭弧装置，其刀式动触头和静夹座易被电弧灼伤而引起接触不良，因此不宜用于操作频繁的电路。

开启式负荷开关选用时，除应满足开启式负荷开关的工作条件和安装条件外，其主要技术参数的选用方法如下：

（1）用于照明和电热负载时，可选用额定电压为220V 或250V，额定电流不小于电路所有负载额定电流之和的两极开关。

（2）用于直接控制电动机的启动和停止时，可选用额定电压380V 或500V，额定电流不小于电动机额定电流3 倍的三极开关。

5. 开启式负荷开关的安装与使用

开启式负荷开关的正常工作条件及安装条件如下：

（1）安装地点的海拔不超过2 000m。

（2）周围空气温度不超过+40℃及不低于-30℃。

（3）最高温度为+40℃时，空气的相对湿度不超过50%；在较低的温度下可以允许有较高的相对湿度，如20℃时达90%；对由于温度变化偶尔产生的凝露应采取特殊的措施。

（4）在无爆炸危险的介质中，且介质中无足以腐蚀金属和破坏绝缘的气体与尘埃的地方（包括导电尘埃）。

（5）无显著摇动和冲击振动的地方。

（6）有防雨雪设备的地方。

开启式负荷开关的安装与使用方法如下：

（1）必须垂直安装在控制屏或开关板上，且合闸状态时手柄应朝上。不得倒装或平装，以防操作手柄因重力掉落而发生误合闸事故，同时也有利于电弧熄灭。

（2）在控制照明或电热负载时，要装接熔丝作短路和过载保护。接线时应把电源进线接在静触头一边的进线座上，负载接在动触头一边的出线座上，这样在开关拉开后，闸刀和熔丝上不会带电。

（3）在控制三相交流异步电动机时，应将开关中熔丝部分用铜导线直接连接，并在出线端另外加装熔断器作短路保护。

（4）更换熔丝时，必须在闸刀断开的情况下按原规格更换。

（5）分闸和合闸操作要动作迅速，使电弧尽快熄灭。

（6）安装距地面的高度为 1.3 ~ 1.5m，在有行人通过的地方，应加装防护罩。

（7）在接线、拆线、更换熔丝时，应先断电。

6. 开启式负荷开关的常见故障及处理方法

开启式负荷开关的常见故障及处理方法如表 1-4 所示。

表 1-4　开启式负荷开关的常见故障及处理方法

故障现象	可能原因	处理方法
合闸后，开关一相或两相不通	（1）静触头弹性消失，开口过大，造成动、静触头接触不良 （2）熔丝熔断或虚连 （3）动、静触头氧化或有尘污 （4）开关进出线线头接触不良	（1）修理或更换静触头 （2）更换熔丝或紧固 （3）清洁触头 （4）重新连接
合闸后熔丝熔断	（1）外接负载短路 （2）熔丝规格偏小	（1）排除负载短路故障 （2）按要求更换熔丝
触头烧坏	（1）开关容量太小 （2）拉、合闸动作过慢，造成电弧过大，烧坏触头	（1）更换开关 （2）修整或更换触头，并正确操作

指点迷津：开启式负荷开关维护要点

（1）检查开启式负荷开关导电部分有无发热、动静触头有无烧损及导线（体）连接情况，遇到有以上情况时，应及时修复或更换。

（2）用万用表电阻挡检查动静触头有无接触不良；对金属外壳的开关，要检查每个接点与外壳之间的绝缘电阻是否符合要求。

（3）检查绝缘操作手柄、底座等绝缘部件有无烧伤和放电现象。

（4）检查开关操作机构各部件是否完好、动作是否灵活，分闸或合闸时，三相是否同期、准确到位。

（5）检查外壳内、底座等处有无熔丝熔断后造成的金属粉尘，否则应及时清扫干净，以免降低绝缘性能。

(二) 封闭式负荷开关

1. 封闭式负荷开关的功能

图1-2（a）所示为工厂电气控制设备中常用的HH系列封闭式负荷开关，它是在开启式负荷开关的基础上改进设计而成的，因其外壳多为铸铁或用薄钢板冲压而成，故又称为铁壳开关。它适用于交流频率50Hz、额定电压380V、额定电流至400A的电路中，用于手动不频繁地接通和分断带负载的电路及线路末端的短路保护，或控制15kW以下小容量三相交流异步电动机的直接启动和停止。

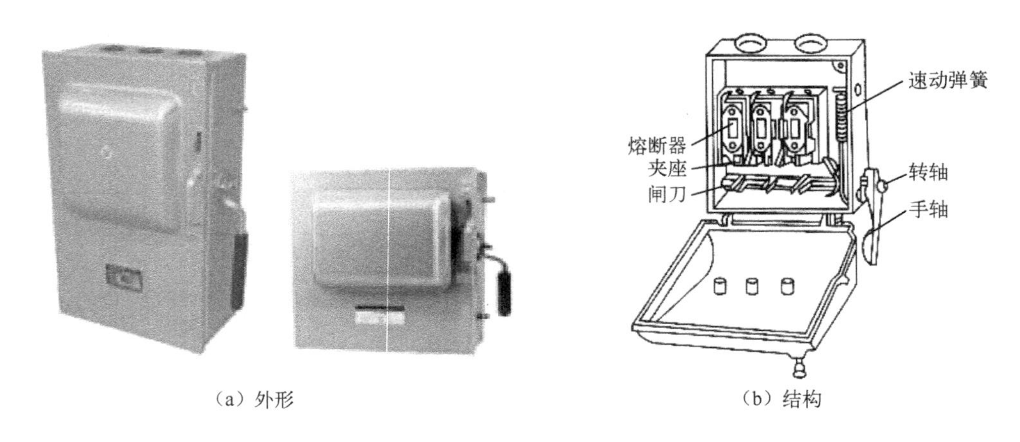

（a）外形 （b）结构

图1-2 HH系列封闭式负荷开关

2. 封闭式负荷开关的结构与型号

HH系列封闭式负荷开关的结构如图1-2（b）所示。它在结构上设计成侧面旋转操作式，主要由操作机构、熔断器、触头系统和铁壳组成。操作机构具有快速分断装置，开关的闭合和分断速度与操作者手动速度无关，从而保证了操作人员和设备的安全；触头系统全部封装在铁壳内，并带有灭弧室以保证安全；罩盖与操作机构设置了联锁装置，保证开关在合闸状态下罩盖不能开启，罩盖开启时不能合闸。另外，罩盖也可以加锁，确保操作安全。

封闭式负荷开关在电路图中的符号与开启式负荷开关相同。其型号及含义如下：

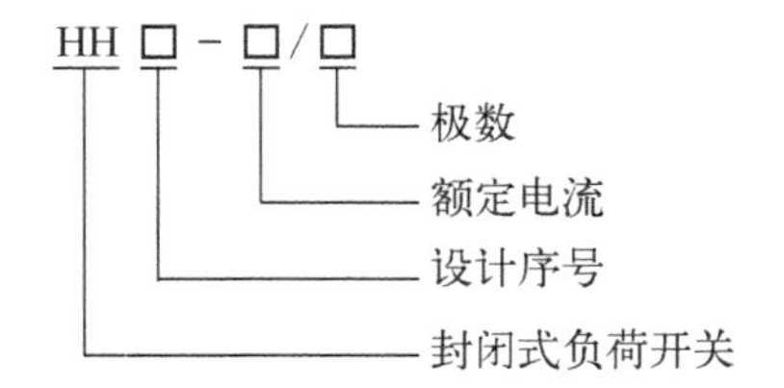

3. 封闭式负荷开关的技术参数

HH系列封闭式负荷开关基本技术参数如表1-5所示。

表1-5　HH系列封闭式负荷开关基本技术参数

<table>
<tr><th rowspan="2">型　号</th><th rowspan="2">额定电流（A）</th><th rowspan="2">额定电压（V）</th><th rowspan="2">极　数</th><th colspan="3">熔体主要参数</th></tr>
<tr><th>额定电流（A）</th><th>线径（mm）</th><th>材料</th></tr>
<tr><td rowspan="3">HH3</td><td>15</td><td rowspan="3">440</td><td rowspan="3">2，3</td><td>6
10
15</td><td>0.26
0.35
0.46</td><td rowspan="3">紫铜丝</td></tr>
<tr><td>30</td><td>20
25
30</td><td>0.65
0.71
0.81</td></tr>
<tr><td>60</td><td>40
50
60</td><td>1.02
1.22
1.32</td></tr>
<tr><td rowspan="3">HH4</td><td>15</td><td rowspan="3">440</td><td rowspan="3">2，3</td><td>6
10
15</td><td>1.08
1.25
1.98</td><td>软铅丝</td></tr>
<tr><td>30</td><td>20
25
30</td><td>0.61
0.71
0.80</td><td rowspan="2">紫铜丝</td></tr>
<tr><td>60</td><td>40
50
60</td><td>0.92
1.07
1.20</td></tr>
</table>

4. 封闭式负荷开关的选用

封闭式负荷开关选用时，除应满足封闭式负荷开关的工作条件和安装条件外，其主要技术参数选用方法如下：

（1）封闭式负荷开关的额定电压应不小于工作电路的额定电压；额定电流应等于或稍大于电路的工作电流。

（2）用于控制三相交流异步电动机工作时，考虑到电动机的启动电流较大，应使其额定电流不小于电动机额定电流的3倍。

（3）用于控制照明、电热负载时，应使其额定电流不小于所有负载额定电流之和。

5. 封闭式负荷开关的安装与使用

封闭式负荷开关的工作条件和安装条件与开启式负荷开关相同。其安装与使用方法如下：

（1）必须垂直安装在无强烈振动和冲击的场合，安装高度一般离地不低于1.3～1.5m，外壳必须接地。

（2）接线时，应将电源进线接在静夹座一边的接线端子上，负载引线接在熔断器一边的接线端子上，且进出线都必须穿过开关的进出线孔。

（3）在进行分合闸操作时，操作人员应站在开关的手柄侧，不准面对开关，以免因意外故障电流使开关爆炸，铁壳飞出伤人。

6. 封闭式负荷开关的常见故障及处理方法

封闭式负荷开关的常见故障及处理方法如表1-6所示。

表 1-6　封闭式负荷开关的常见故障及处理方法

故障现象	可能原因	处理方法
合闸后一相或两相没电	（1）底座弹性消失或开口过大 （2）熔丝熔断或接触不良 （3）底座、动触头氧化或有污垢 （4）电源进线或出线头氧化	（1）更换底座 （2）更换熔丝 （3）清洁底座或动触头 （4）检查进出线头
夹座（静触头）过热或烧坏	（1）夹座表面烧毛 （2）闸刀与夹座压力不足 （3）负载过大	（1）用细锉修整夹座 （2）调整夹座压力 （3）减轻负载或更换大容量开关
操作手柄带电	（1）外壳未接地或接地线松脱 （2）电源进出线绝缘损坏碰壳	（1）检查后，加固接地导线 （2）更换导线或恢复绝缘

二、组合开关

1. 组合开关的功能

组合开关又称为转换开关，图 1-3 所示是各种形式组合开关的外形图。组合开关具有结构紧凑、体积小、触头对数多、接线方式灵活、操作方便、使用寿命长等特点。适用于交流 50Hz、电压至 380V 以下或直流 220V 及以下的电气线路中，用于手动不频繁地接通和分断电路、换接电源和负载，或控制 5kW 以下小容量三相交流异步电动机的直接启动、停止和正、反转控制。但每小时的转接次数不能超过 15～20 次。

2. 组合开关的结构与符号

组合开关的种类很多，常用的有 HZ5、HZ10、HZ15 等系列。HZ10 系列组合开关的结构如图 1-4 所示。其触头装在绝缘垫板上，并附有接线柱用于与电源及负载相接，动触头装在能随转轴转动的绝缘垫板上，手柄和转轴能沿顺时针或逆时针方向转动 90 °，带动三个动触头分别与静触头接触或分离，实现接通或分断电路的目的。

图 1-3　组合开关形式

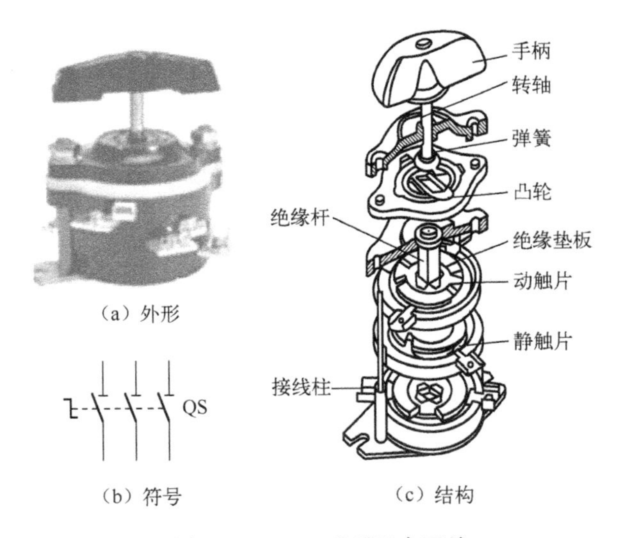

（a）外形　（b）符号　（c）结构

图 1-4　HZ10 系列组合开关

组合开关中采用了扭簧储能结构，能快速闭合及分断开关，使开关的闭合和分断速度与手动操作无关。其型号及含义如下：

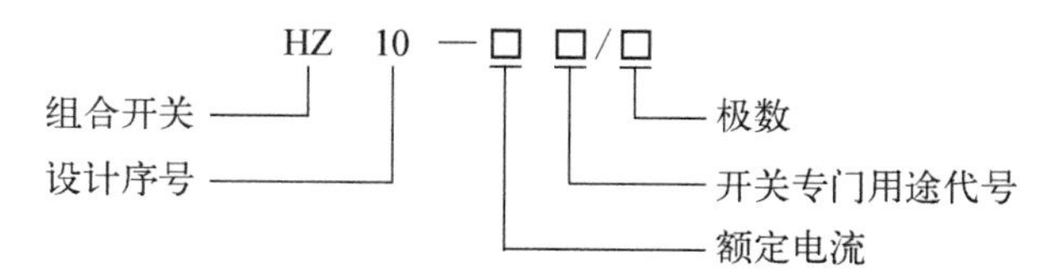

3. 组合开关的技术参数

HZ10 系列组合开关的主要技术参数如表 1-7 所示。

表 1-7　HZ10 系列组合开关的主要技术参数

型　号	极　数	额定电流（A）	额定电压（V）		380V 时可直接控制电动机的功率（kW）
HZ10 - 10	2，3	6，10	直流 220	交流 380	1
HZ10 - 25	2，3	25			3. 3
HZ10 - 60	2，3	60			5. 5
HZ10 - 100	2，3	100			—

4. 组合开关的选用

组合开关选用时，除应满足组合开关的工作条件和安装条件外，其主要技术参数的选用方法如下：

（1）应根据电源种类、电压等级、所需触头数、接线方式和负载容量等进行选用。

（2）用于直接控制三相交流异步电动机的启动和正反转时，开关的额定电流一般取电动机额定电流的 1. 5 ~ 2. 5 倍。

5. 组合开关的安装与使用

组合开关正常工作条件及安装条件与开启式负荷开关相同。其安装与使用方法如下：

（1）HZ10 系列组合开关应安装在控制箱（或壳体）内，其操作手柄最好在控制箱的前面或侧面。组合开关为断开状态时应使手柄处于水平旋转位置。HZ3 系列转换开关外壳上的接地螺钉应可靠接地。

（2）若需在箱内操作，组合开关最好装在箱内右上方，并且在它的上方不安装其他电器，否则应采取隔离或绝缘措施。

（3）组合开关通断能力较低，不能用来分断故障电流。用于控制三相交流异步电动机正、反转时，必须在电动机完全停止转动后才能反向启动，且每小时的接通次数不能超过 15 ~ 20 次。

（4）当操作频率过高或负载功率因数较低时，应降低开关的容量使用，以延长其使用寿命。

（5）倒顺开关接线时，应将开关两侧进出线中的一相互换，并分清开关接线端的标记，切忌接错，以免产生电源两相短路事故。

6. 组合开关的常见故障及处理方法

组合开关的常见故障及处理方法如表 1–8 所示。

表 1–8　组合开关的常见故障及处理方法

故障现象	可能原因	处理方法
手柄转动后，内部触头没有动	（1）手柄上的轴孔磨损变形 （2）绝缘杆变形 （3）手柄与方轴或轴与绝缘杆配合松动 （4）操作机构损坏	（1）调换手柄 （2）更换绝缘杆 （3）紧固松动部分 （4）修理更换
手柄转动后，动、静触头不能按要求动作	（1）型号选用不正确 （2）触头角度装配不正确 （3）触头失去弹性或接触不良	（1）更换开关 （2）重新装配 （3）更换触头或清除氧化层
接线柱间短路	因铁屑或油污附着在接线柱间，形成导电层，将绝缘损坏而形成短路	更换开关

三、低压断路器

1. 低压断路器的功能

低压断路器又称自动空气开关或自动空气断路器，是低压配电线路和工厂电气控制设备中常用的配电电器，它集控制和多种保护功能于一体，在正常情况下可用于不频繁地接通或断开电路及控制电动机的运行。当电路发生短路、过载或失压等故障时，又能自动切断故障电路，达到保护线路和电气设备的目的。

低压断路器具有操作安全、安装使用方便、工作可靠、动作值可调、分断能力较高、兼有多种保护、动作后不需要更换元件等优点，因此得到了广泛应用。

2. 低压断路器的分类

低压断路器按结构型式可分为塑壳式（又称装置式）、万能式（又称框架式）、限流式、直流快速式、灭磁式和漏电保护式 6 类；按操作方式可分为人力操作式、动力操作式、储能操作式；按极数可分为单极、二极、三极和四极式；按安装方式又可分为固定式、插入式和抽屉式；按断路器在电路中的用途可分为配电用断路器、电动机保护用断路器和其他负载（如照明）用断路器等。

几种常见低压断路器外形如图 1–5 所示。在电力拖动系统中常用的是 DZ 系列塑壳式低压断路器，如 DZ5 系列和 DZ10 系列，下面以 DZ1 –20 型低压断路器为例介绍。

3. 低压断路器的结构与工作原理

1）低压断路器的结构

DZ1 –20 系列低压断路器的外形和结构如图 1–6（a）、（b）所示。适用于交流 50Hz、额定电压 380V、额定电流至 50A 的电路。保护电动机用的断路器用于电动机的短路和过载

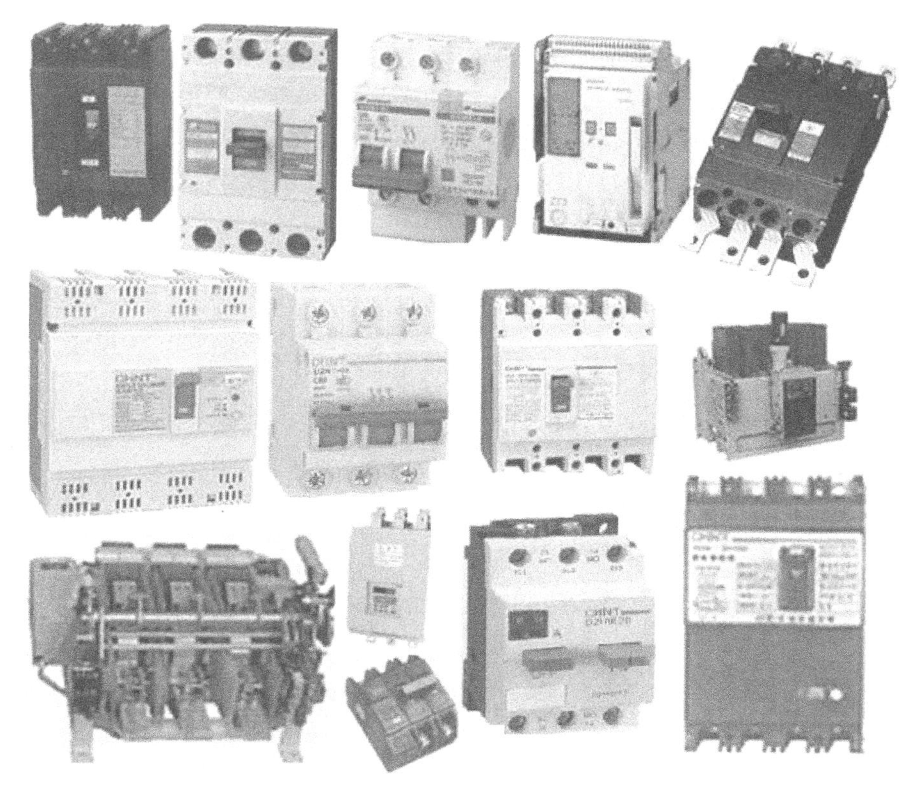

图 1-5　常见低压断路器外形

保护；配电用断路器在配电网络中用来分断电路和对线路及电源设备的短路和过载保护之用。在使用不频繁的情况下，也可用于电动机的启动和线路的转换。它主要由触头系统、灭弧装置、操作机构、热脱扣器、电磁脱扣器等组成。由加热元件和双金属片等构成热脱扣器，起过载保护，配有电流调节装置便于调节整定电流；由线圈和铁芯等构成电磁脱扣器，作短路保护，也有一个电流调节装置，可调节瞬时脱扣整定电流。

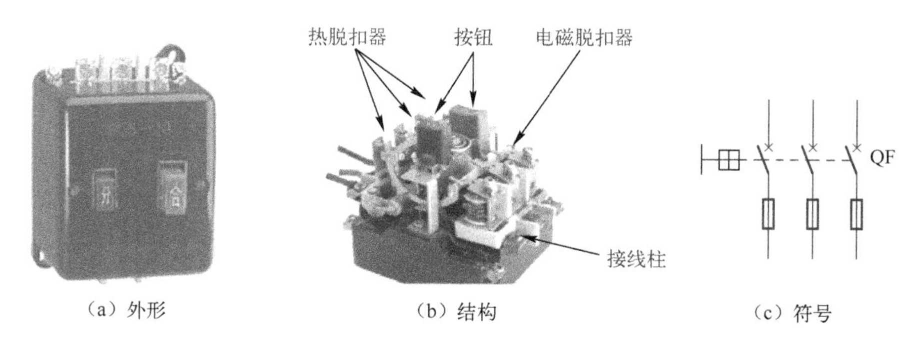

（a）外形　　（b）结构　　（c）符号

图 1-6　低压断路器的结构和符号

2）低压断路器的工作原理

使用时，低压断路器的三幅主触头串接在主电路中，按下接通按钮，使锁扣克服反作用弹簧的反作用力，将固定在锁扣上面的动、静触头闭合，并由锁扣扣住，开关处于接通状态。

当线路发生过载时，过载电流使热元件产生大量的热量，双金属片受热弯曲，通过杠杆推动搭钩与锁扣脱开，动、静触头分断，从而切断线路，达到保护用电设备的目的。

当线路发生短路故障时，短路电流超过电磁脱扣器的瞬时脱扣整定电流，电磁脱扣器产生足够大的吸力将衔铁吸合，通过杠杆的作用，使动、静触头分断，从而切断线路，达到保护用电设备的目的。

欠压脱扣器作零压和欠压保护。具有欠压脱扣器的断路器，在欠压脱扣器两端无电压或电压过低时不能接通电路。

4. 低压断路器的符号与型号含义

断路器的电气图形符号和文字符号如图 1-6（c）所示。DZ5 系列低压断路器的型号及含义如下：

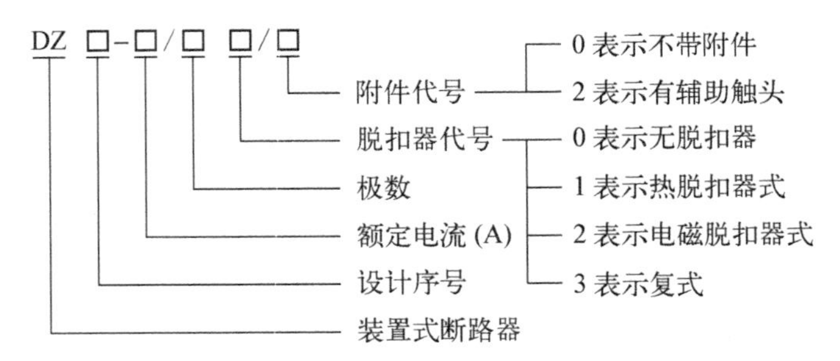

5. 低压断路器的技术参数

DZ1－20 系列低压断路器的主要技术参数如表 1-9 所示。

表 1-9　DZ1－20 系列低压断路器的主要技术参数

型　号	额定电压（V）	主触头额定电流（A）	极数	脱扣器形式	热脱扣器额定电流（A）	电磁脱扣器瞬时动作整定电流（A）
DZ1－20/330 DZ1－20/230	交流（380） 直流（220）	20	3 2	复式	0.10～0.15 0.15～0.20 0.20～0.30 0.30～0.45 0.45～0.65 0.65～1.00 1.00～1.50 1.50～2.00 2.00～3.00 3.00～4.50 4.50～6.50 6.50～10.00 10.00～15.00 15.00～20.00	为热脱扣器额定电流的 8～12 倍（出厂时整定于 10 倍）
DZ1－20/320 DZ1－20/220	交流（380） 直流（220）	20	3 2	电磁脱扣器式		
DZ1－20/310 DZ1－20/210	交流（380） 直流（220）	20	3 2	热脱扣器式		
DZ1－20/300 DZ1－20/200	交流（380） 直流（220）	20	3 2	无脱扣器式		

6. 低压断路器的选用

低压断路器选用时，除应满足低压断路器的工作条件和安装条件外，其主要技术参数的选用方法如下：

（1）其额定电压和额定电流应不小于线路正常工作电压和计算负载电流。

（2）热脱扣器的整定电流应等于所控制负载的额定电流。

（3）电磁脱扣器的瞬时脱扣整定电流应大于负载正常工作时可能出现的峰值电流。用于控制电动机的断路器，其瞬时脱扣整定电流可按 $I_Z \geqslant KI_{st}$ 选取。（式中 K 为安全系数，可取1.5～1.7；I_{st} 为电动机的启动电流。）

（4）欠压脱扣器的额定电压应等于线路的额定电压。

（5）断路器的极限通断能力应不小于电路最大短路电流。

低压断路器的选用举例

用低压断路器控制一型号为 Y132S－4 的三相交流异步电动机，该电动机的额定功率为5.5kW，额定工作电压为380V，额定工作电流为11.6A，启动电流为额定电流的7倍，试选择断路器的型号与规格。

解：（1）确定断路器的类型：根据电动机的额定工作电压、电流及对保护的要求，初步确定选用 DZ1－20 型低压断路器。

（2）确定热脱扣器额定电流：根据电动机的额定工作电流查表1-9，选择热脱扣器的额定电流为15A，相应的电流整定范围为10～15A。

（3）检验电磁脱扣器的瞬时脱扣整定电流：电磁脱扣器的瞬时脱扣整定电流应为 $I_Z = 10 \times 15 = 150\text{A}$，$KI_{st} = 1.7 \times 7 \times 11.6 = 138\text{A}$。满足 $I_Z \geqslant KI_{st}$，符合要求。

（4）确定低压断路器的型号规格，根据以上分析与计算，应选用 DZ1－20/330 型低压断路器。

7. 低压断路器的安装与使用

低压断路器的工作条件和安装条件与开启式负荷开关相同，但还应注意其安装场所的外磁场在任何方向不应超过地磁场的5倍。其安装与使用方法如下：

（1）必须垂直安装于配电板，任何方向元件偏差不超过2°，电源引线应接到上端，负载引线应接到下端。

（2）用作电源总开关或电动机的控制开关时，在电源进线侧必须加装刀开关或熔断器等作为隔离开关，以形成明显的断开点。

（3）使用前应将脱扣器工作面的防锈油脂擦干净；各脱扣器动作值一经调整好，不允许随意变动，以免影响其动作值。

（4）使用过程中若遇分断短路电流，应及时检查触头系统，若发现有电灼伤，应及时修理并更换。

（5）断路器上的积尘应定期清除，并定期检查各脱扣器动作值，给操作机构添加润滑剂。

8. 低压断路器的常见故障及处理方法

低压断路器的常见故障及处理方法如表1–10所示。

表1–10 低压断路器的常见故障及处理方法

故障现象	可能原因	处理方法
不能合闸	(1) 欠压脱扣器无电压或线圈损坏 (2) 储能弹簧变形 (3) 反作用弹簧力过大 (4) 机械不能复位再扣	(1) 检查电压或更换线圈 (2) 更换储能弹簧 (3) 重新调整 (4) 调整再扣接触面到规定值
电流达到整定值，断路器不动作	(1) 热脱扣器双金属片损坏 (2) 电磁脱扣器的衔铁与铁芯距离太大或电磁线圈损坏 (3) 主触头熔焊	(1) 更换双金属片 (2) 调整衔铁与铁芯的距离或更换新断路器 (3) 检查原因并更换触头
启动电动机时断路器立即分断	(1) 电磁脱扣器瞬时动作整定值过小 (2) 电磁脱扣器损坏	(1) 调高整定值至规定值 (2) 更换脱扣器
断路器闭合后，经一定时间自行分断	热脱扣器整定值过小	调高整定值至规定值
断路器温升过高	(1) 触头压力过小 (2) 触头表面磨损或接触不良 (3) 两个导电零件连接螺钉松动	(1) 调整触头压力或更换弹簧 (2) 更换触头或修整接触器 (3) 重新拧紧

技能训练场1 低压开关的识别与检测

1. 训练目标

(1) 能辩别不同型号的低压开关，了解其主要技术参数及适用范围。

(2) 能判断常用低压开关的好坏。

2. 工具、仪表及器材

(1) 工具：尖嘴钳、螺钉旋具等常用电工工具。

(2) 仪表：万用表、兆欧表等。

(3) 器材：开启式负荷开关（HK1系列）、封闭式负荷开关（HH3系列）、组合开关（HZ10–25系列）、低压断路器（DZ5、DZ10、DW10等系列）等低压开关若干只。（上述器材的铭牌应用胶布盖住，并编号）。

3. 训练过程

(1) 识别低压开关：识别所给低压开关的名称，记录型号，解释型号的含义，填入表1–11中。

表 1–11　低压开关识别

序　号	1	2	3	4	5	6	7	8
名称								
型号								
型号含义								
符号								

（2）识读说明书：根据所给低压开关的说明书，熟悉该电器的主要技术参数、适用场合、安装尺寸等。

（3）认识低压开关的结构：打开低压开关外壳，仔细观察其结构，熟悉其结构及工作原理，并将主要部件的名称和作用填入表 1–12 中。

（4）低压开关的测量：先将操作手柄扳到合闸位置，用万用表测量各对触头之间的接触情况，再用兆欧表测量每两相触头间的绝缘电阻，并判断其好坏，将结果填入表 1–12 中。

表 1–12　低压开关的结构认识与测量

部件名称	部件作用	
万用表测量 各相触头接触情况	L1 相	
	L2 相	
	L3 相	
兆欧表测量 相间绝缘电阻	L1 与 L2 相间	
	L1 与 L3 相间	
	L3 与 L2 相间	
测量结果		

（6）有条件的同学可到电气设备市场观察各类低压开关或通过网络查找相关的低压开关，并将低压开关的最新型号、主要技术参数抄录下来，可供同学们共同使用。

4. 注意事项

（1）仪表测量时应注意仪表的使用规范。

（2）拆卸、测量电器元件时应防损坏电器。

5. 训练评价

训练评价标准如表 1–13 所示。

表 1–13　训练评价标准

<table>
<tr><th>项　目</th><th colspan="2">评价要素</th><th colspan="3">评价标准</th><th>配分</th><th>扣分</th></tr>
<tr><td>识别
低压开关</td><td colspan="2">（1）正确识别低压开关名称
（2）正确说明型号的含义
（3）正确画出低压开关的符号</td><td colspan="3">（1）写错或漏写名称　每只扣 5 分
（2）型号含义有错　每只扣 5 分
（3）符号写错　每只扣 5 分</td><td>40</td><td></td></tr>
<tr><td>识别低压
开关结构</td><td colspan="2">正确说明低压开关各部分结构名称与作用</td><td colspan="3">主要部件的名称、作用有误　每项扣 3 分</td><td>10</td><td></td></tr>
<tr><td>识读
说明书</td><td colspan="2">（1）说明低压开关主要技术参数
（2）说明安装场所
（3）说明安装尺寸</td><td colspan="3">（1）技术参数说明有误　每项扣 2 分
（2）安装场所说明有误　每项扣 2 分
（3）安装尺寸说明有误　每项扣 2 分</td><td>10</td><td></td></tr>
<tr><td>检测
低压开关</td><td colspan="2">（1）规范选择、检查仪表
（2）规范使用仪表
（3）检测方法及结果正确</td><td colspan="3">（1）仪表选择、检查有误　扣 10 分
（2）仪表使用不规范　扣 10 分
（3）检测方法及结果不正确　扣 10 分
（4）损坏仪表或不会检测　该项不得分</td><td>40</td><td></td></tr>
<tr><td>技术资料
归档</td><td colspan="2">技术资料完整并归档</td><td colspan="3">技术资料不完整或不归档　酌情扣 3 ~5 分
注：本项从总分中扣除</td><td></td><td></td></tr>
<tr><td>安全
文明生产</td><td colspan="6">违反安全文明生产规程扣 5 ~40 分</td><td></td></tr>
<tr><td>定额时间</td><td colspan="6">40 分钟，每超时 5 分钟（不足 5 分钟以 5 分钟计）扣 5 分</td><td></td></tr>
<tr><td>备注</td><td colspan="6">除定额时间外，各项目的最高扣分不应超过配分数</td><td></td></tr>
<tr><td>开始时间</td><td></td><td>结束时间</td><td></td><td>实际时间</td><td></td><td>成绩</td><td></td></tr>
<tr><td colspan="8">学生自评：

学生签名：　　　　年　月　日</td></tr>
<tr><td colspan="8">教师评语：

教师签名：　　　　年　月　日</td></tr>
</table>

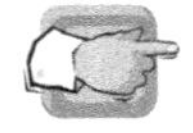 任务 2　熔断器的识别与检测

熔断器是工厂电气控制设备中常用做短路保护的电器。使用时，其熔体串联在被保护的电路中，当电路发生短路故障，通过的电流达到或超过某一规定值时，以其自身产生的热量使熔体熔断，从而自动分断电路，起到保护作用。它具有结构简单、价格便宜、动作可靠、使用维护方便等优点。

熔断器的种类有：瓷插式、螺旋式、无填料封闭管式、有填料封闭管式（即快速熔断器）等。常见的熔断器外形如图 1–7 所示。

图 1-7　常见的熔断器外形

一、熔断器的结构与主要技术参数

1. 熔断器的结构

熔断器主要由熔体、安装熔体的熔管和熔座三部分组成。

熔体是熔断器的主要组成部分，常做成丝状、片状或栅状。熔体的材料通常有两种，一种是由铅、铅锡合金或锌等低熔点材料制成，多用于小电流电路；另一种是由银、铜等较高熔点的金属制成，多用于大电流电路。

熔管是熔体的保护外壳，用耐热绝缘材料制成，在熔体熔断时兼有灭弧作用。

熔座是熔断器的底座，作用是固定熔管和外接引线。

2. 熔断器的主要技术参数

熔断器的主要技术参数如表 1-14 所示。

表 1–14　熔断器的主要技术参数

参数名称	说　明
额定电压	指能保证熔断器长期正常工作的电压
额定电流	指能保证熔断器长期正常工作的电流，是由熔断器各部分长期工作时的允许温升所决定的
分断能力	在规定的使用和性能条件下，熔断器在规定电压下能分断的预期分断电流值，常用极限分断电流值表示
时间 – 电流特性	在规定工作条件下，表征流过熔体的电流与熔体熔断时间关系的曲线，也称保护特性或熔断特性，它是一种反时限特性曲线，即熔断时间随着电流的增大而减小

指点迷津：熔断器的熔断电流与熔断时间的关系

熔断器熔体的熔断时间随着电流的增大而减小，即熔断器熔体通过的电流越大，熔断时间越短。根据对熔断器的要求，熔体在额定电流 I_N 下绝对不应熔断，所以最小熔断电流 I_{Rmin} 必须大于额定电流 I_N。一般熔断器的熔断电流 I_S 与熔断时间 t 的关系如表 1–15 所示。

表 1–15　熔断器的熔断电流与熔断时间的关系

熔断电流 I_S(A)	$1.25I_N$	$1.6I_N$	$2.0I_N$	$2.5I_N$	$3.0I_N$	$4.0I_N$	$8.0I_N$	$10.0I_N$
熔断时间 t(s)	∞	3 600	40	8	4.5	2.5	1	0

可见，熔断器对过载反应很不灵敏，当发生轻度过载时，熔断器将持续很长时间才能熔断，有时甚至不能熔断。因此，除在照明、电热负载电路中外，熔断器一般不宜作过载保护，主要用做短路保护。

二、熔断器的型号与符号

熔断器的符号如图 1–8 所示。熔断器的型号及含义如下：

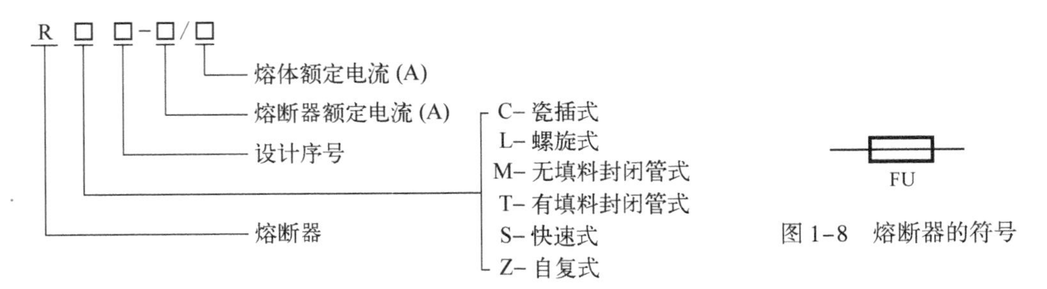

图 1–8　熔断器的符号

如型号为 RC1A – 15/10 的熔断器，其中 R 表示熔断器，C 表示瓷插式，设计代号为 1A，熔断器的额定电流为 15A，所配熔体的额定电流为 10A。

三、常用低压熔断器

1. RC1A 系列插入式熔断器

如图 1–9 所示为 RC1A 系列瓷插式熔断器，由瓷座、瓷盖、动触头、静触头及熔丝五部分组成，它具有结构简单、价格低廉、更换方便等优点。使用时将瓷盖插入瓷座，拔下瓷盖即可更换熔丝。但该系列熔断器采用半封闭结构，熔丝熔断时有声光现象，在易燃易爆的工作场合严禁使用，同时它的极限分断能力较差。

瓷插式熔断器主要用于交流 50Hz、额定电压 380V 及以下、额定电流 200A 及以下的低压线路末端或分支线路中，作为线路或电气设备的短路保护，在照明线路和电热电器线路中一定程度上可起到过载保护作用。

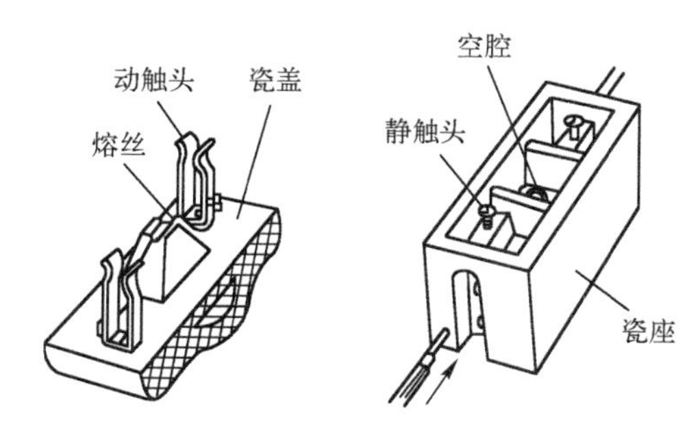

图 1-9　RC1A 系列瓷插式熔断器

2. RL 系列螺旋式熔断器

如图 1-10 所示为 RL 系列螺旋式熔断器，由瓷帽、熔断管、瓷套、上接线座、下接线座及瓷底座等组成。熔断管内装有石英砂、熔丝和带小红点的熔断指示器，石英砂用于增强灭弧性能。该系列熔断器具有分断能力较高，结构紧凑，体积小，安装面积小，更换熔体方便，工作安全可靠，熔丝熔断后有明显指示的特点。当从瓷帽玻璃窗口观测到带小红点的熔断指示器自动脱落时，表示熔丝已熔断。

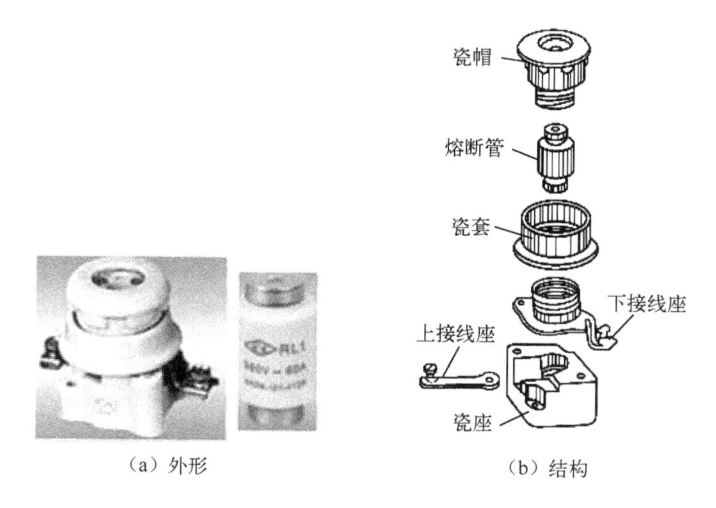

图 1-10　RL 系列螺式熔断器图

螺旋式熔断器主要适用于控制箱、配电屏、机床设备及振动较大的场所，一般在交流额定电压为 500V、额定电流为 200A 及以下的电路中作为短路保护。

常用的 RL 系列熔断器有 RL1、RL2、RL3、RL4、RL5 等系列。

3. RM10 系列无填料封闭管式熔断器

如图 1-11 所示为 RM10 系列无填料封闭管式熔断器，由熔断管、熔体、夹头及夹座等部分组成。熔断管为钢纸制成，两端为黄铜制成的可拆式管帽，管内熔体为变截面的熔片，更换熔体较方便。RM10 系列的极限分断能力比 RC1A 系列熔断器有提高。

无填料封闭管式熔断器主要用于交流额定电压380V及以下、直流440V及以下、电流在600A以下的电力线路中，作为导线、电缆及电气设备的短路和连续过载保护。

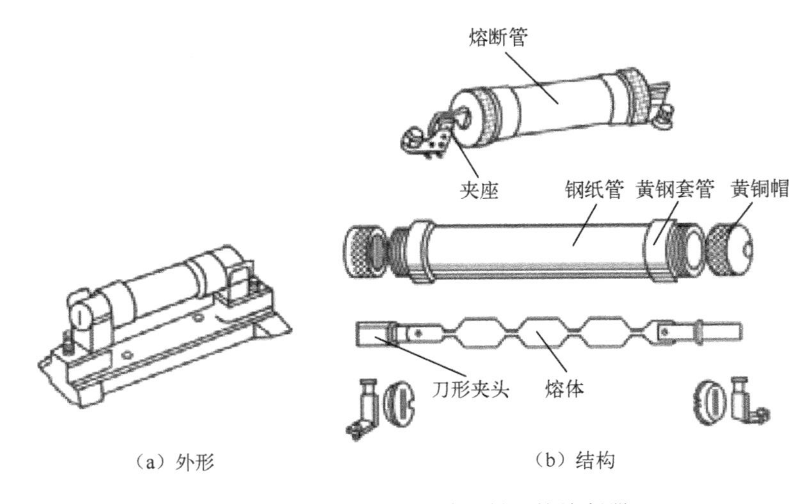

图1-11　RM10系列无填料封闭管熔断器

4. RTO有填料封闭管式熔断器

如图1-12所示为RT0系列有填料封闭管式熔断器，主要由熔管、底座、夹头、夹座等部分组成。其熔管采用高频电工瓷制成，熔体是两片网状紫铜片，中间用锡桥连接。熔体周围填满石英砂起灭弧作用。其分断能力比同容量的RM10系列熔断器大2.5～4倍。该系列熔断器也配有熔断指示装置，熔体熔断后，显示出醒目的红色熔断信号，并可用配备的专用绝缘夹钳在带电的情况下更换熔管，装取方便，安全可靠。

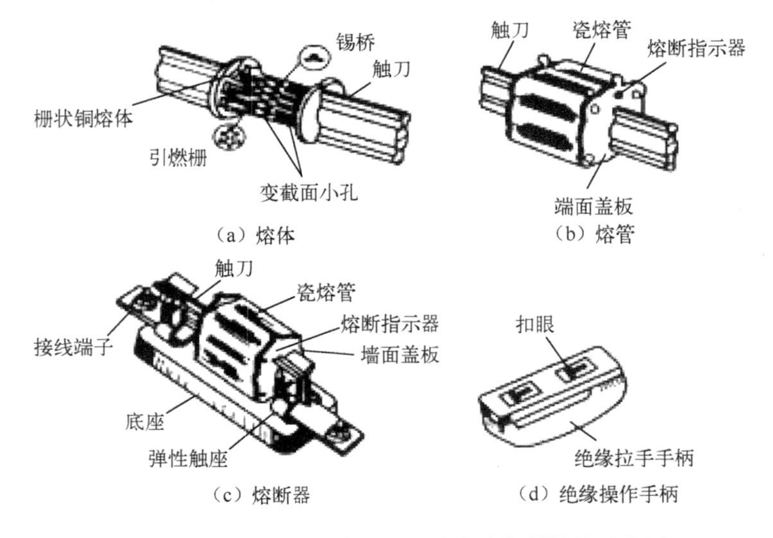

图1-12　RT0系列有填料封闭管式熔断器结构示意图

RT0系列有填料封闭管式熔断器主要适用于交流50Hz、额定电压交流380V及以下、额定电流至1 000A的配电线路及电气设备的过载和短路保护。

此外，还有RT10、RT11系列有填料密封管式熔断器等，与RT0系列熔断器相比，结构基本相同，只是没有底座。

5. NG30系列有填料封闭管式圆铜帽形熔断器

该系列熔断器由熔断体及熔断器支持件组成（如图1-13所示）。熔断体由熔管、熔体和填料组成，由铜片（或铜丝）制成的变截面熔体封装于高强度熔管内，熔管内充满高纯度石英砂作为灭弧介质，熔体两端采用点焊与端帽牢固连接。该系列熔断器支持件由底板、载熔体、插座等组成，由塑料压制的底板装上载熔体插座后铆合或螺钉固定而成，为半封闭式结构，且带有熔断指示灯。熔体熔断时其指示灯即点亮。

NG30系列有填料封闭管式圆铜帽形熔断器用于交流50Hz、额定电压380V、额定电流63A及以下工业电气装置的配电线路中，作为线路的短路保护及过载保护。

该系列熔断器支持件有螺钉安装和卡入（安装轨）安装等安装形式。

6. RT14系列有填料封闭管式圆筒形帽熔断器

RT14系列图筒形帽熔断器由高分断能力熔断体和熔断器支持件组成（如图1-14所示）。其熔断体的熔体两端焊接在圆筒形端帽上，接近熔体的最热部位配置适量熔点合金以使熔体具有较低的动作温度和功耗，因此熔断体能适应过载而几乎不发生老化。其熔断体支持件是熔断器底座和载熔件的组合，底座是熔断器的固定部分，由与熔断体相配合的电接触部件和接线端子等组成；载熔件则是用来装卸和载运熔断体的熔断器的可动部件。支持件有螺钉安装和卡入（安装轨）安装等安装形式。

该系列熔断器适用于额定电压为交流380V、额定电流至100A的配电装置中作为过载和短路保护。

图1-13 NG30系列有填料封闭管式圆铜帽形熔断器

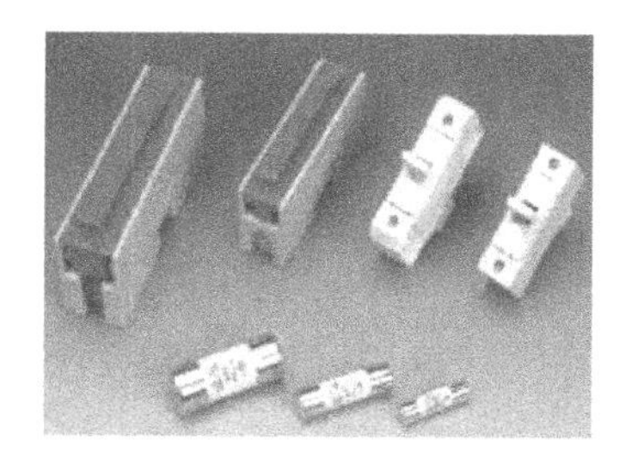

图1-14 RT14系列图筒形帽熔断器

7. 有填料快速熔断器

有填料快速熔断器又称半导体器件保护用熔断器，主要有RLS和RS系列。RLS系列是螺旋式快速熔断器，用于小容量硅整流元件的短路保护和某些过载保护。RS系列又分为RS0、RS3系列（如图1-15所示），其外形与RT0系列相似，熔断管内有石英砂填料，熔体也采用变截面形状、导热性能强、热容量小的银片，熔化速度快。

有填料快速熔断器主要用于交流50Hz，额定电压250～2 000V、额定电流至7 000A的半导体硅整流元件的过电流保护。这是由于电力半导体器件的过载能力很低，只能在极短的时间（数毫秒至数十毫秒）内承受过载电流。而一般熔断器的熔断时间是以秒计的，所以不能用来保护半导体器件，为此，必须采用在过载时能迅速动作的快速熔断器。

图 1-15 RS0、RS3 系列有填料快速熔断器

8. 自复式熔断器

自复式熔断器（如图 1-16 所示）是一种采用低熔点金属钠作为熔体的限流元件。当发生短路故障时，短路电流产生高温使钠迅速气化，呈现高阻状态，从而限制了短路电流的进一步增加。一旦故障消失，温度下降，金属钠蒸气冷却并凝结，重新恢复原来的导电状态，为下一次动作做好准备。由于自复式熔断器只能限制短路电流，却不能真正切断电路，故常与断路器配合使用。它的优点是不必更换熔体，可重复使用。RZ1 系列自复式熔断器适用于交流 380V 的电路中与断路器配合使用，其额定电流有 100A、200A、400A、600A 4 个等级，在功率因数 $\cos\varphi \leqslant 0.3$ 时的分断能力为 100kA。

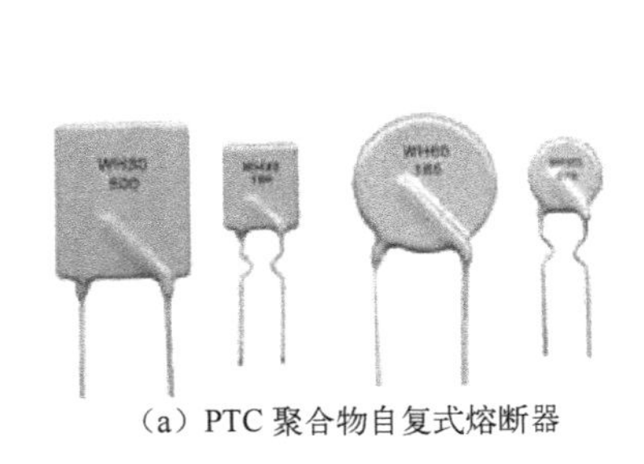

（a）PTC 聚合物自复式熔断器

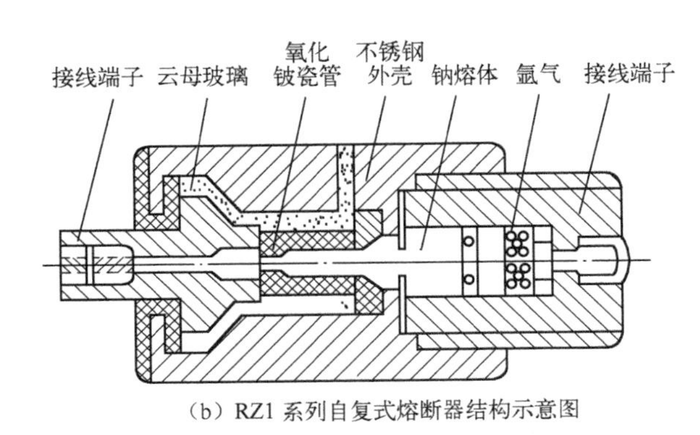

（b）RZ1 系列自复式熔断器结构示意图

图 1-16 自复式熔断器

四、常见熔断器的技术参数

常用低压熔断器主要技术参数如表 1-16 所示。

表 1-16 常用低压熔断器主要技术参数

类　别	型　号	额定电压（V）	额定电流（A）	熔体额定电流等级（A）
瓷插式熔断器	RC1A	380	5	2，4，5
			10	2，4，6，10
			15	6，10，15
			30	15，20，25，30
			60	30，40，50，60
			100	60，80，100

续表

类　别	型　号	额定电压（V）	额定电流（A）	熔体额定电流等级（A）
螺旋式熔断器	RL1	500	15	2，4，6，10，15
			60	20，25，30，35，40，50，60
			100	60，80，100
			200	100，125，150，200
	RL2	500	25	2，4，6，10，15，20，25
			60	25，35，50，60
			100	80，100
无填料封闭管式熔断器	RM10	380	15	6，10，15
			60	5，20，25，35，45，60
			100	60，80，100
			200	100，125，160，200
			350	200，225，260，300，350
			600	350，430，500，600
有填料封闭管式熔断器	RTO	交流380 直流440	100	30，40，50，60，80，100
			200	120，150，200，250
			400	300，350，400，450
			600	500，550，600
	RT14	380	20	2，4，6，8，10，12，16，20
			32	2，4，6，8，10，12，16，20，25，32
			63	10，16，20，25，32，40，50，63
快速熔断器	RS0－250	250	50	30，50
			100	50，80
			200	150
			350	350
			500	400，480
	RS0－500	500	50	30，50
			100	50，80
			200	150
			350	320
			500	400，480
	RS0－750	750	350	320
	RS1－500	500	50	10，15，20，25，30，40，50
			100	80，100
			200	150，200
			300	250，300

续表

类　别	型　号	额定电压（V）	额定电流（A）	熔体额定电流等级（A）
快速熔断器	RS1－750	750	200	150
			300	250
	RLS	500	30	16，20，25，30
			63	35，45，50，63
			100	75，80，90，100
自复式熔断器	RZ1	380	100	60，80，100
			200	
			400	
			600	

指点迷津：熔断器额定电流与熔体额定电流的区别

熔断器的额定电流与熔体额定电流是两个不同的概念。熔体的额定电流是指在规定的工作条件下，长时间通过熔体而熔体不会熔断的最大电流值。通常，一个额定电流等级的熔断器可以配用若干个不同额定电流等级的熔体，但应保证熔体的额定电流值不能大于熔断器的额定电流值。如型号为RL1－60的熔断器，其额定电流为60A，它可以配用额定电流为20A、25A、30A、35A、40A、50A、60A的熔体。

五、熔断器的选用

熔断器有不同的类型和规格。对熔断器的要求是：在电气设备正常运行时，熔断器应不熔断；在出现短路故障时，应立即熔断；在电流发生正常变动（如电动机启动过程）时，熔断器应不熔断；在电气设备持续过载时，应延时熔断。因此，只有正确选用熔断器（包括熔断器及其熔体）才能起到保护作用。

熔断器的选用，除应满足熔断器的工作条件和安装条件外，其主要技术参数的选用方法如下。

1. 熔断器类型的选择

熔断器的类型应根据使用环境、负载性质、短路电流的大小和熔断器的使用范围来选择。对于容量较大的照明电路，可选用RT系列圆筒帽形熔断器或RC1A系列瓷插式熔断器；对短路电流相当大的电路或有易燃气体环境，应选用RT0系列有填料封闭管式熔断器；在机床电气控制线路中，一般选用RL系列螺旋式熔断器；用于半导体功率元件及晶闸管元件的保护时，应选用RS或RLS系列快速熔断器。

2. 熔断器额定电压和额定电流的选择

熔断器的额定电压应不小于线路的工作电压；熔断器的额定电流应不小于所装熔体的额定电流；熔断器的分断能力应大于电路中可能出现的最大短路电流。

3. 熔体额定电流的选择

（1）用于照明与电热电路等负载电流比较平稳，没有冲击电流的短路保护，熔体额定电流应等于或稍大于所有负载工作电流之和。

（2）用于单台不经常启动且启动时间不长的电动机短路保护时，熔体额定电流≥(1.5～2.5)×电动机额定电流 I_N。

（3）用于多台直接启动电动机短路保护时，熔体额定电流≥(1.5～2.5)×容量最大一台电动机额定电流 I_{Nmax} +其余电动机额定电流总和 $\sum I_N$。

（4）用于降压启动电动机短路保护时，熔体额定电流≥(1.5～2)×电动机额定电流 I_N。

（5）用于绕线式转子电动机短路保护时，熔体额定电流≥(1.2～1.5)×电动机额定电流 I_N。

注：系数大小的选取方法是：电动机功率越大，系数选取值越大；相同功率时，启动电流较大，系数应选得较大。

（6）用于配电变压器低压侧短路保护时，熔体额定电流≥(1.0～1.5)×变压器低压侧额定电流 I_N。

（7）用于并联电容器组短路保护时，熔体额定电流≥(1.43～1.55)×电容器组额定电流 I_N。

（8）用于电焊机短路保护时，熔体额定电流≥(1.5～2.5)×负荷电流。

（9）用于电子整流元件短路保护时，熔体额定电流≥1.57×整流元件额定电流 I_N。

熔断器的选用举例

某机床所用三相交流异步电动机的型号为 Y112M－4，该电动机的额定功率为 4kW，额定电压为 380V，额定电流为 8.8A；该电动机的工作方式为不频繁启动，若用熔断器作为该电动机的短路保护，试选择熔断器的型号与规格。

解：（1）确定熔断器的类型：由于该电动机是在机床内使用，所以可选用 RL1 系列螺旋式熔断器。

（2）确定熔体的额定电流：熔体额定电流＝(1.5～2.5)×8.8＝13.2～22A。

查熔断器技术参数表，可选用熔体的额定电流为 20A。

（3）确定熔断器的额定电流和额定电压：查熔断器技术参数表可知，可选用 RL1－60/20 型熔断器。

六、熔断器的安装与使用

RL、RT0、RS 等系列熔断器的工作条件和安装条件可参阅其使用说明书。其安装与使用方法如下：

（1）熔断器应完好无损，安装时应保证熔体和夹头及夹头和夹座接触良好，并具有额定电压、电流值标志。

（2）瓷插式熔断器应垂直安装。螺旋式熔断器的电源进线应接在底座中心端的接线端子上，用电设备接线应接在螺旋壳的接线端子上。

（3）熔断器安装时应做到下一级熔体规格比上一级熔体规格小，各级熔体相互配合。

（4）严禁在三相四线制电路的中性线上安装熔断器。

（5）安装熔丝时，应保证接触良好，在螺栓上沿顺时针方向缠绕，注意不损伤熔丝。

（6）熔断器兼作为隔离器件使用时应安装在控制开关的电源进线端；若仅作为短路保护用，应安装在控制开关的出线端。

（7）熔体熔断后，应分析原因并排除故障后，再更换新的熔体；更换熔体或熔管时，必须切断电源，不允许带负荷操作，以免发生电弧灼伤；更换熔体时，不能轻易改变熔体的规格，更不能使用铜丝或铁丝代替熔体。

七、熔断器的常见故障及处理方法

熔断器的常见故障及处理方法如表 1–17 所示。

表 1–17　熔断器的常见故障及处理方法

故障现象	可能原因	处理方法
电路接通瞬间，熔体熔断	（1）熔体电流等级选择过小 （2）负载侧短路或接地 （3）熔体安装时受机械损伤	（1）更换熔体 （2）排除负载故障 （3）更换熔体
熔体未见熔断，但电路不通	熔体或接线座接触不良	重新连接

想一想

■ 熔断器除在照明电路及电热负载电路外，为什么不宜作过载保护用，而主要作短路保护用？

■ 在电动机控制线路中，熔断器为什么只能作短路保护，而不能作过载保护电器使用？

技能训练场 2　熔断器的识别与检测

1. 训练目标

（1）能识别不同型号的熔断器，了解主要技术参数及适用范围。

（2）能判断常见熔断器的好坏。

2. 工具、仪表及器材

（1）工具、仪表参考技能训练场 1，由学生自定。

（2）器材：RC1A、RL1、RT0、RS0、RT18 等系列熔断器多种规格若干只。（上述器材的铭牌应用胶布盖住，并编号）

3. 训练过程

（1）识别熔断器、识读使用说明书要求同技能训练场 1。

（2）认识熔断器的结构：拆开熔断器外壳，仔细观察其结构，熟悉其结构及工作原理，并将主要部件的名称和作用填入表 1–18 中。

（3）熔断器熔体的检查与测量：用万用表测量、检查熔断指示器等方法检查熔断器的熔体是否完好。

（4）更换熔断器的熔体：对已熔断的熔体，按原规格选配熔体，并进行更换。

表 1–18　低压开关的结构认识、检查与更换熔体

部件名称	部件作用	
熔体的检查	结果	
万用表测量熔断器的电阻	结果	
熔体更换情况		

4. 注意事项

（1）仪表测量时应注意仪表的使用规范。

（2）更换熔体时，对 RC1A 系列熔断器，安装熔丝时，熔丝缠绕方向一定要正确，安装过程中不得损伤熔丝；对 RL1 系列熔断器，熔管不能倒装。

5. 训练评价

训练评价标准如表 1–19 所示，其余评价标准参考技能训练场 1。

表 1–19　训练评价标准

项　目	评价要素	评价标准	配分	扣分
识别熔断器	（1）正确识别熔断器类型 （2）正确说明型号的含义 （3）正确画出熔断器的符号	（1）写错或漏写类型　每只扣 5 分 （2）型号含义有错　每只扣 5 分 （3）符号写错　扣 5 分	20	
识别熔断器结构	正确说明熔断器各部分结构名称、作用	主要部件的名称、作用有误　每项扣 2 分	10	

续表

项　目	评价要素	评价标准	配分	扣分
识读说明书	（1）说明熔断器的主要技术参数 （2）说明安装场所 （3）说明安装尺寸	（1）技术参数说明有误　每项扣5分 （2）安装场所说明有误　每项扣5分 （3）安装尺寸说明有误　每项扣5分	20	
检测熔断器	（1）规范选择、检查仪表 （2）规范使用仪表 （3）检测方法及结果正确	（1）仪表选择、检查有误　扣5分 （2）仪表使用不规范　扣5分 （3）检测方法及结果不正确　扣5分 （4）损坏仪表或不会检测　该项不得分	20	
更换熔体	（1）正确选配熔体 （2）正确更换熔体	（1）熔体选配不正确　扣10分 （2）更换熔体方法不正确　扣10分 （3）更换过程中损伤熔体　扣10分 （4）更换熔断后，熔断器断路　扣10分	30	
技术资料归档	技术资料完整并归档	技术资料不完整或不归档　酌情扣3～5分 注：本项从总分中扣除		

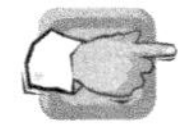

任务3　砂轮机控制线路的安装与检修

一、三相交流异步电动机手动正转控制线路的识读

三相交流异步电动机手动正转控制线路只能控制电动机单向启动和停止，并带动生产机械的运动部件朝一个方向旋转或运动。手动正转控制线路是通过低压开关来控制电动机单向启动和停止的，在工厂、建筑工地等场合运用很多，如各类机床中的油泵电动机、建筑工地的水泵、砂轮机、工厂电风扇等。

如图1–17（a）所示的控制线路是用低压断路器来控制的电动机控制线路。使用时，向上扳动低压断路器的操作手柄，三相交流异步电动机开始转动；使用完毕后，向下扳动操作手柄，三相交流异步电动机停止转动。当电动机或电源电路出现短路故障时，低压断路器会自动跳闸断开电路，起到短路保护作用。

这种控制线路非常简单，所用器件少、安装方便、制作成本低，低压断路器可以安装在墙上所安装的配电板上或配电箱内。控制线路由三相电源L1、L2、L3及熔断器FU、低压断路器QF和三相交流异步电动机M构成。砂轮机的控制和保护都是用低压断路器来实现的，熔断器只起电源隔离作用。电流从三相电源经熔断器、低压断路器流入电动机。

用开启式负荷开关、封闭式负荷开关和组合开关控制的手动正转控制线路如图1–17（b）、（c）、（d）所示。控制线路中的开启式负荷开关、封闭式负荷开关和组合开关只起接通和断开电源的作用，熔断器作为短路保护（在组合开关控制的手动正转控制线路中还起电源隔离作用）。

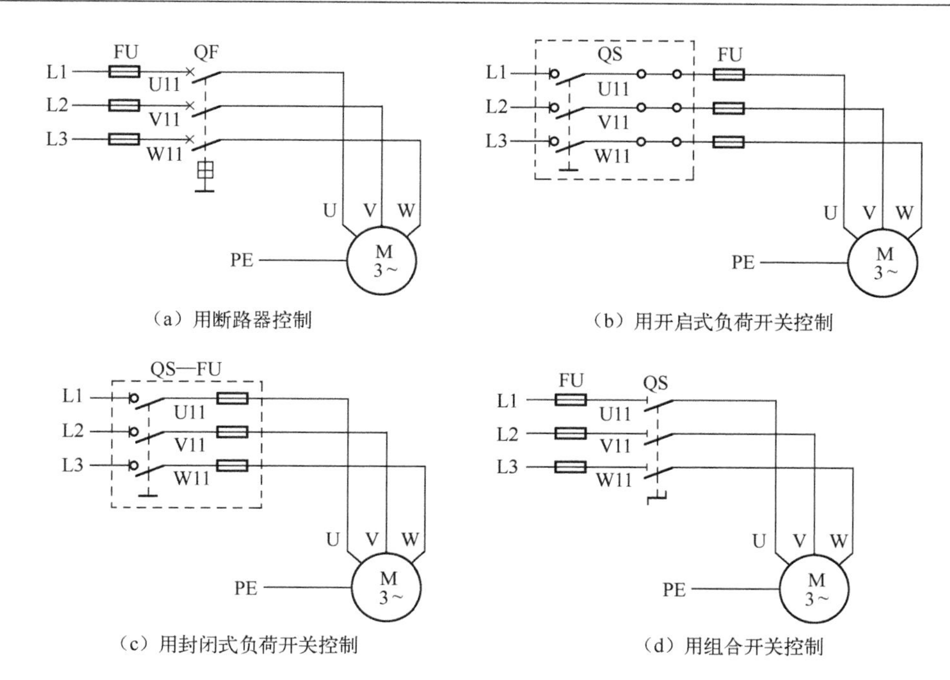

(a) 用断路器控制

(b) 用开启式负荷开关控制

(c) 用封闭式负荷开关控制

(d) 用组合开关控制

图 1-17　三相交流异步电动机手动正转控制线路电路图

想一想

■ 图 1-17 中，熔断器 FU 的安装位置和作用有何不同？

■ 图 1-17 (b) 中，开启式负荷开关中熔体为何用铜导线连接，而在其后面加装熔断器作为短路保护？

指点迷津　电气图形符号标准

在电路图中，必须采用国家统一规定的图形符号和文字符号来表示电器元件的不同种类、规格及安装方式。常用的电气符号有文字符号、图形符号和电路标号 3 种。图形符号应采用国家标准 GB/T 4728. 213—1996 ~ 2000《电气简图用图形符号》中所规定的图形符号；文字符号应采用 GB7159—1987《电气技术中的文字符号制定通则》中所规定的文字符号。常用电器、电动机的图形符号与文字符号见附录。

1. 文字符号

文字符号是用来表示电气设备、装置、元器件种类及功能的字母代码，分为基本文字符号和辅助文字符号两种。

1) 基本文字符号

基本文字符号有单字母符号和双字母符号两种。

单字母符号是用拉丁字母将各种电气设备、电器元件分为 23 大类，每大类用一个专用字母符号表示，如“C”表示电容器类，“R”表示电阻类，“M”表示电动机类，“K”表示接触器、继电器类。

双字母符号是由一个表示种类的单字母符号后面加一个字母组成，如“QF”表示断路器，其中“Q”为断路器、隔离开关、接地开关等的单字母符号。

2）辅助文字符号

辅助文字符号用来表示电气设备、装置、元器件及线路的功能、状态和特征，通常由英文单词的前一两个字母构成。例如，“RD”表示红色，“PE”表示保护接地。

3）特殊用途文字符号

在电气图中，一些特殊用途的接线端子、导线等通常采用些专用的文字符号表示，称为特殊用途文字符号。例如，交流系统电源的第一、第二、第三相，分别用文字符号L1、L2、L3表示；交流系统设备的第一、第二、第三相，分别用文字符号U、V、W表示；接地、保护接地、不接地保护分别用文字符号E、PE、PU表示。

在电气图中，文字符号组合的一般形式为：

基本文字符号 + 辅助文字符号 + 数字符号

例如，FU2表示该电路中的第二个熔断器，KT1表示该电路中的第一个时间继电器。

2. 图形符号

图形符号是表示设备或概念的图形、标记或字符等的总称。图形符号是电气图最基本的符号。

1）图形符号的构成要素

（1）一般符号 + 限定符号

如图1-18所示是将表示开关的一般符号与断路器功能符号结合，便构成断路器图形符号。

（2）符号要素 + 一般符号

如图1-19所示的保护接地图形符号由表示保护的符号要素与接地的一般符号组成。

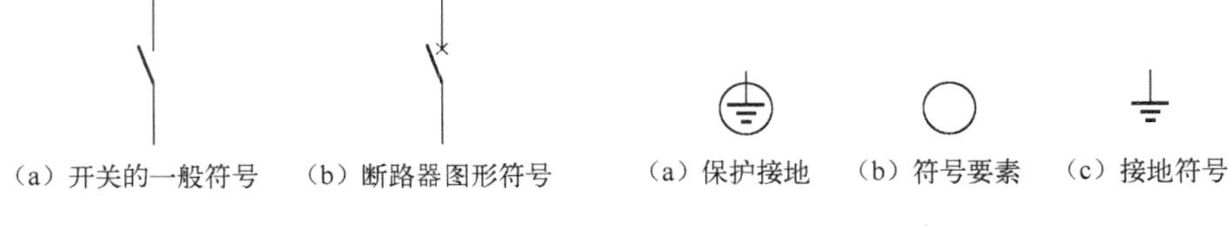

图1-18　图形符号的构成要素　　　图1-19　符号要素与一般符号

2）图形符号的分类

电气图形符号种类繁多，有导线和连接器件、无源元件、开关、控制和保护装置等11类，可参考国家标准GB/T 4728.213—1996～2000《电气简图用图形符号》。

此外，还有一些其他符号，如机械控制、操作件和操作方法、非电量控制、接地、接机壳和等电位、理想电路元件（电压源与电流源）、电路故障和绝缘击穿等。

3）图形符号表示的状态

图形符号所表示的状态是在无电压、无外力作用时电气设备或电器元件所处的状态。如继电器和接触器在线圈不得电时或无外力作用时，其动合触点在断开位置，其动断触点在闭合位置；断路器和隔离开关在断开位置；带零位的手动开关在零位位置；不带零位的手动控制开关处于图中规定的位置。

对事故、备用、报警等开关应表示在设备正常使用时的位置，如在特定位置时，应在图上说明。

4）图形符号的布置

国家标准对图形符号的绘制尺寸没有进行统一规定，实际绘图时可按实际情况以便于理解的尺寸绘制。图形符号的布置一般为水平或垂直位置。

3. 电路标号

在电气图中，为表示电路种类、特征而标注的文字符号和数字符号统称电路标号，也称为电路线号。其作用是便于安装接线和有故障时查找线路。

1）使用电路标号应遵循的原则

（1）电路标号按照“等电位”原则进行标注，即电路中连接在一点的所有导线因具有同一电位而标注相同的电路标号。

（2）由电气设备的线圈、绕组、电阻、电容、各类开关、触点等电器元件分隔开的线段，应视为不同的线段，标注不同的电路标号。

（3）在一般情况下，电路标号由 3 位或 3 位以下的数字组成。

以个位代表相别，如三相交流电路的相别分别用 1、2、3 表示；以个位奇、偶数区别电路的极性，如直流电路的正极侧用奇数表示、负极侧用偶数表示。

以标号的十位数字的顺序区分电路中的不同线段。

在直流电路中，以标号中的百位数字来区分不同供电电源的电路，如直流电路中 A 电源的正、负极电路标号用“101”和“102”表示；B 电源的正、负极电路标号用“201”和“202”表示。若电路中公用一个电源，则可以省略百位数。

在交流电路中，当要表明电路中的相别或某些主要特征时，可在数字标号的前面或后面增注文字符号，文字符号用大写字母表示，并与数字标号并列。如第一相电路按 1、11、21…顺序标号；第二相电路按 2、21、22…顺序标号；第三相电路按 3、31、32…顺序标号。

机床电气控制电气图中，电路标号实际上是导线的线号。

2）主电路标号方法

主电路标号法由文字符号和数字标号两部分组成。文字符号用来标明一次电路中电器元件和线路的种类和特征，如三相电动机绕组用 U、V、W 表示，则绕组的首端就用 U1、V1、W1 表示，尾端就用 U2、V2、W2 表示。

数字标号可用来区别同一文字标号电路中的不同线段。如在电动机控制线路中的主电路，三相交流电源用 L1、L2、L3 表示，经过电源开关 QS1 后，按相序用 U11、V11、W11 标号，然后按从上到下、从左到右的顺序，每经过一个电器元件后，编号要递增，如 U12、V12、W12；U13、V13、W13…。

单台三相交流电动机（或设备）的三根引线，按相序依次编号为U、V、W，对多台电动机的引出线的编号，为了不致引起误解和混淆，可在字母前用不同的数字加以区别，如1U、1V、1W；2U、2V、2W…。

3）辅助电路的标号方法

无论是直流还是交流辅助电路，辅助电路中标号一般采用以下两种标号方法。

（1）以电路元件为界，其两侧的不同线段标号分别按个位数的奇偶性来依次标注。如课题2中图2-17所示，电路元件一般包括接触器线圈、继电器线圈、电阻器、电容器、照明灯和电铃等。当电路比较复杂、电路中不同线段较多时，标号可连续递增到两位奇偶数，如“11、12、13…”等。

（2）在电力拖动控制线路中，“1”通常标在控制线路的上方，然后按电路从上到下、从左到右的顺序，以自然序数递增，每经过一个触点，标号依次递增，电位相同的导线标号相同；电路负载元件下方一般用偶数号从“0”开始编号。

指点迷津　电气图中连接线及绘制方法

1. 电气图中的连接线

在电气图中，用于各种图形符号相连接的线统称为连接线，连接线是连接各种设备、元件的线段或线段与线段、线段与文字的组合。在电气图中，连接线属于一种特殊的图形符号。

连接线可用于表示一根导线、导线组、电线、电缆、传输电路、母线、总线等。根据具体情况，导线可予以适当加粗、延长或缩短。导线的一般表示方法如图1-20所示。

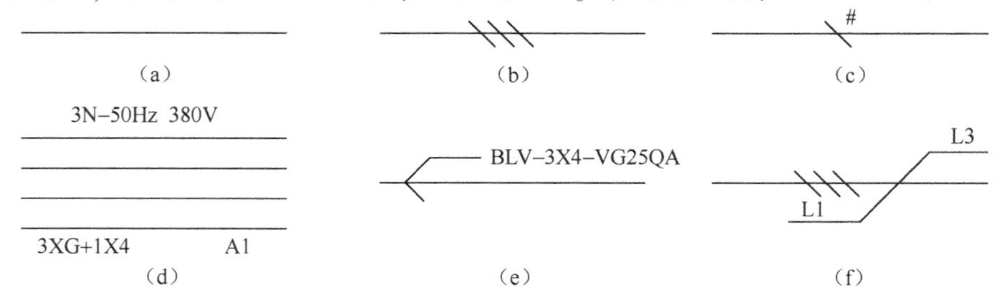

图1-20　导线的一般表示方法

1）导线根数的表示方法

1根导线用一条直线表示，如图1-20(a)所示；4根导线以下用短斜线数目表示根数，如图1-20(b)所示；数量较多时，可用一小斜线标注数字来表示，如图1-20(c)所示。

2）导线特征表示方法

对导线的材料、截面、电压、频率等，可在导线上方、下方或中断处采用符号标注，如图1-20(d)、(e)所示。

如果需要表示电路相序的变更、极性的反向、导线的交换等，可采用图1-20（f）所示的方法标注，图中表示了L1和L3两相需要换位。

有时为了突出或区分某些电路及电路的功能等，导线、连接线等可采用不同粗细的图线来表示。一般来说，在电力拖动控制线路中，电源主电路用粗线，与之相关的其他部分用细线。

2. 连接线的绘制方法

绘制电气图时，连接线一般采用实线，对有直接电联系的交叉线的连接点，应用小黑圆点表示；无直接电联系的交叉跨越导线则不画小黑圆点，如图1-21所示。

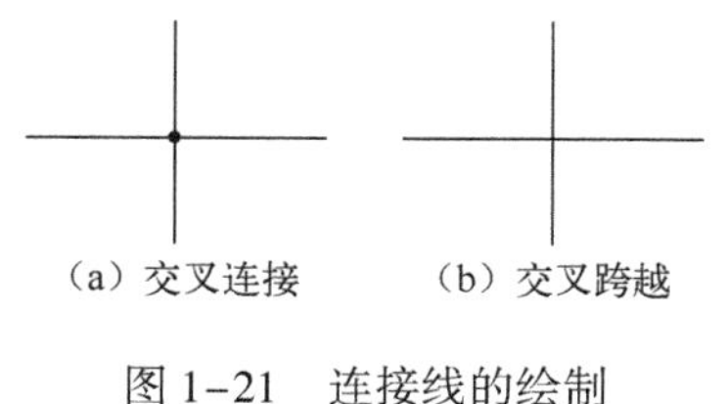
(a) 交叉连接　(b) 交叉跨越

图1-21　连接线的绘制

3. 主电路的绘制方法

从图1-17所示的电力拖动控制线路电路图中可以看出，电源电路用细实线画成水平线，对表示三相交流电源的相序符号L1、L2、L3自上而下依次标在电源线的左端。电能由三相交流电源引入控制线路。流过电动机的是工作电流，电流较大，称为控制线路的主电路，应垂直电源电路画出。

技能训练场3　砂轮机控制线路的安装与检修

任务描述：

小张上班时，领到了维修电工车间主任分配给他的工作任务单，要求完成1#机加工车间“砂轮机控制线路”的安装任务（砂轮机已安装就位）。要求从车间动力配电箱引出电源，通过控制板将电源引入砂轮机。

砂轮机的主要技术参数：额定功率为1.5kW，额定电压为380V，额定工作电流为3.4A。

1. 训练目标

会正确安装与检修砂轮机控制线路。

2. 工具、仪表及器材

根据砂轮机的技术参数及安装场地的要求，选配工具、仪表和器材，并进行质量检验，如表1-20、表1-21所示。

表1-20　工器具明细表

工器具分类	工器具名称、型号与规格	数　量	备　注
电工通用工具	验电笔、钢丝钳、螺钉旋具（一字形和十字形）、电工刀、尖嘴钳、活动扳手、剥线钳等电工常用工具	1套	根据安装要求自定

续表

工器具分类	工器具名称、型号与规格	数　量	备　注
测量仪表	万用表（M47 型）	1 只	
	兆欧表（ZC25B－1 500V　0～500MΩ）	1 只	
	钳形电流表（MG1－1　　0～50A）	1 只	
安装工具	电锤（GBH－28DRE）	1 只	
	手提电钻	1 只	
	梯子（直梯、人字梯）	各 1 把	
	钢锯	1 把	
	铁榔头	1 把	
	弯管弹簧	1 根	
	PVC 管子剪刀	1 把	
质检要求	（1）选配的工具、仪表应满足安装要求； （2）选配的工具、仪表应结构完整、技术参数符合使用要求		

表 1-21　电器元件明细表

元件代号	电器元件名称	型　号	规　格	数量
QS	开启式负荷开关	HK1－15	三极、额定电流 15A、额定电流 380V	1 只
FU	熔断器	RC1A－15	额定电压 380V、额定电流 15A 的三极开关	3 只
	控制电路板		400mm×300mm×20mm	1 块
	电源电路塑料铜线		BV　1mm^2（红、绿、黄各一圈）	若干
	保护接地塑料铜线		BVR　1.5mm^2（黄绿双色）	若干
	PVC 配线管		ϕ16mm	3 根
	PVC 配线管接头、管夹等配件		与 ϕ16mm PVC 管相配套	若干
	金属配线管及管夹		ϕ16mm	1 根
	木螺钉		自定	若干
	膨胀螺栓		自定	若干

3. 安装步骤及工艺要求

安装步骤及工艺要求如表 1-22 所示。

表 1-22　砂轮机控制线路的安装步骤及工艺要求

序　号	安 装 步 骤	工艺要求（可参考阅读材料）
1	检测安装所用的电器元件及配件	根据砂轮机技术参数检验电器元件及配件符合要求；电器元件外观应完整无损，附件、备件齐全
2	根据砂轮机的安装位置，确定线路走向、配线管和控制板支持点的位置，做好线路敷设前的准备工作	砂轮机电源线路穿 PVC 塑料管从车间配电箱引出后，垂直向上至天花板，水平走向至砂轮机前，通过配电板后，穿钢管沿墙向下至砂轮机

续表

序号	安装步骤	工艺要求（可参考阅读材料）
3	敷设配线管并穿线	（1）配电线的施工应按工艺要求进行，整个管路应连接成一体，并可靠接地 （2）管内导线不得有接头，导线穿管时不能损伤绝缘层，导线穿好后管口应套上护圈
4	安装控制板并固定	（1）控制板上电器元件安装应牢固，并符合工艺要求 （2）控制板必须安装在操作时能看到砂轮机的地方，以保证操作安全
5	连接控制板至砂轮机的电源线	连接可靠，符合工艺要求
6	连接接地线	砂轮机和控制开关的金属外壳及连接成一体的钢管配线管，按规定要求必须接到保护接地专用的端子上
7	检查安装质量，并进行绝缘电阻等的测量	绝缘电阻应符合要求
8	从车间配电箱将三相电源接入控制板	
9	经指导教师检查合格后，进行通电试运行	要求一人操作，一人监护（监护人为指导教师）

4. 注意事项

（1）导线的数量可按敷设方式和管路长度来确定，配线管的直径应根据导线的总截面积来确定，导线的总截面不应大于配线管有效截面的40%，其最小标称直径为12mm。

（2）砂轮机使用的电源电压必须与铭牌上规定相一致。

（3）接线时，必须先接负载端，后接电源端；先接接地线，后接三相电源相线。

（4）通电试车时，必须先用测电笔检测砂轮机和电器元件金属外壳是否带电，若带电，则必须先排除故障后，才能再次通电。

（5）安装开启式负荷开关时，应将开关内的熔体部分用铜导线直接连接。

5. 砂轮机控制线路的检修

砂轮机电源电路在正常使用过程中会出现各种各样的电气故障，将导致设备不能正常工作，不但影响生产效率，严重时会造成人身或设备事故。因此，发生故障后，电气检修人员必须及时、熟练、准确、迅速、安全地查出故障并加以排除，尽快恢复其正常工作。

检查电气故障时，其检修步骤如下：

（1）用试验法观察故障现象。

（2）用逻辑分析法判定故障范围。

（3）用测量法确定故障点。

（4）根据故障点的情况，采取正确的检修方法排除故障。

（5）检修完毕通电试车。

（6）填写检修记录单，如表1-23所示，并存档。

表 1-23　检修记录单　　________号

设备型号		设备名称		设备编号	
故障日期		检修人员		操作人员	
故障现象					
故障原因分析					
故障部位					
引起故障原因					
故障修复措施					
负责人评价	负责人签字：　　年　月　日				

砂轮机电源电路常见故障及检修方法如表 1-24 所示。

表 1-24　砂轮机电源电路常见故障及检修方法

常见故障	故障原因	检修方法
砂轮机不能启动或缺相运行	熔断器熔体熔断	查明原因，排除后更换熔体
	电源开关操作失控	拆装电源开关并修复
	电源开关等动、静触头接触不良	对触头进行修整或更换

6. 训练评价

训练评价标准如表 1-25 所示。

表 1-25　训练评价标准

项　目	评价要素	评价标准	配分	扣分
装前检查	（1）检查电器元件外观、附件、备件 （2）检查电器元件技术参数	（1）漏检或错检　每件扣 1 分 （2）技术参数不符合安装要求　每件扣 2 分	5	
安装电器元件及管路	（1）按电气布置图安装 （2）元件安装牢固 （3）元件安装整齐、匀称、合理 （4）损坏元件 （5）电线管安装规范	（1）不按电气布置图安装　扣 15 分 （2）元件安装不牢固　每只扣 4 分 （3）元件安装不整齐、不匀称、不合理　每只扣 3 分 （4）损坏元件　扣 15 分 （5）电线管支持不牢固或管口无护圈　每处扣 3 分	25	
布线接线	（1）按控制线路图 （2）布线符合工艺要求 （3）接点符合工艺要求 （4）不损伤导线绝缘或线芯 （5）套装编码套管 （6）接地线安装 （7）布线接线程序规范	（1）不按控制线路图　扣 20 分 （2）布线不符合工艺要求　每根扣 3 分 （3）接点有松动、露铜过长、反圈等　每个扣 1 分 （4）损伤导线绝缘层或线芯　每根扣 5 分 （5）编码套管套装不正确　每处扣 1 分 （6）漏接接地线　扣 10 分 （7）布线接线程序错误　扣 10 分	30	

续表

项　　目	评价要素	评价标准	配分	扣分
通电试车	（1）熔断器熔体配装合理 （2）验电操作符合规范 （3）通电试车操作规范 （4）通电试车成功	（1）配错熔体规格　扣10分 （2）验电操作不规范　扣10分 （3）通电试车操作不规范　扣10分 （4）通电试车不成功　每次扣10分	30	
故障检修	（1）故障检查步骤规范 （2）能排除故障	（1）故障检查步骤不规范　扣5分 （2）查不出故障　扣10分 查出故障但不能排除　扣5分	10	
技术资料归档	（1）检修记录单填写 （2）技术资料完整并归档	（1）检修记录单不填写或填写不完整　酌情扣3～5分 （2）技术资料不完整或不归档　酌情扣3～5分		
安全文明生产	要求材料无浪费，现场整洁干净，废品清理分类符合要求；遵守安全操作规程，不发生任何安全事故。违反安全文明生产要求，酌情扣5～40分，情节严重者，可判本次技能操作训练为零分，甚至取消本次实训资格			
定额时间	180分钟，每超时5分钟（不足5分钟以5分钟计）扣5分			
备注	除定额时间外，各项目的最高扣分不应超过配分数			
开始时间		结束时间	实际时间	成绩
学生自评： 学生签名：　　年　月　日				
教师评语： 教师签名：　　年　月　日				

阅读材料1　配线管配线工艺

一、配线管及配件

在电气设备安装中，常用的配线管有塑料配线管和钢管配线管两种。

1. 塑料配线管及配件

塑料配线管材有PVC（硬质聚氯乙烯塑料管）、FPG（聚氯乙烯半硬质塑料管）、KPC（聚氯乙烯波纹塑料管）等。目前，在工程线路敷设上常用的PVC管具有抗压力强、防潮、耐酸碱、防鼠咬、阻燃、绝缘等优点，可浇筑于混凝土内，也可明装于室内及吊顶等场所。

PVC配线管根据施工的不同可分为圆管、槽管和波形管；根据管壁的薄厚可分为轻型管（主要用于挂顶）、中型管（用于明装或暗装）、重型管（主要用于埋藏混凝土中）。PVC

配线管的常规尺寸有：ϕ16mm、ϕ20mm、ϕ25mm、ϕ32mm、ϕ40mm、ϕ50mm、ϕ63mm、ϕ75mm、ϕ110mm 等。

PVC 塑料配线管在施工时，需要联结、固定、转弯和接线盒和配电箱连接，因此需要用配件相连接。常用的配件如表 1-26 所示。

表 1-26 PVC 塑料管的配件

名 称	作 用	规 格	图 形
直管接头	俗称直通、梳杰，用于连接 PVC 塑料直管，经常在接头的两端涂上专用胶水来连接	按配管直径有：ϕ16mm、ϕ20mm、ϕ25mm、ϕ32mm、ϕ40mm、ϕ50mm、ϕ63mm	
线盒接头	俗称杯梳，用于连接 PVC 塑料直管和线盒、配电箱	按配管直径有：ϕ16mm、ϕ20mm、ϕ25mm、ϕ32mm、ϕ40mm、ϕ50mm、ϕ63mm	
接线盒	分为开关盒子和穿线盒，用于安装照明开关、插座等设备，有时为了穿线方便，接线盒通过接头盒子与 PVC 塑料直管相连接	常用的规格有：77mm × 77mm × 54mm（长、宽、厚）、75mm × 75mm × 40mm、86mm × 86mm × 46mm 等	
角弯	分有盖角弯和无盖角弯，用于 PVC 塑料管明敷穿线时使用，距离较近的转弯较少时采用无盖角弯，距离较远的转弯较多时采用有盖角弯	按配管直径有：ϕ16mm、ϕ20mm、ϕ25mm、ϕ32mm、ϕ40mm、ϕ50mm、ϕ63mm	
管卡	用于 PVC 塑料管明敷时固定管子，可通过胶水、膨胀螺栓或木螺钉固定在建筑物的表面	按配管直径有：ϕ16mm、ϕ20mm、ϕ25mm、ϕ32mm、ϕ40mm、ϕ50mm、ϕ63mm	
管塞	防止施工时杂物或混凝土碎块跌落管中		

2. 钢管配线管及配件

钢管配线管有厚壁和薄壁两种。其主要适用于工业企业、重要的公共建筑场所等，具有安全可靠，更换电线方便，可避免腐蚀和机械损伤的优点。对于干燥环境，可用薄壁钢管明敷或暗敷，对于潮湿、易燃、易爆场所和在地下埋设，则必须用厚壁钢管。钢管配线管的选择要注意不能有折扁、裂纹、砂眼，管内应无毛刺、铁屑，管内外不应有严重锈蚀。

钢管配线管的配件主要有钢管接头（束结、管箍）、线盒接头（钠子、锁紧螺母）、接线盒（开关盒和穿线盒）、管卡等。钢管接头经常用于两段直钢管的连接，分螺纹连接管接头和无螺纹管接头两种。线盒接头经常用于直钢管和接线盒、配电箱的连接。接线盒（分开关盒和穿线盒），用于安装照明开关、插座等设备，有时是为了穿线用的，接线盒通过线盒接头和钢管相连接。

3. 配线管的管径选择

为了便于穿线，应根据导线截面和根数选择不同规格的配线管，使管内导线的总截面（含绝缘层）不超过配线管内径截面的 40%。管子内径不小于导线束直径的 1.4 ~ 1.5 倍。

线管的选用通常由工程设计决定。

根据砂轮机控制线路所选的导线，安装时可选用 ϕ16mm 的 PVC 管和薄壁钢管作为配线管，同时选配相应的配件。

二、配线管的加工工艺

1. PVC 塑料配线管的加工工艺

1）PVC 塑料管的切断方法

管径为 40mm 及以下时，可采用专用截管器（专用剪刀）将其切断，再用截管器的刀背对切口倒角。

管径为 40mm 及以上时，可采用钢锯或专用切割机将其割断。割断后应将管口修理平齐、光滑。

2）PVC 塑料管的弯曲方法

PVC 塑料管弯曲有冷煨法和热煨法两种。

对管径在 40mm 以下时，可采用冷煨法使管子弯曲。其方法是首先用一根和管子相匹配的弯管弹簧器穿入要被弯曲的管子内，再用手或其他硬物进行弯曲，弯曲的角度要小些，待弯管回弹后可达到要求，最后将弯管弹簧从被弯的管子内取出，如图 1-22 所示。

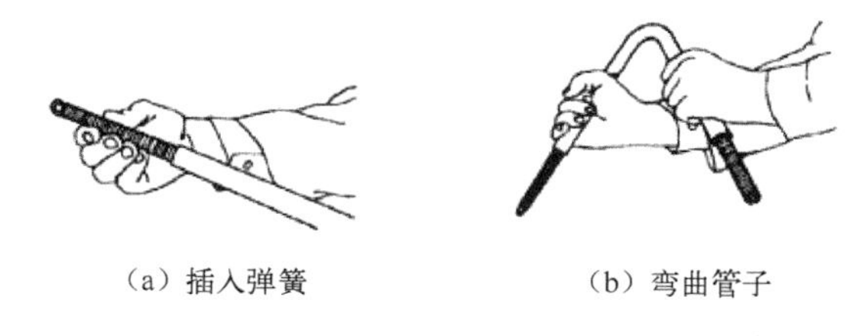

（a）插入弹簧　　（b）弯曲管子

图 1-22　使用弯管弹簧弯管

对直径在 40mm 及以上时，可采用热煨法使管子弯曲。一是采用灌沙加热法：在被弯管内灌入干燥的沙子，摇实后两端封闭，再用喷灯加热其被弯曲部分，弯曲成型后固定，当管子完全冷却后倒出沙子即可完成；二是采用直接加热法：先用喷灯、电烘箱等将管子加热，使管子成柔软状态，再插入橡胶棒，手工进行弯曲，成型后放入冷水中定型。

PVC 塑料管明敷时的弯曲半径不能小于管径的 6 倍，暗敷时的弯曲半径不能小于管径的 10 倍。无论哪种情形，弯曲角度都不应该小于 90°，特殊情况下才能采用 90°弯头。

3）PVC 塑料管的连接方法

PVC 塑料管可采用插入法、套接法和连接接头法等进行连接。目前，常用的是用连接接头的连接方法，具有连接简单、效率高的优点，如图 1-23 所示。这种方法适用于两根相同外径或不同外径 PVC 塑料管的连接。具体操作方法是选择合适的接头、清理 PVC 管的端口并涂上胶水，将涂胶水的端口插入接头内，几秒钟后即可连接好。

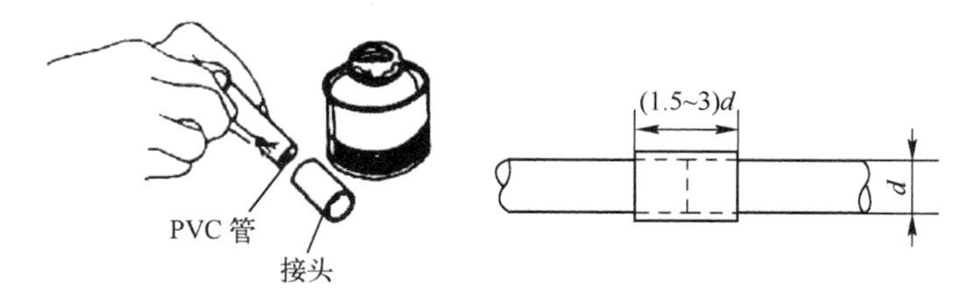

图 1-23　PVC 塑料管接头法的连接

4）PVC 塑料管与接线盒、配电箱的连接方法

PVC 塑料管与接线盒、配电箱连接时，一般采用配套的定型塑料制品。暗敷时还可采用 PVC 塑料管直接插入敲落孔，然后接口处用塑料卡口入盒接头或钢制弹簧卡等连接件，以防止管子从盒（箱）中脱出。明敷时一般采用接线盒上承插套筒接头，在管端涂上过氯乙烯胶密封固定。另一种常用的方法是通过接线盒接头使 PVC 塑料管和接线盒及配电箱相连接，PVC 塑料管与接线盒的连接如图 1-24 所示，这种方法安装简单，效率高。

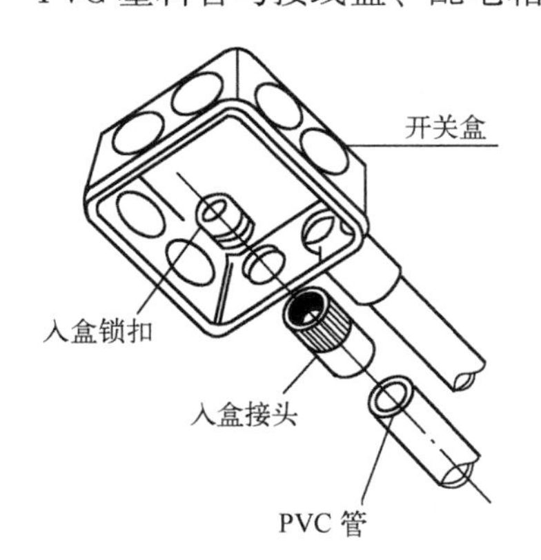

图 1-24　PVC 塑料管与接线盒的连接

5）PVC 塑料管路的固定方法

明敷的管线要用管卡支持。安装时先安装管卡，然后再将 PVC 塑料管夹入塑料管卡。PVC 塑料管线的管卡中心必须保持在一条线上才能使管线安装得横平竖直，同时固定 PVC 塑料管的管卡要设计合理，直线距离均匀。考虑到管卡设置的工艺要求，PVC 塑料管的始端、终端、转角及与接线盒或配电箱的边缘处均应安装管卡。其余的管卡应均匀分布，可参考表 1-27。

表 1-27　装 PVC 塑料管敷设管卡之间的距离

装 PVC 塑料管标称外径（mm）	13 ~ 19	25 ~ 50	50 以上
管壁厚度小于 2.5mm 时，管卡最大距离（m）	1.0	1.5	2.0

2. 钢管的加工工艺

1）钢管的切割、套丝和弯曲方法

钢管加工前必须要进行除锈、防腐处理。钢管内壁除锈可用圆形钢丝刷，来回拉动将管内铁锈除净。钢管外壁可用钢丝刷或电动除锈机除锈。同时对非镀锌钢管内、外壁涂防腐漆。

钢管的切断可用钢锯、管子切割机或割管器，严禁采用电、气焊切割钢管。钢管切口应与管轴线垂直，切口应锉平，管口应刮光。

钢管的套丝，对厚壁管采用铰板套丝；薄壁钢管采用圆丝板套丝。套丝后应使螺纹表面光洁、无裂纹。

钢管的弯曲常用的 3 种方法：一是采用弯管器或滑轮弯管器直接进行弯制的冷弯法管；二是采用氧—乙炔加热管子后进行弯制的热弯法；三是采用电动或液压弯管机弯管法。钢管弯曲的角度应不小于 90°，管子弯曲处的弯扁度不得大于管外径的 0.1 倍。

2）钢管的连接方法

对直径 20mm 及以下的钢管必须采用管接头（俗称束结、管箍）螺纹连接。管端套丝长度不应小于管接头长度的 1/2，连接后，其螺纹外露宜为 2 ~ 3 扣，螺纹表面应光滑、无缺损，如图 1-25（a）所示。

对于暗配管或需要密封安装的管子，也可采用套筒（又称套管）连接，一般适用于管径为 50mm 及以上的钢管，套管长度一般为管外径的 1.5 ~ 3 倍，管与管的对口应于套管的中心。

当套管采用焊接连接时，焊缝应牢固严密，连接处的管内表面应平整、光滑，如图1-25（b）所示。采用紧固螺钉连接时，螺钉应拧紧；在振动的场所，紧固螺钉应有防止松动的措施，如图1-25（c）所示。

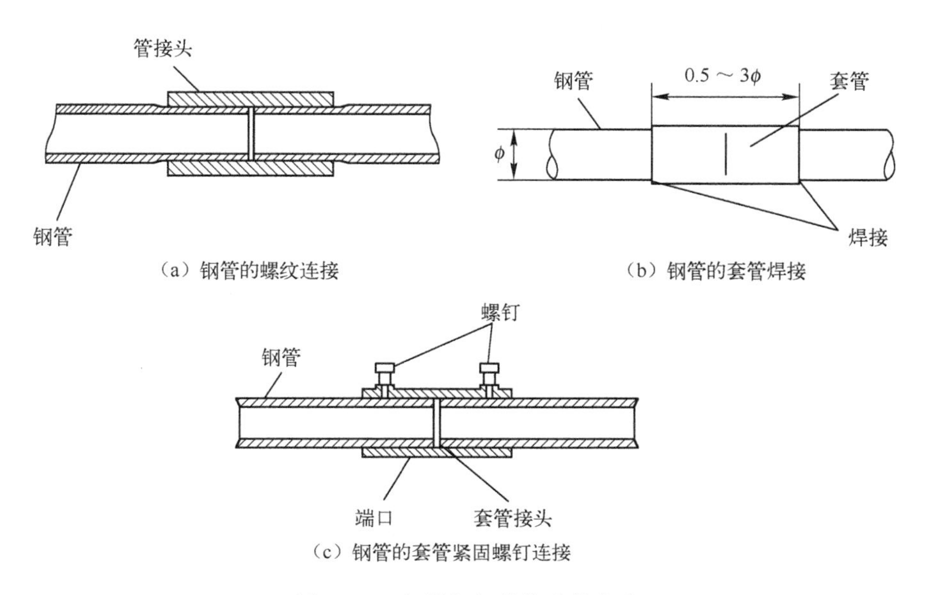

图1-25　钢管与钢管的连接方式

3）钢管与接线盒及配电箱的连接方法

钢管与接线盒、配电箱（盘）连接一般采用锁紧螺母（俗称钠子）连接，如图1-26所示。若接线盒由铸铁或铸铝制成，则常用管螺纹扣与管子连接。暗配管时，管口露出盒（箱）内应小于5mm；明配管时，管露出锁紧螺母的丝扣为2~4扣。

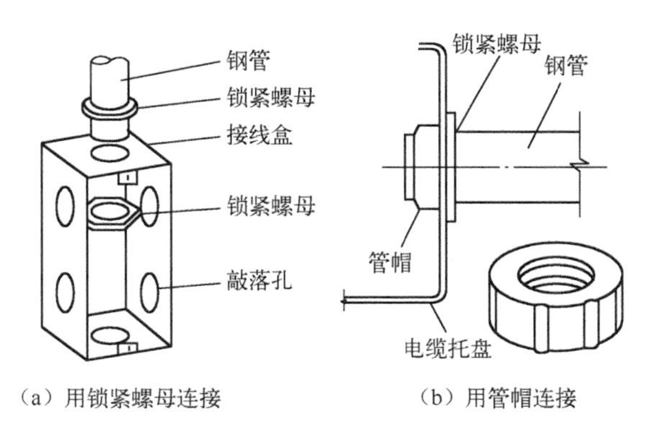

图1-26　钢管与接线盒、配电箱（盘）的连接

4）钢管的敷设方法

钢管明敷的操作步骤及要点如下：

（1）按施工图纸确定电气设备的安装位置，画出管道走向中心线及交叉位置，埋设支承钢管的紧固件。

（2）按线路敷设要求对钢管进行下料、清洁、弯曲、套丝等加工。

（3）在紧固件上固定并连接钢管。

（4）将钢管、接线盒、灯具或其他设备连接为一体，并将管路系统接地。

明配管路的敷设，应呈水平或垂直，其允许偏差为：2m 以内均为 3mm，全长不应超过管子内径的 1/2。

钢管暗敷步骤与明敷基本一致，但钢管暗敷必须与土建工程密切配合。

5）钢管的固定方法

钢管的固定方式、固定钢管的构件应根据建筑结构特点进行选用。固定钢管的卡件有管子卡（俗称骑马襻）、管卡（俗称 U 字螺钉）及 U 形槽管卡（又称双板管卡）等。

钢管沿墙、跨柱或楼板敷设时，配管固定点间的距离应均匀，不同管径的管子固定点的距离不同，表 1-28 所示为明敷时固定点的最大间距，而固定点管卡件与终端、转弯中点、电气设备及接线盒边缘的距离为 150～500mm。

表 1-28　钢管配线明敷时固定点的最大间距　（m）

管子类别	管径（标称直径）/mm				
	DN15～DN20	DN25～DN32	DN40	DN50	DN65～DN100
钢管电管	1.5	2.0	2.5	2.5	3.5
电管	1.0	1.5	2.0	2.0	—

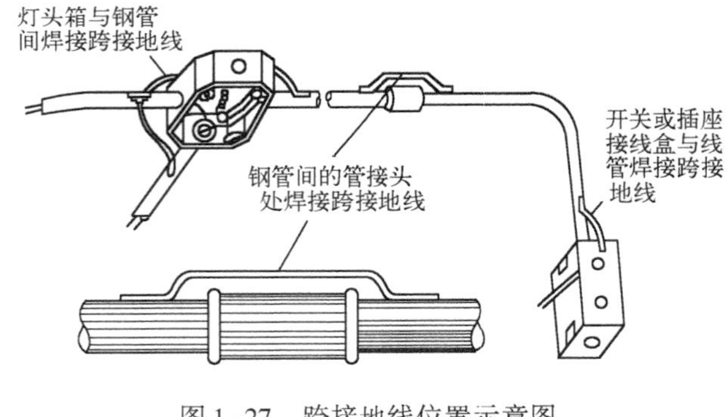

图 1-27　跨接地线位置示意图

6）钢管的接地

配线钢管必须进行良好的接地，这是电气设备保护接地或保护接零的重要组成部分。因此，施工时必须把管子可靠地连接成一体。对采用管接头连接的钢管，还必须在管接头两侧的钢管上焊接跨接地线。开关箱或插座接线盒等与钢管连接也应焊上跨接地线，如图 1-27 所示。

对镀锌钢管或可挠金属电线保护管的跨接地线拟采用专用接地线卡跨接，不采用熔焊连接。

三、配线管的穿线

1. 穿线的操作步骤

（1）穿线前的准备工作。在钢管、PVC 塑料管配管安装完成后，在穿线前，应对管内进行一次清扫，以清除尘埃、杂物和湿气。常采用空气清除法或人工扫除法。同时，还要清除管口的毛刺，以免穿线时碰伤导线。

（2）引线的穿入。引线一般采用 ϕ1.2mm 或 ϕ1.6mm 的镀锌低碳钢丝或采用钢度硬的弹簧钢丝。引线的一端弯成一个小圆弯，以防止在配管的弯曲处和管接头处被卡住。

如果管线较长且弯曲较多时，一般可在配管时就将引线穿入管中；也可采用从管路两端分别穿入引线，在估计两根引线已达相交距离后，再用手转动其中一根引线，或者两人在两端同时逆向转动两根引线，以使两根引线互相绞结，钩紧后，由一端拉出，再换上整根引线穿入管中。

（3）放线。根据管子的长度和所需的根数进行放线，并留有一定的余量，然后将这些导线的线头剥去绝缘层，以备与引线的绑扎。

（4）导线与引线的绑扎。导线与引线的绑扎必须牢靠，以防在穿线时脱开。对于多根导线，为防止在绑扎处外径增大而造成穿线困难甚至被卡住，一般应将导线错开后绑扎，拉线头的缠绕绑法如图 1-28 所示。绑好后可用胶布缠包，外涂滑石粉，以使绑扎处结牢、径小、光滑。

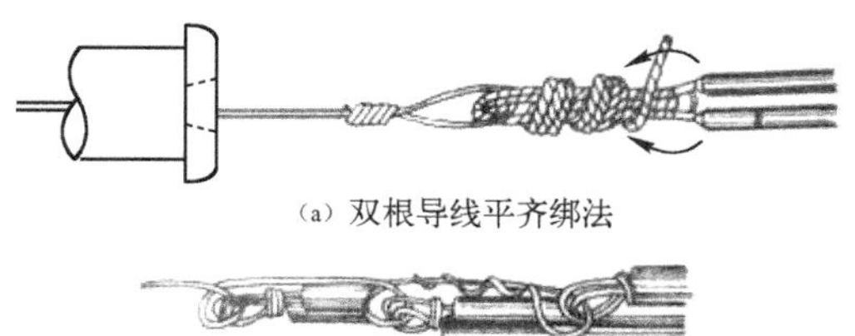

（a）双根导线平齐绑法

（b）双根导线错开绑法

图 1-28　拉线头子的缠绕绑法

（5）穿线。其方法如图 1-29 所示。穿线时在管子两端口各有一人，一人负责将导线束慢慢送入管内，另一人负责慢慢抽出引线钢丝，要求步调一致。PVC 塑料管线路一般使用单股硬导线，单股硬导线有一定的硬度，可直接穿入管内。在线路穿线中，如遇月弯不能穿过时，可卸下月弯，待导线穿过后再安装；最后将塑料管连接好。

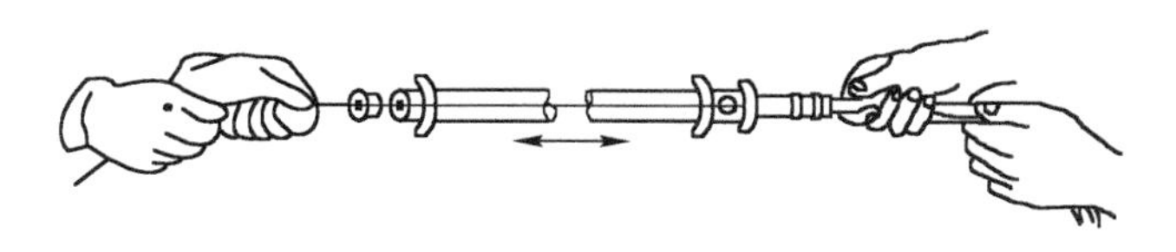

图 1-29　穿线

2. 穿线的注意事项

（1）穿线时，为减小导线与管壁的摩擦力，可以在导线上抹上少量的滑石粉给予润滑。

（2）为防止管口对导线绝缘层的损伤，应在管口套上尼龙或木制护圈，或者将管口制成喇叭口。

（3）穿管的导线必须使用绝缘导线。

（4）配管中的导线不得有接头。若导线要进行连接，则其接头应做在接线盒内或配电箱内，以便检修。

（5）在导线垂直穿管时，为减轻导线的自重，应在每隔一定的距离内，在管口处或接线盒中加装固定装置。这个距离一般规定为：导线截面积为 50mm^2 及以下时为 30m；70 ~ 95mm^{2}时，为 20m；120 ~ 240mm^{2}时，为 18m。

（6）导线共管敷设的原则。在钢管、PVC 塑料管配线施工中，同一交流电路的各相导线必须穿在同一根钢管内，但有些导线可以穿在一根管，有些导线却不允许穿在同一根管内，可按电气安装规程执行。

阅读材料 2　控制板上电器元件的固定与电气接线方法

一、控制板上电器元件的固定要求

(1) 依据电器安装布置图和电器元件安装要求在控制板上固定电器元件，并按电气原理图上的符号在各电器元件的醒目处贴上标志。

(2) 电器元件之间的距离要适当，既要节省板面，又要方便走线和投入动作及检修。固定电器元件时应按定位、打孔、固定 3 个步骤进行。

(3) 固定电器元件时，应在螺钉上加装平垫圈和弹簧垫圈。

二、电气接线的方法

在工厂电气控制设备中，常见的是导线与电气设备、电器元件、电气控制箱等的连接，主要采用导线（线头）与接线柱的连接。常用的接线柱有螺钉平压式、针孔（圆孔）式、瓦形式。其接头接点接线工艺的步骤如下：先将导线校直，按接线图（或原理图）规定的方位截取合适长度的导线，剥去绝缘层，用钳口钳成型，并套上线号管。

对电气接线的基本要求是：连接可靠、接触电阻小、机械强度高、耐腐蚀耐氧化、电气绝缘性能好。

1. 导线与螺钉平压式接线柱的连接工艺要求

螺钉平压式接线柱是利用半圆头、圆柱头、六角螺钉加垫圈压紧，完成电连接。

对于载流量较小的单股芯线，常将线头按顺时针方向绕成圆环（俗称“羊眼圈”）压进接线端子，再放垫片、弹簧垫圈，避免拧紧螺钉时导线挤出造成虚接，同时防止电器元件动作时因振动而松脱。“羊眼圈”的制作方法如图 1-30 所示。连接时，应注意外露裸导线不超过芯线外径，每个接点不超过两个线头。

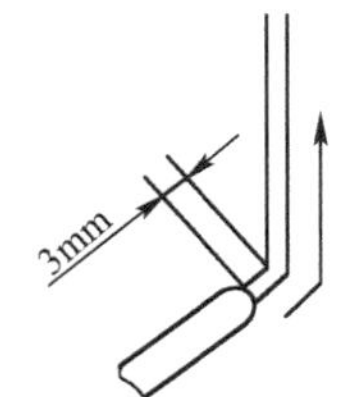

（a）离绝缘层根部约 3mm 处向外侧折角

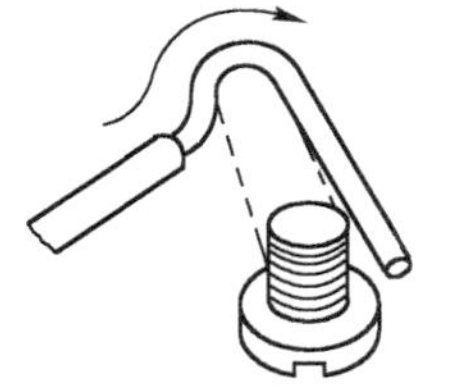
（b）按略大于螺钉直径弯曲圆弧

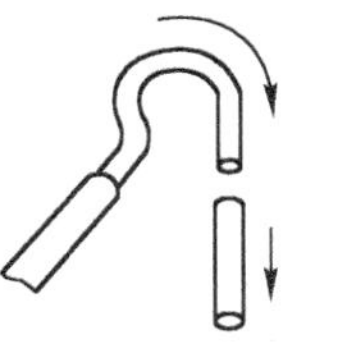
（c）剪去芯线余端

（d）修正圆圈致圆

图 1-30　单股芯线“羊眼圈”的制作方法

对于软线与螺钉平压式接线柱连接时，线头绞紧后顺时针方向围绕螺钉一圈后再回绕一圈压入螺钉。其制作方法如图 1-31 所示。

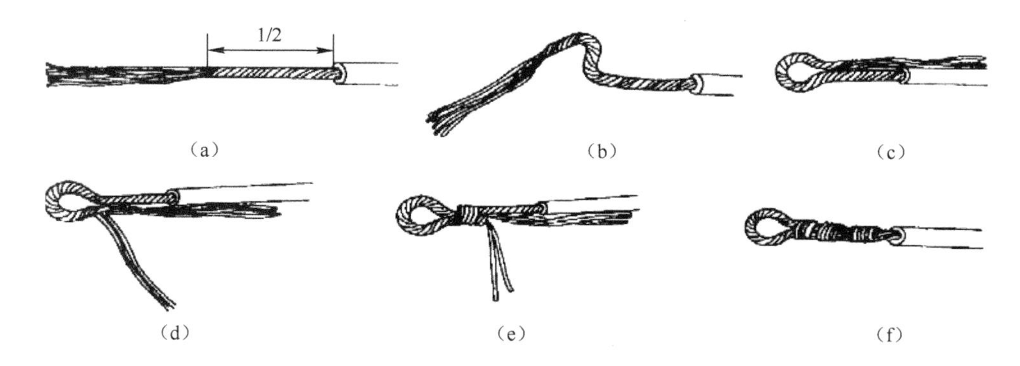

图 1-31　软线线头与螺钉平压式接线柱的连接方法

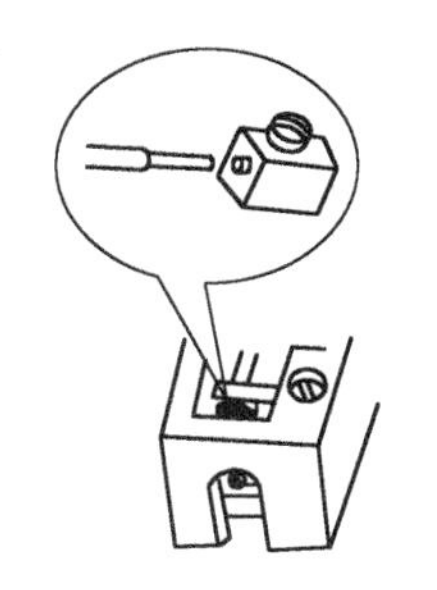

图 1-32　单股芯线与针孔式接线柱的连接方法

2. 导线与针孔式接线柱的连接工艺要求

单股或多股芯线与接线端针孔连接时，芯线头插入接线端子的针孔时要插到底，不要悬空，更不能压绝缘层，拧紧上面的螺钉，保证导线与端子接触良好。

单股芯线与针孔接线柱的连接如图 1-32 所示。

使用多股芯线时，要将线头绞紧，必要时进行烫锡处理。其具体连接方法如图 1-33 所示。

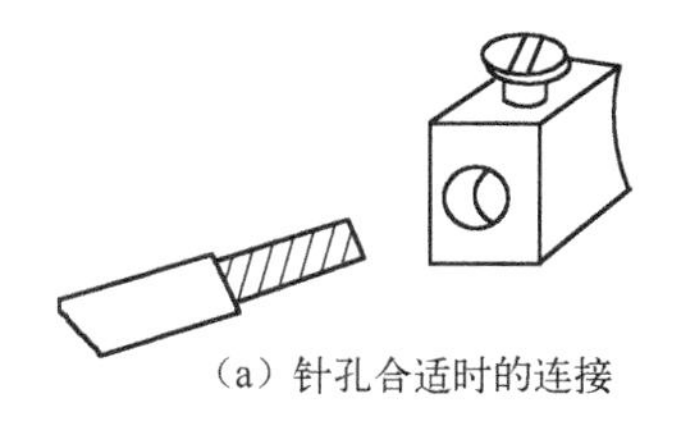

（a）针孔合适时的连接

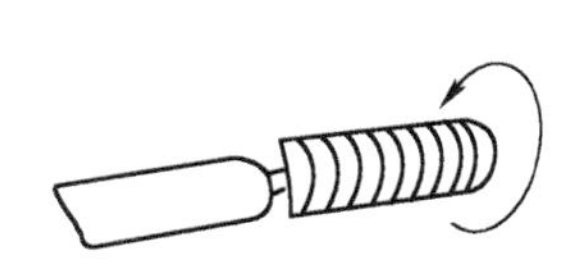

（b）针孔过大时线头的处理

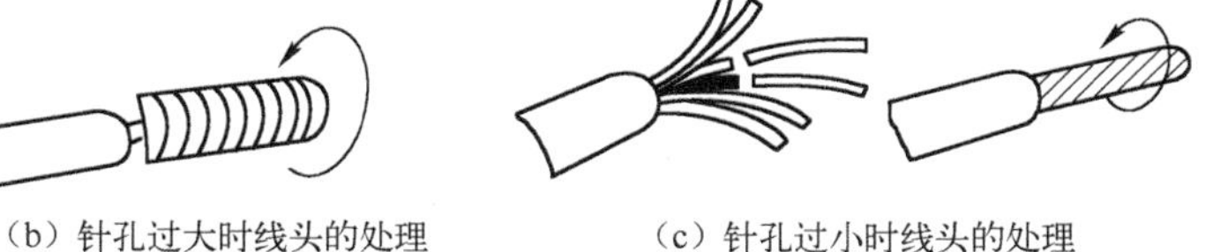

（c）针孔过小时线头的处理

图 1-33　多股芯线与圆孔接线柱的连接方法

3. 导线与瓦形接线柱的连接方法

瓦形接线柱的垫圈为瓦形。压接时为了不至于使线头从瓦形接线柱内滑出，压接前应先去除氧化层和污物的线头弯曲成 U 形。如图 1-34（a）所示，再卡入瓦形接线柱压接。如果在接线柱上有两个线头连接，应将弯成 U 形的两个线头相重合，再卡入接线柱瓦形垫圈下方压紧，如图 1-34（b）所示。

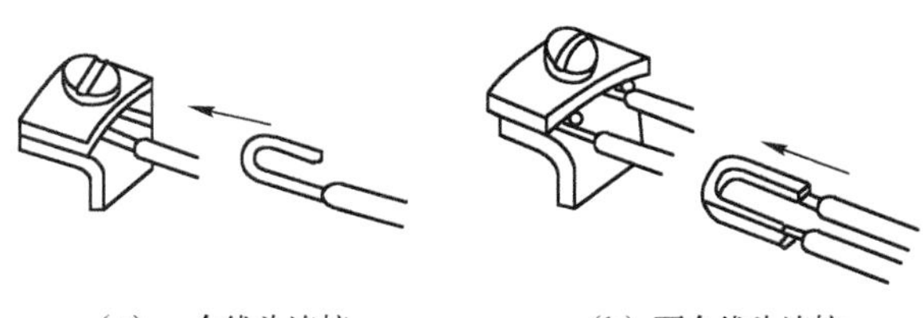

（a）一个线头连接　　（b）两个线头连接

图 1-34　导线与瓦形接线柱的连接方法

思考与练习

一、单项选择题（在每小题列出的四个备选答案中，只有一个是符合题目要求的）

1. 下列低压电器的型号中，属于开启式负荷开关的是　（　　）

A. HK1　　B. HH3　　C. HZ10　　D. DZ10

2. 下列低压电器中，属于低压配电电器的是　（　　）

A. 刀开关和热继电器　　B. 熔断器和热继电器

C. 刀开关和熔断器　　D. 熔断器和接触器

3. DZ1－20 系列低压断路器中的热脱扣器的作用是　（　　）

A. 欠压保护　　B. 短路保护　　C. 过载保护　　D. 失压保护

4. HK 系列开启式负荷开关用于一般照明电路和功率小于________kW 的电动机控制线路中。　（　　）

A. 5.5　　B. 7.5　　C. 10　　D. 15

5. HK 系列开启式负荷开关用于控制电动机的直接启动和停止时，选用额定电压 380V 或 500V，额定电流不小于电动机额定电流的________倍的三极开关。　（　　）

A. 1.5　　B. 2　　C. 3　　D. 4.5

6. 熔断器串接在电路中的主要作用是　（　　）

A. 短路保护　　B. 过载保护　　C. 欠压保护　　D. 失压保护

7. 一个额定电流等级的熔断器可以配用若干个额定电流等级的熔体，但要保证熔断器的额定电流值________所装熔体的额定电流值。　（　　）

A. 大于　　B. 大于或等于　　C. 小于　　D. 小于或等于

8. 当从螺旋式熔断器的瓷帽玻璃窗口观测到带小红点的熔断指示器自动脱落时，表示熔丝　（　　）

A. 没有熔断　　B. 已经熔断　　C. 还可正常使用　　D. 无法判断

9. 对照明和电加热等电流较平稳、无冲击电流负载的短路保护，熔体的额定电流应________负载的额定电流。　（　　）

A. 等于或稍大于　　B. 大于　　C. 小于　　D. 大于或等于

10. 对一台不经常启动且启动时间不长的电动机的短路保护，熔体的额定电流 I_{RN} 应大于或等于________倍电动机额定电流 I_N。　（　　）

A. 4～7　　B. 1.5～2.5　　C. 1～2　　D. 1

11. 有一台水泵电动机，其额定电压为380V，额定电流为20A，电动机的启动电流为额定电流的6.5倍，用熔断器作该电动机的短路保护，则熔断器的熔体额定电流应选择　（　　）

A. 20A　　B. 30A　　C. 50A　　D. 60A

二、填空题

1. 工作在交流额定电压________V 及以下，直流额定电压________V 及以下的电器称为低压电器。

2. 低压断路器、低压负荷开关必须________安装，保证合闸状态时手柄朝________。

3. 低压断路器的热脱扣器作________保护，电磁脱扣器作________保护，欠压脱扣器作________和________保护。

4. 开启式负荷开关用于控制照明和电热负载时，选用额定电压________或________，额定电流不小于电路所有负载额定电流之和的________开关，且要在开关内装接合适的熔体作________保护和________保护。

5. HH 系列封闭式负荷开关的罩盖与操作机构设置了联锁装置，保证开关在合闸状态下罩盖________，而当罩盖开启时又不能________，以确保操作安全。

6. 封闭式负荷开关必须垂直安装于________和________的场合，安装高度一般离地________m，外壳必须________。

7. 组合开关又称________，组合开关控制三相交流异步电动机的启动、停止时，每小时的接通次数不超过________次。

8. 熔断器是低压配电网络和电力拖动系统中用做________的电器。它主要由________、________、________三部分组成。熔体的截面形状常做成________、________、________形式。

9. 选用熔断器时，必须使熔断器的额定电压________或________线路的额定电压；熔断器的额定电流________或________所装熔体的额定电流；熔断器的分断能力________电路中可能出现的最大短路电流。

10. 瓷插式熔断器应________安装。螺旋式熔断器接线时，电源线应接在________接线座上，负载线应接在________接线座上，以保证能安全地更换熔管。

11. 熔断器兼作隔离开关使用时，应安装在控制开关的________端；若仅作短路保护时，应安装在控制开关的________端。

三、综合题

1. 什么是低压电器？举出几种你所熟悉的低压电器。
2. 低压断路器具有哪些优点？它有哪些保护功能，分别由哪些部件完成？
3. 简述低压断路器、开启式负荷开关、封闭式负荷开关、组合开关的选用原则。
4. 画出低压断路器、负荷开关、组合开关的图形符号，并注明文字符号。
5. 熔断器主要有哪几部分组成？各部分的作用是什么？
6. 什么是熔体的额定电流？它与熔断器额定电流是否相同？
7. 安装和使用熔断器时应注意哪些问题？
8. 列举你在哪些地方见到过低压开关、熔断器？它们分别属于哪种类型？
9. 简要说明 PVC 塑料配线管和钢管配线管的加工方法。
10. 简要说明 PVC 塑料配线管和钢管配线管的穿线步骤及注意事项。

课题 2

工业鼓风机控制线路的安装与检修

知识目标

□ 了解接触器、热继电器、按钮的型号、结构、符号。

□ 掌握常用接触器、热继电器、按钮的工作原理及其在电气控制设备中的典型应用。

□ 掌握电动机正转（点动、连续、点动与连续）控制线路的功能及其在电气控制设备中的典型应用。

□ 了解绘制、识读电气控制线路图的基本原则。

□ 掌握板前明配线电动机基本控制线路的安装步骤及工艺规范标准。

技能目标

□ 能参照低压电器技术参数和工业鼓风机控制要求选用常见热继电器、接触器、按钮。

□ 会正确安装和使用常见热继电器、接触器、按钮，能对其常见故障进行处理。

□ 会分析电动机正转控制线路的工作原理、特点及其在电气控制设备中的典型应用。

□ 能根据要求安装与检修工业鼓风机控制线路。

□ 能够完成工作记录、技术文件存档与评价反馈。

知识准备

由于工厂各种生产机械的工作性质和加工工艺均不同，因而它们对电动机的控制要求不同，工厂电气设备控制要求是使电动机能够按照生产机械的要求正常、安全地运转，因此必须配备一定的电器元件，组成一定的控制线路。

电气图是一种工程图，它是用来描述电气控制设备的结构、工作原理和技术要求的图纸。电气图需要用统一的工程语言来表达，这个统一的工程语言应根据国家电气制图的标准，用标准的图形符号、文字符号及规定的画法绘制。

1. 电气图的分类

工厂电气控制设备的电气图常见的种类有电路图、接线图、布置图。其定义、作用如表 2-1所示。

表 2-1　电路图、接线图、布置图的定义、作用

名　称	定　义	功　能
电路图	电路图是依据生产机械的运动形式对电气控制系统的要求，采用国家统一规定的电气图形符号和文字符号，按电气设备和电器元件的工作顺序，详细表示电路、设备或成套装置的全部基本组成和连接关系，但不考虑电器元件实际安装位置的一种简图	能充分表达电气设备和各电器元件的用途、作用和工作原理，是电气控制线路安装、调试和检修的依据

续表

名　称	定　义	功　能
接线图	接线图是依据电气设备和电器元件的实际位置和安装情况绘制的，仅用来表示电气设备和电器元件的实际安装位置、配线和接线方式，它不能明显地表示电气动作原理	主要用于电气控制线路的安装接线、检修与故障处理
布置图	布置图主要用来表明电气设备上所有电动机、电器的实际位置，是生产机械的电气控制设备在制造、安装与检修中必不可少的技术文件。布置图依据电器元件在控制线路板上的实际安装位置，采用简化的外形符号（如正方形、圆形等）而绘制的一种简图。布置图中各电器元件的文字符号则必须与电路图、接线图的标注相一致	它不能代表各电器元件的具体结构、作用、接线情况以及工作原理，主要用于电器元件安装位置的确定

2. 电气控制线路电路图的绘制

电动机电气控制线路电路图一般分电源电路、主电路和辅助电路 3 部分绘制。电气控制线路图的绘制方法如表 2–2 所示。

表 2–2　电气控制线路图的绘制方法

电路名称	电 路 定 义	绘 制 原 则
电源电路	电气控制线路电源的引入电路	应画成水平线，三相交流电路相序 L1、L2、L3 自上而下依次画出，中性线 N 和保护接地线 PE 依次画在相线之下。直流电源的“+”端画在上边，“–”端画在下边。电源开关也应水平画出
主电路	受电的动力装置及控制、保护电器的支路等，它由主电路熔断器、接触器的主触头、热继电器的热元件及电动机等组成。主电路通过电动机的工作电流，电流较大	一般画在电路图的左侧并垂直电源电路，三相交流电路相序 L1、L2、L3 自左向右依次画出
辅助电路	一般包括控制主电路工作状态的控制电路、显示主电路工作状态的指示电路、提供机械设备局部照明的照明电路等。由主令电器的触头、接触器线圈及辅助触头、继电器线圈及触头、指示灯和照明灯等组成。辅助电路所通过的电流较小，一般不超过 5A	辅助电路要跨接在两相电源线之间，一般按控制电路、指示电路、照明电路的顺序依次垂直画在主电路的右侧，且电路中与下边电源线相连的耗能元件（线圈、指示灯等）要画在电路图的下方，各电器元件的触头要画在耗能元件与上边电源线之间。为识读方便，一般按自左到右、自上到下的排列来表示操作顺序
注意事项	（1）绘制电路图时，电源电路、主电路、辅助电路要分开绘制。 （2）绘制电路图时，各电器元件的触头位置均应按电路未通电或电器元件未受外力作用时的常态位置画出。同样，分析线路的工作原理时，应从各触头的常态位置出发。 （3）绘制电路图时，应尽可能减少线条和避免线条交叉。对有直接电联系的交叉导线连接点，要用小黑圆点表示；无直接电联系的交叉导线则不画小黑圆点。 （4）在电路图中，不画各电器元件的实际外形图，采用国家统一规定的电气图形符号画出。 （5）在电路图中，同一电器元件的不同部分按其在电路中所起的作用不同而画在不同的电路中，但它们的动作是相互关联的，因此，必须标注相同的文字符号。对于相同的电器元件较多时，需要在各电器元件的文字符号后面加注不同的数字，以示区别，如 KA1、KA2 等。 （6）电路图中各个接点可用字母或数字进行编号，称为电路标号。可参考课题 1“电气图形符号的标准”中相关内容	

任务1　交流接触器的识别与检测

接触器是工厂电气控制设备中一种重要的低压电器。其主要控制对象是电动机，还可以控制电热设备、电焊机、电容器等其他负载。它不仅能够远距离自动操作和有欠电压释放保护功能，而且有控制容量大、工作可靠、操作频率高、使用寿命长等特点。

接触器按主触头通过电流的种类，可分为交流接触器和直流接触器两种。本任务主要介绍交流接触器。

交流接触器的种类较多，空气电磁式交流接触器应用最广，其产品系列、品种最多，结构和工作原理基本相同，图 2-1 所示为部分交流接触器的外形。常用的有国产 CJ10（CJT1）、CJ20 和 CJ40 等系列，引进国外技术生产的有 CJX1（3TB 和 3TF）系列、CJX8（B）系列、CJX2 系列等。下面以 CJ10 系列为例进行介绍。

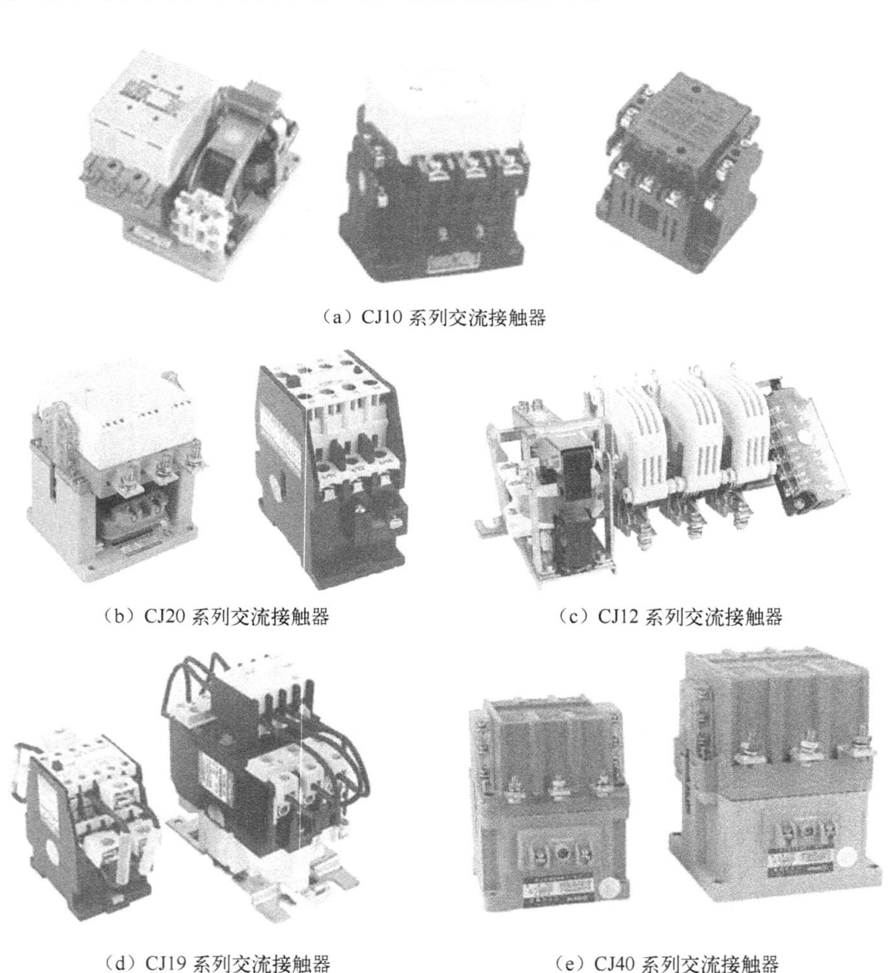

（a）CJ10 系列交流接触器

（b）CJ20 系列交流接触器　（c）CJ12 系列交流接触器

（d）CJ19 系列交流接触器　（e）CJ40 系列交流接触器

图 2-1　交流接触器的外形

1. 交流接触器的型号及含义

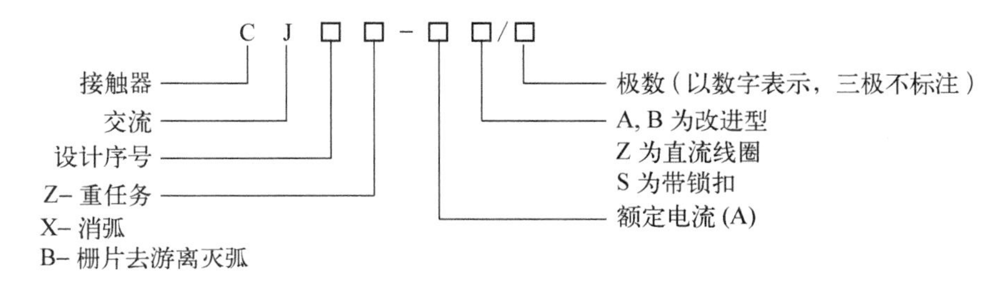

2. 交流接触器的结构、符号与工作原理

1）交流接触器的结构

交流接触器的结构和工作原理如图 2-2 所示，它主要由电磁系统、触头系统、灭弧装置和辅助部件等组成。

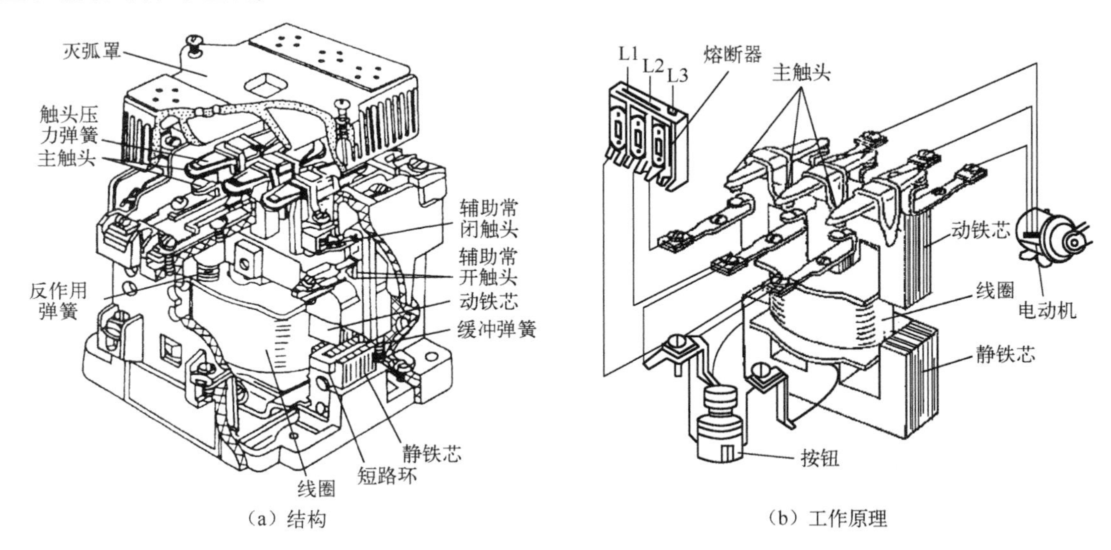

图 2-2　交流接触器的结构和工作原理

（1）电磁系统：电磁系统主要由线圈、铁芯（静铁芯）和衔铁（动铁芯）3 部分组成。其作用是通过电磁线圈的通电或断电，使衔铁和铁芯吸合或释放，从而带动动触头与静触头闭合或分断，实现接通或断开电路的目的。

静铁芯在下、动铁芯在上，线圈装在静铁芯上。铁芯是交流接触器发热的主要部件，静、动铁芯一般用 E 形硅钢片叠压而成，以减少铁芯的磁滞与涡流损耗，避免铁芯过热。另外，在 E 形铁芯的中柱端面留有 0.1 ~0.2mm 的气隙，以减小剩磁影响，避免线圈断电后衔铁粘住不能释放。铁芯的两个端面上嵌有短路环，如图 2-3 所示，用于消除电磁系统的振动和噪声。线圈做成粗且短的圆筒形，并在线圈和铁芯之间留有空隙，以增强铁芯的散热效果。

CJ10 系列交流接触器的衔铁运动方式有两种，对于额定电流为 40A 及以下的接触器，采用衔铁直线运动的螺管式，如图 2-4（a）所示；对于额定电流为 60A 及以上的接触器，采用衔铁绕轴转动的拍合式，如图 2-4（b）所示。

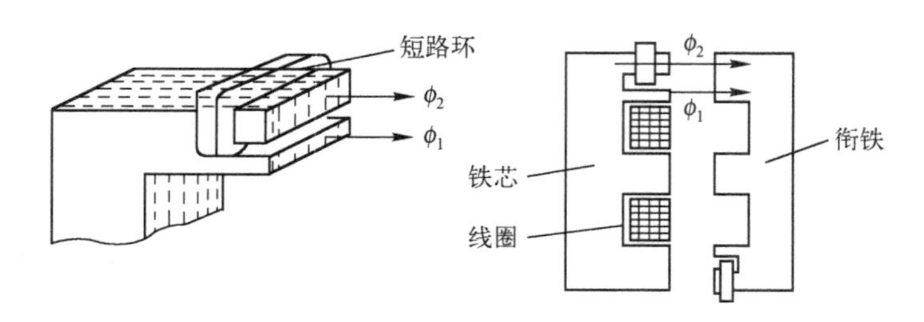

图 2-3 交流接触器的铁芯短路环

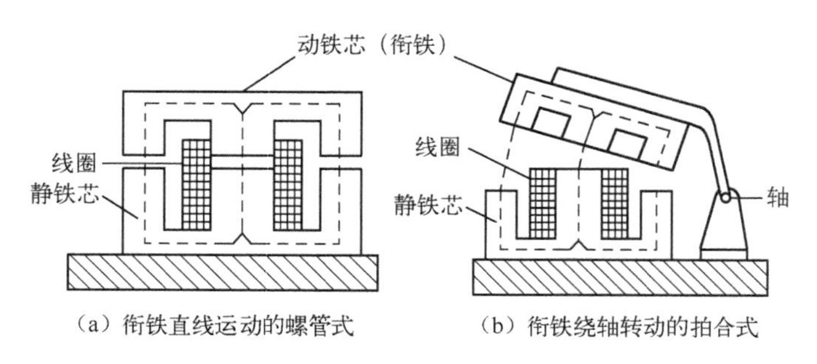

（a）衔铁直线运动的螺管式　（b）衔铁绕轴转动的拍合式

图 2-4 交流接触器电磁系统结构图

（2）触头系统：交流接触器的触头按通断能力分为主触头和辅助触头。主触头用以通断电流较大的主电路，一般由 3 对接触面较大的常开触头组成。辅助触头用以通断电流较小的控制电路，一般由两对常开触头和两对常闭触头组成。当线圈通电时，常闭触头先断开，常开触头随后闭合，中间有一个很短的时间差。当线圈断电后，常开触头先恢复断开，随后常闭触头恢复闭合，中间也存在一个很短的时间差。这个时间差虽短，但对分析线路的控制原理却很重要。

交流接触器的触头按接触形式可分为点接触式、线接触式和面接触式 3 种，如图 2-5 所示。按触头的结构形式可分为桥式触头和指形触头两种，如图 2-6 所示。CJ10 系列交流接触器的触头一般采用双断点桥式触头。其动触头用紫铜片冲压而成，在触头桥的两端镶有银基合金制成的触头块，以避免接触点由于产生氧化铜而影响其导电性能。静触头一般用黄铜板冲压而成，一端镶焊触头块，另一端为接线柱。在触头上装有压力弹簧片，用以减小接触电阻及消除开始接触时产生的有害振动。

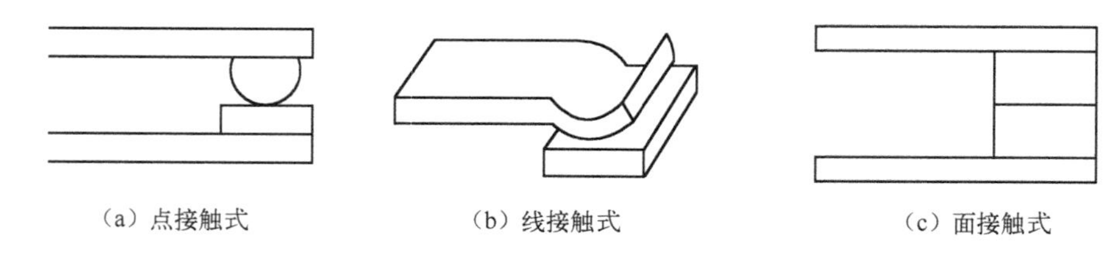

（a）点接触式　（b）线接触式　（c）面接触式

图 2-5 接触器触头的三种形式

（3）灭弧装置：交流接触器在断开大电流或高电压电路时，在动、静触头之间会产生很强的电弧。电弧会灼伤触头，缩短触头的使用寿命，同时会使电路切断的时间延长，甚至造成弧光短路或引起火灾事故。因此触头间的电弧应尽快熄灭。

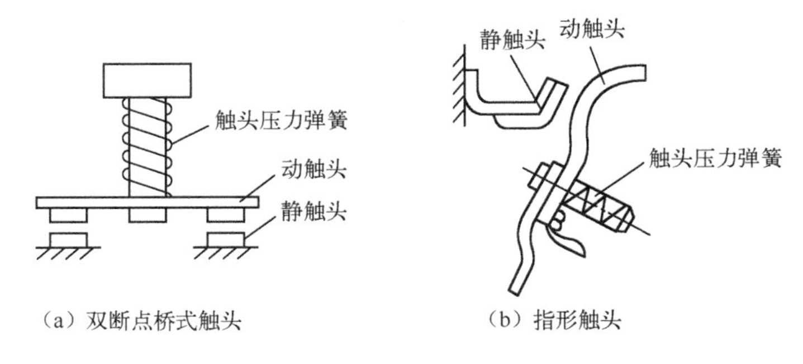

（a）双断点桥式触头　　（b）指形触头

图2-6　接触器触头的结构形式

灭弧装置的作用是熄灭触头分断时产生的电弧，以减轻对触头的灼伤，保证可靠地分断电路。交流接触器常用双断口结构电动力灭弧、纵缝灭弧、栅片灭弧等方式灭弧，如图2-7所示。对于容量较小的交流接触器，如CJ10－10型，一般采用双断口结构的电动力灭弧装置；对于额定电流在20A及以上的CJ10系列交流接触器，常采用纵缝灭弧装置；对于容量较大的交流接触器，多采用栅片灭弧装置。

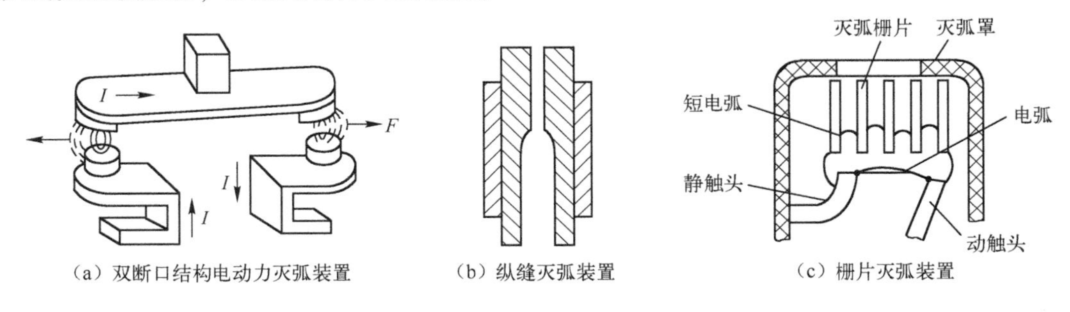

（a）双断口结构电动力灭弧装置　　（b）纵缝灭弧装置　　（c）栅片灭弧装置

图2-7　交流接触器常用的灭弧装置

指点迷津：接触器不能取下灭弧罩运行

接触器切忌在取下灭弧罩或灭弧罩破损的情况下进行带负荷接通与分断操作，否则会造成电气触头烧损，严重时将发生电弧相间短路，引起较大的破坏性事故。若确实因电气检修需要观察主触头的开、闭状态，必须先将输出端负载接线端卸掉。

（4）辅助部分：主要有反作用弹簧、缓冲弹簧、触头压力弹簧、传动机构、接线柱等组成。反作用力弹簧安装在衔铁和线圈之间，其作用是线圈断电后，推动衔铁释放，带动触头复位；缓冲弹簧安装在静铁芯和线圈之间，其作用是缓冲衔铁在吸合时对静铁芯和外壳的冲击力，保护外壳；触头压力弹簧安装在动触头上面，其作用是增加动、静触头之间的压力，从而增大接触面积，以减少接触电阻，防止触头过热损伤；传动机构的作用是在衔铁或反作用弹簧的作用下，带动动触头与静触头的接通或分断。

2）交流接触器的符号

交流接触器在电路图中的符号如图2-8所示。

3）交流接触器的工作原理

当交流接触器的线圈得电后，线圈中流过的电流产生磁场，使铁芯以足够的吸力克服反

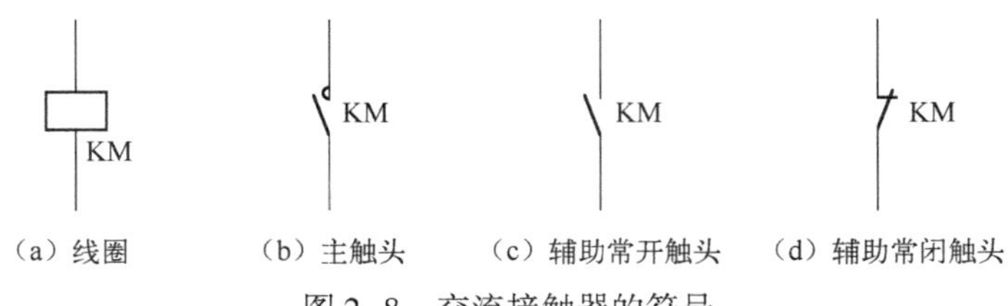

（a）线圈 （b）主触头 （c）辅助常开触头 （d）辅助常闭触头

图 2-8 交流接触器的符号

作用弹簧的反作用力，将衔铁吸合，通过传动机构带动 3 对主触头和辅助常开触头闭合，辅助常闭触头断开。当线圈断电或电压下降时，电磁吸力过小，衔铁在反作用力弹簧的作用下复位，带动各触头复位。

指点迷津：交流接触器线圈的额定电压

交流接触器线圈的额定电压可分为 36V、110V、127V、220V、380V 等等级，当控制线路简单、使用电器较少时，可直接选用 380V 或 220V 的电压。若控制线路较复杂、使用的电器个数超过 5 只时，可选用 36V、110V、127V 的电压，以保证安全，但需要增加一个控制变压器。

常用的 CJ10 等系列交流接触器在 85% ～105% 倍的额定电压下，能保证可靠地吸合。当线圈电压过高时，磁路趋于饱和，线圈电流会显著增大；当线圈电压过低时，电磁吸力将不足，衔铁吸合不上，线圈电流会达到额定电流的十几倍，因此，电压过高或过低都会造成线圈过热而烧毁。

当交流接触器线圈电压低于额定电压的 85% 时，由于电磁吸力不足，将使动、静铁芯自动分开，使其主触头断开，从而切断主电路，使电动机等电气设备自动断电。所以，使用交流接触器控制电动机等电气设备时，控制线路就具有欠压、失压保护功能。

3. 交流接触器的技术参数

交流接触器的基本技术参数如表 2-3 所示。

表 2-3 交流接触器的基本技术参数

型号	主触头			辅助触头			线圈		可控制三相交流异步电动机的最大功率（kW）		额定操作频率（次/h）
	对数	额定电流（A）	额定电压（V）	对数	额定电流（A）	额定电压（V）	电压（V）	功率（VA）	220V	380V	
CJ0－10	3	10	380	均为 2 常开 2 常闭	5	380	可为 36、110、127、220、380	14	2.5	4	≤600
CJ0－20	3	20						33	5.5	10	
CJ0－40	3	40						33	11	20	
CJ0－75	3	75						55	22	40	
CJ10－10	3	10						11	2.2	4	
CJ10－20	3	20						22	5.5	10	
CJ10－40	3	40						32	11	20	
CJ10－60	3	60						70	17	30	

4. 交流接触器的选用

交流接触器选用时，除应满足其工作条件和安装条件外，其主要技术参数的选用方法如下：

（1）根据所控制的电动机及负载电流类别选用接触器的类型。

（2）接触器的主触头额定电压应大于或等于负载工作电压。

（3）接触器的主触头额定电流应大于或等于负载工作电流。如果接触器是用来控制电动机的频繁启动、正反转等场合，应将接触器主触头额定电流降低一个等级使用。

（4）根据控制电路的电压选用不同线圈电压等级的接触器。

5. 交流接触器的安装与使用

CJ10 等系列交流接触器的工作条件和安装条件可参阅使用说明书。其安装与使用方法如下。

1）安装前的检查

（1）检查接触器的铭牌与线圈的技术数据（如额定电压、电流、操作频率等）是否符合实际要求。

（2）检查接触器的外观有无机械损伤；可动部分动作是否灵活；灭弧罩是否完整，固定是否牢固。

（3）将铁芯端面上的防锈油脂或黏在端面上的污垢用煤油擦净，以免多次使用后衔铁被黏住，造成断电后不能释放。

（4）检查和调整触头的工作参数（开距、超程、初压力和终压力等），并使各极触头同时接触。

（5）测量接触器的线圈电阻和绝缘电阻是否符合要求。

2）交流接触器的安装

（1）一般应安装在垂直面上，倾斜度不得超过5°；若有散热孔，则应将有孔的一面放在垂直方向上，以利于散热，并按规定留有适当的飞弧空间，以防飞弧烧坏相邻电器。

（2）安装和接线时，注意不能将零件失落或掉入接触器内部。安装孔的螺钉应装有弹簧垫圈和平垫圈，并拧紧螺钉以防振动松脱。

（3）安装完后应检查接线是否正确无误，在主触头不带电的情况下手动操作几次，然后测量产品的动作值和释放值，所测数值应符合产品规定值。

（4）用于可逆转换的交流接触器，为保证联锁可靠，除应装电气联锁外，还应加装机械联锁机构。

（5）交流接触器上不装接导线的螺钉应全部拧紧，防止工作时松动掉落而造成事故。

3）加强接触器的日常维护

（1）应对接触器进行定期检查，观察螺钉有无松动、可动部分是否灵活等。

（2）保持触头清洁，对电灼伤触头进行更换。

（3）拆装时不能损坏灭弧罩。绝不允许在不带灭弧罩或带破损灭弧罩的情况下运行，以免发生电弧短路事故。

指点迷津：交流接触器接线柱与导线的连接方法

（1）大中型接触器，由于通过的电流较大，为保证其主触头进、出线的电气接触良好，一般必须用线鼻子经螺栓（钉）加弹簧垫圈紧固。加弹簧垫圈的目的是防止连接处因机械设备的振动或因主触头处经常冷、热交替变化而松弛。

（2）小型接触器连线根据接触器本身结构，可以有螺钉压接式、夹钳接线式和快速插接式3种方法。

（3）也可采用线头弯成“羊眼圈”的方法进行连接。

6. 交流接触器的常见故障及处理方法

交流接触器的常见故障及处理方法如表2-4所示。

表2-4　交流接触器的常见故障及处理方法

故障现象	可能原因	处理方法
触头过热	（1）动、静触头间的电流过大（触头容量选择不当或带故障运行；系统电压过高或过低；用电设备超负荷运行等） （2）动、静触头间的接触电阻过大（触头压力不足；触头表面接触不良）	（1）更换接触器；检查系统电源电压是否正常；检查设备是否超负荷 （2）更换触头压力弹簧；修整触头表面等
触头磨损	（1）电磨损 （2）机械磨损	更换新触头，若磨损过快，应查明原因，排除故障
触头熔焊	（1）接触器容量选择不当，负载电流超过触头容量 （2）触头压力过小 （3）线路过载，使通过触头的电流过大	（1）选择合适的接触器 （2）更换和调整触头压力弹簧 （3）查明原因后更换新触头
铁芯噪声大	（1）衔铁与铁芯的接触面接触不良或衔铁歪斜 （2）短路环损坏 （3）机械方面原因	（1）修整铁芯接触面 （2）更换短路环 （3）消除机械原因
衔铁吸不上	（1）线圈引出线连接处脱落、线圈断线或烧毁 （2）电源电压过低 （3）机械部分卡阻	（1）更换线圈 （2）查电压过低原因 （3）消除机械原因
衔铁不能释放	（1）触头熔焊 （2）机械部分卡阻 （3）反作用弹簧损坏 （4）铁芯端面有油污 （5）E形铁芯的防剩磁间隙过小导致剩磁过大	（1）更换触头 （2）消除机械原因 （3）更换反作用弹簧 （4）清除铁芯端面油污 （5）调整剩磁间隙
线圈过热或烧毁	（1）线圈匝间短路（线圈绝缘损坏或受机械损伤，形成匝间短路或局部对地短路） （2）铁芯与衔铁闭合时有间隙 （3）线圈两端电压过高或过低	（1）更换线圈 （2）调整铁芯与衔铁间的间隙 （3）检查线圈电源电压，保证线圈电压符合参数要求

技能训练场4　交流接触器的识别与检测

1. 训练目标

（1）能识别不同型号的交流接触器，了解其主要技术参数与适用范围。

（2）能判断交流接触器的好坏。

2. 工具、仪表及器材

（1）工具、仪表由学生自行选择

（2）器材：CJ10（CJT1）、CJ20、CJ40、CJX1（3TB 和 CJTF）、CJX2、CJX8（B）等系列交流接触器，其型号规格自定。

3. 训练过程

（1）识别交流接触器、识读使用说明书要求同技能训练场1。

（2）认识交流接触器的结构：打开交流接触器外壳，仔细观察其结构，熟悉其结构及工作原理，并将主要部件的名称和作用填入表2-5中。

表2-5　交流接触器技术参数与结构

部件名称	部件作用
主要技术参数	
工作与安装条件	
适用场合	
主要安装尺寸	

（3）交流接触器的测量：分别使交流接触器在自由释放位置和吸合位置，用万用表测量各对触头之间的接触情况及线圈的直流电阻。再用兆欧表测量每两相触头间的绝缘电阻，并判断其好坏。将结果填入表2-6中。

表2-6　交流接触器的测量

主触头电阻值（Ω）						辅助触头电阻值（Ω）			
断开时			吸合时			断开时		吸合时	
L1	L2	L3	L1	L2	L3	常开触头	常闭触头	常开触头	常闭触头
线圈直流电阻									
测量结果评价									

4. 训练注意事项和评价

可参考技能训练场 1 进行。

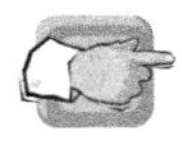 任务 2　热继电器的识别与检测

继电器是一种根据输入信号（电量或非电量）的变化，接通或断开小电流电路，实现自动控制和保护电力拖动装置的电器。继电器一般不直接控制电流较大的主电路，而是通过接触器或其他电器对主电路进行控制。它具有触头分断能力小、结构简单、体积小、重量轻、反应灵敏、动作准确、工作可靠等优点。

继电器主要由感测机构、中间机构和热行机构 3 部分组成。通过感测机构将感测到的电量或非电量传递给中间机构，并将它与预定值（整定值）进行比较，当达到预定值时，中间机构便使执行机构动作，从而接通或断开电路。

继电器按输入信号的性质可分为：电压继电器、电流继电器、速度继电器、压力继电器等；按工作原理可分为：电磁式继电器、电动式继电器、感应式继电器、晶体管式继电器和热继电器等；按输出方式可分为：有触点式和无触点式。

本任务主要介绍热继电器。

热继电器是利用流过继电器的电流所产生的热效应而反时限动作的自动保护电器。其延时动作的时间随着通过电路电流的增加而缩短。热继电器主要与接触器配合使用，用做电动机的过载保护、断相保护、三相电流不平衡运行的保护及其他电气设备发热状态的控制。

1. 热继电器的型号及含义

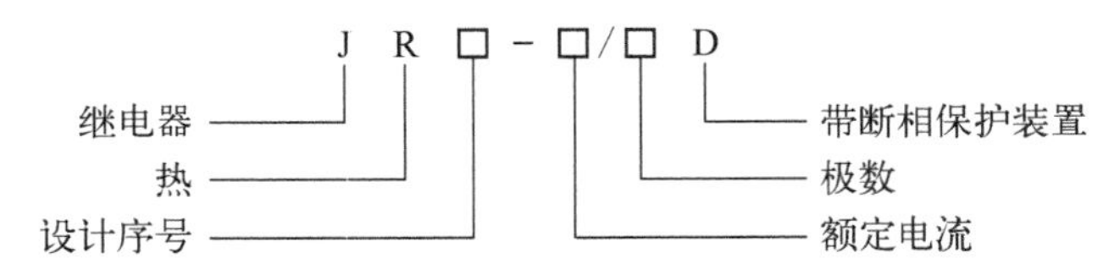

如 JR16B－20/3D 型表示额定电流为 20A，设计序号为 16，改型为 B，带有断相保护的三相结构热继电器。JR16B 系列热继电器的替代产品是 JR36 系列，其外形和安装尺寸完全一致。

2. 热继电器的结构、符号与工作原理

1）热继电器的结构

热继电器的形式以双金属片应用最多。按极数划分可分为单极、两极和三极 3 种，其中三极又可分为带断相保护装置和不带断相保护装置两种；按复位形式又可分为自动复位式（触头动作后能自动返回原位）和手动复位式两种。

如图 2-9 所示为常用热继电器的外形图，它们均为双金属片式。每一系列的热继电器一般只能和相适应系列的接触器配套使用，如 JR36 系列热继电器与 CJT1 系列交流接触器配套使用；JR20 系列热继电器与 CJ20 系列交流接触器配套使用，T 系列热继电器与 B 系列交

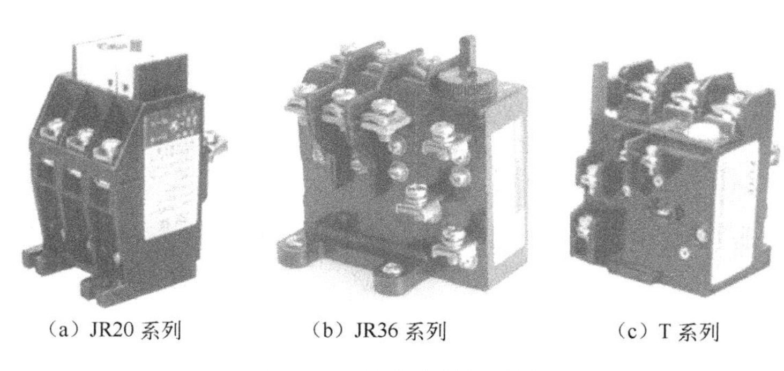

（a）JR20 系列　（b）JR36 系列　（c）T 系列

图 2-9　热继电器的外形

流接触器配套使用等。

如图 2-10 所示为三极双金属片热继电器的结构，它主要由热元件（主双金属片）、传动机构、常闭触头、电流整定装置和复位按钮组成。其热元件由主双金属片和绕在外面的电阻丝组成。主双金属片由两种热膨胀系数不同的金属片复合而成。

2）热继电器的符号

热继电器的符号如图 2-11 所示。

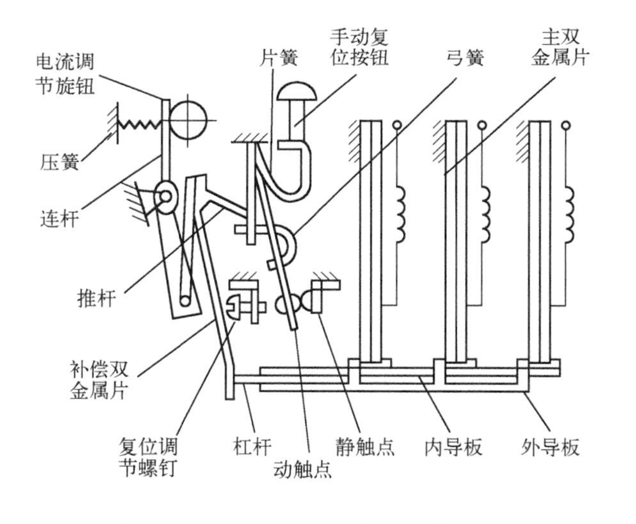

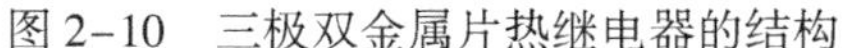

图 2-10　三极双金属片热继电器的结构

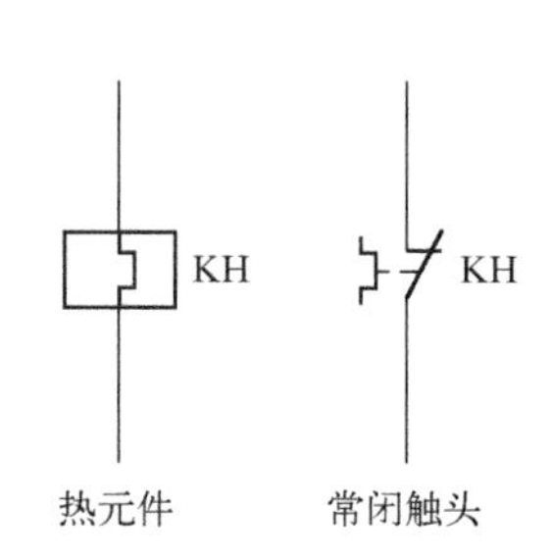

图2-11　热继电器的符号

3）热继电器的工作原理

热继电器在使用时，其热元件串联在电动机或其他用电设备的主电路中，常闭触点串联在被保护的控制电路中。一旦电动机过载，有较大电流通过热元件，电阻丝的发热量增多，温度升高，热元件变形弯曲，通过传动机构，分断接入控制电路中的常闭触点，使接触器线圈断电，从而切断主电路，起过载保护作用。热继电器的复位机构有手动复位和自动复位两种形式，可根据使用要求通过复位调节螺钉来自由调整选择。一般自动复位时间不大于 5min，手动复位时间不大于 2min。

热继电器整定电流的大小可通过旋转电流整定旋钮来调节，旋钮上刻有整定电流值标尺。其整定电流是指热继电器连续工作而不动作的最大电流，超过整定电流，热继电器将在负载未达到其允许的过载极限之前动作。

想一想

■ 热继电器为什么不能作为电动机的短路保护用？

指点迷津：热继电器在电动机控制线路中不能作为短路保护器件使用

由于热继电器主双金属片受热膨胀的热惯性及传动机构传递信号的惰性，热电器从电动机过载到触头动作需要一定的时间，也就是说，即使电动机严重过载甚至短路，热继电器也不会瞬时动作，因此，热电器不能用做电动机的短路保护。也正是这个热惯性及传动机构传递信号的惰性，保证了热继电器在电动机启动或短时过载时不会动作，从而满足了电动机的运行要求。

3. 热继电器的技术参数

1）常用热继电器的主要技术参数

常用热继电器的主要技术参数如表 2-7 所示。

表 2-7　常用热继电器的主要技术参数

型号	额定电压（V）	额定电流（A）	相数	热元件			断相保护	温度补偿	复位方式	动作灵活性检测装置	动作后的指示	触头数量
				最小规格	最大规格	挡数						
JR16（JR0）	380	20	3	0.25～0.35	14～22	12	有	有	手动或自动	无	无	1 常开、1 常闭
		60	3	14～22	10～63	4						
		150	3	40～63	100～160	4						
JR15		10	2	0.25～0.35	6.8～11	10	无					
		40		6.8～11	30～45	5						
		100		32～50	60～100	3						
		150		68～110	100～150	2						
JR20	660	6.3	3	0.1～0.15	5～7.4	14	无	有	手动或自动	有	有	1 常开、1 常闭
		16		3.5～5.3	14～18	6	有					
		32		8～12	28～36	6						
		63		16～24	55～71	6						
		160		33～47	144～170	9						
		250		83～125	167～250	4						
		400		130～195	267～400	4						
		630		200～300	420～630	4						

2）JR16 系列热继电器热元件的等级

JR16 系列热继电器热元件的等级如表 2-8 所示。

表2-8　JR16系列热继电器热元件的等级

型　号	额定电流（A）	热元件等级	
		额定电流（A）	刻度电流调节范围（A）
JR0-20/3 JR0-20/3D JR11-20/3 JR11-20/3D	20	0.35	0.25~0.3~0.35
		0.5	0.32~0.4~0.5
		0.72	0.45~0.6~0.72
		1.1	0.68~0.9~1.1
		1.6	1.0~1.3~1.6
		2.4	1.5~2.0~2.4
		3.5	2.2~2.8~3.5
		5.0	3.2~4.0~5.0
		7.2	4.5~6.0~7.2
		11	6.8~9.0~11.0
		16	10.0~13.0~16.0
		22	14.0~18.0~22.0
JR0-40/3 JR11-40/3D JR0-40/3 JR11-40/3D	40	0.64	0.4~0.64
		1.0	0.64~1.0
		1.6	1~1.6
		2.5	1.6~2.5
		4.0	2.5~4.0
		6.4	4.0~6.4
		10	6.4~10
		16	10~16
		25	16~25
		40	25~40

4. 热继电器的选用

热继电器的选用除应满足其工作条件和安装条件外，其主要技术参数的选择方法如下：

（1）根据电动机的额定电流选择热继电器的规格。一般应使热继电器的额定电流略大于电动机的额定电流。

（2）根据需要的整定电流值选择热元件的编号和电流等级。一般情况下，热元件的整定电流为电动机额定电流的0.95~1.05倍。但对电动机所拖动的冲击性负载或启动时间较长及所拖动设备不允许停电的场合，其整定电流值可取电动机额定电流的1.1~1.5倍。如果电动机的过载能力较差，其整定电流可取电动机额定电流的0.6~0.8倍。同时，整定电流应留有一定的上下限调整范围。

（3）根据电动机定子绕组的连接方式选择热继电器的结构形式，对定子绕组接成Y形的电动机可选用普通三相结构的热继电器，而作△形连接的电动机应选用三相结构带断相保护装置的热继电器。

热继电器的选用举例

某机床所用三相交流异步电动机的型号为 Y132M1 –6，定子绕组为△接法，额定功率为4.5kW，额定电压为380V，额定电流为9.4A；该电动机的工作方式为不频繁启动，若用热继电器作为该电动机的过载保护，试选择热继电器的型号与规格。

解：(1) 根据电动机的额定电流为9.4A，查表2–7 可知，应选择额定电流为20A 的热继电器，其整定电流可取电动机的额定电流 9.4A，热元件的电流等级选用 11A，其调节范围为6.8 ~11.0A。

(2) 由于电动机的定子绕组为△形接法，应选用带断相保护装置的热继电器。

因此，应选用型号为 JR16 –20/3D 的热继电器，热元件的额定电流选用 11A，整定电流为9.4A。

5. 热继电器的安装与使用

热继电器的工作条件和安装条件可参阅使用说明书，其安装与使用方法如下：

(1) 必须按产品说明书中规定的方式安装。所处的环境温度应与电动机所处环境温度基本相同。当与其他电器安装在一起时，应注意将热继电器安装在其他电器的下方，以免动作特性受到其他电器发热的影响。

(2) 安装时应清除触头表面的尘污，以免接触电阻过大。

(3) 热继电器出线端的连接导线应按表 2–9 所示规定选用。这是因为导线的粗细和材料将影响热元件端接点传导到外部热量的多少。导线过细，轴向导热性差，热继电器可能提前动作；反之，导线过粗，轴向导热快，热继电器可能滞后动作。

表 2–9 热继电器出线端导线的选用

热继电器的额定电流（A）	连接导线截面积（mm^2）	连接导线种类
10	2.5	单股铜芯塑料导线
20	4	单股铜芯塑料导线
60	16	多股铜芯塑料导线

(4) 应整定热继电器的整定电流。

(5) 应将复位方式按需求调节好。热继电器在出厂时均调整为手动复位方式，如果需要自动复位，只要将复位螺钉沿顺时针方向旋转 3 ~4 圈，并稍微拧紧即可。

(6) 使用期间应定期通电检验。

6. 热继电器的常见故障及处理方法

热继电器的常见故障及处理方法如表 2–10 所示。

表 2–10 热继电器的常见故障及处理方法

故障现象	可能原因	处理方法
热元件烧断	(1) 负载侧电流过大或短路 (2) 动作频率过高	(1) 排除故障，更换热继电器 (2) 更换参数合适的热继电器

续表

故障现象	可能原因	处理方法
热继电器不动作	（1）热继电器的额定电流值选用不合适 （2）整定值偏大 （3）动作触头接触不良 （4）热元件烧断或脱焊 （5）动作机构卡阻 （6）导板脱出	（1）按所保护设备额定电流重新选择 （2）合理调整整定值 （3）消除触头接触不良因素 （4）更换热继电器 （5）消除卡阻原因 （6）重新调整并调试
动作不稳定，时快时慢	（1）内部机构某些部件松动 （2）双金属片变形 （3）通电电流波动太大 （4）接线螺钉松动	（1）将这些部件加以固定 （2）更换双金属片 （3）检查电源电压或所保护设备 （4）拧紧接线螺钉
主电路断相	（1）热元件烧断 （2）接线螺钉松动或脱落	（1）更换热元件或热继电器 （2）将接线螺钉紧固
控制电路不通	（1）触头烧坏或接触不良 （2）可调整式旋钮转到了不合适的位置 （3）动作后没有复位	（1）更换触头或簧片或热继电器 （2）调整旋钮或螺钉 （3）按动复位按钮
动作太快	（1）整定值偏小 （2）电动机启动时间太长 （3）连接导线太细 （4）操作频率太高 （5）可逆转换（正反转）太频繁 （6）安装环境温度与电动机所处环境温度差太大	（1）合理调整整定值 （2）按启动时间的要求，选择具有合适的可返回时间的热继电器或在启动过程中将热继电器短接 （3）选择合适的连接导线 （4）更换合适的型号 （5）可改用其他保护形式 （6）按两地温差选用配置合适的热继电器

想一想

■ 为什么定子绕组采用△形接法的电动机必须采用三相结构带断相保护装置的热继电器？

■ 热继电器的整定电流值如何整定？

技能训练场5 热继电器的识别与检测

1. 训练目标

（1）能识别不同型号的热继电器，了解其主要技术参数及适用范围。

（2）能初步判断热继电器的好坏。

2. 工具、仪表及器材

（1）工具、仪表由学生自行选择

（2）器材：热继电器若干只。（上述器材的铭牌应用胶布盖住，并编号）

3. 训练内容

（1）识别热继电器、识读使用说明书要求同技能训练场1。

（2）热继电器的结构与整定电流的整定。

① 观察热继电器的结构：将后绝缘盖板拆下，认清 3 对热元件、接线柱、复位按钮和常开、常闭触头，并说明它们的作用。

② 用万用表测量热继电器 3 对热元件的电阻值和常开、常闭触头的电阻值，分清触头形式。

③ 根据指导教师所给电动机的功率，选择热继电器的型号与规格，并将整定电流整定好。

4. 注意事项

同技能训练场 1。

5. 训练评价

训练评价标准如表 2-11 所示，其余同技能训练场 1。

表 2-11　训练评价标准

项　目	评价要素	评价标准	配分	扣分
识别热继电器	(1) 正确识别热继电器名称 (2) 正确说明型号的含义 (3) 正确画出热继电器的符号	(1) 写错或漏写名称　每只扣 5 分 (2) 型号含义有错　每只扣 5 分 (3) 符号写错　每只扣 5 分	20	
识别热继电器结构	正确说明热继电器各部分结构名称	主要部件的作用有误　每项扣 3 分	20	
识读说明书	(1) 说明热继电器的主要技术参数 (2) 说明安装场所 (3) 说明安装尺寸	(1) 技术参数说明有误　每项扣 2 分 (2) 安装场所说明有误　每项扣 2 分 (3) 安装尺寸说明有误　每项扣 2 分	10	
检测热继电器	(1) 规范选择、检查仪表 (2) 规范使用仪表 (3) 检测方法及结果正确	(1) 仪表选择、检查有误　扣 10 分 (2) 仪表使用不规范　扣 10 分 (3) 检测方法及结果不正确　扣 10 分 (4) 损坏仪表或不会检测　该项不得分	40	
热继电器整定	根据所给电动机的额定电流进行整定	(1) 整定值错误　扣 5 分 (2) 不会整定　扣 10 分	10	

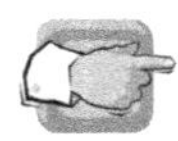

任务 3　按钮的识别与检测

主令电器是用来接通或断开控制电路，以发出指令或操作程序控制的开关电器。常用的主令电器有按钮、位置开关、万能转换开关和主令控制器等。本任务主要介绍按钮。

按钮是一种用人体某一部分（一般为手指或手掌）施加外力而操作、并具有弹簧储能复位的控制开关，是一种常用的主令电器。其触头允许通过的电流较小，一般不超过 5A。因此，按钮一般不直接控制主电路（大电流电路）的通断，而是在控制电路（小电流电路）中发出指令或信号，控制接触器、继电器、启动器等电器，再由它们去控制主电路的通断、功能转换或电气联锁。如图 2-12 所示为常见按钮的外形。

图2-12 常见按钮的外形

1. 按钮的型号及含义

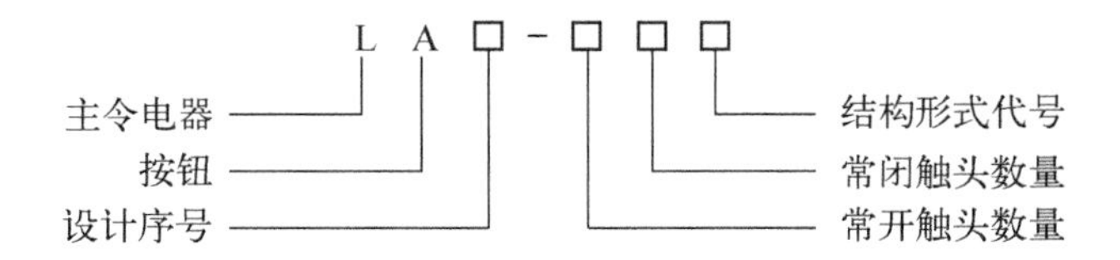

2. 按钮的结构、符号与工作原理

1）按钮的结构和符号

按钮一般由按钮帽、复位弹簧、桥式动触头、静触头、支柱连杆及外壳等部分组成，如图2-13所示。不同类型和用途的按钮符号如图2-14所示。

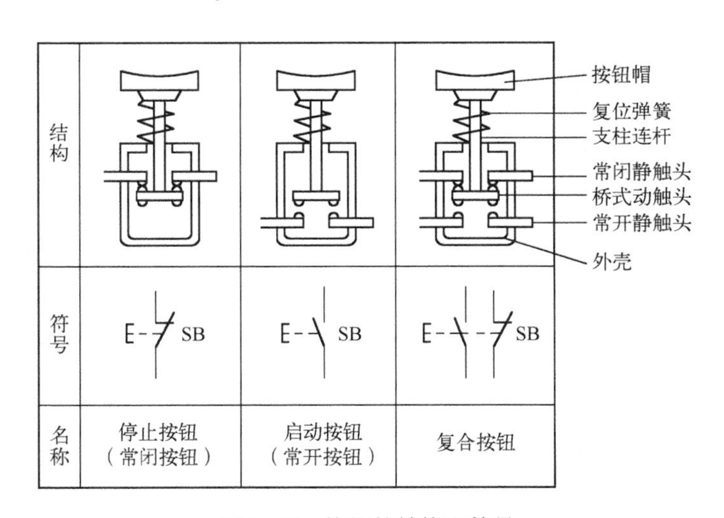

图2-13 按钮的结构和符号

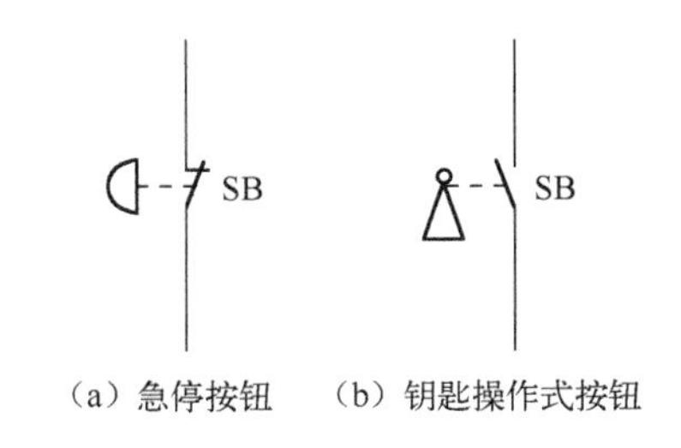

图2-14 不同类型和用途按钮符号

指点迷津：按钮的结构形式与颜色

1. 按钮的结构形式

不同结构形式按钮的特点如表2-12所示。

表 2-12　按钮结构形式代号与特点

代　　号	名　　称	结 构 特 点
K	开启式	适用于嵌装在固定的开关板、柜面板上
H	保护式	带保护外壳，可防止内部零件受机械磨损，防止人触及带电部分
S	防水式	带密封的外壳，可防止雨水浸入
F	防腐式	能防止化工腐蚀性气体侵入
B	防爆式	能用于含有爆炸性气体的场所
X	旋钮式	用把手旋转操作触点的通断，固定于面板上
Y	钥匙式	用钥匙插入操作，供专人操作，可防止误操作
J 或 M	紧急式	有红色大蘑菇并没有突出于外，作紧急时切除电源用
Z	自锁式	按钮内装有电磁机构，可自保持，用于某些试验设备和特殊场合
	组合式	多个按钮组合
D	带灯式	按钮上装有信号灯，用于控制屏、台面板上
L	联锁式	多对触头互相联锁

2. 按钮的颜色

为了区分控制的功能，按钮的头部一般设置不同的颜色，其含义及用途如表 2-13 所示。

表 2-13　常用按钮颜色的含义及用途

颜　　色	代 表 意 义	典型用途举例	
红	停车、开断	(1) 一台或多台电动机的停车 (2) 机器设备的一部分停止运行 (3) 磁力吸盘或电磁铁的断电 (4) 停止周期性的运行	
	紧急停车	(1) 紧急开断 (2) 防止危险性过热的开断	
绿	安全情况或正常情况准备时的启动、工作、点动	(1) 辅助功能的一台或多台电动机的启动 (2) 机器设备的一部分启动 (3) 点动或缓行	
黄	异常（返回的启动、移动出界、正常工作循环或移动，开始抑止危险情况）	在机械已完成一个循环的始点，机械元件返回；按黄色按钮的功能可取消预置的功能	
蓝	强制性的	要求强制动情况下的操作及保护继电器的复位	
白	没有特定的含义，可进行以上颜色所未包括的特殊功能	启动/接通（优先）	停止/断开
灰		启动/接通	停止/断开
黑		启动/接通	停止/断开（优先）

2）按钮的工作原理

按按钮不受外力作用（即静态）时触头的分合状态，分为启动按钮（常开按钮）、停止按钮（常闭按钮）和复合按钮（常开、常闭触头组合为一体的按钮）。

对启动按钮而言，按下按钮帽时触头闭合，松开后触头自动断开复位。停止按钮则相反，按下按钮帽时触头分断，松开后触头自动闭合复位。复合按钮是当按下按钮帽时，桥式动触头向下运动，使常闭触头先断开后，常开触头才闭合；当松开按钮帽时，则常开触头先分断复位，常闭触头再闭合复位。

3. 按钮的技术参数

常用按钮的基本技术参数如表2-14所示。

表2-14 常用按钮的基本技术参数

型号	额定电压（V）	额定电流（A）	结构形式	触点对数		按钮数	按钮颜色
				常开	常闭		
LA2	500	5	元件	1	1	1	黑或绿或红
LA10-2K			开启式	2	2	2	黑或绿或红
LA10-3K			开启式	3	3	3	黑、绿、红
LA10-2H			保护式	2	2	2	黑或绿或红
LA10-3H			保护式	3	3	3	黑、绿、红
LA18-22J			元件（紧急式）	2	2	1	红
LA18-44J			元件（紧急式）	4	4	1	红
LA18-22Y			元件（钥匙式）	2	2	1	黑
LA18-44Y			元件（钥匙式）	4	4	1	黑
LA18-66X			元件（旋钮式）			1	黑
LA19-11J			元件（紧急式）	1	6	1	红
LA19-11D			元件（带指示灯）	1	1		红或绿或黄或蓝或白

4. 按钮的选用

按钮的选用除应满足其工作条件和安装条件外，其主要技术参数的选用方法如下：

（1）根据使用场合选用按钮开关的种类。

（2）根据用途选用合适的形式。

（3）根据控制电路需要，确定不同按钮数。

（4）按工作状态指示和工作情况要求，选用按钮和指示灯的颜色。

5. 按钮安装与使用

按钮的工作条件和安装条件可参阅使用说明书，其安装与使用方法如下：

（1）按钮安装在面板上时，应布置整齐，排列有序，如根据电动机启动的先后顺序，从左到右或从上到下排列。

（2）同一机床运动部件有几种不同工作状态时（如万能铣床工作台的上下、前后、左右运动等），应使每一对相反状态的按钮安装在一组。

（3）按钮的安装应牢固，安装按钮的金属板或金属按钮盒应可靠接地。

（4）由于按钮的触头间距较小，如有油污等极易发生短路故障，所以应注意保持触头间的清洁。

（5）光标按钮一般不宜用于需长期通电显示处，以免塑料外壳过度受热变形，使更换灯泡困难。

（6）“停止”按钮必须用红色；“急停”按钮必须用红色蘑菇形；“启动”按钮可用

绿色。

6. 按钮的常见故障及处理方法

按钮的常见故障及处理方法如表2-15所示。

表2-15　按钮的常见故障及处理方法

故障现象	可能原因	处理方法
触头接触不良	（1）触头烧损 （2）触头表面有尘垢 （3）触头弹簧失灵	（1）修整触头或更换产品 （2）清理触头表面 （3）更换产品
触头间短路	（1）塑料受热变形，导致接线螺钉相碰而短路 （2）杂物或油污在触头间形成短路	（1）更换产品，并查明发热原因 （2）清洁按钮内部

技能训练场6　按钮的识别与检测

1. 训练目标

（1）能识别不同型号的按钮，了解其主要技术参数和适用范围。
（2）能初步判断按钮的好坏。

2. 工具、仪表及器材

（1）工具、仪表由学生自行选择
（2）器材：各系列按钮等若干只。（上述器材的铭牌应用胶布盖住，并编号）

3. 训练内容

（1）识别按钮、识读使用说明书要求同技能训练场1。
（2）按钮的结构与测量：观察不同按钮的结构，用万用表判断其常开、常闭触头及其好坏。

4. 注意事项

同技能训练场1。

5. 训练评价

同技能训练场1。

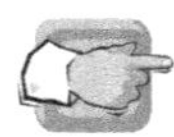

任务4　工业鼓风机控制线路的安装与检修

在课题1中，用低压开关控制砂轮电动机的控制线路的优点是所用电器元件少，线路简单；其缺点是操作劳动强度大，安全性差，且不便于实现远距离控制和自动控制。对于三相交流异步电动机需要频繁启动和停止的场合，如果用主令电器（按钮）和自动控制电器（接触器）来控制，不仅可以实现远距离控制和自动控制，而且还能进行频繁启动和停止操作。

1. 点动正转控制线路的识读

所谓点动控制，是指当用手按动按钮开关时，三相交流异步电动机直接启动，只要手一松开，三相交流异步电动机就立即停止运转。电动机的运行时间由手按按钮的时间决定。点动正转控制线路如图 2-15 所示。

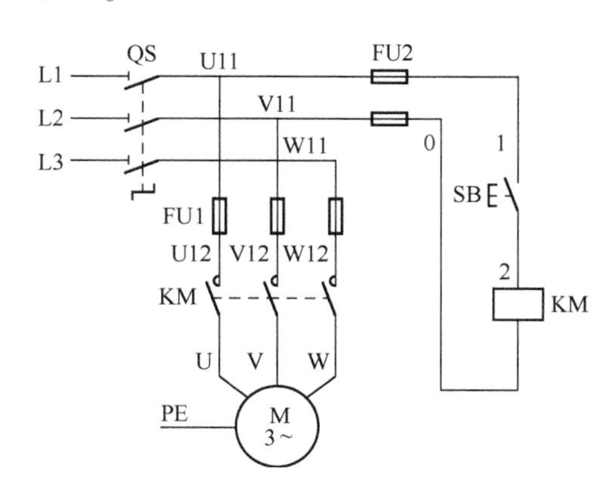

图 2-15　点动正转控制线路

在点动正转控制的电路中，组合开关 QS 作为电源隔离开关；熔断器 FU1、FU2 分别作为主电路、控制电路的短路保护；启动按钮 SB 控制接触器 KM 的线圈得电、失电；接触器 KM 的主触头控制电动机 M 的启动与停止。

线路的工作原理如下：

启动：当电动机 M 需要点动时，先合上组合开关 QS，此时电动机 M 尚未接通电源。当按下启动按钮 SB，接触器 KM 的线圈得电，使其衔铁吸合，同时带动接触器 KM 的 3 对主触头闭合，电动机 M 便接通电源启动运转。

停止：当电动机需要停转时，只要松开启动按钮 SB，使接触器 KM 的线圈失电，衔铁在复位弹簧的作用下复位，带动接触器 KM 的 3 对主触头恢复分断，电动机 M 失电后停止运转。

在分析各种线路的工作原理时，为简单明了，常用电器元件的文字符号和箭头配以少量的文字来表达线路的工作原理。点动正转控制的电路工作原理又可以如下叙述：

先合上电源开关 QS。

启动：按下 SB ⟶KM 线圈得电⟶KM 主触头闭合⟶电动机 M 启动运转。

停止：松开 SB ⟶KM 线圈失电⟶KM 主触头断开⟶电动机 M 启动停转。

停止使用时，断开电源开关 QS。

想一想

■ 如果要使电动机连续运行，你可采取什么办法？

2. 接触器自锁正转控制线路的识读

由于点动正转控制线路不能使电动机连续运转，所以为实现电动机的连续运转，常采用

图 2-16 所示的接触器自锁正转控制线路。

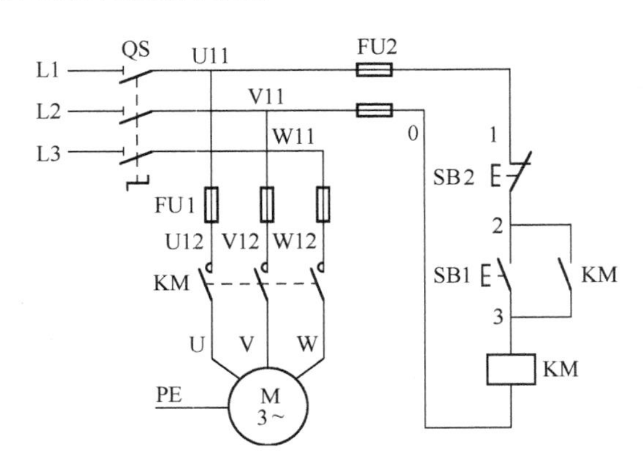

图 2-16　接触器自锁正转控制线路

这种控制线路与点动控制线路的主电路相同，但在控制电路中增加了一只停止按钮 SB2，在启动按钮 SB1 的两端并联了接触器 KM 的一对常开辅助触头。

线路的工作原理如下：先合上电源开关 QS。

启动控制：

按下 SB1 → KM 线圈得电 → KM 主触头闭合 / KM 自锁触头闭合自锁 → 电动机 M 连续运转

停止控制：

按下 SB2 ⟶ KM 线圈失电 ⟶ 主触头、自锁触头分断 ⟶ 电动机 M 失电停转

想一想

■ 为什么松开启动按钮 SB1 后，接触器 KM 仍吸合，使电动机 M 连续运转？

接触器自锁正转控制线路的特点如表 2-16 所示。

表 2-16　接触器自锁正转控制线路的特点

序　号	特　点	说　明
1	能使电动机连续运转	当松开启动按钮 SB1 后，其常开触头虽然分断，但接触器 KM 的常开辅助触头已闭合，将 SB1 短接，控制电路仍保持接通，所以接触器 KM 线圈继续得电，电动机 M 实现了连续运转。 像这种当松开启动按钮后，接触器通过自身常开辅助触头而使线圈保持得电的作用称为自锁。与启动按钮并联，起自锁作用的接触器常开辅助触头称为自锁触头
2	具有欠压保护作用	所谓“欠压”是指线路电压低于电动机应加的额定电压。“欠压保护”是指当线路电压下降到某一数值时，电动机能自动脱离电源停转，以免电动机在欠压下长时间运行造成损坏的一种保护措施。上述采用接触器自锁正转控制线路就可避免电动机在欠压下长时间运行。因为当线路电压下降到一定值（一般指低于额定电压 85% 以下）时，接触器的线圈两端电压也同样下降，从而使接触器线圈产生的磁通减弱，产生的电磁吸力小于反作用弹簧的作用力，动铁芯被迫释放，主触头、自锁触头同时分断，自动断开主电路和控制电路，电动机便失电停转，达到了欠压保护的目的
3	具有失压（零压）保护作用	失压保护是指由于外界原因引起突然断电时，能自动切断电动机电源；当重新供电时，保证电动机不能自行启动的一种保护措施。 接触器自锁控制线路可以起到失压保护功能。因为线路断电时，接触器的自锁触头、主触头已分断，主电路、控制电路已断开；重新供电时，接触器不能自行吸合，只有重新按下启动按钮才能吸合，使电动机运转，这样就能保证人身及设备的安全

3. 具有过载保护的接触器自锁正转控制线路的识读

在电动机控制线路中，除了由熔断器 FU 作为短路保护，由接触器 KM 作为欠压和失压保护外，还应有电动机的过载保护。

过载保护是指当电动机出现过载时能自动切断电动机电源，使电动机停转的一种保护措施。最常用的过载保护器件是热继电器。具有过载保护的接触器自锁正转控制线路如图 2-17 所示。

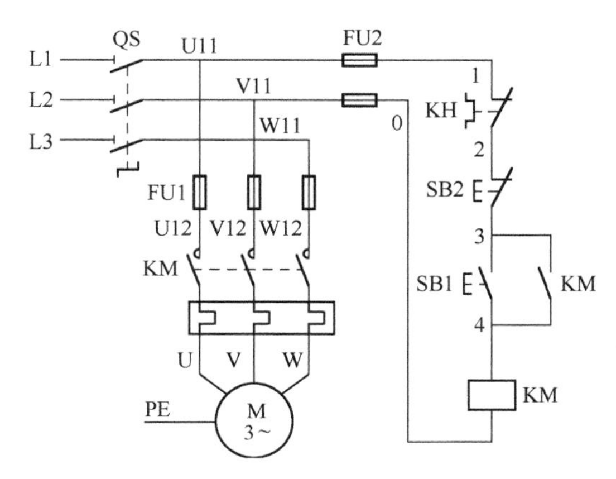

图 2-17　具有过载保护的接触器自锁正转控制线路

想一想

■ 具有过载保护的接触器自锁正转控制线路与前述接触器自锁正转控制线路在主电路、控制电路上有何区别？

■ 热继电器的热元件、常闭触头是如何连接在控制线路中的？

控制线路的工作原理与接触器自锁正转控制线路基本相同。

其过载保护原理是：当电动机因某种原因过载时，热继电器的热元件弯曲变形，使其串接在控制电路中的常闭触头断开，接触器 KM 线圈失电，3 对主触头、自锁触头断开，电动机 M 便失电停止运转。

想一想

■ 在实际的机床设备中，不仅需要电动机能够连续运转，在试车或调整刀具时还需要电动机能点动运转。你能根据所学的知识，按照工艺要求设计一个能够实现连续与点动混合正转控制的电路图吗？

4. 点动与连续正转控制线路的识读

在实际的生产机械中（如机床设备），不仅需要电动机能够连续正转运行，在试车或调整刀具时还需要电动机能点动控制。图 2-18 所示电路是在自锁正转控制的电路基础上，增加一个复合按钮 SB2，实现了连续与点动混合正转控制。其特点是 SB2 的常闭触头与 KM 的自锁触头串接。

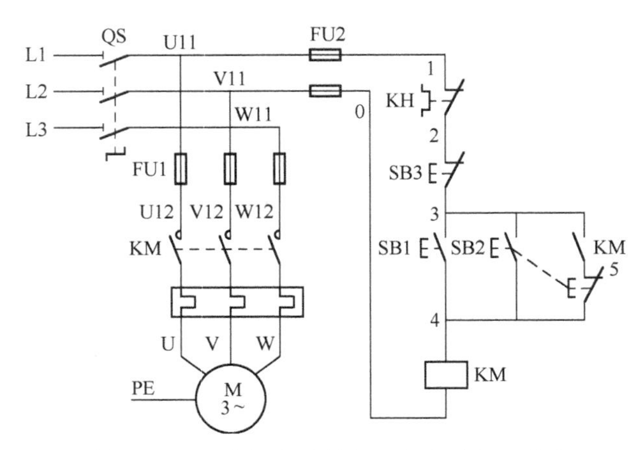

图 2-18 连续与点动混合正转控制的电路图

线路的工作原理如下：先合上电源开关 QS。

1）连续正转控制

启动：

按下 SB1 ⟶ KM 线圈得电 ⟶ KM1 主触头闭合；KM1 自锁触头闭合自锁 ⟶ 电动机 M1 启动连续运转。

停止：

按下 SB3 ⟶接触器 KM 线圈失电⟶KM 主触头、自锁触头分断⟶电动机 M 失电停转

2）点动控制

启动：

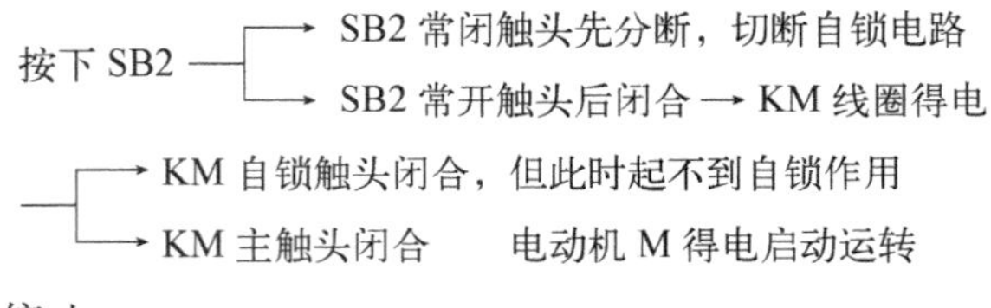

停止：

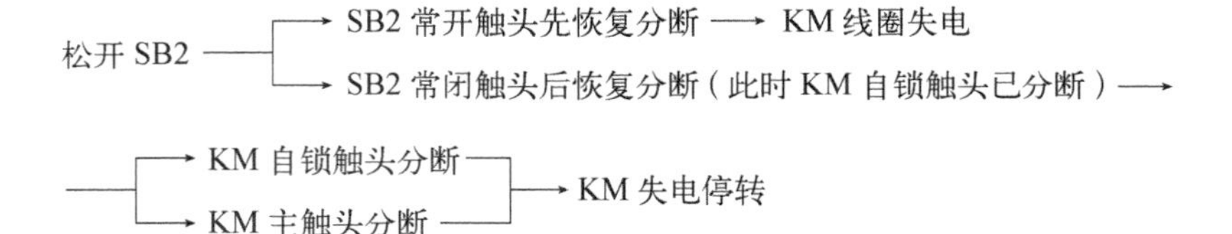

电动机控制线路改错举例

例 2-1：在图 2-19 所示的自锁正转控制的电路中，试分析存在的错误及可能出现的现象，并加以改正。

解：图 2-19（a）中接触器 KM 的自锁触头不应用常闭触头。若用常闭触头，不但失去了自锁作用，同时会使电路接通电源后，出现控制电路时通时断的现象。应把常闭触头改换成常开触头。

图 2-19（b）中接触器 KM 的常闭触头不应串接在电路中。否则，按下启动按钮 SB1 后，

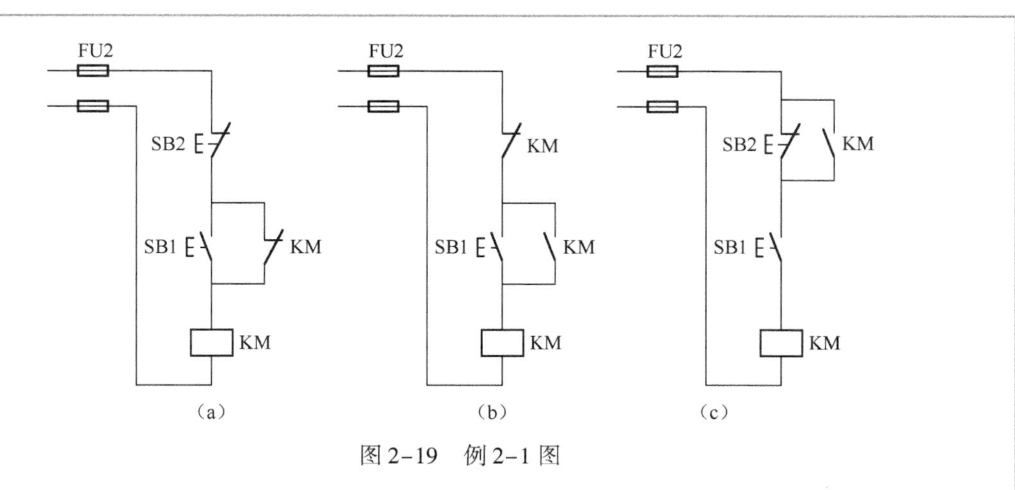

图2-19　例2-1图

控制电路会出现时通时断的现象。应把接触器KM的常闭触头改换成停止按钮。

图2-19（c）中接触器KM的自锁触头不能并接在停止按钮SB2两端。否则，就失去了自锁作用，电路只能实现点动控制功能。应把接触器KM的自锁触头并接在启动按钮两端。

例2-2：某人为生产机械设计了一个既能点动又能连续运行，并具有短路和过载保护功能的电路，如图2-20所示。试分析说明该电路能否正常工作，若有问题，请加以改正。

解：该电路不能正常工作。其错误有：

（1）控制电路的电源线有一端接在接触器KM的主触头下方，这样控制电路不能得电。应将控制电路的电源线改接到接触器KM主触头的上方。

（2）主电路中没有接热继电器的热元件，这样热继电器不能起到过载保护作用。应把热继电器的热元件串接到主电路中。

（3）接触器KM的自锁触头与复合按钮SB2的常开触头串接，而SB2的常闭触头与启动按钮并联，这样不但不能起到自锁作用，还会造成电路通电后，电动机自行启动。应将接触器KM的自锁触头与SB2的常闭触头串接。

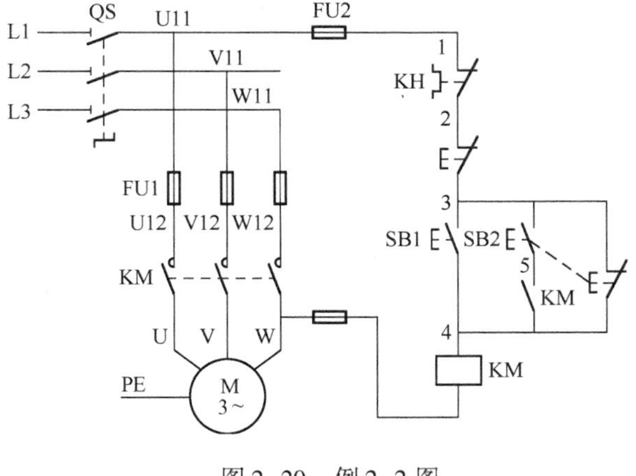

图2-20　例2-2图

技能训练场7 工业鼓风机控制线路的安装

任务描述：

小张上班时，领到了维修电工车间主任分配给他的工作任务单，要求完成2#机加工车间“鼓风机控制线路”的安装（鼓风机已安装就位）。该鼓风机要求能够单向连续运转，有必要的短路、过载等保护措施。

鼓风机的主要技术参数：额定功率为4kW，额定电压为380V，额定工作电流为8.8A，△形接法。

1. 训练目标

会正确安装工业鼓风机控制线路。

2. 安装工具、仪器仪表、电器元件等器材（如表2-17所示）

表2-17 安装工具、仪器仪表及电器元件明细表

器件代号	名称	型号	规格	数量
M	三相交流异步电动机	Y112M-4	4kW、380V、△形接法、8.8A、1 440r/min	1
QS	组合开关	HZ10-25/3	三极、额定电流25A	1
FU1	螺旋式熔断器	RL1-60/25	500V、60A、配额定电流25A的熔芯	3
FU2	螺旋式熔断器	RL1-15/2	500V、15A、配额定电流2A的熔芯	2
KM	交流接触器	CJ10-10	10A、线圈电压380V	1
KH	热继电器	JR11-20/3D	三极、20A、热元件11A、整定电流8.8A	1
SB1、SB2	按钮	LA10-2H	保护式、按钮2只	1
XT	接线排	JX1-1015	10A、15节、380V	1
	配线板		500mm×450mm×20mm	1
	三相四线电源		~3×380/220V、20A	1
	木螺钉		ϕ3×20mm；ϕ3×15mm；	若干
	平垫圈		ϕ4mm	若干
	塑料硬铜线		主电路用BV 1.5mm^2（颜色自定）	若干
	塑料硬铜线		按钮线用BVR 0.75mm^2（颜色自定）	若干
	塑料硬铜线		控制电路采用BV 1mm^2（颜色自定）	若干
	塑料软铜线		接地线采用BVR 1.5mm^2（黄绿双色线）	若干
	异型塑料管		ϕ3mm	若干
	电工通用工具		验电笔、钢丝钳、螺钉旋具（一字形和十字形）、电工刀、尖嘴钳、活动扳手、剥线钳等	1
	万用表	MF47	也可自定	1
	兆欧表		型号自定或500V、0~200MΩ	1
	钳形电流表		0~50A	1
	劳保用品		绝缘鞋、工作服等	1
	笔		自定	1
	演草纸		A4或A5或自定	若干

3. 安装步骤及工艺要求（如表2-18所示）

表2-18　安装步骤及工艺要求

<table>
<tr><th>序　号</th><th>安装步骤及工艺要求</th><th>备　注</th></tr>
<tr><td>1</td><td>识读工业鼓风机控制线路图，熟悉工作原理，明确各电器元件作用及布置要求</td><td></td></tr>
<tr><td>2</td><td>对照控制线路图，按表2-17所示，配齐所用的电器元件及其他器材，并进行检查（主要检查电器元件的技术参数是否符合安装要求、有无缺陷、动作是否灵活等）</td><td>若有缺陷，及时更换</td></tr>
<tr><td>3</td><td>画出电气布置图，并在控制线路板上安装电器元件，贴上文字符号标签</td><td rowspan="7">参考课题1阅读材料2和课题2阅读材料4</td></tr>
<tr><td>4</td><td>画出电气接线图，并在控制线路板前明线布线和套编码管</td></tr>
<tr><td>5</td><td>根据控制线路图、电气接线图，检查控制板布线的正确性。
装配主、控电路熔断器熔体，整定热继电器的整定电流</td></tr>
<tr><td>6</td><td>检验合格后，通电试运行控制线路板</td></tr>
<tr><td>7</td><td>连接鼓风机和所有电器元件金属外壳的保护接地线</td></tr>
<tr><td>8</td><td>连接电源线、鼓风机等控制线路板外部的导线</td></tr>
<tr><td>9</td><td>检查所安装的鼓风机控制线路，确保安全可靠</td></tr>
<tr><td>10</td><td>交验（只有自检和指导教师检验合格后才能通电试车）</td><td>由指导教师进行检查</td></tr>
<tr><td>11</td><td>通电试车（须得到指导教师的同意，由指导教师接通三相电源，并在现场监护）
（1）学生合上电源开关QS后，用万用表或测电笔检查电源线接线柱、熔断器进出线端子是否有电，电压是否正常。
（2）按下启动按钮SB1，观察接触器KM动作是否符合电路的功能要求、动作是否灵活、有无异常声音等；观察电动机运行是否正常等。
（3）试车中发现异常情况，应立即停车。
（4）当电动机运转平稳后，用钳形电流表检测电动机三相电流是否平衡。
（5）试车中出现故障时，由学生独立进行检修。若需带电检查，则必须由指导教师在现场监护。
（6）通电试车完成后，应待电动机停转再切断电源。然后拆除三相电源线，再拆除电动机电源线</td><td>由指导教师作监护</td></tr>
</table>

4. 注意事项

（1）鼓风机及按钮的金属外壳必须可靠接地。接到鼓风机的导线必须用钢管配线管加以保护，或者采用坚韧的四芯橡皮线或塑料护套线进行临时通电校验。

（2）螺旋式熔断器电源进线应接在下接线座上，出线则应接在上接线座上。

（3）按钮内接线时，用力不能过猛，以防螺钉打滑。

（4）编码套管套装应正确。

（5）接触器KM的自锁触头应并接在启动按钮SB1两端；停止按钮SB2应串接在控制电路中。

（6）热继电器的热元件应串接在主电路中，其常闭触头应串接在控制电路中。

（7）热继电器的整定电流应按实际鼓风机的额定电流及工作方式进行调整；绝对不允许弯折双金属片热元件。

（8）热继电器一般应置于手动复位位置上。若需要自动复位时，可将复位调节螺钉沿顺时针方向向里旋足。

(9) 热继电器因鼓风机过载动作后，若需再次启动鼓风机，必须待热元件完全冷却后，才能使其复位。一般自动复位时间不大于 5min；手动复位时间不大于 2min。

(10) 训练应在规定时间内完成。

5. 训练评价

训练评价标准如表 2-19 所示。

表 2-19　训练评价标准

<table>
<tr><th>项　目</th><th colspan="3">评 价 要 素</th><th colspan="3">评 价 标 准</th><th>配分</th><th>扣分</th></tr>
<tr><td>装前检查</td><td colspan="3">(1) 检查电器元件外观、附件、备件
(2) 检查电器元件技术参数</td><td colspan="3">(1) 漏检或错检　每件扣 1 分
(2) 技术参数不符合安装要求　每件扣 2 分</td><td>5</td><td></td></tr>
<tr><td>安装元件</td><td colspan="3">(1) 按电气布置图安装
(2) 元件安装牢固
(3) 元件安装整齐、匀称、合理
(4) 损坏元件</td><td colspan="3">(1) 不按电气布置图安装　扣 15 分
(2) 元件安装不牢固　每只扣 4 分
(3) 元件安装不整齐、不匀称、不合理　每只扣 3 分
(4) 损坏元件　扣 15 分</td><td>15</td><td></td></tr>
<tr><td>布线接线</td><td colspan="3">(1) 按控制线路图或电气接线图接线
(2) 布线符合工艺要求
(3) 接点符合工艺要求
(4) 不损伤导线绝缘或线芯
(5) 套装编码套管
(6) 接地线安装</td><td colspan="3">(1) 不按控制线路图或电气接线图接线　扣 20 分
(2) 布线不符合工艺要求　每根扣 3 分
(3) 接点有松动、露铜过长、反圈等　每个扣 1 分
(4) 损伤导线绝缘层或线芯　每根扣 5 分
(5) 编码套管套装不正确　每处扣 1 分
(6) 漏接接地线　扣 10 分</td><td>40</td><td></td></tr>
<tr><td>通电试车</td><td colspan="3">(1) 熔断器熔体配装合理
(2) 热继电器整定电流整定合理
(3) 验电操作符合规范
(4) 通电试车操作规范
(5) 通电试车成功</td><td colspan="3">(1) 配错熔体规格　扣 10 分
(2) 热继电器整定电流整定错误　扣 5 分
不会整定　扣 10 分
(3) 验电操作不规范　扣 10 分
(4) 通电试车操作不规范　扣 10 分
(5) 通电试车不成功　每次扣 10 分</td><td>40</td><td></td></tr>
<tr><td>技术资料归档</td><td colspan="3">技术资料完整并归档</td><td colspan="3">技术资料不完整或不归档　酌情扣 3～5 分</td><td></td><td></td></tr>
<tr><td>安全文明生产</td><td colspan="6">要求材料无浪费，现场整洁干净，废品清理分类符合要求；遵守安全操作规程，不发生任何安全事故。违反安全文明生产要求，酌情扣 5～40 分，情节严重者，可判本次技能操作训练为零分，甚至取消本次实训资格</td><td colspan="2"></td></tr>
<tr><td>定额时间</td><td colspan="6">180 分钟，每超时 5 分钟（不足 5 分钟以 5 分钟计）扣 5 分</td><td colspan="2"></td></tr>
<tr><td>备注</td><td colspan="6">除定额时间外，各项目的最高扣分不应超过配分数</td><td colspan="2"></td></tr>
<tr><td>开始时间</td><td></td><td>结束时间</td><td></td><td>实际时间</td><td></td><td>成绩</td><td colspan="2"></td></tr>
<tr><td colspan="9">学生自评：
学生签名：　　　　年　月　日</td></tr>
<tr><td colspan="9">教师评语：
教师签名：　　　　年　月　日</td></tr>
</table>

技能训练场 8　工业鼓风机控制线路的检修

任务描述：

小张上班时，领到了维修电工车间主任分配给他的工作任务单，要求对“2#机加工车间鼓风机”进行检修。

1. 训练目标

（1）能观测鼓风机故障现象。

（2）能正确选择检修故障所需的工具、仪表及器材。

（3）能正确排除鼓风机故障。

2. 检修训练

（1）观测鼓风机故障现象。通过向设备使用人员调查或现场调查等方法来了解（可参考本课题阅读材料 5），并将故障现象填入检修记录单中。

（2）选择检修工具、仪器仪表及维修器材。根据所观测到的鼓风机故障现象，正确选择检修工具、仪器仪表及维修器材，并填入表 2-20 中。

表 2-20　工具、仪表及器材

检修工具	
仪器仪表	
检修器材	

（3）判断故障。

① 用试验法初步判断故障范围：主要观察鼓风机、接触器动作情况，若发现异常，应及时切断电源检查。

② 用电阻分阶测量法或电阻分段测量法正确、迅速地找出故障点，并在电气控制线路图中标出。

（4）排除故障。根据故障点的不同情况，采取正确的修复方法，迅速排除故障。

（5）通电试车。确认故障修复后，通电试车。

（6）填写检修记录单并存档。

3. 注意事项

（1）检修前可向指导教师领取鼓风机控制线路图及相关技术资料，熟悉鼓风机控制线路中各电器元件的作用和线路工作原理。

（2）观察故障现象应认真仔细，发现异常情况应立即切断电源，并向指导教师报告。

（3）工具仪表使用要规范。

（4）故障分析思路、方法要正确、有条理，应将故障范围尽量缩小。

（5）带电检修及通电试车时，必须有指导教师在现场监护，并应确保用电安全。

4. 训练评价

训练评价标准如表 2-21 所示。

表 2-21　训练评价标准

<table>
<tr><th>项　目</th><th colspan="3">评 价 要 素</th><th colspan="3">评 价 标 准</th><th>配分</th><th>扣分</th></tr>
<tr><td>调查研究</td><td colspan="3">正确了解故障现象</td><td colspan="3">（1）故障现象不正确　扣 20 分
（2）故障现象描述有误　酌情扣 5 ~ 10 分</td><td>20</td><td></td></tr>
<tr><td>工具、仪表、检修器材选择与使用</td><td colspan="3">（1）正确选择所需的工具、仪表及检修器材
（2）工具、仪表使用规范</td><td colspan="3">（1）选择不当　每件扣 3 分
（2）工具、仪表使用不规范　每次扣 3 分
（3）损坏工具、仪表　扣 15 分</td><td>15</td><td></td></tr>
<tr><td>故障分析与检查</td><td colspan="3">（1）故障分析思路清晰
（2）故障检查方法正确、规范
（3）故障点判断正确</td><td colspan="3">（1）故障分析思路不清晰　扣 10 分
（2）故障检查方法不正确、不规范　每个扣 10 分
（3）故障点判断错误　每个扣 15 分</td><td>35</td><td></td></tr>
<tr><td>故障排除</td><td colspan="3">（1）停电验电
（2）排故思路清晰
（3）正确排除故障
（4）通电试车成功</td><td colspan="3">（1）停电不验电　扣 5 分
（2）排故思路不清晰　每个故障点扣 5 分
（3）排故方法不正确　每个故障点扣 5 分
（4）不能排除故障　每个故障点扣 10 分
（5）通电试车不成功　扣 25 分</td><td>30</td><td></td></tr>
<tr><td>技术资料归档</td><td colspan="3">（1）检修记录单填写
（2）技术资料完整并归档</td><td colspan="3">（1）检修记录单不填写或填写不完整　酌情扣 3 ~ 5 分
（2）技术资料不完整或不归档　酌情扣 3 ~ 5 分</td><td></td><td></td></tr>
<tr><td>其他</td><td colspan="3">（1）检修过程中不出现新故障
（2）不损坏电器元件</td><td colspan="3">（1）检修时产生新故障不能自行修复　每个扣 10 分
产生新故障能自行修复　每个扣 5 分
（2）损坏电动机、电器元件　扣 10 分
注：本项从总分中总分中扣除</td><td></td><td></td></tr>
<tr><td>安全文明生产</td><td colspan="6">要求材料无浪费，现场整洁干净，废品清理分类符合要求；遵守安全操作规程，不发生任何安全事故。违反安全文明生产要求，酌情扣 5 ~ 40 分，情节严重者，可判本次技能操作训练为零分，甚至取消本次实训资格</td><td colspan="2"></td></tr>
<tr><td>定额时间</td><td colspan="6">30 分钟，每超时 5 分钟（不足 5 分钟以 5 分钟计）扣 5 分</td><td colspan="2"></td></tr>
<tr><td>备注</td><td colspan="6">除定额时间外，各项目的最高扣分不应超过配分数</td><td colspan="2"></td></tr>
<tr><td>开始时间</td><td></td><td>结束时间</td><td></td><td>实际时间</td><td></td><td>成绩</td><td colspan="2"></td></tr>
<tr><td colspan="9">学生自评：
学生签名：　　年　月　日</td></tr>
<tr><td colspan="9">教师评语：
教师签名：　　年　月　日</td></tr>
</table>

阅读材料 3　几种常用交流接触器

1. 机械联锁（可逆）交流接触器

机械联锁交流接触器是由两只相同规格的交流接触器再加上机械联锁和电气联锁机构所组成的，可以保证在任何情况下（包括因机械振动或误操作而发出指令等）两台接触器不能同时吸合，只有当一只接触器断开后，另一只接触器才能闭合，能有效防止电动机正、反转换向时出现相间短路故障。

如图 2-21 所示为 CJX－1N 系列机械连锁交流接触器，适用于交流 50Hz 或 60Hz、电压至 660V 及以下、电流至 80A 及以下的电路中，供远距离直接控制三相鼠笼式异步电动机启动、停止及可逆运转。同时可带 JRS1 系列热继电器对电动机作过载保护。其安装方式除可用螺钉安装外，还备有 35mm 安装卡轨。产品符合 IEC941－1－1、GB14048.4、JB/T7435 标准。

2. 切换电容器接触器

切换电容器接触器是专用于在低压无功补偿设备中投入或切除并联电容器组，以调整用电系统的功率因数。切换电容器接触器带有抑制浪涌装置，能有效地抑制接通电容器组时出现的合闸涌流对电容器的冲击和断开时的过电压。其结构设计为正装式，灭弧系统采用封闭式自然灭弧。接触器的安装既可用螺钉安装又可采用标准卡轨安装。产品符合 IEC941－1－1、GB14048.4、JB/T7435 标准。

如图 2-22 所示为 CJ19（16）系列切换电容器接触器，它主要适用于交流 50Hz、额定工作电压至 400V、额定发热电流至 90A 的电路中，供接通和分断并联电容器组，以改善电路的功率因数。其结构为直动式双断点，触头系统分上下两层布置，上层有 3 对预充触头与切合电阻构成抑制涌流装置，当合闸时它先接通，经数毫秒之后工作触头接通，预充触头中永久磁块在弹簧反作用下释放，断开切合电阻，使电容器正常工作。该接触器接线端有绝缘罩覆盖，安全可靠。线圈接线端标有电压数据，可防止接错。

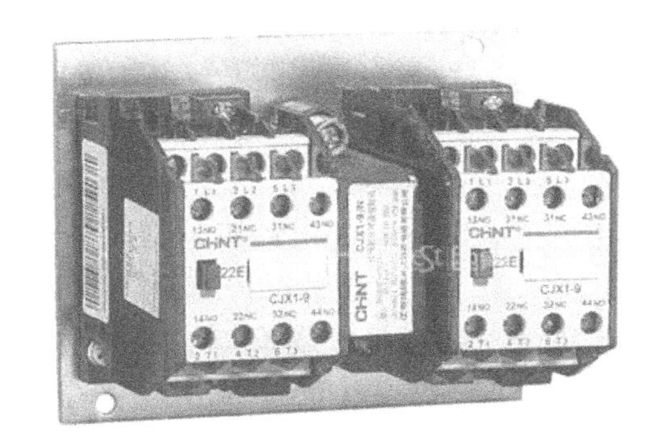

图 2-21　CJX－1N 系列机械连锁交流接触器

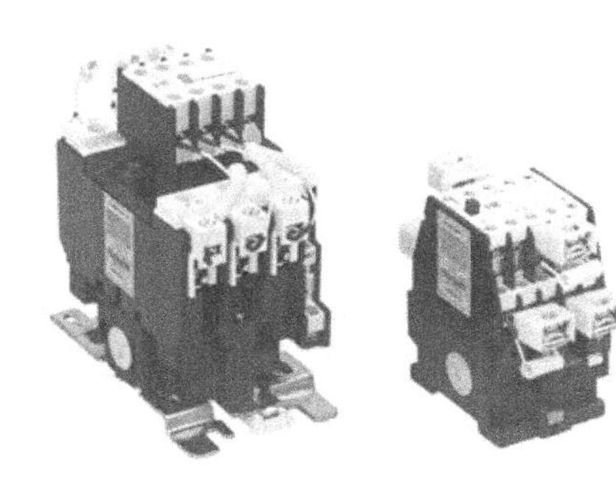

图 2-22　CJ19（16）系列切换电容器接触器

3. 真空交流接触器

真空交流接触器是以真空为灭弧介质，其主触头封闭在真空管内。由于其灭弧过程是在密封的真空容器中完成的，电弧和灼热的气体不会向外界喷溅，所以开断性能稳定可靠，不会污染环境，特别适于在有易燃易爆物质、煤矿井下等危险、恶劣的环境中使用。

常用的真空接触器有 CKJ5 和 NC9 系列等，如图 2-23 所示。CKJ5 系列真空接触器适用于交流 50Hz、额定工作电压至 1 140V、额定工作电流至 600A 的电路中。NC9 系列真空交流接触器主要用于交流 50Hz、额定工作电压至 1 140V、额定工作电流至 1 000A 的电路中。它们都能供远距离接通和分断电路之用，并可与适当的热继电器或电子保护器等有关保护装置组成真空电磁启动器，特别适用于组成隔爆型真空电磁启动器。产品都符合 GB 14048.4、IEC 60941 -1 -1 及 JB/T7122 标准。

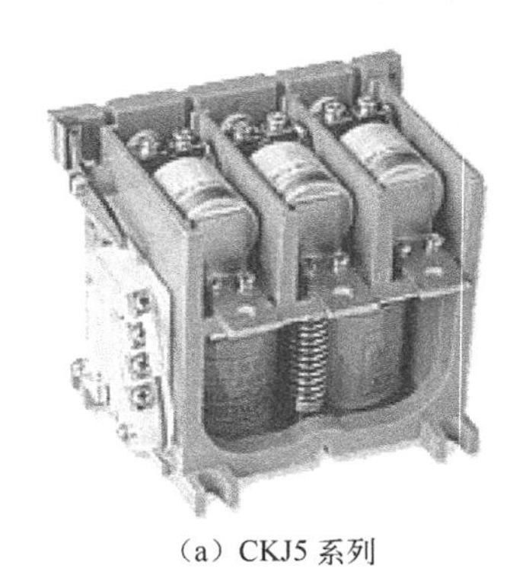

（a）CKJ5 系列

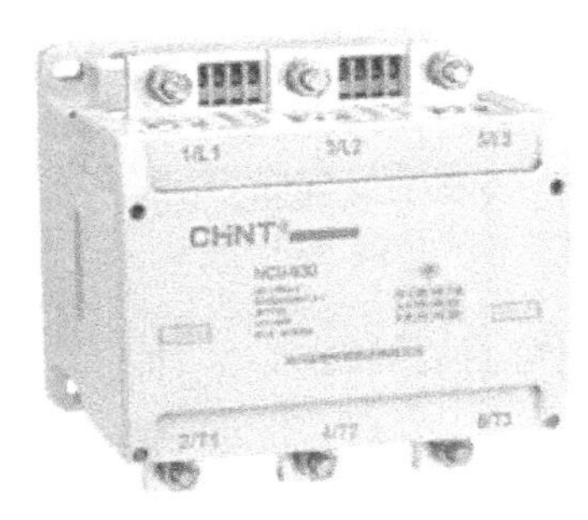

（b）NC9 系列

图 2-23　低压真空交流接触器

阅读材料 4　电动机基本控制线路的安装步骤及方法

一、识读电气控制线路图

在进行电动机控制线路安装前，要做的第一件事就是识读电气控制线路图，明确控制线路中所用的电器元件及其作用，熟悉控制线路的工作原理。

识读电气控制线路图的基本步骤为：先识读主电路，后识读控制电路；根据控制电路各支路中控制元件的动作情况，研究控制电路如何对主电路进行控制。

1. 识读主电路的步骤及方法

（1）识读主电路时，首先要看清楚主电路中有几个用电设备（如电动机），它们的类别、用途、接线方式及一些不同的要求等。如图 2-17 所示的“具有过载保护的接触器自锁正转控制线路”中的用电设备是电动机 M；主电路由熔断器 FU1、接触器 KM 的主触头、热继电器 KH 的热元件和电动机 M 等组成。

（2）分析主电路中的用电设备与控制元件的对应关系。看清楚主电路中的用电设备是采用什么控制元件来进行控制的，是用哪几个控制元件控制。实际电路中对用电设备的控制方式有多种，有的用电设备只用低压开关控制，有的用电设备用启动器控制，有的用电设备用接触器或其他继电器控制，有的用电设备用程序控制器控制，而有的用电设备直接用功率放大集成电路控制。图 2-17 所示的控制电路中，电动机 M 由熔断器 FU1、接触器 KM 主触头和热继电器 KH 的热元件控制。

（3）分析主电路中各控制元件的作用：图 2-17 所示的主电路中，熔断器 FU1 是电动机 M 的短路保护器件，接触器 KM 主触头控制电动机 M 电源的接通与断开，热继电器 KH 的热元件用于电动机过载保护和缺相保护。

（4）分析电源：分析电源控制开关、了解电源的种类和电压等级。控制线路的电源有交流电源和直流电源两类。直流电源的电压等级有 660V、220V、110V、24V、12V 等；交流电源的电压等级有660V、380V、220V、110V、36V、24V、12V等，其频率为50Hz。图2-17所示的主电路使用的是交流380V电源，由组合开关QS控制。

2. 识读控制电路的步骤和方法

识读控制电路时，一般先根据主电路接触器（中间继电器）主触头的文字符号，到控制电路中去找与之相应的吸引线圈（接触器主触头文字符号下面的数字就表示其线圈在几号图区，参考课题8图8-2所示电路图），进一步分析清楚电动机的控制方式。这样可将控制线路图划分为若干部分，每一部分控制一台电动机。另外，控制电路一般是依照生产工艺的要求，按动作的先后顺序，自上而下、从左到右并联排列的。因此，识读时也应自上而下、从左到右，一个环节一个环节进行识读与分析。

（1）看控制电路的电源。分析清楚控制电路的电源种类和电压等级。控制电路电源有直流和交流两类。电动机基本控制线路中的控制电路所用的交流电源一般为380V或220V，频率为50Hz；而机床电气控制线路中的控制电路所用的交流电源有127V、110V、36V等多种，需要用控制变压器进行降压。若控制电路的电源引自三相电源的两根相线，则电压为380V；若引自三相电源的一根相线和一根中性线，则电压为220V。控制电路的直流电源电压等级有220V、110V、24V、12V等。

图2-17所示控制电路电源电压为380V。

（2）分析清楚控制电路中每个控制元件的作用、各控制元件对主电路用电设备的控制关系，是看懂控制线路图的关键所在。控制电路是一个大回路，而在回路中经常包含若干个小回路，在每一个小回路中有一个或多个控制元件。一般情况下，主电路中用电设备越多，则控制电路的小回路和控制元件也就越多。

图2-17所示线路中，其控制电路比较简单，由热继电器的常闭触头KH，按钮SB1、SB2触头，接触器KM的线圈及辅助常开触头等构成。

3. 识读其他辅助电路的步骤及方法

在一些机床电气控制线路图中，常有照明电路、指示灯电路等辅助电路。识读这些辅助电路比较简单，可参考控制电路的识读方法。

二、列出安装所需的电器元件清单

根据电气控制设备中电动机的功率、控制线路图及安装场所的要求，列出安装所需电器元件清单，使安装工作能够顺利进行。电器元件的选择可参考各种电器元件的选用方法。主电路（即用电设备的电源电路）导线及接地线选配可参考有关材料。同时应注意如下几点。

（1）导线类型：硬线只能用在固定安装的不动部件之间，在其余场合则应采用软线。电源U、V、W三相用黄、绿、红色导线，中性线（N）用黑色导线，保护线（PE）必须采用黄绿双色导线。

（2）导线的绝缘：导线的绝缘必须良好，并应具有抗化学腐蚀的能力。

（3）导线的截面积：在必须承受正常工作条件下流过的最大电流的同时，还应考虑到线路中允许的电压降、导线的机械强度，以及要与熔断器相配合，并规定主电路导线的最小截面积应不小于 1. 5mm²，控制电路导线的截面积不小于 1mm²。

注：控制电路导线一般采用截面积为 1mm² 的铜芯线（BVR）；按钮线一般采用截面积为 0. 75 mm² 的铜芯线（BVR）；接地线一般采用截面积不小于 1. 5 mm² 的铜芯线（BVR）。

三、领取电器元件，并进行检验

根据列出的清单，向企业有关部门领取安装所需的电器元件，做到器件齐备。同时，还应对器件逐一进行检验，保证所安装的器件质量可靠、符合安装要求，这样才能保证所安装的控制线路不会出错。

例如，在不通电情况下，可用万用表检查接触器各触点的分、合情况是否良好，检查线圈的直流电阻、线圈的额定电压与控制线路中电源电压是否相符等。

四、选配安装所需的工具、仪器仪表

根据电器元件及安装要求选配安装工具和检测所需的仪器仪表，做到工器具齐备，保证安装能够顺利进行。同时，要对工器具进行检查，保证工器具安全可靠，如测电笔必须进行检验，确保质量符合要求。

五、根据控制线路图，绘制电气布置图和接线图

1. 控制线路的编号

在电气控制线路安装前，必须按规范要求对控制线路线进行编号，以便安装和今后的检修工作。

2. 电气布置图的绘制

应根据电气设备安装场所的具体情况，确定电器元件的布局。如果电器元件布局不合理，就会给安装、接线、维护等带来较大的困难。简单的电气控制线路可直接进行布置装接，较为复杂的电气控制线路，布置前必须绘制电气布置图。电气布置图设计、绘制时应遵循以下原则：

（1）同一组件中电器元件的布置，应将体积大和较重的电器元件安装在控制板的下面，将发热元件安装在电气控制板的上部或后部，但热继电器宜放在其下部，因为热继电器的出线端直接与电动机相连接，便于出线，而其进线端与接触器直接相连接，便于接线并使布线最短，且利于散热。

（2）强电、弱电分开并注意屏蔽，防止外界干扰。

（3）需要经常维护、检修、调整的电器元件的安装位置不宜过高或过低，人力操作开关及需经常监视的仪表位置应符合人体工程学原理。

（4）电器元件的布置应考虑安全间隙，并做到整齐、美观、对称，外形尺寸与结构类似的电器可安放在一起，以利于加工、安装和配线。若采用行线槽配线方式，应适当加大各排电器的间距，以利于布线和维护。

（5）各电器元件的位置确定以后，便可绘制电气布置图。电气布置图应根据电器元件的

外形轮廓绘制，即以其轴线为准，标出各元件的间距尺寸。每个电器元件的安装尺寸及其公差范围，应按产品说明书的标准标注，以保证安装板的加工质量和各电器的顺利安装。大型电气控制柜的电器元件宜安装在两个安装横梁之间，这样可减轻柜体重量、节约材料，也便于安装，所以设计时应计算纵向安装尺寸。

(6) 在电气布置图设计中，还要根据本部件进出线的数量、采用导线规格及出线位置等，选择进出线方式及接线端子排、连接器或接插件，并按一定顺序标出进出线的接线号。

电器元件的布局方法如表 2-22 所示。

表 2-22　电器元件的布局方法

电器元件名称	元件布局方法与技巧
主电路 电器元件	（1）布置主电路电器元件时，要考虑电器元件的排列顺序。将电源开关（刀开关、转换开关、断路器等）、熔断器、交流接触器、热继电器等从上到下排列整齐，元件位置应恰当，便于接线和检修。 （2）电器元件不能倒装或横装，电源进线位置要明显，电器元件的铭牌应容易看清，并且调整时不受其他电器元件的影响
控制电路 电器元件	（1）控制电路的电器元件有按钮、位置开关、中间继电器、时间继电器、速度继电器等，这些电器元件的布置与主电路密切相关，应与主电路的元件尽可能接近，但必须明显分开。 （2）外围电气控制元件通过接线端引出，绝对不能直接接在主电路或控制电路的元件上，如按钮接线等

根据上面介绍的方法，图 2-17 所示的具有过载保护的接触器自锁正转控制线路的电气布置图如图 2-24 所示。图中组合开关、熔断器的受电端子应安装在控制线路板的外侧，并使熔断器的受电端为底座的中心端；各电器元件的安装位置整齐、匀称、间距合理、牢固，便于更换。

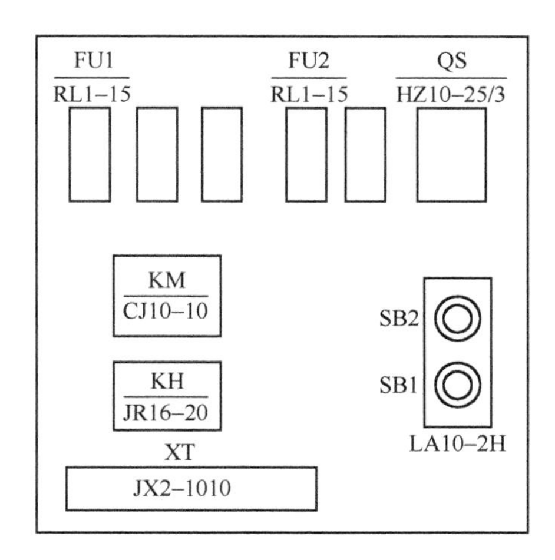

图 2-24　具有过载保护的接触器自锁正转控制线路的电气布置图

3. 电气接线图的绘制

电气接线图即为电气安装接线图，它是按照电器元件的实际位置和接线情况（不明显表示电气动作原理），采用规定的图形符号绘制而成，能清楚地表明各元件的安装位置和布线情况。

绘制电气接线图应以电气控制线路为依据，按电气布置图中各电器元件的实际位置，用导线将各电器元件之间的电气线路连接起来。绘制电气接线图的原则如下：

（1）各电器均以标准电气图形符号代号，不画实体。图上必须明确电器元件（如接线板、插接件、部件和组件）的安装位置。其代号必须与有关电气控制线路图和清单上所用的代号一致，并注明有关接线安装的技术条件。

（2）电气接线图中的各电器元件的文字符号及接线端子的编号应与控制线路图一致，并按控制线路图的位置进行导线连接，便于接线和检修。

（3）不在同一控制屏（柜）或控制台的电动机（设备）或电器元件之间的导线连接必须通过接线端子进行，同一屏（柜）体中的电器元件之间的接线可以直接相连接，即在电气接线图中应当显示出接线端子的情况。

（4）电气接线图中的分支导线应由各电器元件的接线端子引出，不允许在导线两端以外的其他地方连接。每个接线端子只能引出两根导线。

（5）电气接线图上应标明连接导线的规格、型号、根数及穿线管的尺寸。

图 2-17 所示的具有过载保护的接触器自锁正转控制线路的电气接线图如图 2-25 所示。

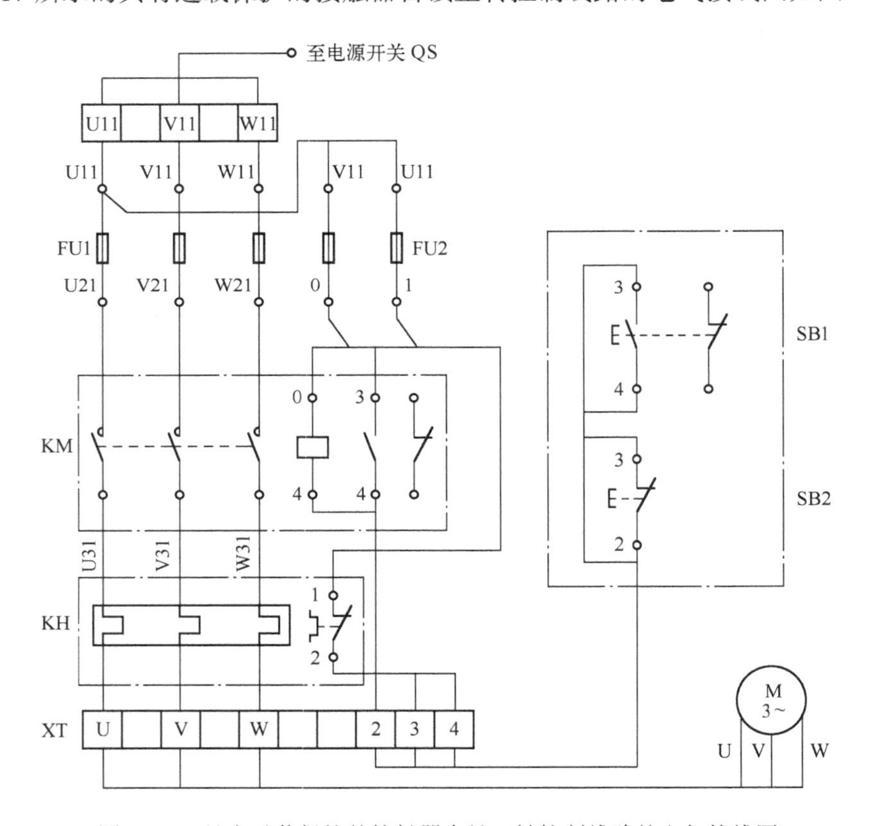

图 2-25　具有过载保护的接触器自锁正转控制线路的电气接线图

六、安装、固定电器元件

详见课题 1 阅读材料。安装中应注意用力要均匀，紧固程度要适当，不得损坏电器元件。

七、装接线路

电器元件固定后，要根据电气控制线路图、电气接线图按一定的工艺要求进行布线和接线。布线和接线要正确、合理、美观，否则会影响控制线路的功能。布线的方式主要有板前明线布线、行线槽布线、板后网式布线、线束布线等。

装接线路的顺序一般是：先接主电路，后接控制电路；先接串联电路，后接并联电路；并且按照从上到下、从左到右的顺序连接；对于电器元件的进出线，则必须按上面为进线，下面为出线，左边为进线，右边为出线的原则接线，以免造成元件被短接、接错或漏接。

板前明线布线时的工艺要求如下：

(1) 布线通道应尽量少，同路并行导线按主、控电路分类集中，单层密排，紧贴控制线路板。

(2) 同一平面的导线应高低一致或前后一致，导线间不得交叉。非得交叉时，可在导线从接线端子或接线柱引出时，就水平架空跨越，做到布线合理。

(3) 应做得横平竖直，导线分布均匀，变换走向时应垂直。

(4) 布线时不得损伤线芯和绝缘。

(5) 布线应以接触器为中心，由里向外，由低到高，先控制电路，后主电路的顺序进行，做到前面布线不会妨碍后面布线。

(6) 导线两端须套上编码套管，从一个端子或接线柱引出的导线到另一端子或接线柱的导线中间不允许有接头。

(7) 导线与端子或接线柱连接时，不得压住绝缘层、反圈、露铜过长。

(8) 同一端子或接线柱上连接的导线数量不得多于两根。

(9) 同一电器元件、同一电路的不同接点的导线间距离应保持一致。

(10) 控制电路接线完成后，先检查控制电路布线有无错误，待确认布线正确后再对主电路布线。

八、布线检查

电气控制线路安装完成后，先要进行目测检查布线有无明显错接、漏接及布线工艺，无误后，再用万用表、绝缘电阻表检查主电路和控制电路。

1. 查线号法检查

查线号法是最常规的检查方法。可先对照电气控制线路图、电气接线图，从电源进线端开始，逐线、逐段检查、核对线号，防止错接和漏接；然后检查各电器元件上所有端子（接头、接点）的接线是否符合工艺要求。

2. 万用表检查法

万用表检查法主要是在不通电时，用手动模拟各电器的操作、动作，检查主电路和控制电路的通断情况。以图2-17所示的具有过载保护的接触器自锁正转控制线路为例，其检查方法如下：

（1）主电路的检查：在不接通电源时，合上电源开关 QS，将万用表表笔搭接在 L1、L2、L3 任意两端，按下接触器，使其主触头闭合，分别测得电动机两相绕组串联的阻值（电动机绕组为星形接法时）。当松开接触器时，均应测得断路。

（2）控制电路的检查；在不接通电源时，将万用表表笔搭接在控制电路电源（U11、V11）两端，应测得断路；当按下启动按钮 SB1 时，应测得接触器 KM 线圈的直流电阻值。

注：对于多支路的控制电路，可按控制线路的工作原理，逐条支路进行检测、判断。

3. 绝缘电阻的检查

用兆欧表检查控制线路的绝缘电阻应不小于 1MΩ。

九、连接电气设备（电动机）和所有电器元件金属外壳的保护接地线

十、安装电动机电源线及电源引入线

十一、通电试车

为保证人身和设备的安全，通电试车时应遵守安全用电操作规程，由一人监护，一人操作。通电试车一般先不接电动机进行试车，以检测控制线路动作是否正常、电动机的电源电压是否平衡等；若正常，再接上电动机进行通电试车，并检查电动机的三相电流是否平衡。

通电试车的工艺要求如下：

（1）通电试车前，应确保控制线路正确、可靠，同时清理工作台，穿好绝缘鞋。检查与通电试车有关的电气设备是否有不安全因素，若查出应立即整改，才能试车。

（2）通电顺序：先合电源侧刀开关，后合电源侧断路器；断电顺序：先断电源侧断路器，后断电源侧刀开关。

（3）不接用电设备（电动机）通电试车，先接通三相电源 L1、L2、L3，用万用表或验电笔检查电源开关进线端是否有电，电压是否正确；然后合上电源开关，用万用表或验电笔检查电源开关出线端、熔断器进出线端是否有电及各电器元件金属外壳是否带电。正常后按下启动按钮，观察电器元件的动作情况是否正常、电动机电源进线端电压是否正常。

（4）在不接用电设备通电试车成功后，可接上用电设备再通电试车，观察用电设备运行情况是否正常等。观察过程中若发现异常现象，应立即停车。当用电设备运行平稳后，用钳形电流表测量用电设备三相电流是否平衡。

（5）通电试车完毕，先停转，待电动机停转后切断电源。

阅读材料 5　电气设备故障检修方法（一）

电气设备通过日常维护保养，降低了电气故障发生率，但绝不可能杜绝电气故障的发生。因此，作为维修电工，必须在电气故障发生后采取正确的检修步骤和方法，找出电气故障点并排除，使电气设备尽快恢复正常工作。

一、电气设备的常见故障

电气设备控制线路的形式很多，复杂程度不一，由于它的故障常常和机械系统交错在一

起，所以分辨故障有一定难度，电气设备控制线路的故障一般可分为自然故障和人为故障两类，也可以分为硬故障、软故障和间歇性故障三类，如表2-23所示。

表2-23　电气设备控制线路故障的分类

故障类型	故障原因
自然故障	由电气设备运行过负荷、振动或金属屑、油污侵入等原因引起的，造成电气绝缘下降，触头熔焊或接触不良，散热条件恶化，甚至发生接地或短路
人为故障	由于在检修电气设备故障时没能找到真正的原因或操作不当，不合理地更换元件或改动线路，或在安装线路时布线错误等原因引起的
硬故障	又称为突变故障，包括电动机、电器元件或导线显著地发热、冒烟、散发焦臭味、有火花等故障现象，一般是过载、短路、接地、绝缘层击穿等原因引起的
软故障	又称渐变故障，除部分由于电源、电动机和制动器等出现问题外，多数是控制电器的问题，如电器元件调整不当、机械动作失灵、触头及压接线头接触不良或脱落等
间歇性故障	由于元件的振动、容量不足、接触不良等因素造成，仅在某些情况下才表现出来的故障

二、电气故障检修的一般步骤

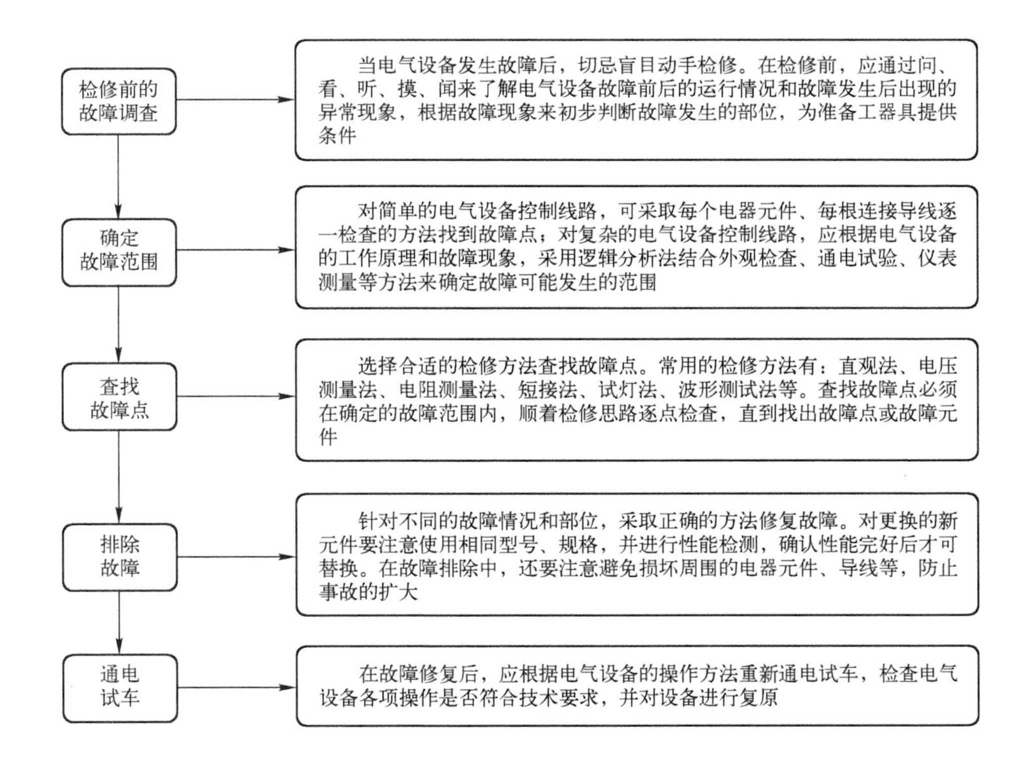

三、故障调查方法

检修前的故障调查，也就是我们所说的“问、看、听、摸、闻”5个方面。

(1)“问”：向电气设备的操作人员询问电气设备故障发生前后情况、故障发生后的症状等，如询问故障发生时是否有烟雾、跳火、异常声音和气味、异常振动，有无误操作等因素；故障发生前有无进刀量过大、频繁启动和停止等情况；电气设备使用年限、有无保养或改动线路；故障是偶尔发生还是经常发生；有无经过保养或其他人员检修等情况。

(2)“看”：观察故障发生后电气设备是否有明显的外部征兆，如熔断器内熔体是否熔断，各种信号灯的指示情况，保护电器是否脱扣动作，接线是否有脱落、触头是否烧蚀或熔焊、线圈有无过热烧毁等。

(3)“听”：在电气设备还能运行和在不会扩大故障范围、不损坏电气设备的前提下，通电试车，细听电动机、变压器、接触器及各种继电器运行时的声音是否正常，特别是要发现特殊的异常声音。

(4)“摸”：将电气设备通电运行一段时间后切断电源，然后用手触摸电动机、变压器及线圈有无明显的温升，是否有局部过热现象。若过热，则应检查其产生的原因，并排除。

(5)“闻”：在切断电源的前提下，打开电气设备的控制箱，闻电气设备中各电器元件、电动机等有无异常气味，若有则表明该电器元件或电动机可能过热或烧毁。

四、电气故障查找方法

查找电气故障时，应根据故障现象、原因有针对性地采用电压测量法、电阻测量法、短接法等方法对电路进行检查，准确地查找故障点、部位或元件。电气设备控制线路故障点查找方法如表 2-24 所示。

表 2-24 电气设备控制线路故障点查找方法

方 法	操作说明
直观检查法	通过问、看、听、摸、闻等直观方法，了解故障前后的运行情况和故障发生后出现的异常现象，以便根据故障现象判断出故障发生的部位，进而准确地排除故障
通电试验法	经外观检查未发现故障点时，可根据故障现象，结合控制线路图分析故障原因。在不扩大故障范围、不损伤电气和机械设备的前提下，进行直接通电试验，或除去负载（从控制箱接线端子排卸下）通电试验，以分清故障可能在电气部分还是在机械等其他部分；是在电动机上还是在控制设备上；是在主电路上还是在控制电路上（如接触器吸合电动机不运转，则故障在主电路中；接触器不吸合，则故障在控制电路中）。 一般情况下，先检查控制电路，其具体方法是：操作某一开关或按钮时，控制电路中相关的接触器、继电器是否按规定的动作顺序进行工作。若依次动作至某一电器元件时，发现动作不符合要求，即说明该电器元件或相关电路有问题，再在此电路中进行逐项分析和检查，一般便可发现故障；当控制电路故障排除恢复正常后再接通主电路，检查对主电路的控制效果，观察主电路的工作情况有无异常
测量法	测量法是维修电工在检修电气设备故障时用来准确确定故障点的一种行之有效的检查方法。常用的测试工具和仪表有校验灯、测电笔、万用表、钳形电流表、兆欧表等，主要通过对电路进行带电或断电时有关参数（如电压、电阻、电流等）的测量，来判断电器元件的好坏、设备的绝缘情况及线路的通断情况等。 在用测量法检查故障点时，一定要保证各测量工具和仪表完好，使用方法正确，同时还应注意防止感应电、回路电及其他并联支路的影响，以免产生误判。 常用的测量方法有：温度测量法、电压测量法、电阻测量法和短接法等
逻辑分析法	根据电气设备控制线路中主电路所用电器元件的文字符号、图形符号及控制要求，找到相应的控制电路。在此基础上，结合故障现象和工作原理，进行认真地分析排查，就可迅速判断故障发生的可能范围。 当故障可疑范围较大时，不必按部就班地逐级进行检查，可在故障范围的中间环节进行检查，来迅速判断究竟故障发生在哪一部分，从而缩小故障范围，提高检修速度。 逻辑分析法特别适用于复杂控制线路的故障检查

五、电阻测量法的检测步骤

利用仪表测量线路上某点或某个元器件的通和断来确定电气故障点的方法称为电阻测量法。这种方法主要用万用表电阻挡对线路通断或元器件好坏进行判断。其方法有电阻分阶测量法和电阻分段测量法。电阻测量法测量电路中的故障点具有简单、直观的特点。

下面以图2-17所示的具有过载保护的接触器自锁正转控制线路中接触器KM不能吸合电气故障检测为例进行说明。

1. 电阻分阶测量法

当测量某相邻两阶的电阻值突然增大时，则说明该跨接点为故障点。其测量方法和步骤如下：

（1）测量时，应将万用表的挡位选择在合适倍率的电阻挡。

（2）断开电源开关，取下控制电路熔断器熔体，用验电笔验电，确保控制电路断电状态下才可进行测量。

（3）按下启动按钮SB1不放，按图2-26所示的测量方法，依次测量0－4、0－3、0－2、0－1各两点之间的电阻值。

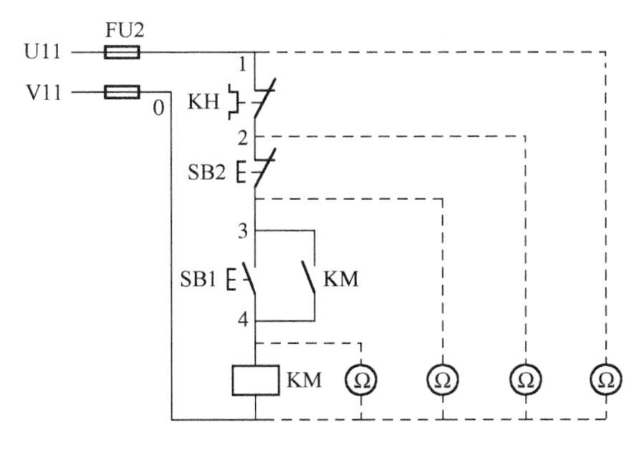

图2-26　电阻分阶测量法

（4）根据测量结果，判断出故障点。其故障点判断如表2-25所示。

表2-25　测量结果与故障点判断

故障现象	测试状态	0－4	0－3	0－2	0－1	故障点
按下启动按钮SB1，接触器KM不能吸合	按住SB1不放	∞	—	—	—	0－4号点间接触器KM线圈断路或接线松脱
		R	∞	—	—	3－4号点间的SB1常开触头接触不良或接线松脱
		R	R	∞	—	2-3号点间的SB2常闭触头接触不良或接线松脱
		R	R	R	∞	1－2号点间的KH常闭触头接触不良或接线松脱

注：表中R表示两个线号点间所测得的接触器线圈直流电阻值。

2. 电阻分段测量法

当测量到某相邻两点的电阻值很大时，则说明该两点间即为故障点，如图2-27所示。

其测量方法与步骤如下：

（1）断开电源开关，取下控制电路熔断器熔体，用验电笔验电，确保控制电路断电状态下才可进行测量。

（2）按下启动按钮 SB1 不放，用万用表 R×1 挡逐一测量“1”与“2”、“2”与“3”、“3”与“4”点间的电阻值，若测得阻值为零表示线路和两点间的电器元件触头正常；若测得阻值很大，表示对应点间的连接线或电器元件可能接触不良或已开路。

（3）用万用表 R×100 或 1k 挡测量“4”与“0”点间的接触器 KM 线圈的电阻，若阻值超过接触器线圈直流电阻值很多，表示连接线或接触器线圈已断开。

（4）根据测量结果，判断出故障点。其故障点判断如表 2-26 所示。

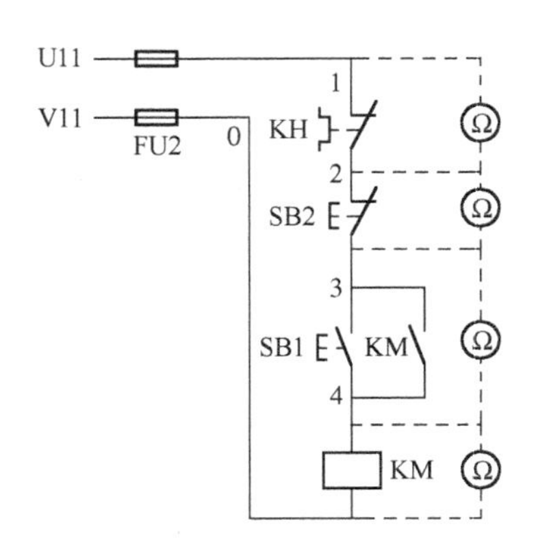

图 2-27　电阻分段测量法

表 2-26　测量结果与故障点判断

故障现象	测试状态	1-2	2-3	1-4	1-0	故障点
按下启动按钮 SB1，接触器 KM 不能吸合	按下 SB1 不放	∞	—	—	—	1-2 号点间的 KH 常闭触头接触不良或接线松脱
		0	∞	—	—	2-3 号点间的 SB2 常闭触头接触不良或接线松脱
		0	0	∞	—	3-4 号点间的 SB1 常开触头接触不良或接线松脱
		0	0	0	∞	0-4 号点间接触器 KM 线圈断路或接线松脱

使用电阻法测量时应注意以下几点：

（1）测量前一定要切断控制线路电源。

（2）若所测量电路与其他电路有并联，须将该电路与其他电路先断开，否则测量电阻值不准确。

（3）测量高电阻值电器元件时，要将万用表的电阻挡转换到适当挡位。

思考与练习

一、单项选择题（在每小题列出的四个备选答案中，只有一个是符合题目要求的）

1. 交流接触器的主触头一般由三对常开触头组成，用以通断　（　　）

A. 电流较小的控制电路　　B. 电流较大的主电路

C. 控制电路和主电路　　D. 电流较小的主电路

2. 交流接触器的辅助触头一般由两对常开触头和两对常闭触头组成，用以通断（　　）

A. 电流较小的控制电路　　B. 电流较大的主电路

C. 控制电路和主电路　　D. 电流较小的主电路

4. 对于 CJ10-10 型等容量较小的交流接触器，一般采用________灭弧方式。（　　）

A. 栅片灭弧装置　　B. 纵缝灭弧装置

C. 双断口结构的电动力灭弧装置　　D. 磁吹式灭弧装置

5. 交流接触器一般应装在垂直面上，倾斜度不得超过　(　　)

A. 15°　　B. 10°　　C. 5°　　D. 3°

6. 交流接触器中，短路环的作用是　(　　)

A. 消除铁芯振动和噪声　　B. 增大铁芯中磁通

C. 减缓铁芯冲击　　D. 减小铁芯中磁通

7. 热继电器中主双金属片的弯曲主要是由于两种金属材料的________不同。　(　　)

A. 机械强度　　B. 导电能力　　C. 热膨胀系数　　D. 电流强度

8. 一般情况下，热继电器中热元件的整定电流为电动机额定电流的________倍。

(　　)

A. 4 ~7　　B. 0.95 ~1.05　　C. 1.5 ~2　　D. 1.1 ~1.5

9. 绘制电气控制线路图时，对有直接电联系的交叉导线的连接点　(　　)

A. 要画小黑圆点　　B. 不画小黑圆点　　C. 要画小圆点　　D. 可画也可不画

10. 同一电器的各元件，在电气控制线路图和电气接线图中使用的图形符号、文字符号要　(　　)

A. 基本相同　　B. 不同

C. 完全相同　　D. 根据实际情况确定

11. 电气控制线路图中，主电路的编号在电源开关的出线端按相序依次为　(　　)

A. U、V、W　　B. L1、L2、L3

C. U11、V11、W11　　D. 1U、1V、1W

12. 电气控制线路图中，单台三相交流电动机或设备的三根电源引线，按相序依次编号为　(　　)

A. U、V、W　　B. L1、L2、L3

C. U11、V11、W11　　D. 1U、1V、1W

13. 具有过载保护的接触器自锁正转控制线路中，实现过载保护的电器是　(　　)

A. 熔断器　　B. 热继电器　　C. 接触器　　D. 电源开关

二、填空题

1. 交流接触器主要由________、________、________、________组成。其铁芯一般用E形________叠压而成，以减少铁芯的________和________损耗。铁芯的两个端面上嵌有________，用以消除电磁系统的振动和噪声。

2. 交流接触器的触头按接触情况可分为________、________和________三种；按触头结构形式可分为________和________两种；按通断能力可分为________和________两种。

3. 当接触器线圈通电时，________触头先断开，________触头随后闭合，中间有一个很短的________；当线圈断电后，________触头先恢复断开，________触头随后恢复闭合，中间也存在一个很短的________。

4. 接触器灭弧装置的作用是熄灭触头________时产生的电弧，以减轻电弧对触头的灼伤，保证可靠地分断电路。交流接触器常采用的灭弧装置有________、________和________三种。

5. 常用的CJ10等系列交流接触器在________% ~ ________%额定电压下，能保证可靠吸合。

6. 安装接触器时，其底面应与________垂直，倾斜度应小于________，否则会影响接触器的工作特性。

7. 热继电器是利用流过继电器的电流所产生的________而反时限动作的自动保护电器。所谓反时限动作，是指电器的延时动作时间随着通过电路电流的增大而________。

8. 热继电器主要与________配合使用，用做电动机的________保护、________保护、三相电流不平衡运行的保护及其他电气设备发热状态的控制。热继电器复位方式有________复位和________复位两种。

9. 热继电器使用时，需要将________串联在主电路中，________串联在控制电路中。

10. 按钮是一种用________的某一部分所施加力而操作，并具有________复位的控制开关，是一种最常用的________。其触头允许通过的电流较________，一般不超过________A。

11. 按钮按不受外力作用时（即静态）触头的分合状态，分为________、________和复合按钮。

12. 为保证人身安全，电力拖动线路板在通电试车时，要认真执行安全操作规程的有关规定，一人________，一人________。

三、综合题

1. 交流接触器主要由哪几部分组成？简述其工作原理？

2. 在电动机控制线路中，热继电器为什么不能作短路保护而只能作过载保护电器？

3. 简述热继电器的选用方法。

4. 什么是点动控制和自锁控制？说明点动控制线路与连续正转自锁控制线路有何异同？

5. 什么是失压保护和欠压保护？为何说接触器自锁正转控制线路具有失压、欠压保护作用？

6. 简述电动机基本控制线路的安装步骤。

7. 说明板前明线布线的工艺要求。

8. 电气设备控制线路常见故障有哪几类？简述电气故障检修的一般步骤。

9. 以具有过载保护的接触器自锁正转控制线路为例，说明使用电阻测量法检查控制线路故障的步骤和注意事项。

课题 3

小车自动往返控制线路的安装与检修

知识目标

□了解位置开关的型号、结构、符号。

□掌握常用位置开关的工作原理及其在电气控制设备中的典型应用。

□掌握电动机正反转、自动往返控制线路的功能及其在电气控制设备中的典型应用。

□掌握行线槽配线电动机基本控制线路的安装步骤及工艺规范标准。

技能目标

□能参照低压电器技术参数和小车自动往返控制要求选用常见位置开关。

□会正确安装和使用常见位置开关，能对其常见故障进行处理。

□会分析电动机正反转控制线路、自动往返控制线路的工作原理、特点及其在电气控制设备中的典型应用。

□能根据要求安装与检修正反转、小车自动往返控制线路。

□能够完成工作记录、技术文件存档与评价反馈。

知识准备

正转控制线路只能让电动机朝一个方向旋转，带动的生产机械运动部件也只能朝一个方向运动。实际的生产机械往往要求运动部件能够向正反两个方向运动。如 X62W 型万能铣床的工作台的前进与后退、主轴的正转与反转、起重机械吊钩的上升与下降等，这些生产机械要求电动机能够实现正反转。

对于三相交流异步电动机，当改变通入电动机定子绕组的三相电源相序，即将接入电动机的三相电源进线中任意两相对调接线时，电动机就可以实现反转。其原理就是当两相电源线调换后，三相电源所产生的旋转磁场也改变方向，转子导体所受的电磁力形成的电磁转矩随之改变方向。

任务 1　位置开关的识别与检测

在工厂电气控制设备中常称位置开关为行程开关、限位开关，它用以反应工作机械的行程，它的操作机构是机器的运动部件，当运动部件达到一定位置时，碰撞位置开关，使其触头动作，达到控制生产机械的运动方向和行程大小的作用。其作用与按钮基本相同，区别在于它不是手动开关，而是依靠生产机械的运动部件的碰压使其触头动作。常用的位置开关有 LX19、JLXK1 系列等，其外形如图 3-1 所示。

（a）LX19 系列行程开关

（b）JLXK1 系列行程开关

图 3-1　位置开关外形

1. 位置开关的型号及含义

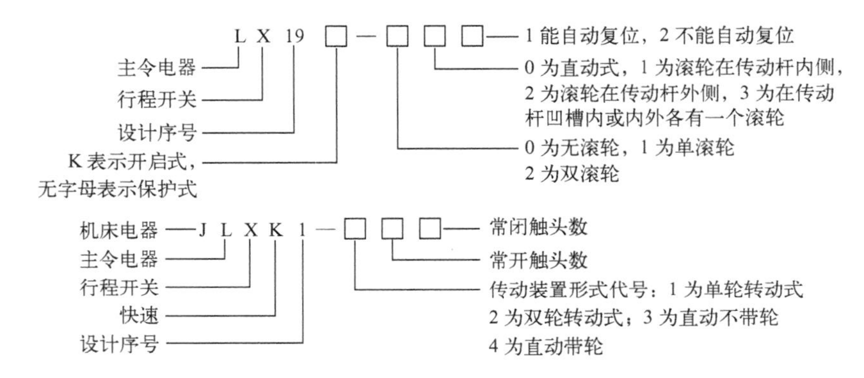

2. 位置开关的结构和符号

各系列位置开关的基本结构大体相同，都是由操作机构、触头系统和外壳组成，如图 3-2（a）、（b）所示。位置开关在电路图中的符号如图 3-2（c）所示。

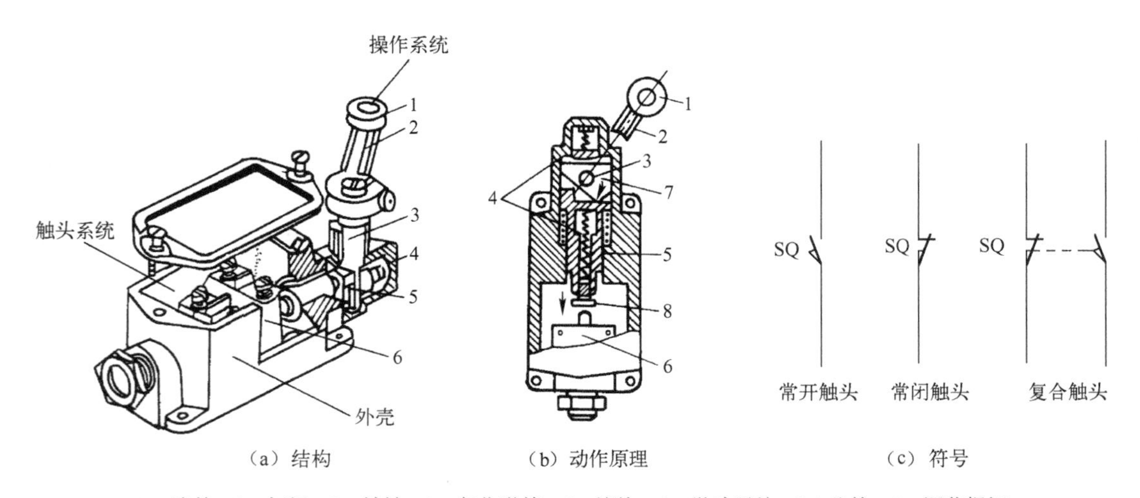

（a）结构　　（b）动作原理　　（c）符号

1—滚轮；2—杠杆；3—转轴；4—复位弹簧；5—撞块；6—微动开关；7—凸轮；8—调节螺钉

图 3-2　JLXK1 系列位置开关的结构和动作原理

以某种位置开关为基础，装置不同的操作机构，可得到各种不同形式的位置开关，常见的有按钮式（直动式）和旋转式（滚轮式）。

位置开关的触头类型有一常开一常闭、一常开二常闭、二常开一常闭、二常开二常闭等形式。动作方式可分为瞬动式、蠕动式和交叉式3种。动作后的复位方式有自动复位和非自动复位两种。

3. 位置开关的技术参数

位置开关的基本技术参数如表3-1所示。

表3-1 位置开关的基本技术参数

型号	额定电压/额定电流	结构特点	触头对数	
			常开	常闭
LX19K	380V/5A	元件	1	1
LX19-111		内侧单轮，自动复位	1	1
LX19-121		外侧单轮，自动复位	1	1
LX19-131		内外侧单轮，自动复位	1	1
LX19-212		内侧双轮，不能自动复位	1	1
LX19-222		外侧双轮，不能自动复位	1	1
LX19-232		内外侧双轮，不能自动复位	1	1
JLXK1		快速位置开关（瞬动）		
LX19-001		无滚轮，仅径向转动杆	1	1
LXW1-11		自动复位		
LXW2-11		微动开关	1	1

4. 位置开关的选用

位置开关选用时，除应满足位置开关的工作条件和安装条件外，其主要技术参数的选用方法如下：

（1）根据使用场合及控制对象选用种类。

（2）根据安装环境选用防护形式。

（3）根据控制电路的额定电压和额定电流选用系列。

（4）根据机械与位置开关的传动与位移关系选用合适的操作头形式。

5. 位置开关的安装与使用

位置开关的工作条件与安装条件可参阅使用说明书，其安装与使用方法如下：

（1）安装位置应准确，安装应牢固。

（2）滚轮的方向不能装反，挡铁与其碰撞的位置应符合控制线路的要求，并能确保可靠地与挡铁碰撞。

（3）使用中应注意定期检查和保养，除去油垢及粉尘，清理触头，检查其动作是否灵活、可靠，及时排除故障。

（4）位置开关的金属外壳必须可靠接地。

6. 位置开关的常见故障及处理方法

位置开关的常见故障及处理方法如表3-2所示。

表 3-2　位置开关的常见故障及处理方法

故障现象	可能原因	处理方法
挡铁碰撞位置开关后，触头不动作	（1）安装位置不准确 （2）触头接触不良或接线松脱 （3）触头弹簧失效	（1）调整安装位置 （2）更换触头或紧固拉线 （3）更换弹簧
杠杆已偏转，或无外界机械力作用，但触头不能复位	（1）复位弹簧失效 （2）内部撞块受阻 （3）调节螺钉太长，顶住开关按钮	（1）更换弹簧 （2）清除杂物 （3）检查调节螺钉

7. 接近开关

位置开关是有触点开关，在操作频繁时易产生故障，工作可靠性较低。如图 3-3 所示的是接近开关，又称无触点位置开关，是一种与运动部件无机械接触而能操作的位置开关。它是一种开关型位置传感器，既有位置开关、微动开关的特性，同时又具有传感性能，且动作可靠，性能稳定，频率响应快，使用寿命长，抗干扰能力强，并具有防水、防震、防腐蚀等特点，目前应用范围越来越大。

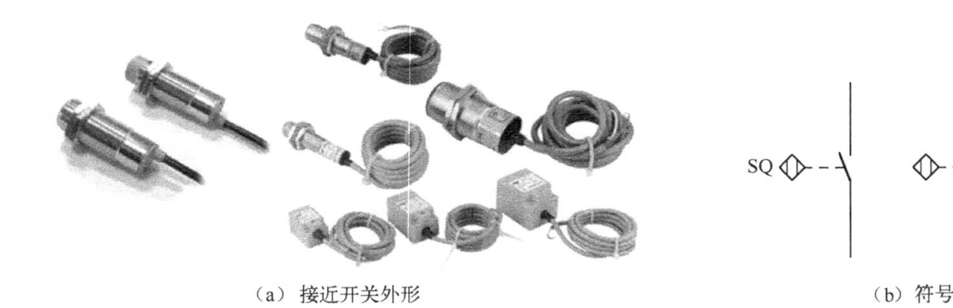

（a）接近开关外形　　（b）符号

图 3-3　接近开关

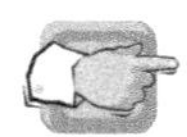 任务 2　倒顺开关的识别与检测

倒顺开关是组合开关的一种，是专门为控制小容量三相交流异步电动机正反转的开关，又称可逆转开关，其外形、符号如图 3-4 所示。

（a）外形

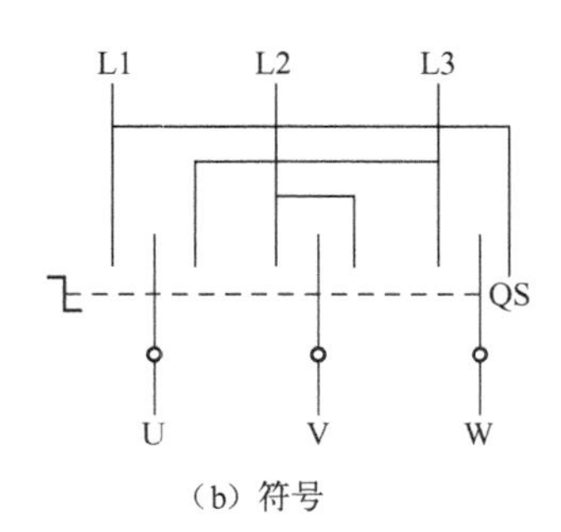

（b）符号

手柄位置		
顺（左）	停	倒（右）
L1——U L2——V L3——W	L1 L2 L3	L1——W L2——V L3——U

（c）手柄位置与接线

图 3-4　倒顺开关

开关的手柄有“倒”、“停”、“顺”3 个位置，手柄只能从“停”的位置左转或右转 45°。当手柄处于“停”位置时，两组动触头都不能与静触头接触；当手柄处于“顺”位置时，L1、L2、L3 分别与 U、V、W 接触；当手柄处于“倒”位置时，L1 与 W、L2 与 V、L3 与 U 接触，从而改变了电源的相序。

技能训练场 9　位置开关、倒顺开关的识别与检测

1. 训练目标

（1）能识别常用位置开关、倒顺开关，了解主要技术参数和适用范围。

（2）能判断位置开关、倒顺开关的好坏。

2. 安装工具、仪器仪表及器材

（1）安装工具、仪器仪表：由学生自定。

（2）器材：JLX19、JLXK1、HY2 等系列位置开关、倒顺开关，其型号规格自定。

3. 训练过程

（1）识别器件、识读使用说明书要求同技能训练场 1。

（2）认识结构：打开位置开关、倒顺开关外壳，仔细观察其结构，熟悉其结构及工作原理，并将主要部件的名称和作用填入表 3-3 中。

表 3-3　器件的技术参数与结构

位置开关		倒顺开关	
部件名称	部件作用	部件名称	部件作用
主要技术参数		主要技术参数	
工作与安装条件		工作与安装条件	
适用场合		适用场合	
主要安装尺寸		主要安装尺寸	

（3）器件的检测：分别使位置开关在自由释放、压合位置和使倒顺开关在顺、停、倒位置，用万用表测量各对触头之间的接触情况，再用兆欧表测量绝缘电阻，并判断其好坏。将结果填入表 3-4 中。

表 3-4　器件的检测

位置开关		倒顺开关		
自由释放时	压合时	停	倒	顺
常开触头电阻值（Ω）	常闭触头电阻值（Ω）	L1—U：	L1—W：	L1—U：
		L2—V：	L2—V：	L2—V：
		L1—W：	L1—W：	L1—W：
绝缘电阻		绝缘电阻		
检测结果		检测结果		

4. 注意事项、训练评价

同技能训练场 1。

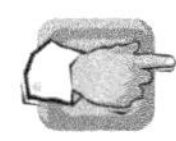

任务 3　电动机正反转控制线路的识读

1. 倒顺开关正反转控制线路的识读

利用倒顺开关实现电动机正反转控制的控制线路如图 3-5 所示。

线路的工作原理如下：

操作倒顺开关 QS，当手柄处于“停”位置时，QS 的动、静触头不接触，电路不通，电动机不能转动；当手柄扳到“顺”位置时，QS 的动触头和左边的静触头相接触，电路按 L1—U、L2—V、L3—W 接通，输入电动机定子绕组的电源相序为 L1—L2—L3，电动机正转；当手柄扳到“倒”位置时，QS 的动触头和右边的静触头相接触，电路按 L1—W、L2—V、L3—U 接通，输入电动机定子绕组的电源相序为 L3—L2—L1，电动机反转。

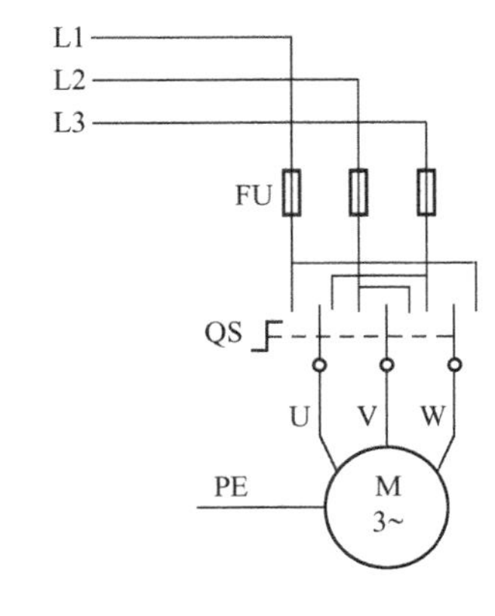

图 3-5　倒顺开关正反转控制电路图

指点迷津：倒顺开关正反转控制操作要领与工程应用

倒顺开关在操作中应注意：当电动机处于正转或反转状态时，要使电动机反转或正转，应先将手柄扳到“停”位置，待电动机停转后，再将手柄扳到“倒”或“顺”位置。不能将手柄直接由“顺”位置扳到“倒”位置或由“倒”位置扳到“顺”位置。因为电动机的定子绕组会因为电源突然反接而产生很大的反接制动电流，易使电动机定子绕组过热而损坏。

这种控制方式的电路一般只能用于控制电动机额定电流在 10A、额定功率在 3kW 及以下的小容量电动机。在建筑工业上的搅拌机、提升机常采用倒顺开关控制电动机的正反转。

2. 接触器联锁正反转控制线路的识读

接触器联锁正反转控制线路如图 3-6 所示。

在该控制线路中，电动机正转用接触器 KM1 接通电源，反转用接触器 KM2 接通电源，再由正转按钮 SB1、反转按钮 SB2 分别控制接触器 KM1、KM2，这样利用两只接触器使接入电动机的电源相序发生变化，达到了使电动机能够正反转的目的。相应地控制电路有两条，一条是按钮 SB1 和 KM1 线圈等组成的正转控制电路；另一条是由按钮 SB2 和 KM2 线圈等组成的反转控制电路。

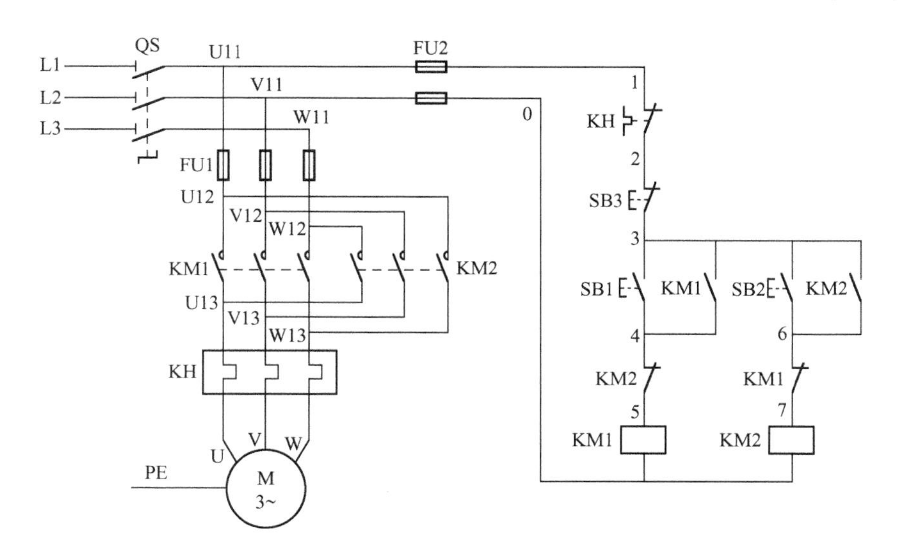

图 3-6　接触器联锁正反转控制线路

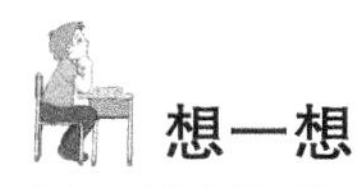

想一想

■ 接触器 KM1、KM2 的主触头能否同时闭合，若同时闭合会造成什么后果？

指点迷津：防止接触器同时闭合的措施

必须指出，在正反转控制线路中，若接触器KM1、KM2的主触头同时闭合时，会造成两相（L1、L3 相）电源短路事故，因此，为避免两个接触器的主触头同时闭合（两个接触器线圈同时得电），我们在正反转控制电路中分别串接了对方接触器的一对常闭辅助触头，这样，当一个接触器线圈得电动作时，通过其常闭触头切断另一个接触器线圈的控制电路，使其线圈不能得电，有效地保证了两个接触器不能同时得电动作。

接触器间这种当一个接触器线圈得电动作时，通过其辅助常闭触头使另一个接触器线圈不能同时得电动作的相互制约作用称为接触器联锁（互锁）。实现联锁作用的辅助常闭触头称为联锁触头（或互锁触头）。联锁符号常用“▽”表示。

线路的工作原理如下：先合上电源开关 QS。

（1）正转控制：

（2）反转控制：

先使电动机停转：

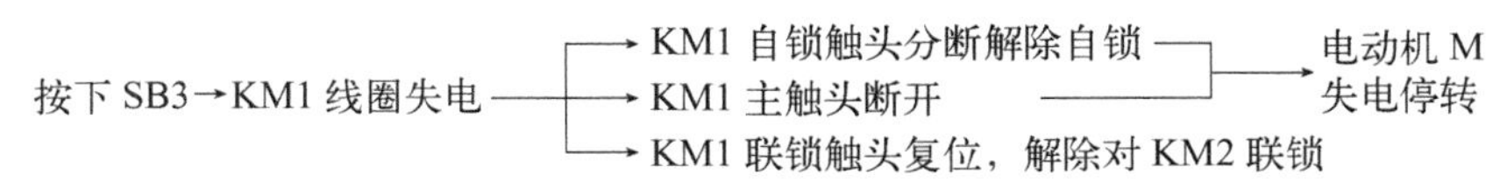

再使电动机反转：

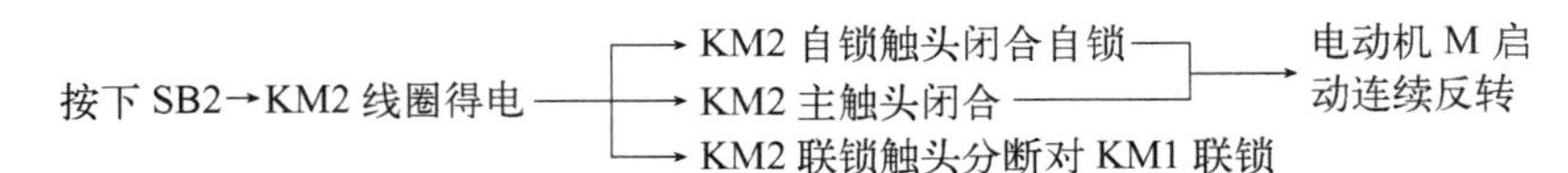

（3）停止控制：停止时，按下停止按钮 SB3，控制电路失电，接触器 KM1 或 KM2 主触头分断，电动机 M 失电停转。

想一想

■ 接触器联锁的正反转控制线路的优点和缺点是什么？

3. 按钮联锁正反转控制线路的识读

按钮联锁正反转控制线路如图 3-7 所示。其主电路与接触器联锁正反转控制线路相同，在控制电路中，将正、反转按钮 SB1、SB2 换成了两个复合按钮，并使两个复合按钮的常闭触头代替接触器的联锁触头来完成联锁作用。

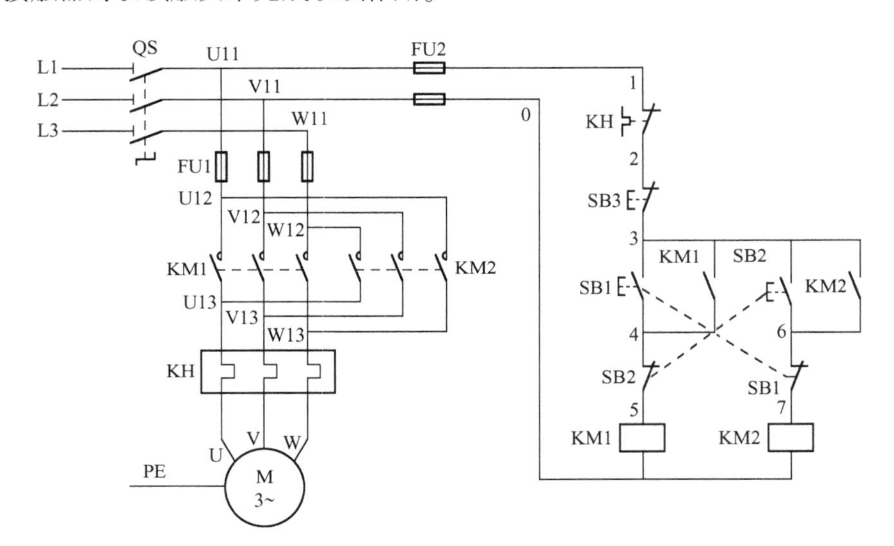

图 3-7　按钮联锁正反转控制线路

想一想

■ 按钮联锁的正反转控制线路与接触器联锁的正反转控制线路在操作上有何异同？有何优缺点？

■ 分析按钮联锁的正反转控制过程。

■ 按钮联锁的正反转控制线路中，若接触器 KM1 的主触头熔焊或由于机械原因使主触头不能断开，这时按下反转启动按钮 SB2 会出现什么后果？你能采取什么办法防止？

4. 按钮、接触器双重联锁正反转控制线路的识读

由于接触器联锁正反转控制线路和按钮联锁正反转控制线路均存在一定的不足，我们可

以将接触器联锁、按钮联锁结合在一起，构成按钮、接触器双重联锁的正反转控制线路，如图3-8所示。该控制线路兼有上述两种线路的优点，达到操作方便、工作安全可靠的目的。

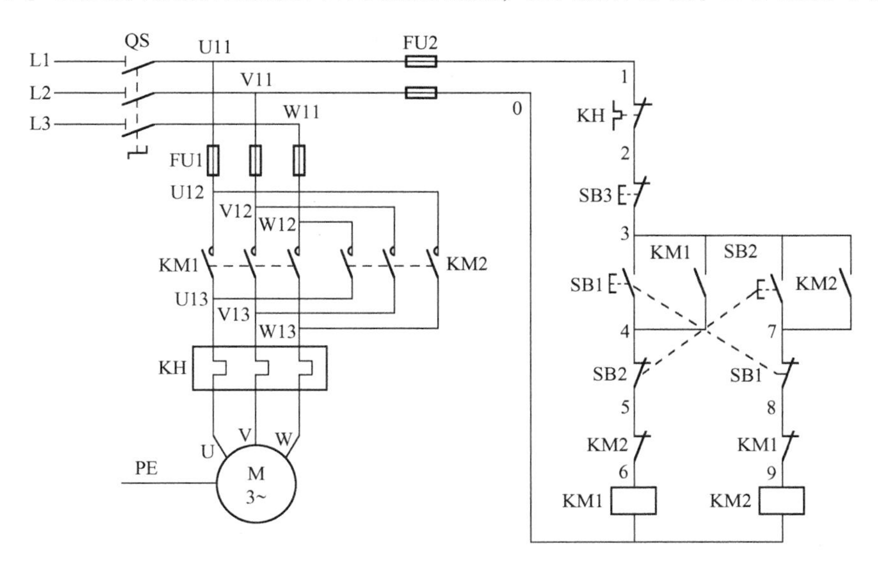

图3-8　按钮、接触器双重联锁正反转控制线路

线路的工作原理如下：先合上电源开关QS。

（1）正转控制：

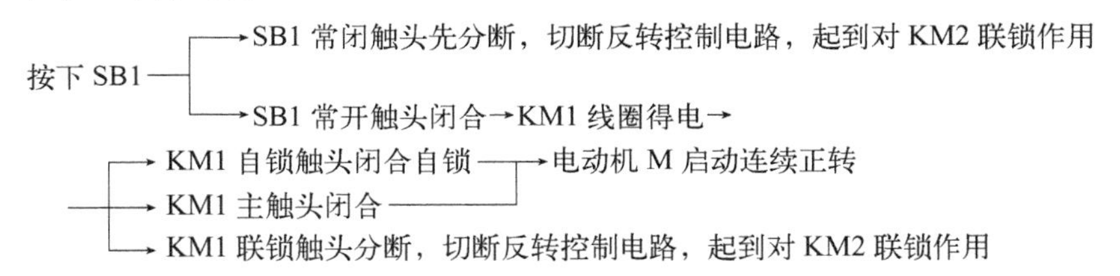

（2）反转控制：

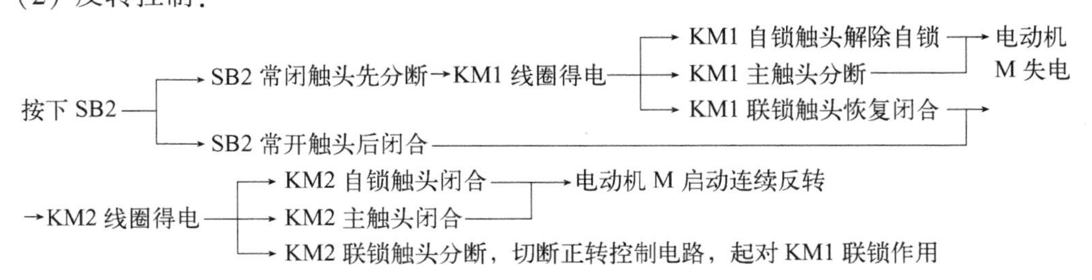

（3）停止控制：停止时，按下停止按钮SB3，控制电路失电，接触器KM1或KM2主触头分断，电动机M失电停转。

想一想

■ 按钮、接触器双重联锁的正反转控制线路有何优点？

■ 在按钮、接触器双重联锁的正反转控制线路中，若接触器KM1的主触头熔焊或由于机械原因使主触头不能断开，这时按下反转启动按钮SB2，会不会出现事故？为什么？

正反转控制线路改错举例

例 3-1： 图 3-9 所示为几种正反转控制线路的控制电路，试判断各控制电路能否正常工作？若不能正常工作，请找出电路中存在的问题，并改正。

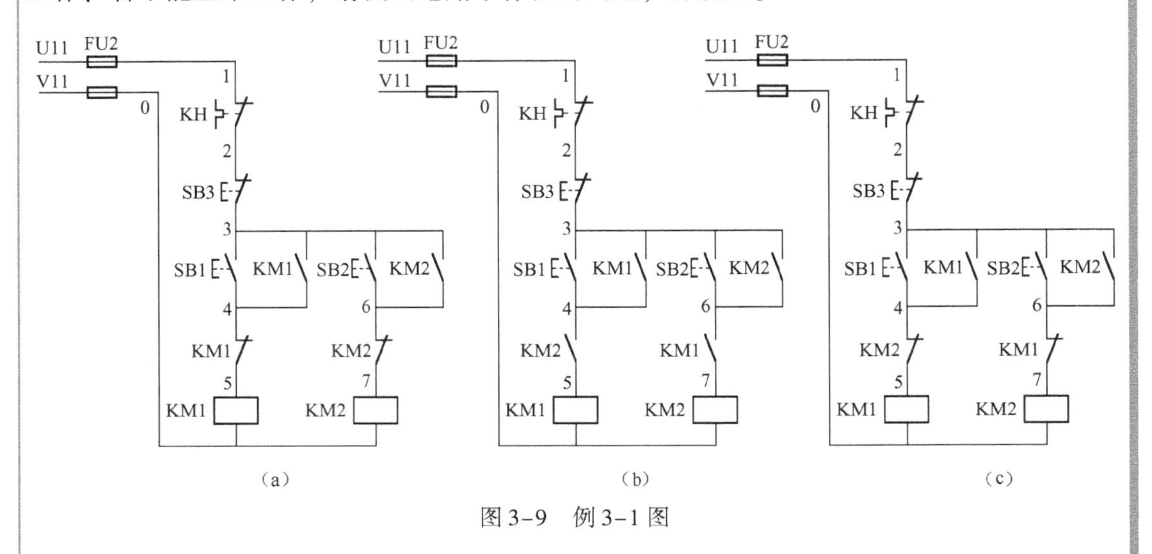

图 3-9　例 3-1 图

解： 图 3-9（a）所示电路不能正常工作。其原因是联锁触头不能用自身接触器的辅助常闭触头。这样不但不能起到联锁作用，还会造成按钮按下时，控制电路出现时通时断的现象，应把图中两对联锁触头对调。

图 3-9（b）所示电路不能正常工作。其原因是联锁触头不能用辅助常开触头。这样即使按下启动按钮，接触器线圈也不能得电。应把联锁触头换成辅助常闭触头。

图 3-9（c）所示电路只能起到点动正反转控制，达不到连续工作要求。其原因是自锁触头使用了对方接触器的辅助常开触头，起不到自锁作用。应把两对自锁触头互换。

技能训练场 10　工业换气扇正反转控制线路的安装与检修

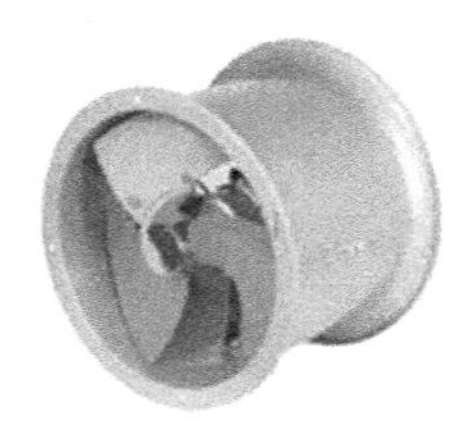

任务描述：

小王接到了维修电工车间主任分配给他的工作任务单，要求完成“工业换气扇控制线路板”的安装。要求能使换气扇正反向工作，以实现换气功能。该工业换气扇的主要技术参数：额定功率 4kW，额定工作电流 8.8A，额定电压 380V，额定频率 50Hz，△形接法，转速 1 440r/min，绝缘等级 B 级，防护等级 IP23。

1. 训练目标

能正确安装与检修工业换气扇控制线路。

2. 安装工具、仪器仪表、电器元件等器材

根据工业换气扇的技术参数及图 3-8 所示控制线路图，选择合适的安装工具、仪器仪表及电器元件，分别填入表 3-5、表 3-6 中。

表3-5 工具、仪表

安装工具	
仪器仪表	

表3-6 电器元件明细表

器件代号	名 称	型 号	规 格	数量
QS	组合开关			
FU1	螺旋式熔断器			
FU2	螺旋式熔断器			
KM1、KM2	交流接触器			
KH	热继电器			
SB1、SB2、SB3	按钮			
XT	接线排			
	配线板			
	主电路导线			
	控制电路导线			
	按钮线			
	接地线			
	紧固件及异型塑料管			

3. 安装步骤及工艺要求

(1) 由学生根据安装要求自行规划安装步骤，并熟悉安装工艺要求。
(2) 根据图3-8所示的控制线路图，画出其电气布置图和电气接线图。
(3) 检验所选择电器元件的质量。
(4) 经指导老师审查同意后，安装控制线路板，完成后需经自检、校检，合格后通电试车。

指点迷津：工业换气扇控制线路电气布置图与电气接线图

工业换气扇控制线路电气布置图如图3-10所示，其电气接线图如图3-11所示。

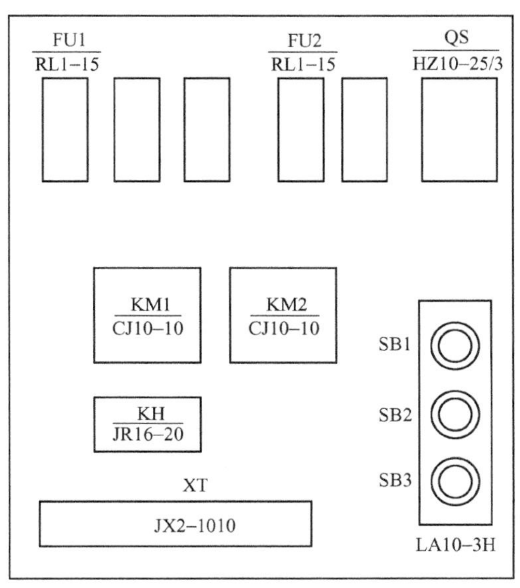

图3-10 工业换气扇控制线路板电气布置图

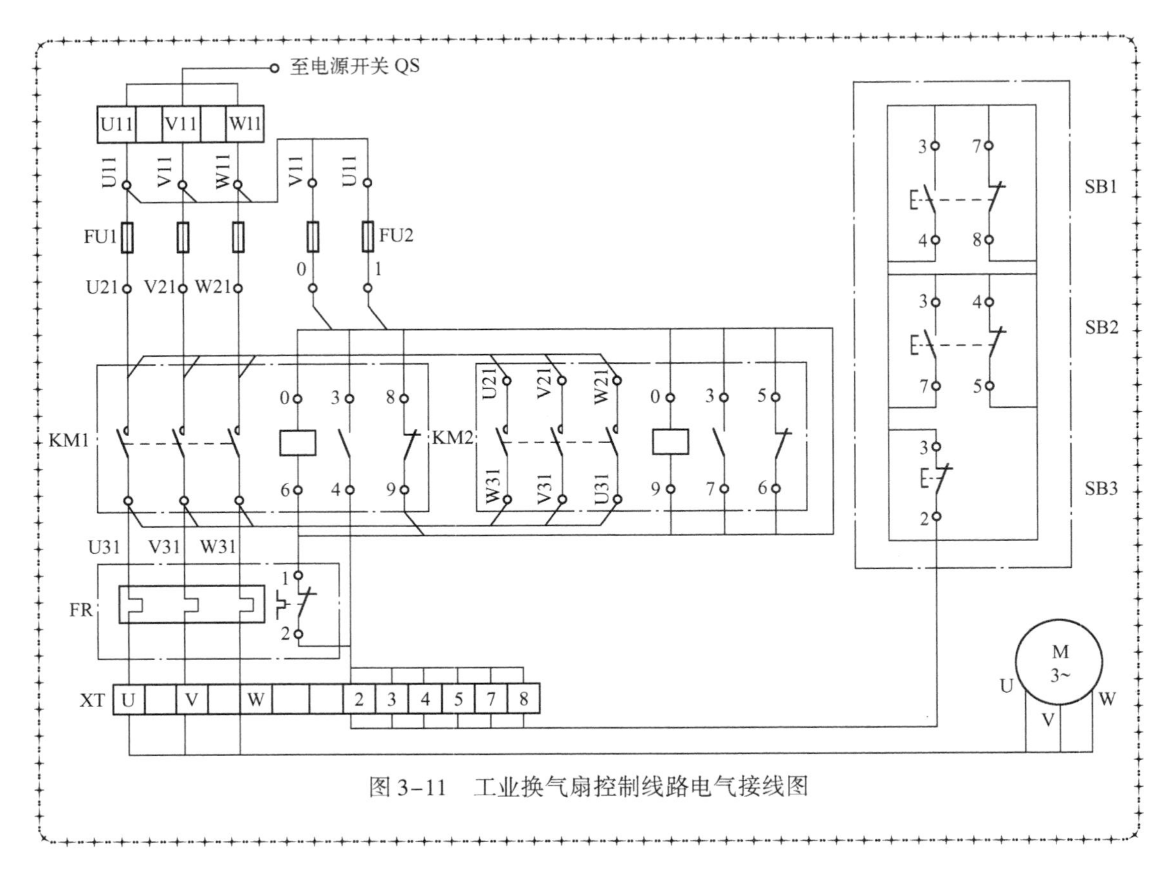

图 3-11　工业换气扇控制线路电气接线图

4. 控制线路板安装注意事项

(1) 接触器联锁触头接线必须正确，否则将会造成主电路中两相电源短路事故。

(2) 电动机及所有带金属外壳的电器元件必须可靠接地。

(3) 热继电器的整定电流应按实际工业换气扇的额定电流及工作方式进行整定。

(4) 通电试车前应认真仔细检查线路，确保线路布线、接线符合要求。

(5) 通电试车必须经指导教师检查合格后，在指导教师的监护下进行。

5. 检修工业换气扇控制线路

检修工业换气扇控制线路的步骤及工艺要求如下：

(1) 故障设置障。在控制电路或主电路人为设置电气自然故障 2～3 处。

(2) 指导教师示范检修。指导教师进行示范检修时，学生仔细观察其检修步骤及工艺要求。

(3) 用试验法检查故障现象。主要观察工业换气扇运行情况、接触器动作情况和线路的工作情况等，如发现有异常情况，应立即断电检查。

(4) 用逻辑分析法缩小故障范围，并在控制线路图上用虚线标出故障部位的最小范围（可参考课题 2、3 的阅读材料）。

(5) 采用电压分阶测量法，准确、迅速地找出故障点。

(6) 根据故障点的不同情况，采取正确的修复方法，迅速排除故障。

(7) 确认故障排除后，通电试车。

（8）填写检修记录单。

检修注意事项：

（1）要认真听取和仔细观察指导教师在示范过程中的讲解和检修操作。

（2）要仔细阅读“阅读材料”，掌握工业换气扇控制线路中各个环节的作用和原理。

（3）在检修过程中，分析思路要清晰、排除方法要正确规范、工具和仪表使用要正确。

（4）不能随意更改控制线路和带电触摸电器元件。

（5）采用电压分阶测量法测量时，必须有指导教师在现场监护，并确保用电安全。

6. 训练评价

参考技能训练场7、8。

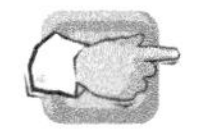

任务4　小车自动往返控制线路的识读

在工厂生产设备中，很多生产机械的运动部件的行程或位置必须受到限制，或者需要其运动部件在一定的行程内自动循环等，因此，在这些生产设备的相应位置上需要安放位置开关，在工作台上安装挡铁，当工作台移动到规定位置时，挡铁碰撞位置开关，使位置开关发出信号，从而控制电动机使工作台停止或返回。这种以机械运动部件的位置变化来控制电动机的运转状态称为行程控制。行程控制适用于小容量电动机的拖动系统中，如摇臂钻床、万能铣床、镗床、桥式起重机、运料小车、锅炉上煤机中电动机的控制。

一、位置控制线路的识读

位置控制（又称行程控制或限位控制）的控制线路图如图3-12所示。图3-12（b）为某生产机械上小车运动示意图，在工作台的两头终端处各安装一个位置开关SQ1和SQ2，将这两个位置开关的常闭触头分别串接在正转和反转控制电路中。在小车前后各装有挡铁1和2，小车的行程和位置可通过移动位置开关的安装位置来调节。

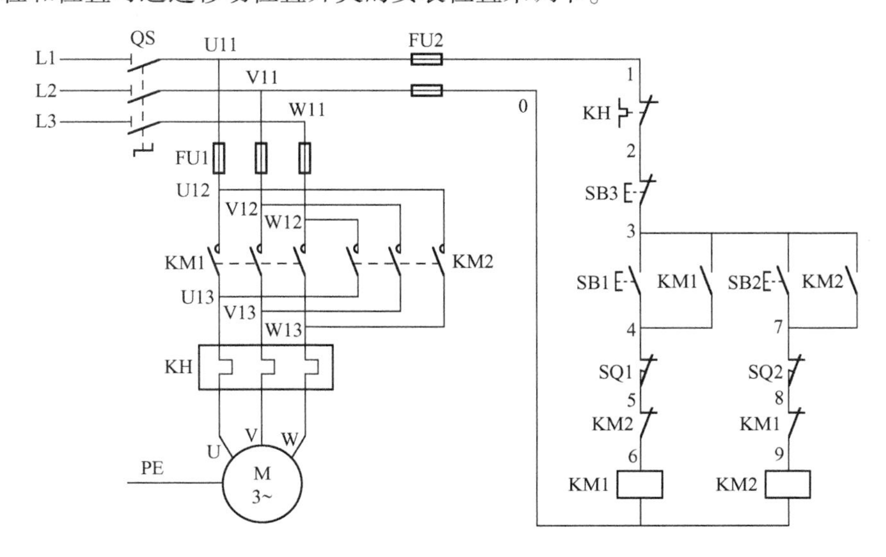

（a）控制线路

图3-12　位置控制的电路图

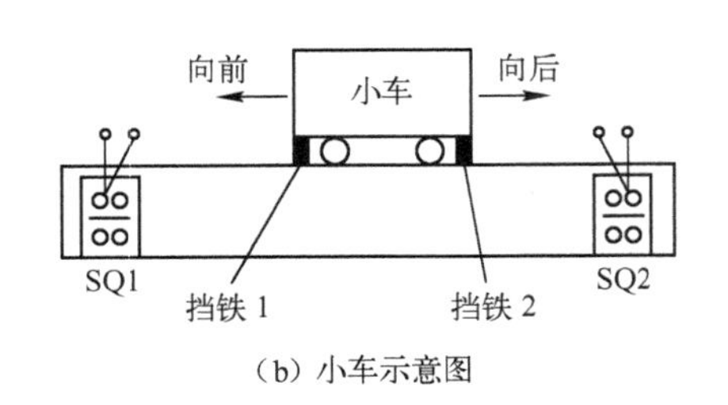

（b）小车示意图

图 3-12　位置控制的电路图（续）

线路的工作原理如下：先合上电源开关 QS。

（1）小车向前运动控制：

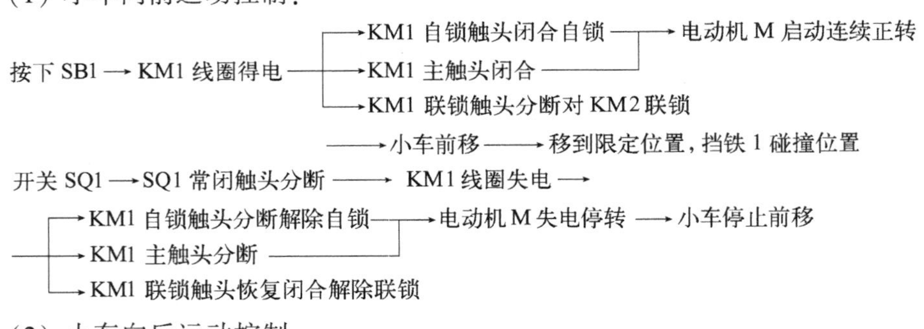

（2）小车向后运动控制：

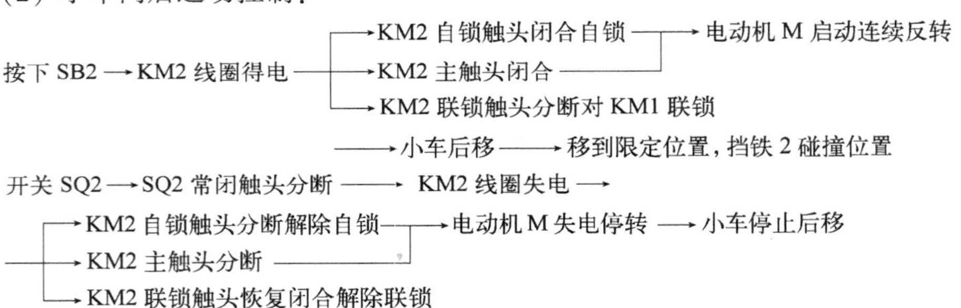

注：小车从前移极限位置向后运动时，SQ1 常闭触头会自动复位，为下一次限位做准备。

（3）停止控制：停止时，只需按下 SB3 即可。

想一想

■ 小车位置控制线路与电动机正反转控制线路有何异同？

■ 当小车运动到左侧或右侧限位位置时，再按下 SB1、SB2，接触器 KM1、KM2 线圈能否再得电？是否会使小车继续向左或向右前进？为什么？

■ 位置开关 SQ1、SQ2 常闭触头在控制电路中的串接位置与实际安装位置有何关联关系？

■ 如果生产机械要求工作台能在一定的行程内自动循环往返运动，可以采用什么方法来实现？

二、工作台自动往返控制线路的识读

在实际生产中，有些生产机械的工作台要求在一定行程内能自动往返运动，以便实现对工件的连续加工，提高生产效率，这就需要电气控制线路能对电动机实现自动转换正反转控制。利用位置开关实现工作台自动往返控制线路如图 3-13 所示。

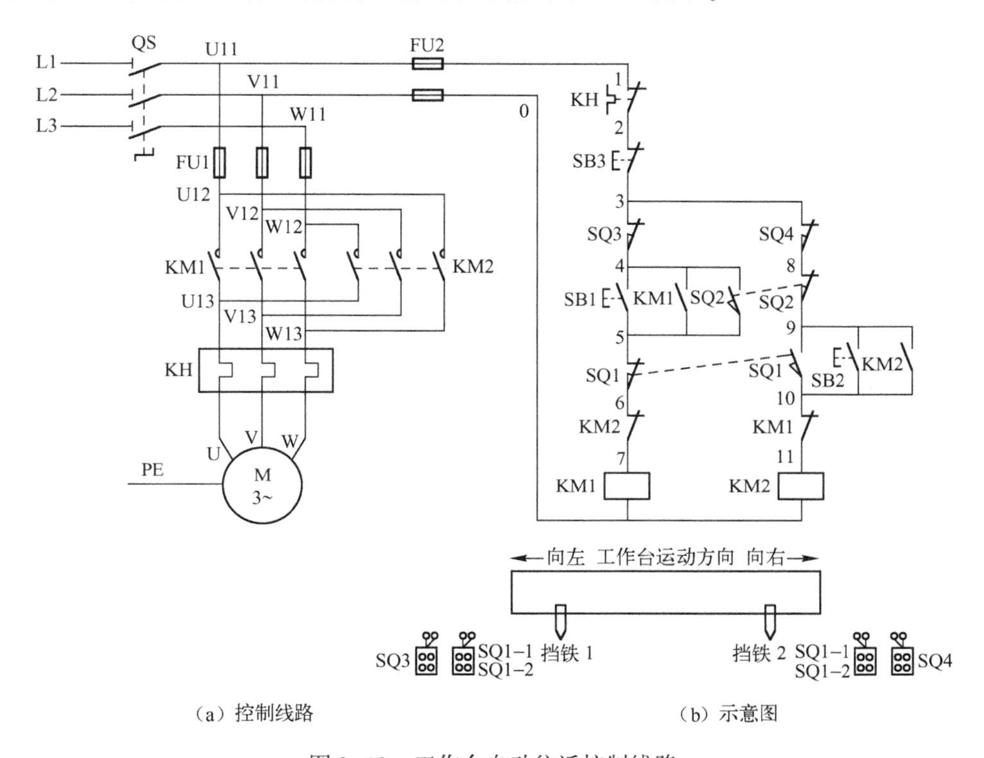

（a）控制线路　　　　（b）示意图

图 3-13　工作台自动往返控制线路

在该控制线路中，设置了 4 只位置开关 SQ1、SQ2、SQ3、SQ4，并将它们安装在工作台往返运动所需限位的地方。其中 SQ1、SQ2 被用于自动换接电动机正反转控制电路，实现工作台的自动往返行程控制；SQ3、SQ4 被用于工作台的终端保护，其目的是防止 SQ1、SQ2 失灵时，工作台不能越过限定位置。

工作台下面的挡铁 1 只能和 SQ1、SQ3 相碰撞，挡铁 2 只能和 SQ2、SQ4 相碰撞。当工作台运动到所限位置时，挡铁碰撞相应的位置开关，使其动作，自动换接电动机正反转控制电路，通过机械传动机构使工作台自动循环往返运动。工作台行程大小可通过移动挡铁位置来调节。

线路的工作原理如下：先合上电源开关 QS。

启动与自动往返运动控制：

按下 SB1 ⟶ KM1 线圈得电 ⟶
- ⟶ KM1 自锁触头闭合自锁 ⟶
- ⟶ KM1 主触头闭合
- ⟶ KM1 联锁触头分断对 KM2 联锁

⟶ 电动机 M 启动连续正转 ⟶ 工作台左移 ⟶ 移到限定位置，挡铁 1 碰撞位

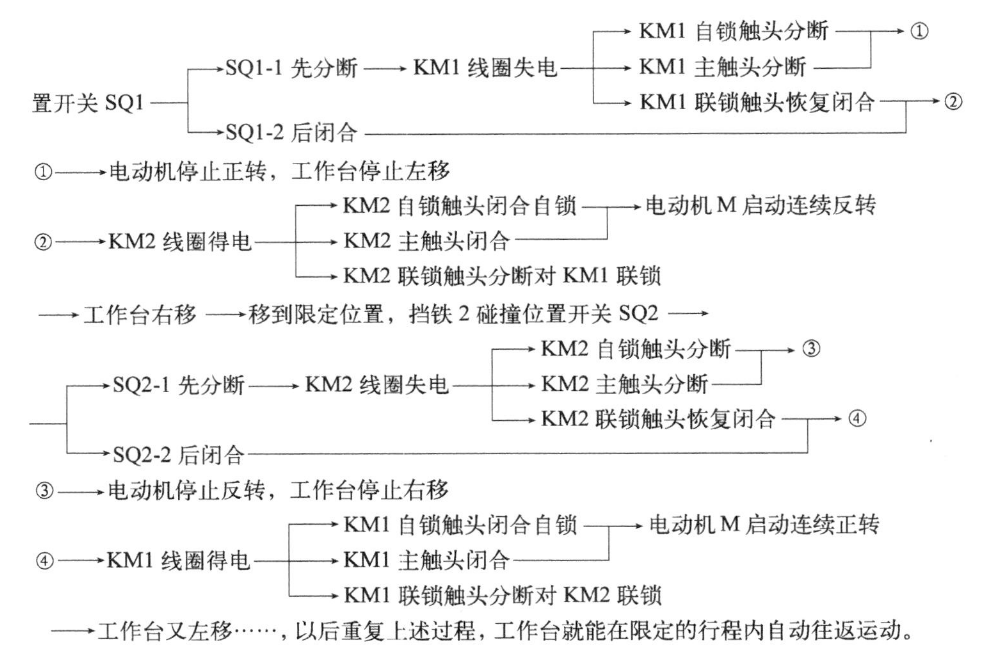

停止时，按下停止按钮 SB3，控制电路失电，接触器 KM1 或 KM2 主触头分断，电动机 M 失电停转，工作台停止运动。

注：(1) 按钮 SB1、SB2 分别作为正转、反转启动按钮，若启动时工作台停止在左侧，则应按下 SB2 进行启动，反之应按下 SB1。

(2) 当工作台向相反方向移动时，原先压合的位置开关会自动复位。

想一想

■ 电路中如何通过 SQ1、SQ2 来控制电动机的正反转？

■ 若位置开关 SQ1 或 SQ2 失灵，电路中是如何防止工作台不会冲出导轨的？

■ 如果将 SQ3、SQ4 的安装位置装反，能否起到终端保护作用？

■ 若工作台移动到某一侧时，要求停止几秒钟再反向移动，你可以采用什么电器元件来控制？

技能训练场 11　运煤小车自动往返控制线路的安装与检修

任务描述：

小王接到了维修电工车间主任分配给他的工作任务单，要求完成“运煤小车自动往返控制线路板”的安装。该运煤小车电动机的主要技术参数为：额定功率 5.5kW，额定工作电流 11.1A，额定电压 380V，额定频率 50Hz，△形接法，转速 2 990r/min，绝缘等级 B 级，防护等级 IP23。

1. 训练目标

(1) 熟悉板前行线槽布线的工艺要求。

（2）掌握位置开关的安装、调试要求。

（3）能正确安装与检修运煤小车自动往返控制线路。

2. 安装工具、仪器仪表、电器元件等器材

根据运煤小车电动机的技术参数及图 3-13 所示控制线路图，选择合适的安装工具、仪器仪表及电器元件，分别填入表 3-7、表 3-8 中。

表 3-7　工具、仪表

安装工具	
仪器仪表	

表 3-8　电器元件明细表

器件代号	名　称	型　号	规　格	数量
QS	组合开关			
FU1	螺旋式熔断器			
FU2	螺旋式熔断器			
KM1、KM2	交流接触器			
KH	热继电器			
SB1、SB2、SB3	按钮			
SQ1 ~ SQ4	位置开关			
XT	接线排			
	配线板			
	行线槽			
	主电路导线			
	控制电路导线			
	按钮线			
	接地线			
	针形及叉形轧头			
	紧固件及异型塑料管			

3. 安装步骤及工艺要求

本控制线路安装要求采用“板前行线槽配线”。

（1）安装前认真阅读阅读材料 7 “板前行线槽配线” 安装步骤，熟悉安装工艺要求。

（2）根据图 3-13 所示的控制线路图，画出其电气布置图和电气接线图。

（3）经指导老师审查同意后，在控制线路板上安装行线槽和所有电器元件，并贴上醒目的文字符号（如图 3-14 所示）。

工艺要求：行线槽安装时，应做到横平竖直、排列整齐匀称、安装牢固、便于布线。

（4）按图 3-13 所示的控制线路图和所画的电气接线图进行板前行线槽配线，并在导线端部套编码套管和冷压接线头。板前行线槽配线的工艺要求可参考阅读材料。电气接线图可参考图 3-15 所示。

（5）按图 3-15 所示的控制线路图，采用合适的方法检查控制线路板接线的正确性。

（6）安装电动机。

（7）连接电动机和按钮金属外壳的保护接地线。

（8）连接电源、电动机等控制板外部的导线。

指点迷津：运煤小车自动往返控制线路电气布置图与电气接线图

运煤小车自动往返控制线路电气布置图如图 3－14 所示，其电气接线图如图 3－15 所示。

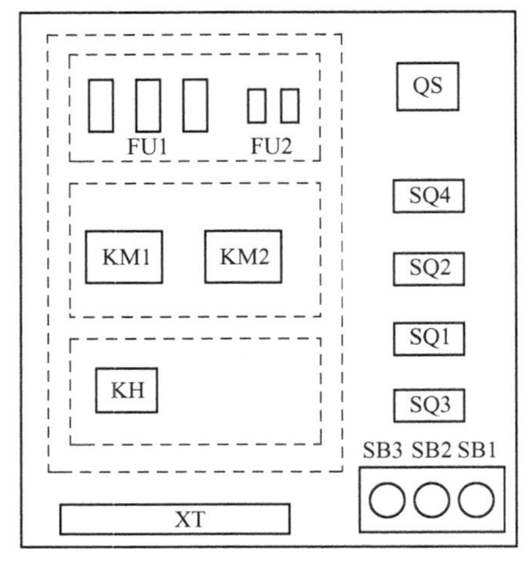

图 3－14 电气布置图

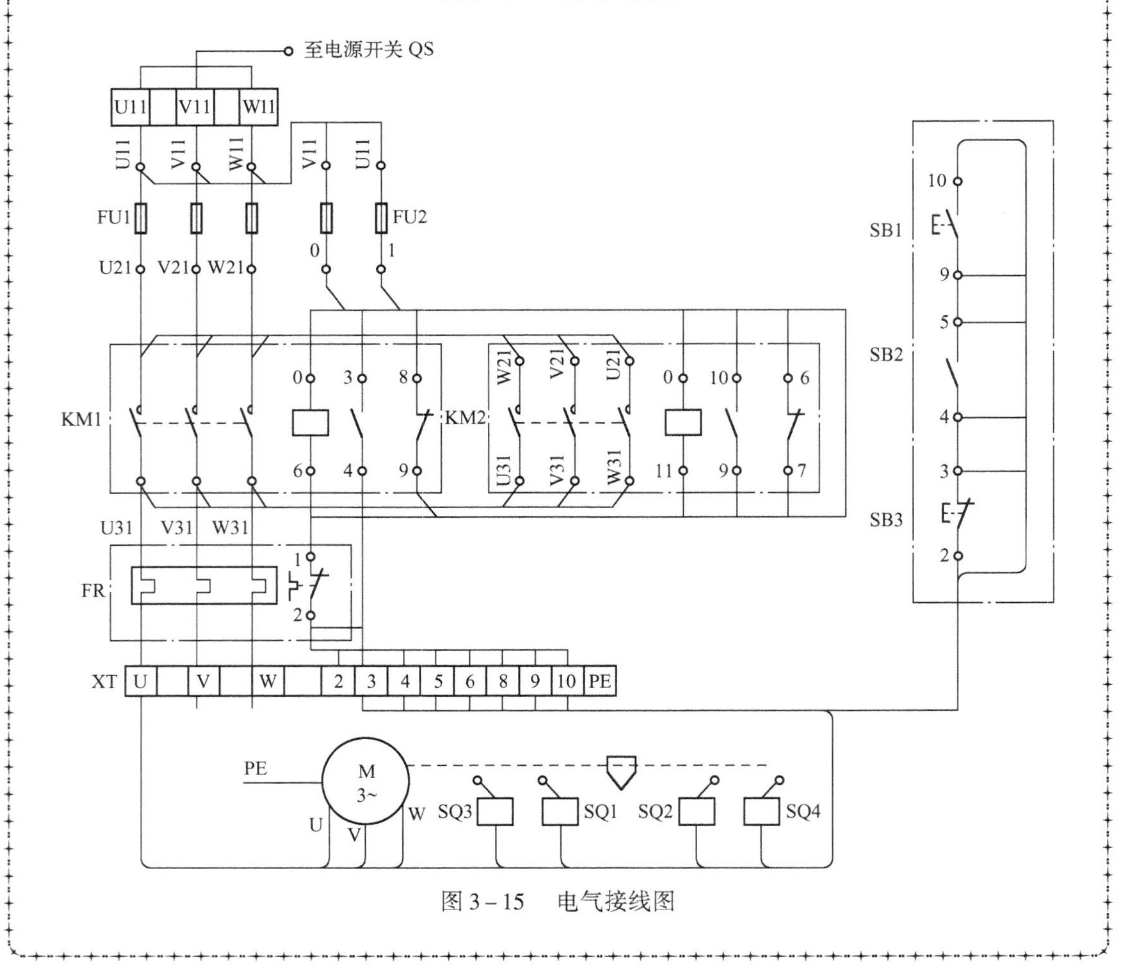

图 3－15 电气接线图

(9) 自检。

(10) 交验。

(11) 交验合格后通电试车。

4. 控制线路板安装注意事项

(1) 位置开关必须牢固安装在合适的位置上，且其安装方向应符合小车运动要求。安装完毕后，必须用手动或受控制机械进行试验，合格后才能使用。在训练中，若无条件进行实际机械安装试验时，可将位置开关安装在控制板下方或右侧，进行手控模拟试验。

(2) 电动机、位置开关、按钮等带金属外壳的电器元件必须可靠接地。

(3) 热继电器的整定电流应按实际运煤小车电动机的额定电流及工作方式进行调整。

(4) 通电试车前应认真仔细检查线路，确保线路布线、接线符合要求。

(5) 通电试车必须经指导教师检查合格后，在指导教师的监护下由学生独立进行。若出现故障则由学生自行排除。通电试车步骤如下：

先合上电源开关 QS，再按下 SB1（或 SB2），观察电动机的控制要求是否达到；再拨动位置开关 SQ1（或 SQ2），观察电动机能否反方向运转；当拨动位置开关 SQ3（或 SQ4）时，电动机能够停止转动。

(6) 校验时，必须先手动位置开关，试验各行程控制和终端保护动作是否正常可靠。

5. 检修运煤小车自动往返控制线路

在运煤小车自动往返控制线路的控制电路或主电路人为设置电气自然故障两处。学生自编检修步骤与工艺要求、自行选择故障检查方法（电阻分阶测量法、电阻分段测量法、电压分阶测量法）；在指导教师监护下通电试运行，观察故障现象、分析故障原因、判断故障范围、通过测量迅速准确地确定故障点，自行修复故障及通电试车，并填写检修记录单。

检修注意事项：

(1) 要仔细阅读本课题中的阅读材料 6，掌握运煤小车控制线路中各个环节的作用和原理。

(2) 在检修过程中，严禁扩大和产生新的故障，否则应立即停止检修。

(3) 在检修过程中，分析思路要清晰、排除方法要正确规范、工具和仪表使用要正确。

(4) 寻找故障时，不能漏检位置开关。

(5) 不能随意更改控制线路和带电触摸电器元件。

(6) 采用电阻分段、分阶测量检查故障时，必须切断电源；采用电压测量法测量时，必须有指导教师在现场监护，并在确保用电安全。

6. 训练评价

参考技能训练场 7、8。

阅读材料 6 电气设备故障检修方法（二）——电压测量法

电压测量法就是通过检测控制线路各接线点之间的电压来判断故障的方法，可分为电压分阶测量法和电压分段测量法。测量检查时，应先将万用表的转换开关置于电压相应的挡位（视控制电路、主电路的电源种类和电压值而定）。

1. 电压分阶测量法

测量时，像上、下台阶一样依次测量电压，称为电压分阶测量法。当测量某相邻两阶的电压值突然为零时，则说明该跨接点为故障点。下面以图 2–17 所示控制电路为例进行说明。

电压分阶测量法如图 3–16 所示。其测量步骤及方法如下：

（1）断开主电路负载，接通控制电路的电源，如按下启动按钮 SB1 时，接触器 KM 不能吸合，则说明控制电路有故障。

（2）测量时，将万用表的挡位选择在交流电压 500V 挡。

（3）先测 U11、V11 两点间的电压，若电压为 380V，则说明控制电路的电源电压正常，否则应先检查控制电路电源。

（4）按下启动按钮 SB1 不放，先后测 0 – 1、0 – 2、0 – 3、0 – 4 号点间的电压，若某处电压为零，则说明该处有故障，具体分析如表 3–9 所示。表中符号“—”表示无须再测量。

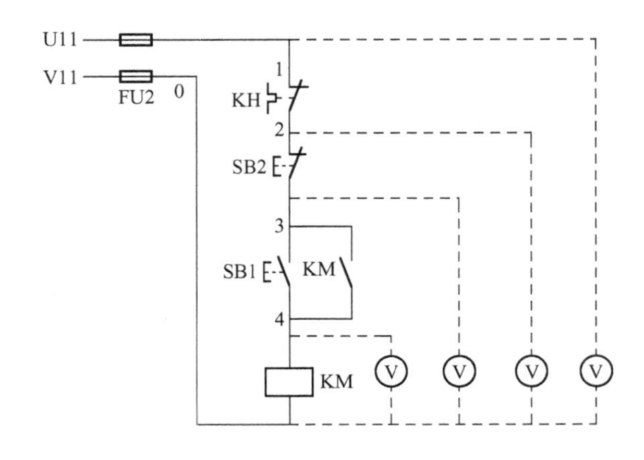

图 3–16 电压分阶测量法

表 3–9 测量结果与故障点判断

故障现象	测试状态	0 – 1	0 – 2	0 – 3	0 – 4	故障点
按下启动按钮 SB1，接触器 KM 不能吸合	按下 SB1 不放	0	—	—	—	熔断器 FU2 熔断或接触不良
		380V	0	—	—	1 – 2 号点间的 KH 常闭触头接触不良或接线松脱
		380V	380V	0	—	2–3 号点间的 SB2 常闭触头接触不良或接线松脱
		380V	380V	380V	0	1 – 4 号点间的 SB1 常开触头接触不良或接线松脱
		380V	380V	380V	380V	0 – 4 号点间接触器 KM 线圈断路或接线松脱

2. 电压分段测量法

电压分段测量法就是分段测量两个线号间的电压值，当测量某相邻两点间的电压值突变为控制电路电压时，则说明该跨接点为故障点。下面以图 2–17 所示的控制电路故障为例进行说明。

电压分段测量法如图3-17所示，其测量步骤及方法如下：

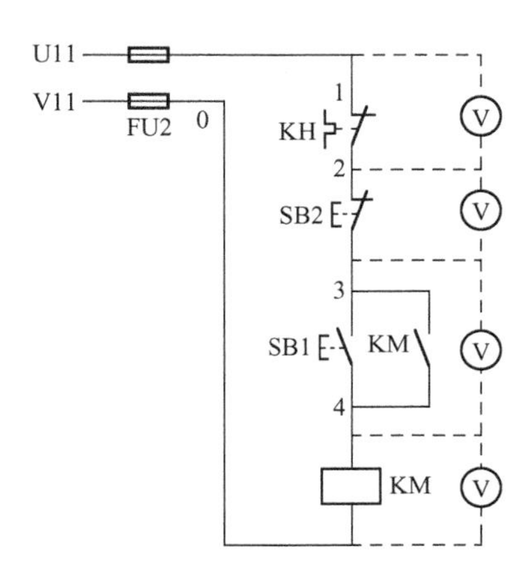

图3-17　电压分段测量法

(1) 断开主电路负载，接通控制电路的电源，如按下启动按钮SB1时，接触器KM不能吸合，则说明控制电路有故障。

(2) 测量时，将万用表的挡位选择在交流电压500V挡。

(3) 接通电源，先测量0和1点之间的电压是否为380V，若为380V则说明控制电路电源正常，否则应先检查熔断器FU2。

(4) 按下启动按钮SB1不放，先分别测量1和2、2和3、3和4、4和0号点之间的电压。根据测量结果即可找出故障点。其可能的故障点推断方法是：若某两点间电压为380V（控制电路电源电压值），其他点间电压为零，则说明这两点间的触头接触不良或导线断开，如表3-10所示。但对继电器的线圈，最好用万用表测量其电阻值，以判断线圈是否存在断路等故障。

表3-10　电压分阶测量法查找故障点

故障现象	测试状态	1-2	2-3	3-4	4-0	故障点
按下启动按钮SB1，接触器KM不能吸合	按下SB1不放	380V	0	0	0	热继电器KH1常闭触头接触不良或接线断开
		0	380V	0	0	停止按钮SB2常闭触头接触不良或接线断开
		0	0	380V	0	启动按钮SB1常开触头接触不良或接线断开
		0	0	0	380V	接触器KM线圈断路或接线断开

阅读材料7　板前行线槽配线工艺要求

(1) 行线槽安装时，应做到横平竖直、排列整齐匀称、安装牢固和便于布线。行线槽对接时应采用45°角对接。

(2) 所用导线的截面积在大于或等于0.5mm²时，必须采用软线。考虑机械强度的原因，所用导线的最小截面积，在控制箱外为1mm²，在控制箱内为0.75mm²。但对控制箱内很小电流的电路连线，如电子逻辑电路，可采用0.2mm²，并且可以采用硬线，但只能用于不移动又无振动的场合。

(3) 布线时，严禁损伤线芯和导线的绝缘层。

(4) 各电器元件接线端子引出导线的走向，以元件的水平中心线为界线，在水平中心线以上接线端子引出的导线，必须进入元件上面的行线槽；在水平中心线以下接线端子引出的导线，必须进入元件下面的行线槽。任何导线不允许从水平方向进入行线槽内。

(5) 各电器元件接线端子上引出或引入的导线，除间距很小或元件机械强度允许直接架空外，其他导线必须经过行线槽进行连接。

(6) 进入行线槽内的导线要完全放置于行线槽内，并应尽可能避免交叉，装线不要超过行线槽容量的70%，以便于盖上行线槽盖和以后的装配及检修。

(7) 各电器元件与行线槽之间的外露导线，应布线合理，并尽可能做到横平竖直，变换走向要垂直。同一电器元件上位置相同的端子和同型号电器元件中位置相同的端子上引出或引入的导线，要在同一平面上，并做到高低一致或前后一致，不得交叉。

(8) 所有接线端子、导线线头上都应套有与电路图上相应接点编号一致的编码套管，并按线号进行连接，连接必须可靠，不得松动。

(9) 在任何情况下，接线端子必须与导线截面积和材料性质相适应。当接线端子不适合连接软线或较小截面的软线时，可以在导线端头穿上针形或叉形轧头并压紧。

(10) 一般一个接线端子只能连接一根导线，如果采用专门设计的端子，可以连接两根或多根导线，但导线的连接方式必须是公认的、在工艺上成熟的方式，如夹紧、压接、焊接、绕接等，并应严格按照连接工艺的工序要求进行。

思考与练习

一、单项选择题（在每小题列出的四个备选答案中，只有一个是符合题目要求的）

1. 在下列电动机正反转控制线路，在实际工作中最常用、最可靠的是 ( )

A. 倒顺开关 B. 接触器联锁 C. 按钮联锁 D. 按钮、接触器双重联锁

2. 三相交流异步电动机旋转方向由________决定。 ( )

A. 电动势方向 B. 电流方向 C. 频率 D. 旋转磁场方向

3. 在三相交流异步电动机正反转控制线路中，当一个接触器的触点熔焊而另一个接触器吸合时，将发生电源短路故障，能够防止这种短路故障的保护环节是 ( )

A. 接钮联锁 B. 接触器辅助常闭触点联锁

C. 位置开关联锁 D. 接触器辅助常开触点联锁

4. 在操作接触器联锁正反转控制线路时，要使电动机从正转变为反转，正确的操作方法是 ( )

A. 可直接按下反转启动按钮

B. 可直接按下正转启动按钮

C. 先按下停止按钮，再按下反转启动按钮

D. 以上操作都是正确的

5. 在操作按钮、接触器双重联锁正反转控制线路时，要使电动机从反转变为正转，正确的操作方法是 ( )

A. 可直接按下反转启动按钮

B. 可直接按下正转启动按钮

C. 必须先按下停止按钮，再按下反转启动按钮

D. 必须先按下停止按钮，再按下正转启动按钮

6. 在接触器联锁正反转控制线路中，其联锁触头应是对方接触器的 ( )

A. 主触头 B. 辅助常开触头 C. 辅助常闭触头 D. 自锁触头

二、填空题

1. 电气控制设备中常用的位置开关有________和________等系列，各系列位置开关的基本结构大体相同，都是由________、________、________等组成。位置开关动作后的复位方式有________和________两种。

2. 在生产过程中，若要限制生产机械运动部件的行程、位置或使其运动部件在一定的范围内自动往返循环时，应在需要的位置安装________。

3. 要使三相交流异步电动机反转，就必须改变通入电动机定子绕组的________，即把接入电动机三相电源进线中的________对调接线即可。

4. 为实现按钮和接触器双重联锁，可以在接触器KM1和KM2线圈支路中，相互串联对方的一副________（接触器联锁），正反转启动按钮SB1、SB2的常闭触点分别与对方________相互串联（按钮联锁）。

5. 工厂车间中的行车常采用________控制线路，行车的两头终端处各安装一个________，其________分别串接在正、反转控制电路中。

6. 要使生产机械的运动部件在一定的行程内自动往返运动，就必须依靠________对电动机实现________正反转控制。

三、综合题

1. 如何使三相交流异步电动机改变转向？

2. 用倒顺开关控制三相交流异步电动机正反转时，为什么不允许把手柄从“顺”的位置直接扳到“倒”位置？

3. 什么是联锁控制？在三相交流异步电动机控制线路中为什么必须有联锁控制？

4. 什么是电压分阶测量法？在接触器、按钮双重联锁正反转控制线路中，以按下正转启动按钮SB1接触器KM1不能吸合，但按下反转启动按钮SB2接触器KM2能吸合为例，说明采用电压分阶测量法判断故障检测步骤。

5. 说明板前行线槽配线的工艺要求。

课题 4

工厂传送带 10kW 三相交流异步电动机降压启动控制线路的安装与检修

知识目标

□了解时间继电器的型号、结构、符号。

□掌握时间继电器的工作原理及其在电气控制设备中的典型应用。

□了解三相交流异步电动机全压启动条件与降压启动方法及在电气控制设备中的典型应用。

□掌握三相交流异步电动机定子绕组串接电阻降压启动、自耦变压器降压启动、Y—△降压启动、延边△形降压启动原理。

□掌握多地控制方式、时间控制原则及其在电气控制设备中的典型应用。

技能目标

□能参照低压电器技术参数和控制要求选用常见时间继电器。

□会正确安装和使用常见时间继电器，能对其常见故障进行处理。

□会分析三相交流异步电动机定子绕组串接电阻降压启动、自耦变压器降压启动、Y—△降压启动、延边△形降压启动控制线路的工作原理、特点及其在电气控制设备中的典型应用。

□能根据要求安装与检修工厂传送带 10kW 三相交流异步电动机降压启动控制线路。

□能够完成工作记录、技术文件存档与评价反馈。

知识准备

1. 三相交流异步电动机全压启动的条件

三相交流异步电动机的全压启动是指启动时将电动机的额定电压直接加在电动机定子绕组上使电动机启动。三相交流异步电动机的全压启动又称为直接启动。

通常规定：当电源容量在 180kVA 以上，电动机容量在 7kW 以下的三相交流异步电动机可采用直接启动。

判断一台三相交流异步电动机能否直接启动，可以用下面的经验公式来确定：

$$\frac{I_{st}}{I_N} \leqslant \frac{3}{4} + \frac{S}{4P}$$

式中　I_{st}——电动机全压启动电流（A）；

I_N——电动机额定电流（A）；

S——电源变压器容量（kVA）；

P——电动机功率（kW）。

凡是不能满足直接启动条件的三相交流异步电动机，均须采用降压启动。

想一想

■大容量电动机全压启动时启动电流的大小？

■大容量电动机全压启动时，对同一供电线路上的其他设备有何影响？

2. 三相交流异步电动机的降压启动及其方法

降压启动是利用降压启动设备，使电压适当降低后再加到电动机定子绕组上进行启动，待电动机启动运转，转速达到一定值时，再使电动机上的电压恢复到额定值正常运转。

由于电动机上的电流随电压的降低而减小，所以降压启动达到了减小启动电流的目的，能将启动电流控制在额定电流的 2 ~3 倍。但是，由于电动机的转矩与电压的二次方成正比，所以降压启动必将导致电动机的启动转矩大为降低。因此，降压启动只能在电动机空载或轻载下启动。

常见的三相交流异步电动机降压启动方法有定子绕组串接电阻降压启动、自耦变压器降压启动、Y—△降压启动和延边三角形降压启动 4 种。

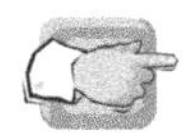

任务 1　时间继电器的识别与检测

时间继电器是继电器的一种。它是一种利用电磁原理或机械动作原理实现自得到信号起到触头延时闭合（或延时断开）的自动控制电器。时间继电器用于接收电信号至触头动作需要延时的场合。在工厂电气控制设备中，作为实现按时间原则控制的元件或机床机构动作的控制元件。

时间继电器的种类较多，有空气阻尼式、电磁式、电动式及晶体管式等几种。如图 4-1

（a）JS7-A 系列空气阻尼式

（b）JS20 系列晶体管式

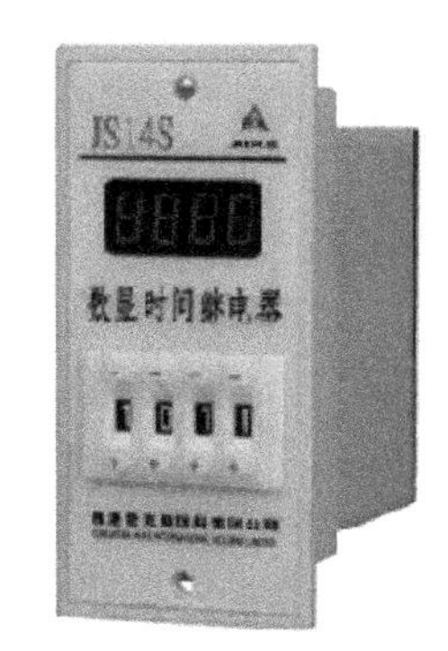

（c）JS14S 系列数显式

图 4-1　时间继电器外形

所示为几款时间继电器的外形图。目前在电气控制设备中应用较多的是空气阻尼式时间继电器（如 JS7－A 系列）。

一、JS7－A 系列空气阻尼式时间继电器

1. JS7－A 系列时间继电器的型号及含义

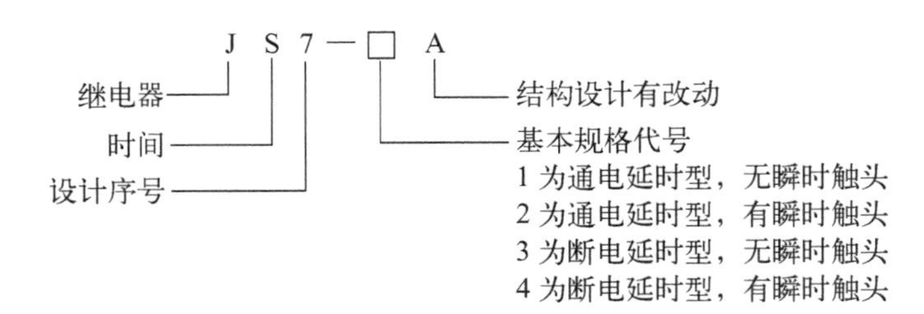

2. JS7－A 系列时间继电器的结构、符号及工作原理

空气阻尼式时间继电器又称气囊式时间继电器。其外形和结构如图 4-2 所示，主要由电磁系统、延时机构和触头系统 3 部分组成。电磁系统为直动式双 E 形电磁铁；延时机构采用气囊式阻尼器，其空气室为一空腔，由橡皮膜、活塞等组成，橡皮膜可随空气增减而移动，顶部的调节螺钉可调节延时时间；触头系统是借用 LX5 型微动开关，包括两对瞬时触头（1 常开 1 常闭）和两对延时触头（1 常开 1 常闭）；其传动机构由推杆、活塞杆、杠杆等组成；基座是用金属板制成，用以固定电磁系统和延时机构。根据触头的延时特点，可分为通电延时动作型和断电延时复位型两种。

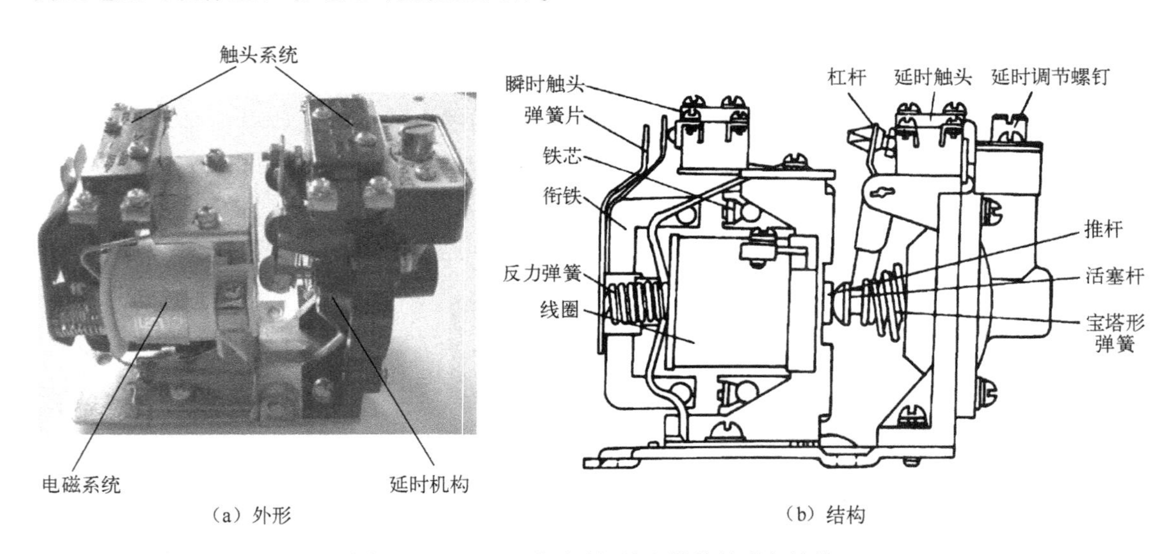

（a）外形 （b）结构

图 4-2 JS7－A 系列时间继电器的外形与结构

该系列时间继电器具有延时范围大、不受电压和频率波动影响、可做成通电和断电延时型两种形式、结构简单、寿命长等特点，但延时时间不够精确。

JS7－A 系列时间继电器的结构原理示意图如图 4-3 所示。

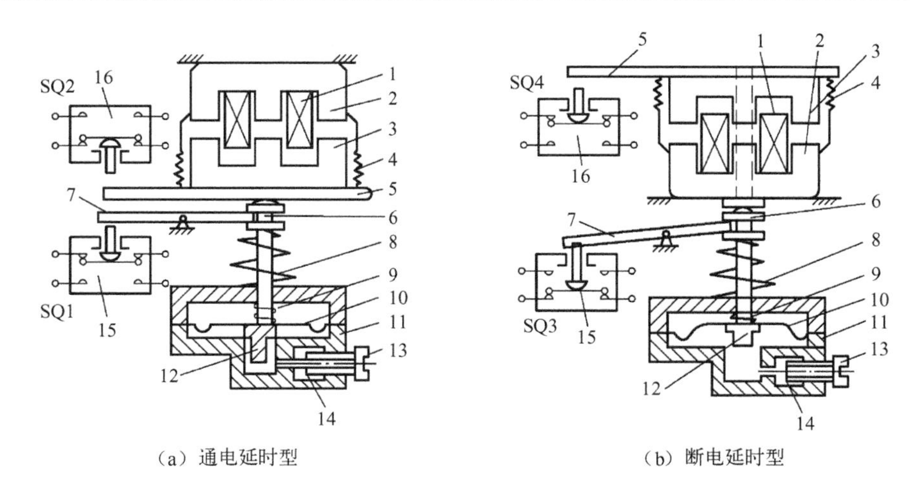

（a）通电延时型　　（b）断电延时型

1—线圈；2—铁芯；3—衔铁；4—反力弹簧；5—推板；6—活塞杆；7—杠杆；8—塔形弹簧；9—弱弹簧；10—橡皮膜；11—空气室；12—活塞；13—调节螺钉；14—进气孔；15、16—微动开关

图 4-3　JS7 - A 系列时间继电器的结构原理示意图

对通电延时型时间继电器，当线圈得电时，铁芯产生吸力，衔铁克服反作用力弹簧的阻力与铁芯吸合，带动推板使微动开关 SQ2 瞬时动作，其瞬时触头中的常闭触头断开，常开触头闭合。同时活塞杆在宝塔形弹簧的作用下移动，带动与活塞相连的橡皮膜移动（运动速度受进气孔进气速度限制），经过一段时间后，活塞完成全部行程而压动微动开关 SQ1，其延时触头动作（常闭触头断开，常开触头闭合）。

当线圈断电时，衔铁在反作用力弹簧的作用下，通过活塞杆作用，橡皮膜内空气迅速排掉，各对触头均瞬时复位。

对断电延时型时间继电器，它与通电延时型时间继电器的组成元件相同。只需要将电磁系统翻转 180°安装即成断电延时型时间继电器，其工作原理基本相同。

时间继电器在电路图中的符号如图 4-4 所示。

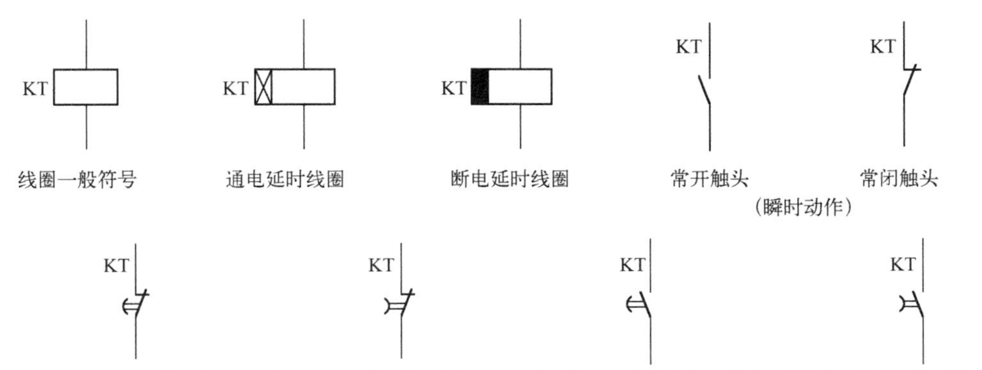

图 4-4　时间继电器的符号

3. JS7 - A 系列时间继电器的技术参数

JS7 - A 系列时间继电器的主要技术参数如表 4-1 所示。

表 4-1　JS7－A 系列时间热继电器的主要技术参数

<table>
<tr><th rowspan="3">型号</th><th colspan="2" rowspan="2">瞬时动作触头对数</th><th colspan="4">延时动作触头对数</th><th rowspan="3">触头额定电压（V）</th><th rowspan="3">触头额定电流（A）</th><th rowspan="3">线圈电压（V）</th><th rowspan="3">延时范围（s）</th><th rowspan="3">额定操作频率（次/h）</th></tr>
<tr><th colspan="2">通电延时</th><th colspan="2">断电延时</th></tr>
<tr><th>常开</th><th>常闭</th><th>常开</th><th>常闭</th><th>常开</th><th>常闭</th></tr>
<tr><td>JS7－1A</td><td>—</td><td>—</td><td>1</td><td>1</td><td>—</td><td>—</td><td rowspan="4">380</td><td rowspan="4">5</td><td rowspan="4">24、36、110、127、220、380、420</td><td rowspan="4">0.4～60 及 0.4～180</td><td rowspan="4">600</td></tr>
<tr><td>JS7－2A</td><td>1</td><td>1</td><td>1</td><td>1</td><td>—</td><td>—</td></tr>
<tr><td>JS7－3A</td><td>—</td><td>—</td><td>—</td><td>—</td><td>1</td><td>1</td></tr>
<tr><td>JS7－4A</td><td>1</td><td>1</td><td>—</td><td>—</td><td>1</td><td></td></tr>
</table>

4. 时间继电器的选用

时间继电器的选用除满足其工作条件和安装条件外，其主要技术参数选用方法如下：

（1）根据所需延时时间范围及精度要求选择时间继电器的类型与系列。对延时精度要求不高的使用场合可选用 JS7－A 系列空气阻尼式时间继电器；对延时精度要求较高的场合可选用晶体管式时间继电器。

（2）根据控制电路的要求选择时间继电器的延时方式和瞬时触头数量。

（3）根据控制电路的电压要求选择时间继电器线圈电压。

5. 时间继电器的安装与使用

JS7－A 系列时间继电器的工作条件和安装条件可参阅使用说明书，其安装与使用方法如下：

（1）应按说明书规定的方向安装。要求在时间继电器断电后，衔铁的释放运动方向垂直向下，其倾斜度不得超过 5°。

（2）时间继电器的时间整定值应事先在不通电时整定，并在试车时校正。

（3）对通电和断电延时型可在整定时间内自行调换。

（4）其金属底板的接地螺钉应与接地线可靠连接。

（5）应经常清除灰尘及油污，防止延时误差扩大。

6. 时间继电器的常见故障及其处理方法

时间继电器的常见故障及其处理方法，如表 4-2 所示。

表 4-2　时间继电器的常见故障及其处理方法

故障现象	可能原因	处理方法
延时触头不动作	（1）电磁线圈断线 （2）电源电压过低 （3）传动机构卡阻或损坏	（1）更换线圈 （2）调整电源电压 （3）排除机械原因
延时时间过短	（1）气室装配不严或漏气 （2）橡皮膜损坏	（1）修理或更换气室 （2）更换橡皮膜
延时时间过长	气室内有灰尘，使气道受阻	清除灰尘

想一想

■如何将JS7－A系列的通电延时型时间继电器改装成断电延时型时间继电器？

二、晶体管时间继电器

晶体管时间继电器也称半导体时间继电器或电子式时间继电器。它具有延时范围广、精度高、消耗功率小、寿命长、体积小等特点。按结构原理可分为阻容式或数字式两种；按延时方式可分为通电延时型、断电延时型及带瞬动触头的通电延时型等。其适用于交流50Hz、交流电压380V及以下或直流电压110V及以下的，要求高精度、高可靠性的自动控制系统中。

晶体管时间继电器主要由稳压电源、脉冲信号发生器、分频计数器、控制电路及执行机构等组成。其安装和接线采用专用的插座，并配有带插脚标记的标牌。其时间整定用旋钮来调节。JS14A型晶体管时间继电器的外形、安装接线图如图4-5所示。

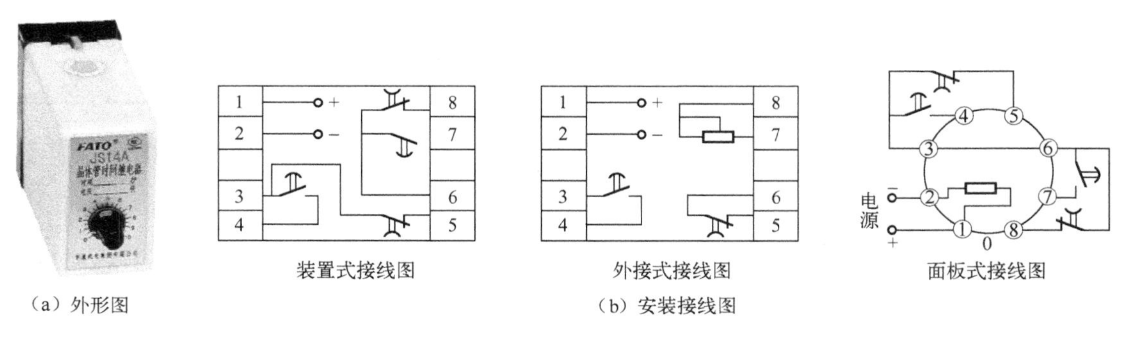

（a）外形图　（b）安装接线图

图4-5 JS14A型晶体管时间继电器的外形、安装接线图

JS14A型晶体管时间继电器的延时范围如表4-3所示。

表4-3 JS14A型晶体管时间继电器的延时范围

延时范围代号	1	5	10	30	60	120	180	300	600	900	1200	1800	3600
延时范围（s）	0.1～1	0.1～5	1～10	1～30	1～60	12～120	18～180	30～300	60～600	90～900	120～1200	180～1800	360～3600

技能训练场12 时间继电器的识别与检测

1. 训练目标

（1）能识别不同型号的时间继电器，了解其主要技术参数和适用范围。

（2）能判断时间继电器触头类型及好坏。

2. 工具、仪表及器材

（1）工具、仪表：由学生自定。

（2）器材：空气阻尼式、晶体管式时间继电器若干，其型号规格自定。

3. 训练过程

（1）识别器件、识读使用说明书要求同技能训练场 1。

（2）认识结构：仔细观察其结构，熟悉其结构及工作原理，并将主要部件的名称和作用填入表 4–4 中。

表 4–4　器件的技术参数与结构

部件名称	部件作用
主要技术参数	
工作与安装条件	
接线方式	
适用场合	
主要安装尺寸	

（3）器件的检测：分别使时间继电器在自由释放、吸合位置，用万用表测量各对触头之间的接触情况，再用兆欧表测量绝缘电阻，并判断其好坏，将结果填入表 4–5 中。

表 4–5　器件的检测

自由释放时		吸合时	
瞬时触头电阻值（Ω）	延时触头电阻值（Ω）	瞬时触头电阻值（Ω）	延时触头电阻值（Ω）
常开触头：	常开触头：	常开触头：	常开触头：
常闭触头：	常闭触头：	常闭触头：	常闭触头：
线圈电阻值（Ω）			
绝缘电阻（MΩ）			
检测结果			

（4）时间继电器延时时间的整定：

① 根据指导教师所给的要求，选择时间继电器的型号与规格，并将整定时间整定好。用手动将衔铁吸合，观察时间继电器的整定时间值是否符合要求，同时用万用表监控触头是否正常闭合或断开（通过测量触头电阻值判断）。

② 将空气阻尼式时间继电器由通电延时型改为断电延时型，并重新按要求整定延时时

间，判断是否符合要求。

4. 注意事项

同技能训练场 1。

5. 训练评价

训练评价标准如表 4-6 所示，其余同技能训练场 1。

表 4-6　训练评价标准

项　目	评价要素	评价标准	配分	扣分
识别器件	（1）正确识别器件名称 （2）正确说明型号的含义 （3）正确画出位置开关的符号	（1）写错或漏写名称　每只扣 5 分 （2）型号含义有错　每只扣 5 分 （3）符号写错　每只扣 5 分	30	
识别器件结构	正确说明器件各部分结构名称	主要部件的作用有误　每项扣 3 分	20	
识读说明书	（1）说明器件的主要技术参数 （2）说明安装场所 （3）说明安装尺寸	（1）技术参数说明有误　每项扣 2 分 （2）安装场所说明有误　每项扣 2 分 （3）安装尺寸说明有误　每项扣 2 分	10	
检测器件	（1）规范选择、检查仪表 （2）规范使用仪表 （3）检测方法及结果正确	（1）仪表选择、检查有误　扣 10 分 （2）仪表使用不规范　扣 10 分 （3）检测方法及结果不正确　扣 10 分 （4）损坏仪表或不会检测　该项不得分	30	
转换延时方式	（1）正确转换延时方式 （2）整定延时时间	（1）不会转换延时方式　扣 5 分 （2）不会整定延时时间　扣 5 分 （3）延时时间整定错误　扣 3 分	10	

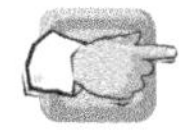 任务 2　定子绕组串接电阻降压启动控制线路的安装与检修

定子绕组串接电阻降压启动是指在三相交流异步电动机启动时，把电阻串接在电动机的定子绕组与电源之间，通过电阻的分压作用来降低定子绕组上的启动电压。当电动机启动后，待其转速达到一定值时，再将电阻短接，使电动机在额定电压下正常运行。

这种降压启动控制线路可采用手动控制、按钮与接触器控制、时间继电器自动控制等多种形式。

1. 手动控制的定子绕组串接电阻降压启动控制线路的识读

手动控制的定子绕组串接电阻降压启动控制线路如图 4-6（a）所示。

线路的工作原理如下：

先合上电源开关 QS1，电源电压通过串接在主电路中的电阻 R 分压后再加到电动机的定子绕组上进行降压启动。

当电动机的转速升高到一定值时，再合上开关 QS2，将电阻 R 短接，电源电压直接加在电动机的定子绕组上，电动机便在额定电压下正常运转。

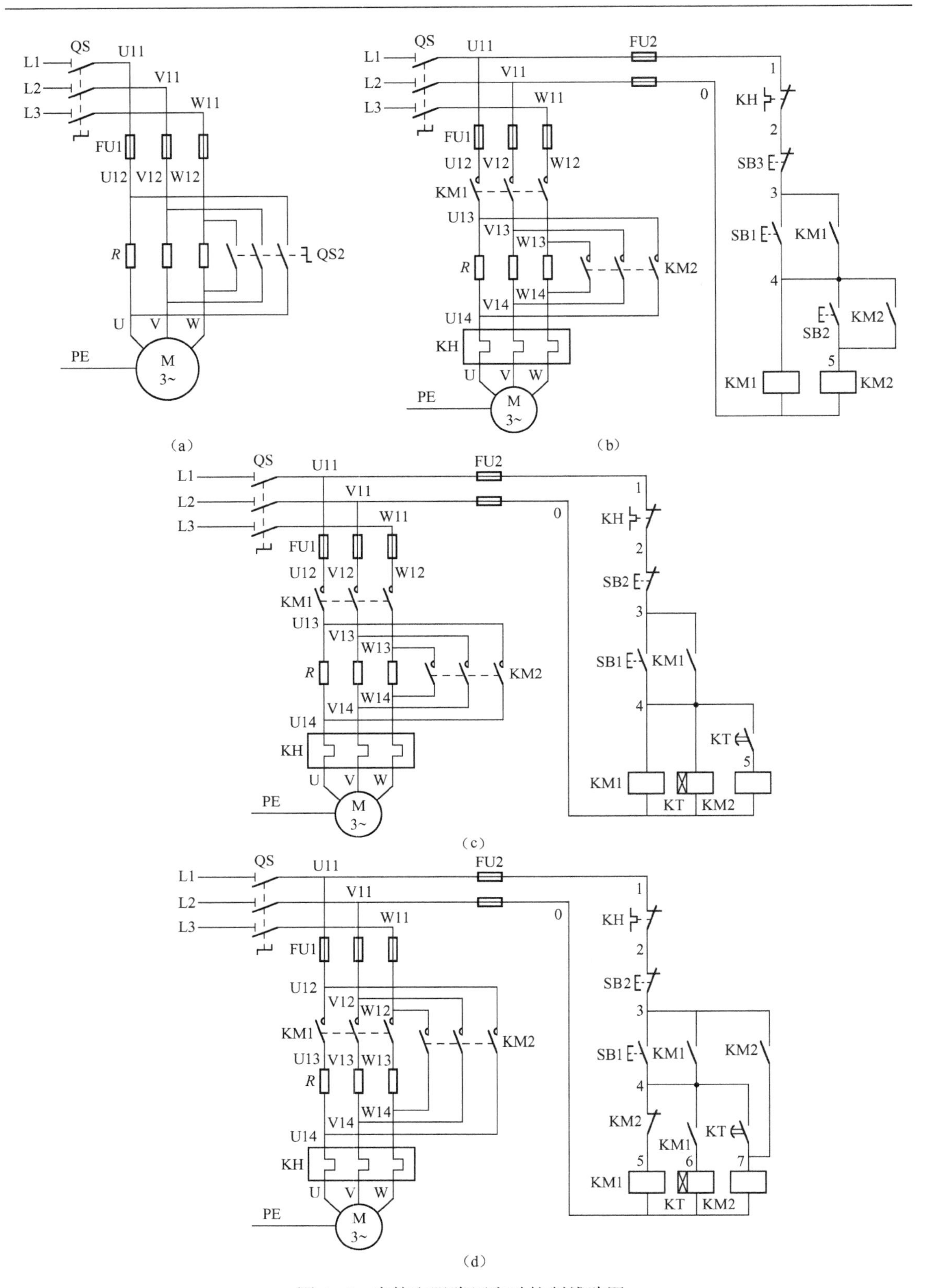

图 4-6　串接电阻降压启动控制线路图

2. 按钮与接触器控制的定子绕组串接电阻降压启动控制线路

按钮与接触器控制的定子绕组串接电阻降压启动控制线路如图4-6（b）所示。

线路的工作原理如下：先合上电源开关QS。

降压启动控制：

全压运行控制：

当电动机转速上升到一定值时，按下SB2 → KM2线圈得电 →

→ KM2自锁触头闭合自锁 / KM2主触头闭合 → 电阻R被短接，电动机M全压运行

停止时，只需按下SB3，控制电路失电，电动机M失电停转。

想一想

■图4-6（b）中控制接触器KM1、KM2动作的控制电路有何特点？

■在图4-6（b）中，电动机全压运行时需要两只接触器同时得电来控制，这样会造成能源的浪费，你能否设计一个控制线路，使电动机降压启动只使用一只接触器KM1来控制，电动机全压运行时使用另一只接触器KM2来控制？

3. 时间继电器自动控制的定子绕组串接电阻降压启动控制线路

时间继电器自动控制的定子绕组串接电阻降压启动控制线路如图4-6（c）、（d）所示。

图4-6（c）控制线路的工作原理如下：先合上电源开关QS。

降压启动控制：

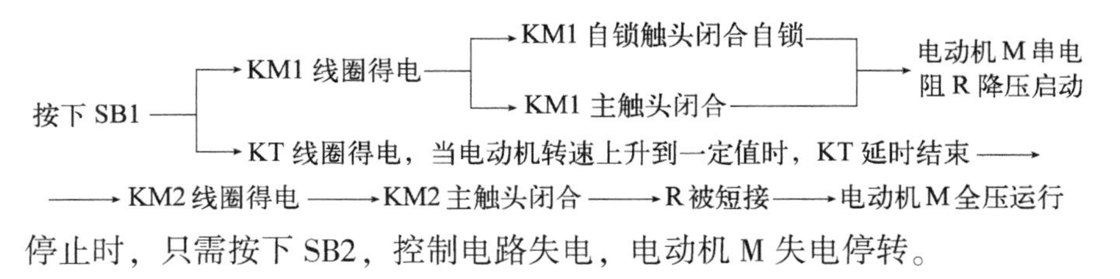

停止时，只需按下SB2，控制电路失电，电动机M失电停转。

想一想

■图4-6（c）控制线路是如何实现自动控制的？

■图4-6（c）控制线路中，时间继电器KT的整定时间一般为多少？

■图4-6（c）中，由于当电动机全压运行时，控制线路中KM1、KM2、KT的线圈均需长时间通电，从而会使能耗增加、电器元件的寿命缩短，你能否设计一个控制线路，使电动机全压运行时只有一只接触器的线圈通电，以降低能耗。

图4-6（d）控制线路的工作原理如下：合上电源开关QS。

按下 SB1 →KM1 线圈通电 → KM1 自锁触点闭合自锁
→ KM1 主触点闭合 → 电动机 M 串电阻 R 降压启动
→ KM1 常开触点闭合 →

→ KT 线圈通电 —延时→ KT 常开触点闭合 → KM2 线圈通电

→ KM2 自锁触点闭合自锁
→ KM2 主触点闭合 → 电动机 M 全压运行
→ KM2 常闭辅助触点断开 → KM1 线圈断电 → KT 线圈断电

停止时，按下 SB2 即可。

指点迷津：启动电阻 R 的选择

启动电阻 R 一般采用 ZX1、ZX2 系列铸铁电阻。铸铁电阻具有通流能力大，且功率较大的特点。启动电阻 R 可通过下述近似公式确定：

$$R = 190(I_{st} - I'_{st})/I_{st} \times I'_{st}$$

式中　I_{st}—— 未串接电阻前的启动电流（A），一般取 4 ~ 7 倍 I_N；

I'_{st}—— 串接电阻后的启动电流（A），一般取 2 ~ 3 倍 I_N；

I_N—— 电动机的额定电流（A）。

电阻的功率可用公式 $P = I_N^2 R$ 计算。由于启动电阻 R 仅在启动过程中接入，通流时间较短，所以实际使用时电阻的功率只是上述计算值的 1/4 ~ 1/3。

技能训练场 13　时间继电器自动控制定子绕组串电阻降压启动控制线路的安装与检修

任务描述：

小王接到了维修电工车间主任分配给他的工作任务单，要求按图 4-6（d）完成“时间继电器自动控制定子绕组串电阻降压启动控制线路”的安装与检修。该电动机的主要技术参数为：型号 Y112M－4，额定功率 5.5kW，额定工作电流 11.6A，额定电压 380V，额定频率 50Hz，△形接法，转速 1 440r/min，绝缘等级 B 级，防护等级 IP23。

1. 训练目标

能正确安装与检修时间继电器自动控制定子绕组串电阻降压启动控制线路。

2. 安装工具、仪器仪表、电器元件等器材

根据电动机的技术参数及图 4-6（d）所示控制线路图，选择合适的安装工具、仪器仪表及电器元件，分别填入表 4-7、表 4-8 中。

表 4-7　工具、仪表

安装工具	
仪器仪表	

表4-8　电器元件明细表

器件代号	名　称	型　号	规　格	数量
QS	组合开关			
FU1	螺旋式熔断器			
FU2	螺旋式熔断器			
KM1、KM2	交流接触器			
KH	热继电器			
SB1、SB2	按钮			
KT	时间继电器			
R	启动电阻			
XT	接线排			
	配线板			
	主电路导线			
	控制电路导线			
	按钮线			
	接地线			
	行线槽			
	紧固件及异型塑料管			

3. 安装步骤及工艺要求

（1）根据图4-6（d）所示的控制线路图，画出其电气布置图和电气接线图。

（2）经指导老师审查同意后，安装控制线路板，并通电试车。

4. 控制线路板安装注意事项

（1）电动机及所有带金属外壳的电器元件必须可靠接地。

（2）启动电阻应安装在箱体内，并且考虑其产生的热量对其他电器的影响。若放置在箱外，需采取隔离措施，以防止发生触电事故。

（3）接线时，短接启动电阻R的接触器KM2在主电路中的接线不能接错，否则会由于相序接反而使电动机反转，这时不但起不到减小启动电流的目的，反而会使启动电流更大。

（4）时间继电器的整定时间、热继电器的整定电流应按实际电动机的额定电流及工作要求，在不通电前先进行调整，并在试车时进行校正。

（5）时间继电器的安装必须使其线圈断电后，动铁芯释放时的运动方向垂直向下。

（6）通电试车前应认真仔细检查线路，确保线路布线、接线符合要求。

（7）通电试车必须经指导教师检查合格后，在指导教师的监护下进行。

5. 检修电动机定子绕组串电阻降压启动控制线路

检修电动机定子绕组串电阻降压启动控制线路的步骤及工艺要求如下：

（1）故障设置。在控制电路或主电路人为设置电气自然故障两处。

（2）在指导教师的监护下，通电试车观察故障现象，分析故障原因、故障范围，再采用合适的检测方法迅速、准确地确定故障点。

(3) 根据故障点的不同情况，采取正确的修复方法，迅速排除故障。

(4) 确认故障排除后，通电试车。

检修注意事项可参考技能训练场 8。

6. 训练评价

可参考技能训练场 7、8。

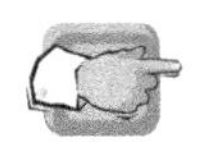 任务 3　自耦变压器降压启动控制线路的识读

自耦变压器降压启动是指三相交流异步电动机在启动时利用自耦变压器来降低加在三相交流异步电动机定子绕组上的电压，待电动机启动后，使电动机与自耦变压器脱离，再在全压下正常运行。这种方法适用于额定电压为 220/380V、接法为△/Y形、容量较大的三相交流异步电动机的降压启动。

采用按钮、接触器、中间继电器控制自耦变压器降压启动控制的电路图如图 4-7 所示。

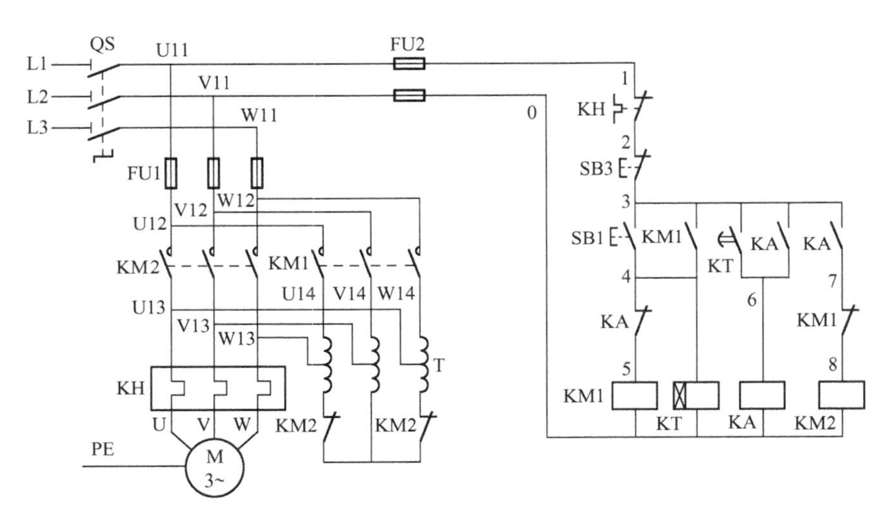

图 4-7　时间继电器自动控制的自耦变压器降压启动控制线路

线路的工作原理如下：先合上电源开关 QS。

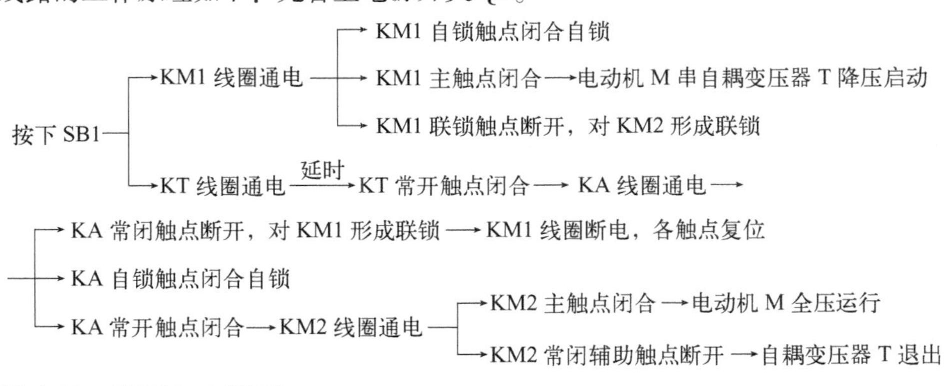

停止时，按下 SB2 即可。

技能训练场14　自耦变压器降压启动控制线路的安装与检修

1. 训练目标

掌握时间继电器自动控制的自耦变压器降压启动控制线路的安装与检修。

2. 实训过程

（1）按表4-9所示选配安装工具、仪器仪表及电器元件等器材。

表4-9　工具、仪表及器材

安装工具	测电笔、螺钉旋具、尖嘴钳、斜口钳、剥线钳、电工刀等电工常用安装工具			
仪器仪表	兆欧表、钳形电流表、万用表			
器件代号	名称	型号	规格	数量
M	三相交流异步电动机	Y112M－4	5.5kW、380V、△形接法、11.6A、1 440r/min	1
QS	组合开关	HZ10－25/3	三极、额定电流25A	1
FU1	螺旋式熔断器	RL1－60/25	500V、60A、配额定电流25A的熔芯	3
FU2	螺旋式熔断器	RL1－15/2	500V、15A、配额定电流2A的熔芯	2
KM1～KM3	交流接触器	CJ10－20	20A、线圈电压380V（其中一只代替中间继电器KA）	3
SB1、SB2	按钮	LA10－3H	保护式、按钮数3只（代用）	1
KT	时间继电器	JS1－2A	线圈电压380V	1
KH	热继电器	JR11－20/3D	三极、20A、整定电流11.6A	1
T	自耦变压器	GTZ	定制抽头电压65% U_N	1
XT	接线排	JX2－1015	10A、15节、380V	1
	配线板		500mm×450mm×20mm	1
	三相四线电源		～3×380/220V、20A	1
	木螺钉		ϕ3×20mm；ϕ3×15mm	若干
	平垫圈		ϕ4mm	若干
	塑料软铜线		主电路用BVR　2mm^2（颜色自定）	若干
	塑料软铜线		按钮线采用BVR　0.75mm^2（颜色自定）	若干
	塑料软铜线		控制电路采用BVR　1mm^2（颜色自定）	若干
	塑料软铜线		接地线采用BVR　1.5mm^2（黄绿双色线）	若干
	异型塑料管		ϕ3mm	若干
	走线槽		TC3025、长34cm、两边打ϕ3.5mm孔	5
	紧固件及编码套管			若干
	劳保用品		绝缘鞋、工作服等	1
	笔		自定	1
	演草纸		A4或A5或自定	若干

（2）自编安装步骤和工艺要求，经指导教师审阅合格后进行安装训练。

3. 安装注意事项

安装注意事项如下：

（1）电动机、自耦变压器及所有带金属外壳的电器元件必须可靠接地。

（2）时间继电器和热继电器的整定值，应在不通电时整定好，并在试车时校正。

（3）自耦变压器应安装在控制箱内，否则应采取防护措施，并在进、出线端子上进行绝缘处理，以防止发生触电事故。

（4）时间继电器的安装必须使其线圈断电后，动铁芯释放时的运动方向垂直向下。

（5）布线时要注意主电路中 KM1、KM2 的相序不能接错，否则会使电动机正常工作时的转向与启动时相反。

（6）通电试车时，应由指导教师监护。

（7）若无自耦变压器时，可采用两组灯箱分别代替电动机和自耦变压器进行模拟试验，其三相规格必须完全相同，如图 4-8 所示。

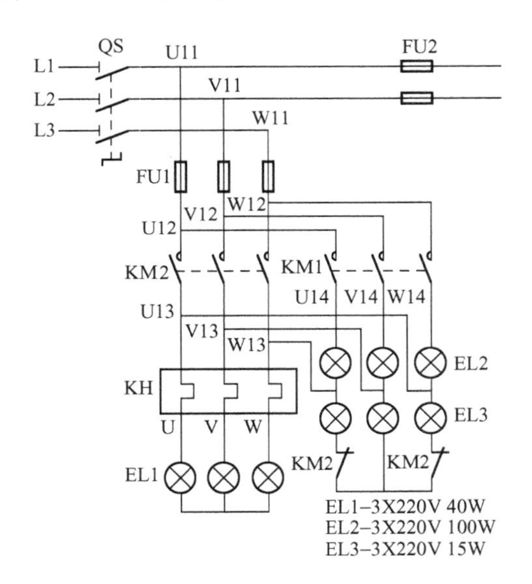

图 4-8　用灯箱模拟试验电路图

4. 检修自耦变压器降压启动控制线路

检修步骤、工艺要求及注意事项可参考技能训练场 8。

5. 训练评价

可参考技能训练场 7、8。

任务 4　Y—△降压启动控制线路的安装与检修

Y—△降压启动是指三相交流异步电动机启动时，先把电动机的定子绕组接成Y形，以降低启动电压，限制启动电流。当电动机启动后，再把定子绕组改接成△形，使电动机全压运行。由于启动转矩只有全压启动时的 1/3，故这种启动方法只适用于正常工作时定子绕组为△形联结的三相交流异步电动机的空载或轻载启动。

想一想

■Y—△降压启动时，加在电动机定子绕组上的电压为全压启动时的多少倍？其启动电流为全压启动时的多少倍？其启动转矩为全压启动时的多少倍？为什么？

1. 按钮、接触器控制Y—△降压启动控制线路的识读

按钮、接触器控制Y—△降压启动控制线路如图 4-9 所示。

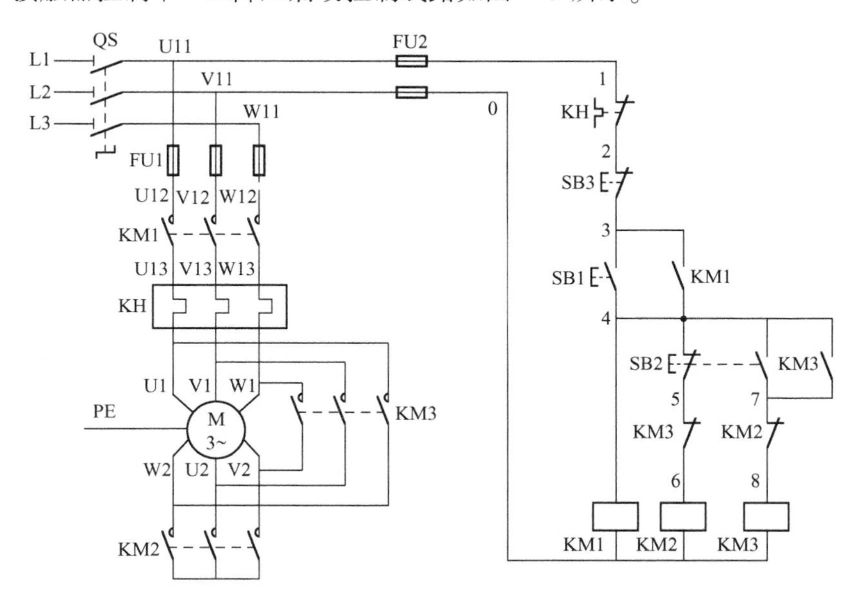

图 4-9　按钮、接触器控制Y—△降压启动控制线路

该电路使用了 3 只接触器、1 只热继电器和 3 个按钮，其中接触器 KM1 作为引入电源用，接触器 KM2、KM3 分别将电动机定子绕组接成Y形和△形，SB1 为启动按钮，SB2 为Y—△换接按钮，SB3 为停止按钮，FU1 作为主电路短路保护，FU2 作为控制电路的短路保护，KH 作为过载保护。

线路的工作原理如下：先合上电源开关 QS。

（1）电动机Y形接法降压启动控制：

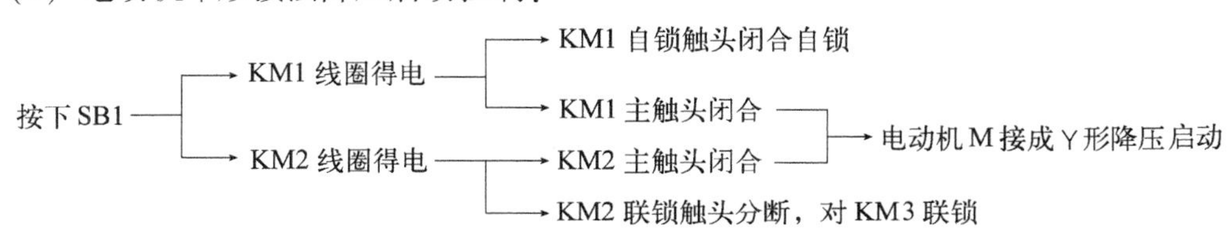

（2）电动机△形接法全压运行控制：当电动机转速上升并接近额定值时，

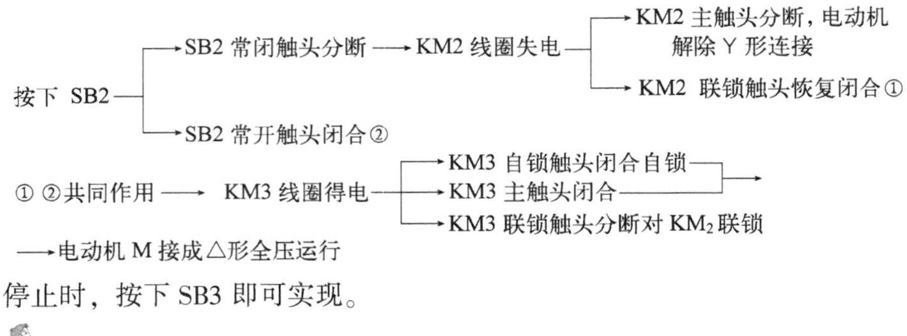

—→电动机 M 接成△形全压运行

停止时，按下 SB3 即可实现。

想一想

■该控制线路中，接触器 KM2、KM3 能否同时得电动作？若同时得电动作，会出现什么故障？

2. 时间继电器自动控制Y—△降压启动控制线路的识读

时间继电器自动控制Y—△降压启动控制线路如图 4-10 所示。该电路中时间继电器 KT 起控制电动机Y形降压启动时间和完成Y—△自动切换。

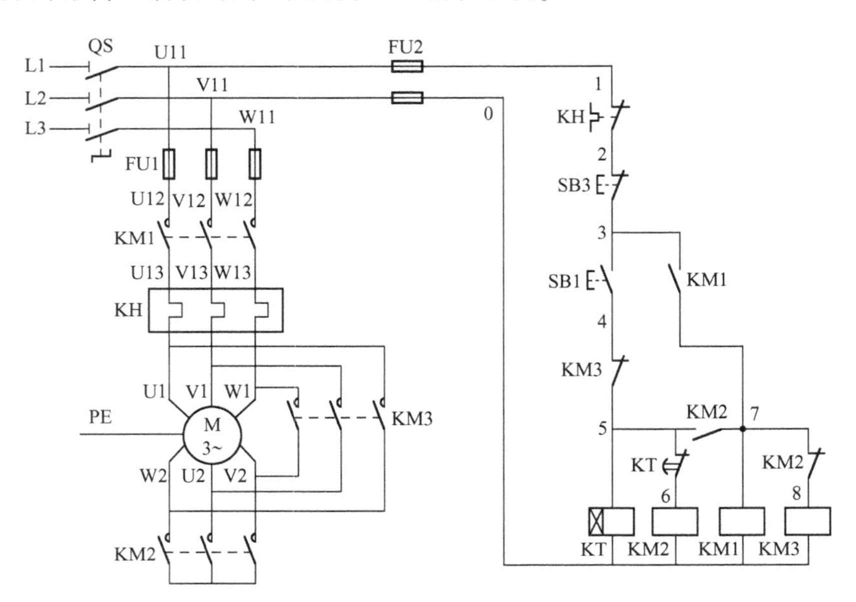

图 4-10　时间继电器自动控制Y—△降压启动控制线路图

线路的工作原理如下：先合上电源开关 QS。

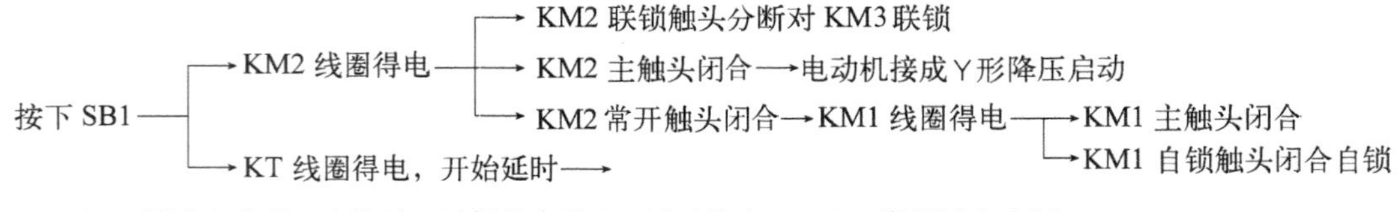

—→当 M 转速上升到一定值时，时间继电器 KT 延时结束—→ KT 常闭触头分断—→

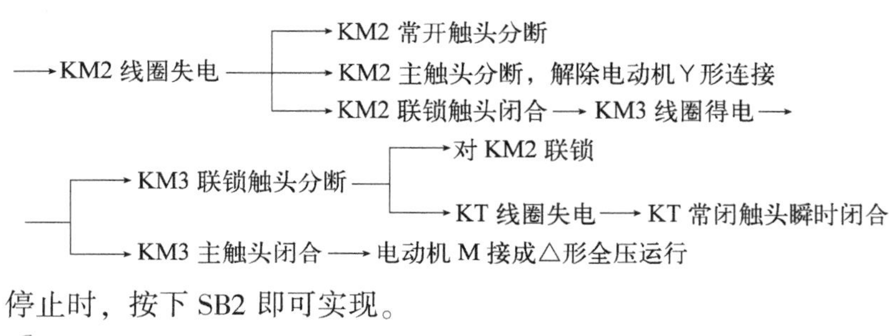

停止时，按下SB2即可实现。

想一想

■该控制线路中，为什么要KM2线圈得电后，才使KM1线圈得电？

技能训练场15　时间继电器自动控制Y—△降压启动控制线路的安装与检修

任务描述：

小东接到了维修电工车间主任分配给他的工作任务单，要求完成“工厂制冷压缩机电动机控制线路”的安装、调试。该电动机要求采用Y—△降压启动控制，其主要技术参数为：型号Y132M－4，额定功率7.5kW，额定工作电流15.4A，额定电压380V，额定频率50Hz，△形接法，转速1 440r/min，绝缘等级B级，防护等级IP23。

1. 训练目标

会正确安装与检修时间继电器自动控制Y—△降压启动控制线路。

2. 实训过程

(1) 设计制冷压缩机电动机控制线路，要求符合下列条件：

① 制冷压缩机电动机要求采用Y—△降压启动。

② 制冷压缩机电动机Y—△降压启动由时间继电器自动控制，降压启动时间为5s。

③ 控制线路有必要的短路、过载、欠压、失压等保护功能。

注：若所设计的制冷压缩机电动机控制线路不符合要求，不得进行安装训练。允许向指导教师要求提供符合要求的控制线路图，但应适当扣分。

(2) 根据所设计的Y—△降压启动控制线路，选配安装控制线路所需的安装工具、仪器仪表及电器元件等器材，填入表4-10中。

表4-10　工具、仪表及器材

安装工具				
仪器仪表				
器件代号	名称	型号	规格	数量
QS	组合开关			
FU1	螺旋式熔断器			

续表

器件代号	名称	型号	规格	数量
FU2	螺旋式熔断器			
KM1～KM3	交流接触器			
SB1、SB2	按钮			
KT	时间继电器			
KH	热继电器			
XT	接线排			
	配线板			
	三相四线电源			
	木螺钉			
	平垫圈			
	主电路导线			
	控制电路导线			
	按钮线			
	接地线			
	异型塑料管			
	走线槽			

（3）根据所设计的Y—△降压启动控制线路，画出电气布置图和电气接线图；自编安装步骤和工艺要求，经指导教师审阅合格后进行安装训练。

3. 安装注意事项

安装注意事项如下：

（1）电动机及所有带金属外壳的电器元件必须可靠接地。

（2）时间继电器和热继电器的整定值，应在不通电时整定好，并在试车时校正。

（3）所用制冷压缩机电动机必须有 6 个出线端子，且定子绕组在△形接法运行时的额定电压应等于三相电源的线电压。

（4）使制冷压缩机电动机绕组接成Y形的接触器的进线必须从制冷压缩机电动机三相定子绕组的末端（U2、V2、W2）引入，若误将其首端（U1、V1、W1）引入，则在接触器吸合时，会产生三相电源短路事故。

（5）使制冷压缩机电动机绕组接成△形的接触器的进线必须与制冷压缩机电动机三相定子绕组的首端相连接，连接时必须使电动机定子绕组接成△形，并注意相序，否则会使电动机Y形降压启动，而反方向全压启动运行。

（6）控制板外部的配线，必须按要求一律装在配线管内，使导线有适当的机械保护，以防止液体、铁屑和灰尘等的侵入。在训练时，可适当降低要求，但必须以能确保安全为条件，如采用多芯橡皮线或塑料护套软线。

4. 检修训练

（1）故障设置：由指导教师在所完成的控制线路板上人为设置电气自然故障3处。

（2）故障检修：要求学生自编检修步骤及工艺要求，在确保用电安全的前提下进行故障检修。

（3）注意事项：

① 检修前应认真分析控制线路图，搞清各个控制环节的工作原理，并熟悉水泵电动机的接线方法。

② 检修过程中不能扩大或产生新的故障点。

③ 检修思路要清晰、检修方法要恰当。

④ 若带电检修，必须在指导教师的监护下进行，确保用电安全。

5. 训练评价

训练评价标准如表4-11所示，其余同技能训练场7。

表4-11 训练评价标准

项目	评价要素	评价标准	配分	扣分
安装工具、仪器仪表、电器元件等器材选用	（1）工具、仪表选择合适 （2）电器元件选择正确 （3）工具、仪表使用规范	（1）工具、仪表少选、错选或不合适 每个扣2分 （2）电器元件选错型号和规格 每个扣2分 （3）选错电器元件数量或型号规格不齐全 每个扣2分 （4）工具、仪表使用不规范 每次扣2分	10	
设计控制线路图、画电气布置图与接线图	（1）控制线路图功能符合要求、绘图规范 （2）电气布置图符合安装要求 （3）电气接线图规范、正确	（1）控制线路图设计功能不符合要求 扣10～20分 不会设计 扣20分 控制线路图绘制不规范 扣3～5分 （2）电气布置图不符合安装要求 扣5分 （3）电气接线图不正确 扣5分 电气接线图不规范 扣3分	25	
装前检查	（1）检查电器元件外观、附件、备件 （2）检查电器元件技术参数	（1）漏检或错检 每件扣1分 （2）技术参数不符合安装要求 每件扣2分	5	
安装布线	（1）电器元件固定 （2）布线规范、符合工艺要求 （3）接点符合工艺要求 （4）套装编码套管 （5）接地线安装	（1）电器元件安装不牢固 每只扣3分 （2）电器元件安装不整齐、不匀称、不合理 每只扣3分 （3）布线槽安装不符合要求 每处扣3分 （4）损坏电器元件 扣15分 （5）不按控制线路图接线 扣15分 （6）布线不符合要求 每处扣1分 （7）接点松动、露铜过长、反圈等 每处扣1分 （8）损伤导线绝缘层或线芯 每根扣3分 （9）漏装或套错编码套管 每个扣1分 （10）漏接接地线 扣10分	20	

续表

项　　目	评价要素	评价标准	配分	扣分
通电试车	（1）熔断器熔体配装合理 （2）热继电器整定电流整定合理 （3）时间继电器延时时间整定合适 （4）验电操作符合规范 （5）通电试车操作规范 （6）通电试车成功	（1）配错熔体规格　扣 3 分 （2）热继电器整定电流整定错误　扣 3 分 不会整定　扣 5 分 （3）时间继电器延时时间整定错误　扣 3 分 不会整定　扣 5 分 （4）验电操作不规范　扣 5 分 （5）通电试车操作不规范　扣 5 分 （6）通电试车不成功　每次扣 5 分	20	
故障分析与排除	（1）了解故障现象 （2）故障原因、范围分析清楚 （3）正确、规范排除故障 （4）通电试车，运行符合要求	（1）故障现象描述不正确　每个扣 3～5 分 （2）故障点判断错误或标错范围　每处扣 5 分 （3）停电不验电　扣 5 分 （4）排除故障顺序不对　扣 3 分 （5）不能查出故障点　每个扣 10 分 （6）查出故障点，但不能排除　每个扣 5 分 （7）产生新故障： 不能排除　每个扣 10 分 已经排除　每个扣 5 分 （8）损坏水泵、电器元件或排除故障方法不正确　每只（次）扣 5～10 分 （9）试车运行不成功　每次扣 5 分	20	

6. 延边△形降压启动控制线路的识读

延边△形降压启动是指三相交流异步电动机启动时，把定子绕组的一部分接成“△”，另一部分接成“Y”，使整个绕组接成延边△形，如图 4-11（b）所示。当电动机启动后，再把定子绕组接成△形全压运行，如图 4-11（c）所示。该降压启动方法是在Y—△降压启动方法的基础上加以改进而形成的，将Y形和△形两种接法结合起来，使电动机每相定子绕组所承受的电压小于△形接法时的相电压，而大于Y形接法时的相电压，并且每相绕组电压的大小可随电动机绕组抽头（U3、V3、W3）位置的改变而调节，从而克服了Y—△降压启动时启动电压较低、启动转矩偏小的缺点。它适用于定子绕组有 9 个出线头的 JO3 系列三相交流异步电动机。延边△形降压启动控制线路如图 4-12 所示。

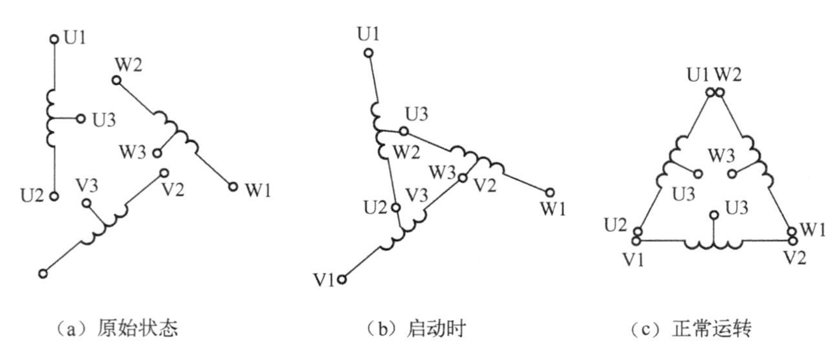

（a）原始状态　　（b）启动时　　（c）正常运转

图 4-11　延边△形降压启动电动机定子绕组的连接方式

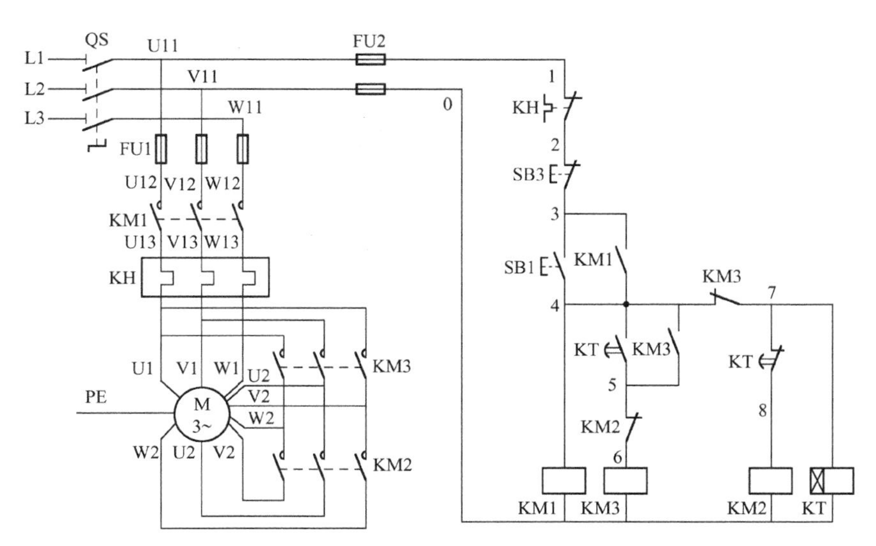

图 4-12 延边△形降压启动控制的电路图

线路的工作原理如下：先合上电源开关 QS。

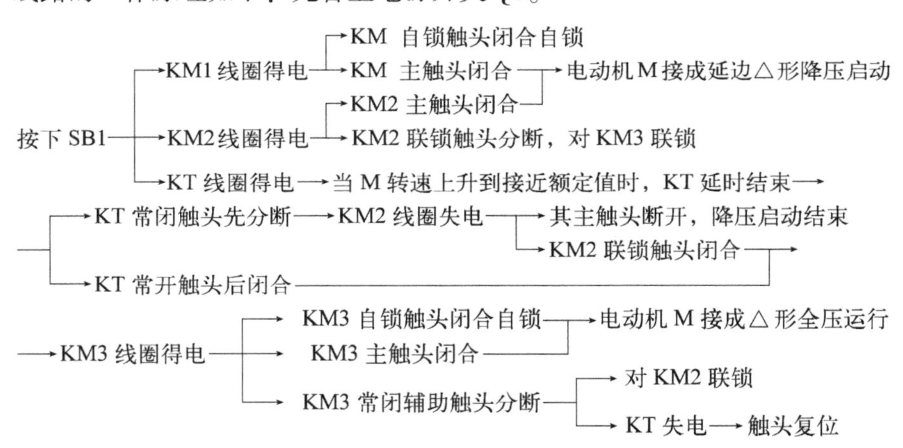

停止时，按下 SB2 即可实现。

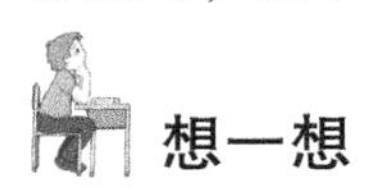

想一想

■延边△形降压启动与Y—△降压启动的区别在什么地方？

技能训练场 16 延边△形降压启动控制线路的安装与检修

根据图 4-12 所示的控制线路图，参照技能训练场 15 的安装与检修方法进行安装与检修训练。

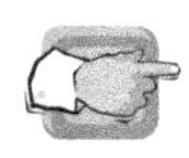

任务 5 工厂传送带 10kW 三相交流异步电动机降压启动控制线路的安装与检修

能在两地或多地控制同一台电动机的控制方式称为电动机的多地控制。图 4-13 所示为两地控制的具有过载保护的接触器自锁正转控制线路图。其中 SB11、SB12 为安装在甲地的启动按钮和停止按钮；SB21、SB22 为安装在乙地的启动按钮和停止按钮。

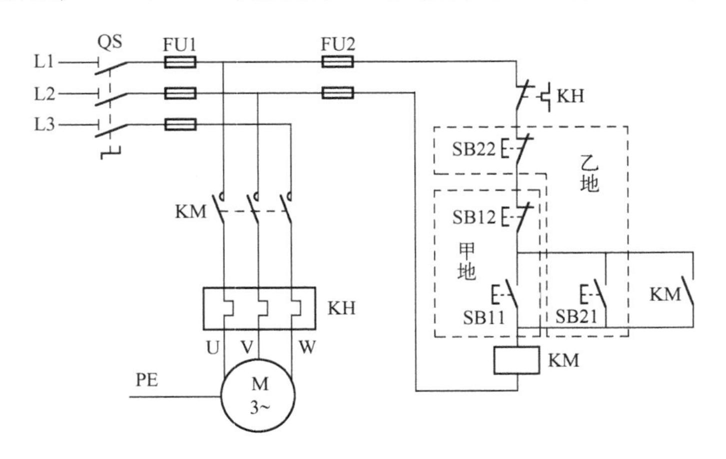

图 4-13　两地控制的电路图

线路的特点是：两地的启动按钮 SB11、SB21 要并联在一起；停止按钮 SB12、SB22 要串联在一起。这样就可以分别在甲地、乙地启动和停止同一台电动机，达到操作方便的目的。

技能训练场 17　工厂传送带 10kW 三相交流异步电动机降压启动控制线路的安装与检修

任务描述：

小东接到了维修电工车间主任分配给他的工作任务单，要求完成“工厂传送带 10kW 三相交流异步电动机降压启动控制线路”的安装、调试。电动机的主要技术参数为：型号 Y132M－4，额定功率 10kW，额定工作电流 21.5A，额定电压 380V，额定频率 50Hz，△形接法，1 440r/min，绝缘等级 B 级，防护等级 IP23。

1. 训练目标

能安装与检修传送带 10kW 三相交流异步电动机降压启动控制线路。

2. 实训过程

（1）设计传送带 10kW 三相交流异步电动机降压启动控制线路，要求符合下列条件：

① 电动机所带动的传送带要求能够正、反向运输物料。

② 电动机要求采用Y—△降压启动。

③ 电动机Y—△降压启动由时间继电器自动控制，降压启动时间为 5s。

④ 电动机能够在控制室和现场两地控制。

⑤ 控制线路有必要的短路、过载、欠压、失压等保护功能。

注：若所设计的控制线路不符合要求，不得进行安装训练。允许向指导教师要求提供符合要求的控制线路图，但应适当扣分。

（2）根据所设计的控制线路，选配安装控制线路所需的安装工具、仪器仪表及电器元件等器材。

（3）根据所设计的控制线路，画出电气布置图和电气接线图；自编安装步骤和工艺要求，经指导教师审阅合格后进行安装训练。

3. 安装注意事项

安装注意事项可参考技能训练场 15。

4. 检修训练

（1）故障设置：由指导教师在所完成的控制线路板上人为设置电气自然故障 3 处。

（2）故障检修：要求学生自编检修步骤及工艺要求，在确保用电安全的前提下进行故障检修。

（3）注意事项：

① 检修前应认真分析控制线路图，搞清各个控制环节的工作原理，并熟悉三相交流异步电动机的接线方法。

② 检修过程中不能扩大或产生新的故障点。

③ 检修思路要清晰、检修方法要恰当。

④ 若带电检修，必须在指导教师的监护下进行，确保用电安全。

5. 训练评价

可参考技能训练场 15。

思考与练习

一、单项选择题（在每小题列出的四个备选答案中，只有一个是符合题目要求的）

1. 将 JS7 – A 系列断电延时时间继电器的电磁系统旋出固定螺钉后反转________安装，即可得到通电延时型时间继电器。（　　）

A. 360°　　B. 180°　　C. 90°　　D. 60°

2. 无论是通电延时型还是断电延时型，在安装时都必须使时间继电器线圈在断电后，衔铁释放时的运动方向垂直向下，其倾斜度不得超过（　　）

A. 15°　　B. 10°　　C. 5°　　D. 2°

3. 三相交流异步电动机直接启动时的启动电流较大，一般为额定电流的（　　）

A. 1 ~ 3 倍　　B. 2 ~ 4 倍　　C. 4 ~ 7 倍　　D. 6 ~ 8 倍

4. 三相交流异步电动机进行降压启动的目的是（　　）

A. 降低定子绕组上的电压　　B. 限制启动电流

C. 降低启动转矩　　D. 防止电动机转动失控

5. 一台三相交流异步电动机的额定功率为 7.5kW，额定电流为 14.5A，启动电流为额

定电流的 6 倍，进行直接启动时，根据经验公式判断供电电网变压器容量应大于或等于（　　）

A. 7. 5kVA　　B. 23. 1kVA　　C. 45kVA　　D. 157. 5kVA

6. 定子绕组串接电阻降压启动后，要将电阻________，使电动机在额定电压下正常运行。（　　）

A. 短接　　B. 并接　　C. 串接　　D. 开路

7. 三相交流异步电动机启动时，Y形接法下加在每相定子绕组上的启动电压为△形接法时的（　　）

A. 1/3 倍　　B. $1/\sqrt{3}$倍　　C. 1/2 倍　　D. $1/\sqrt{2}$倍

8. 三相交流异步电动机既不增加启动设备，又能适当增加启动转矩的一种降压启动方法是（　　）

A. 定子绕组串电阻降压启动　　B. 定子绕组串自耦变压器降压启动

C. Y—△降压启动　　D. 延边△形降压启动

9. 当三相交流异步电动机用自耦变压器降压启动时，所用的抽头为 70%，此时电动机的启动转矩是全压运行时转矩的（　　）

A. 30%　　B. 36%　　C. 49%　　D. 70%

10. Y—△降压启动适用于正常运行时，定子绕组接成________的三相交流异步电动机（　　）

A. Y形　　B. △形　　C. YY形　　D. Y形或△形均可

二、填空题

1. 时间继电器自得到动作信号起到触头动作有一定的________，因此广泛用于需要按________顺序进行自动控制的电气控制线路中。

2. 空气阻尼式时间继电器主要由________、________和________3 部分组成。

3. JS7 – A 系列空气阻尼式时间继电器根据触头延时的特点，可分________和________两种。

4. 降压启动是指利用启动设备将________适当降低后，加到电动机的定子绕组上进行启动，待电动机启动运转后，再使其________恢复到________正常运转。

5. 常见的降压启动方法有：________、________、________和延边△形降压启动 4 种。

6. 定子绕组串接电阻降压启动是在电动机启动时，把电阻串接在电动机________与________之间，通过电阻的分压作用来降低定子绕组上的启动电压。当电动机启动后，再将电阻________，使电动机在________下正常运行。

7. 自耦变压器降压启动是指在电动机启动时，利用________来降低加在电动机定子绕组上的启动电压。当电动机启动后，再使电动机与________脱离，从而在________下正常运行。

8. Y—△降压启动是指电动机启动时，把定子绕组接成________形降压启动，当电动机转速上升并接近额定值时，再将电动机定子绕组改接成________形全压正常运行。Y—△降压启动仅适用于电动机________启动且要求正常运行时定子绕组为________连接的三相笼型异步电动机。

9. 三相交流异步电动机作Y—△降压启动时，每相定子绕组上的启动电压是直接启动电压的________倍，启动电流是直接启动电流的________倍，启动转矩是直接启动转矩的________倍。

10. 延边△形降压启动是指电动机启动时，把定子绕组的一部分接成________，另一部分接成________，使整个绕组接成延边△形，待电动机启动后，再把定子绕组改接成________形全压运行。它是在________的基础上，加以改进而形成的启动方式，它把________两种接法结合起来，使电动机每相定子绕组承受的电压________△形接法的相电压，而________Y形接法的相电压，并且由于每相绕组上电压的大小可随电动机绕组抽头装置的改变而调节。

三、综合题

1. 什么是时间继电器？常用的时间继电器有哪几种？画出时间继电器的符号。
2. 什么是降压启动？常见的降压启动方法有哪几种？
3. 试设计一台三相交流异步电动机正反转串电阻降压启动控制线路。
4. 分析图4-14所示三相交流异步电动机Y—△降压启动控制线路的工作原理。

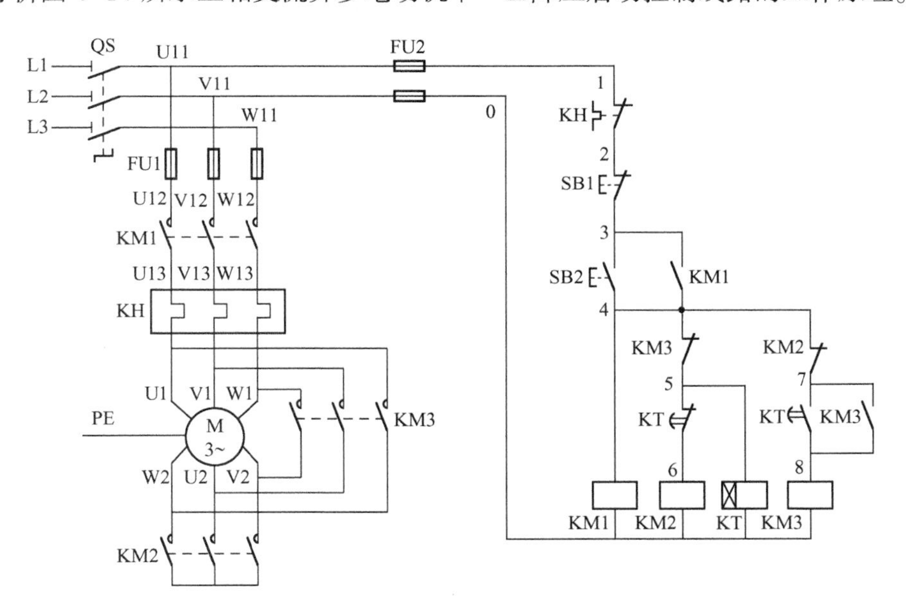

图4-14

课题 5
绕线转子电动机控制线路的安装与检修

知识目标

□了解电流继电器、凸轮控制器的型号、结构、符号。

□掌握电流继电器、凸轮控制器的工作原理及其在电气控制设备中的典型应用。

□了解绕线转子异步电动机的优点，掌握其启动与调速方法。

□了解顺序控制方式、电流控制原则及其在电气控制设备中的典型应用。

□掌握绕线转子异步电动机的启动与调速控制线路的工作原理。

技能目标

□能参照低压电器技术参数和控制要求选用常见电流继电器、凸轮控制器。

□会正确安装和使用常见电流继电器、凸轮控制器，能对其常见故障进行处理。

□会分析绕线转子异步电动机的启动与调速控制线路的工作原理、特点及其在电气控制设备中的典型应用。

□能够完成工作记录、技术文件存档与评价反馈。

知识准备

绕线转子异步电动机（如图 5-1 所示）可通过滑环在转子绕组中串接电阻来改善电动机的机械特性，从而达到减小启动电流、增大启动转矩、调节转速之目的。在要求启动转矩较大且有一定调速要求的场合，如起重机、卷扬机等，常采用三相绕线转子异步电动机拖动。

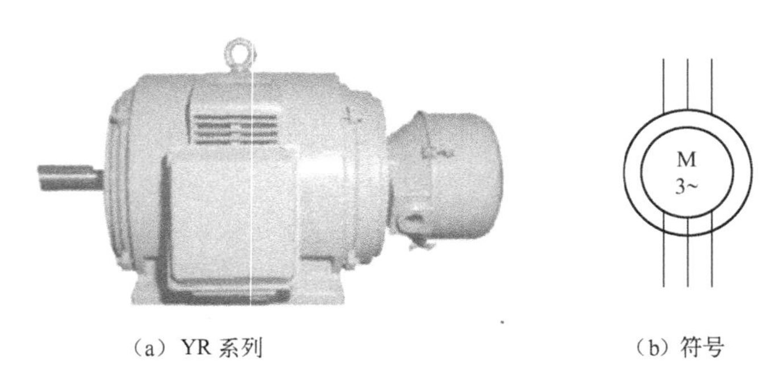

（a）YR 系列　　（b）符号

图 5-1　绕线转子三相交流异步电动机

绕线转子异步电动机启动时，在转子回路中接入作Y形连接、分级切换的三相启动电阻器，并把可变电阻放到最大位置，以减小启动电流，获得较大的启动转矩。随着电动机转速的升高，可变电阻逐级减小。启动结束后，可变电阻减小到零，转子绕组被直接短接，电动机便在额定状态下运行。

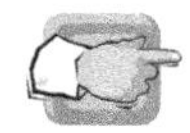

任务1 电流继电器的识别与检测

电流继电器是继电器中的一种，其输入量为电流的继电器称为电流继电器。使用时，电流继电器的线圈应串联在被测电路中，根据通过线圈电流值的大小而动作。为了降低串入电流继电器线圈后对原电路工作状态的影响，其线圈的匝数少、导线粗、阻抗小。

电流继电器可分为过电流继电器和欠电流继电器两种。

1. 电流继电器的型号及含义

常用的JT4系列交流通用继电器和JL14系列交直流通用电流继电器的型号及含义如下：

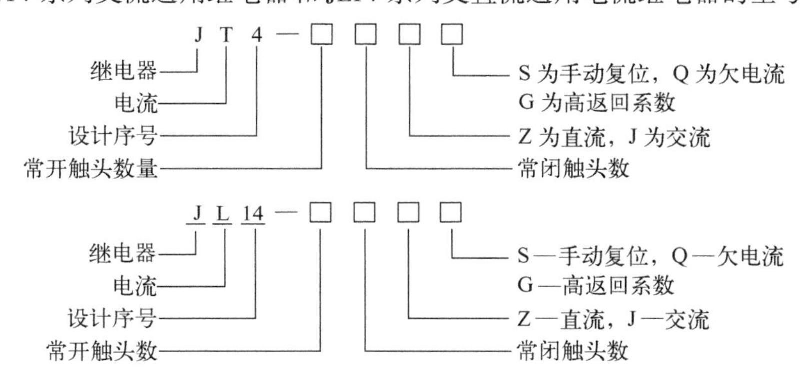

2. 电流继电器的结构、符号与工作原理

电流继电器主要由线圈、圆柱形静铁芯、衔铁、触头系统和反作用弹簧等组成。其结构和符号如图5-2所示。

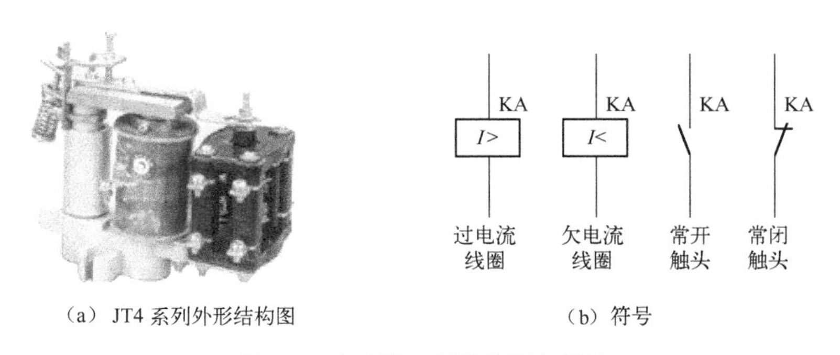

（a）JT4系列外形结构图　（b）符号

图5-2　电流继电器的外形与符号

1）过电流继电器

当通过继电器的电流超过预定值时就动作的继电器称为过电流继电器。过电流继电器的吸合电流为1.1～4倍的额定电流，即在电路正常工作时，过电流继电器线圈通过额定电流时不吸合的；当电路中发生过载或短路故障，通过线圈的电流达到或超过预定值时，铁芯和衔铁才吸合，带动常闭触头断开，常开触头闭合；调整反作用弹簧的作用力，可整定其动作

电流值。

常用的过电流继电器有 JT4、JL5、JK12 及 JL14 等系列，适用于直流电动机或绕线转子电动机的控制线路中，用于频繁启动或重载启动的场合，作为电动机和主电路的过载和短路保护。

2）欠电流继电器

当通过继电器的电流减小到低于其整定动作值时就动作的继电器称为欠电流继电器。欠电流继电器的吸引电流一般为线圈额定电流的 0.3 ~ 0.65 倍，释放电流为额定电流的 0.1 ~ 0.2 倍。因此，在电路正常工作时，欠电流继电器的衔铁与铁芯始终是吸合的，只有当电流降到低于整定值时，欠电流继电器才释放，发出信号，从而改变电路的状态。

常用的欠电流继电器有 JL14 等系列，常用于直流电动机和电磁吸盘电路中做弱磁保护。

JT4 系列为交流通用继电器，只要在电磁系统上装设不同的线圈，可组合成过电流、欠电流、过电压、欠电压等继电器。JL14 系列交直流通用继电器可取代 JT1 - L 和 JT1 - S 系列。

3. 电流继电器的技术参数

JT4 系列交流通用继电器的主要技术参数如表 5-1 所示。

表 5-1 JT4 系列交流通用继电器的主要技术参数

型号	可调参数范围	标称误差	返回系数	触头数量	吸引线圈		复位方式	机械寿命（万次）	电寿命（万次）	质量（kg）
					额定电压或电流	消耗功率				
JT1 - □□A 过电压继电器	吸合电压（1.05 ~ 1.20）U_N	±10%	0.1 ~ 0.3	1 常开 1 常闭	110、220、380V	75W	自动	1.5	1.5	2.1
JT1 - □□P 零电压（或中间）继电器	吸合电压（1.60 ~ 0.85）U_N或释放电压（0.10 ~ 0.35）U_N		0.2 ~ 0.4	1 常开 1 常闭或 2 常开或 2 常闭	110、127、220、380V			100	10	1.8
JT1 - □□L 过电流继电器	吸合电流（1.10 ~ 3.50）I_N		0.1 ~ 0.3		5、10、15、20、40、80、150、300、600A	5W		1.5	1.5	1.7
JT1 - □□S 手动过电流继电器							手动			

JL14 系列交直流电流继电器主要技术参数如表 5-2 所示。

表 5-2 JL14 系列交直流通用继电器的主要技术参数

电流种类	型号	吸引线圈额定电流 I_N（A）	可调参数调整范围	触头组合形式		备注
				常开	常闭	
直流	JL11 - □□Z	1、1.5、2.5、10、15、25、40、60、100、150、300、500、1200、1500	吸合电流（0.70 ~ 3.00）I_N	3	3	
	JL11 - □□ZS		吸合电流（0.30 ~ 0.65）I_N或释放电流（0.10 ~ 0.20）I_N	2	1	手动复位
	JL11 - □□ZQ			1	2	欠电流
交流	JL11 - □□J		吸合电流（1.10 ~ 4.00）I_N	1	1	
	JL11 - □□JS			2	2	手动复位
	JL11 - □□JG			1	1	返回系数大于 0.65

4. 电流继电器的选用

电流继电器的选用除应满足其工作条件和安装条件外，其主要技术参数的选用方法如下：

（1）电流继电器的额定电流一般可按电动机长期工作的额定电流来选择。对频繁启动、停止的电动机，可考虑启动电流在继电器中的热效应，额定电流可选大一级。

（2）电流继电器的触头种类、数量、额定电流及复位方式应满足控制线路的要求。

（3）过电流继电器的整定值一般为电动机额定电流的 1.7 ~2 倍，频繁启动场合可取 2.25 ~2.5 倍。欠电流继电器的整定电流一般取额定电流的 0.1 ~0.2 倍。

5. 电流继电器的安装与使用

电流继电器的工作条件和安装条件参阅使用说明书，其安装与使用方法如下：

（1）安装前应检查继电器的额定电流及整定值是否与实际使用要求相符。继电器的动作部分是否灵活、可靠。外壳有无破损等情况。

（2）安装后应在触头不通电情况下，使吸引线圈通电操作几次，观察其的动作是否可靠。

（3）定期检查继电器的零部件是否有松动、损坏现象，并保持触头清洁。

6. 电流继电器的常见故障及处理方法

电流继电器的常见故障及其处理方法与接触器相似。

技能训练场 18　电流继电器的识别与检测

1. 训练目标

（1）能识别不同型号的电流继电器，了解主要技术参数和适用范围。

（2）能初步判断电流继电器的好坏。

2. 工具、仪表及器材

（1）工具、仪表由学生自定。

（2）器材：电流继电器若干只。（上述器材的铭牌应用胶布盖住，并编号）

3. 训练内容

（1）识别电流继电器、识读使用说明书要求同技能训练场 1。

（2）电流继电器的结构与整定电流的整定：

① 观察电流继电器的结构：认清主要部件的名称及作用。

② 万用表测量电流继电器线圈的直流电阻值和常开、常闭触头电阻值，分清触头形式。

③ 根据指导教师所给电动机的功率，选择电流继电器的型号与规格，并整定电流值。

4. 训练注意事项和训练评价

参考技能训练场 1。

 任务 2　凸轮控制器的识别与检测

凸轮控制器是主令电器的一种，它是利用凸轮来操动触头的控制器。主要用于容量不大于 30kW 的中小型绕线转子异步电动机控制线路中，达到直接控制电动机的启动、停止、调速、反转和制动的目的。在桥式起重机等设备中应用较多。

常用的凸轮控制器有 KTJ1、KTJ15、KT10、KY14、KT15 等系列，图 5-3 为部分凸轮控制器的外形图。下面以 KTJ1 系列为例进行介绍。

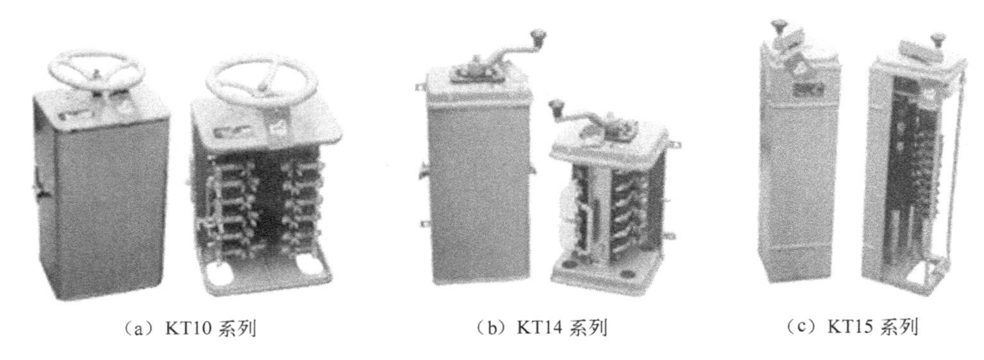

（a）KT10 系列　（b）KT14 系列　（c）KT15 系列

图 5-3　凸轮控制器外形

1. 凸轮控制器的型号及含义

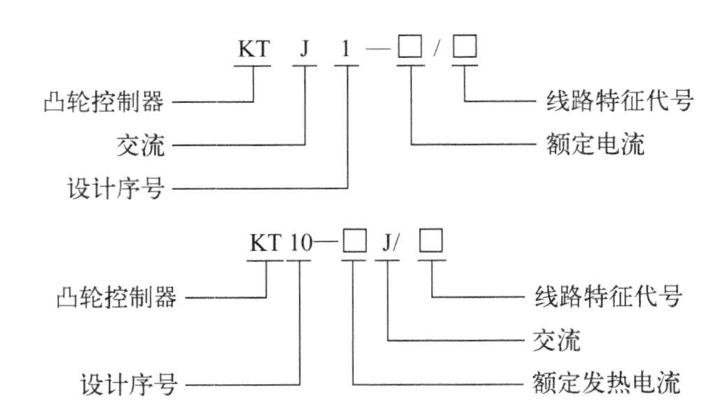

2. 凸轮控制器的结构、符号与工作原理

KTJ1 系列凸轮控制器的外形和结构如图 5-4 所示。它主要由手柄（手轮）、触头系统、转轴、凸轮和外壳等组成。其触头系统共有 12 对触头，9 对常开触头、3 对常闭触头。其中 4 对常开触头接在主电路中，用于控制电动机的正反转，配有石棉水泥制成的灭弧罩，其余 8 对触头用于控制电路中。

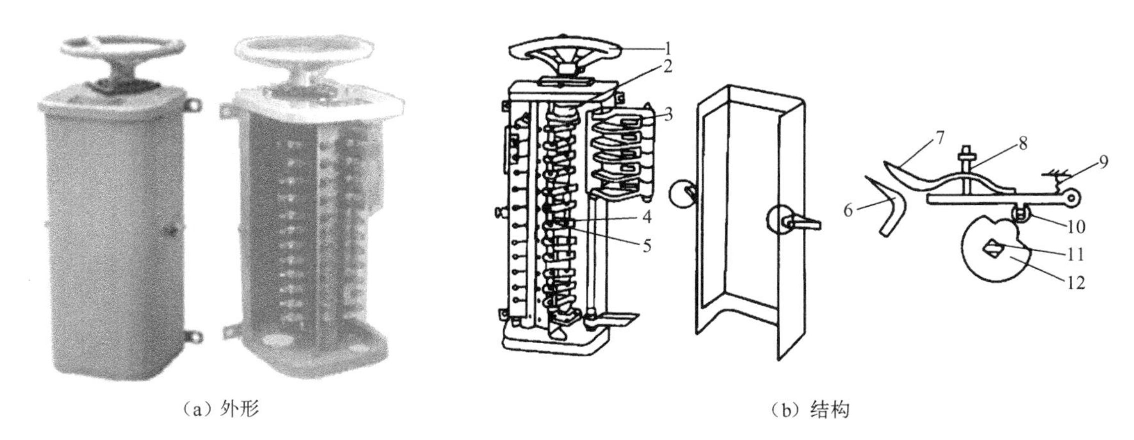

（a）外形　　（b）结构

1—手轮；2、11—转轴；3—灭弧罩；4、7—动触头；5、6—静触头；
8—触头弹簧；9—弹簧；10—滚轮；12—凸轮

图 5-4　KTJ1 型凸轮控制器的外形与结构

凸轮控制器的动触头 7 与凸轮 12 固定在转轴 11 上，每个凸轮控制一个触头。转动手轮 1，凸轮 12 随轴 11 转动。当凸轮的凸起部分顶住滚轮 10 时，动触头 7 与静触头 6 分开；当凸轮的凹处与滚轮相碰时，动触头受到触头弹簧 8 的作用压在静触头上，动、静触头闭合。在方轴上叠装形状不同的凸轮片，可使各个触头按预定的顺序闭合或断开，从而实现不同的控制目的。

凸轮控制器的触头分合情况，通常用触头分合表来表示。KTJ1 －50/1 型凸轮控制器的触头分合表如图 5-5 所示。图中上面两行表示手轮的 11 个位置，左侧就是凸轮控制器的 12 对触头。各触头在手轮处于某一位置时的通、断状态用符号“ × ”标记，无此符号表示触头是断开的。

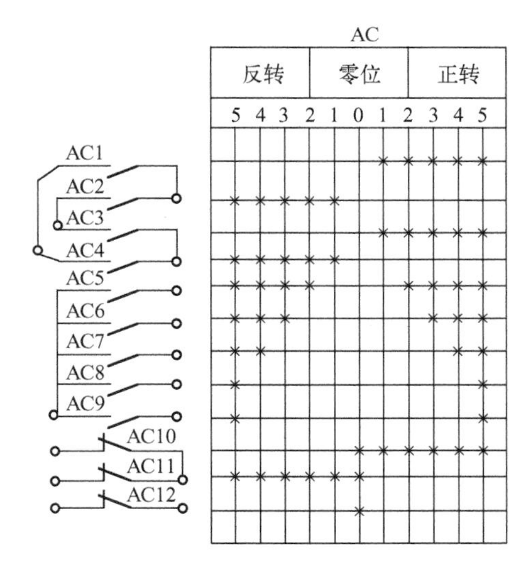

图 5-5　KTJ1 －50/1 型凸轮控制器的触头分合表

3. 凸轮控制器的技术参数

凸轮控制器的技术参数如表 5-3 所示。

表 5-3 凸轮控制器的技术参数

型 号	位置数		额定电流（A）		额定控制功率（KW）		每小时操作次数不高于	质量（kg）
	向前（上升）	向后（下降）	长期工作制	通电持续率在40%以下的工作制	220V	380V		
KTJ1 - 50/1	5	5	50	75	16	16	600	28
KTJ1 - 50/2	5	5	50	75	*	*		26
KTJ1 - 50/3	1	1	50	75	11	11		28
KTJ1 - 50/4	5	5	50	75	11	11		23
KTJ1 - 50/5	5	5	50	75	2×11	2×11		28
KTJ1 - 50/6	5	5	50	75	11	11		32
KTJ1 - 50/1	6	6	80	120	22	30		38
KTJ1 - 80/3	6	6	80	120	22	30		38
KTJ1 - 150/1	7	7	150	225	60	100		—

4. 凸轮控制器的选用

凸轮控制器选用时除应满足其工作条件和安装条件外，其主要技术参数可根据所控制电动机的容量、额定电压与电流、电动机的工作制和控制位置数目等来选择。

5. 凸轮控制器的安装与使用

凸轮控制器的工作条件和安装条件如下：

（1）海拔高度不超过 1 000m。

（2）周围介质温度不高于 +35℃和不低于 -40℃（低于 -15℃应用防冻润滑剂润滑）。

（3）空气相对湿度不超过 85%。

凸轮控制器经过特殊处理后还适用于下列工作条件（即 TH ）：

（1）周围介质温度不高于 +40℃。

（2）空气相对湿度不超过 95%。

（3）有霉菌存在和凝露的地方。

凸轮控制器不适用于下列工作条件：

（1）在有能腐蚀金属和破坏绝缘的气体蒸汽或尘埃的环境中。

（2）在有爆炸危险的环境中。

（3）在没有防雨雪设备的地方。

（4）在有剧烈振动和颠簸的地方。

凸轮控制器的安装与使用方法如下：

（1）安装前应检查外壳有无破损等。

（2）安装前应检查操作手柄 5 次，检查有无机械卡阻现象及触头的分合是否可靠。

（3）安装必须牢固可靠，金属外壳必须与接地线可靠连接。

（4）应按触头分合表或电路图要求接线，经反复检查确认无误后才能通电。

（5）安装结束后应进行空载试验。

（6）操作时，手轮不能转动太快，应逐级启动，防止电动机的启动电流过大。
（7）停止使用时，应将手轮准确地停止在零位。

6. 凸轮控制器的常见故障及处理方法

凸轮控制器的常见故障及处理方法如表5-4所示。

表5-4　凸轮控制器的常见故障及处理方法

故障现象	可能原因	处理方法
主电路中常开触头间短路	（1）灭弧罩破裂 （2）触头间绝缘损坏 （3）手轮转动太快	（1）更换灭弧罩 （2）更换凸轮控制器 （3）按正常操作要求操作
触头过热	（1）触头接触不良 （2）触头压力变小 （3）触头上连接螺钉松动 （4）触头容量太小	（1）修整触头 （2）调整或更换触头压力弹簧 （3）旋紧螺钉 （4）调换控制器
触头熔焊	（1）触头弹簧脱落或断裂 （2）触头脱落或磨光	（1）调换触头弹簧 （2）更换触头
操作时有卡阻现象及噪声	（1）滚动轴承损坏 （2）异物进入	（1）调换轴承 （2）清除异物

技能训练场19　凸轮控制器的识别与检测

1. 训练目标

（1）能识别不同型号的凸轮控制器，了解主要技术参数和适用范围。
（2）能初步判断凸轮控制器的好坏。

2. 工具、仪表及器材

（1）工具、仪表由学生自定。
（2）器材：凸轮控制器若干只。

3. 训练内容

（1）识别凸轮控制器、识读使用说明书要求同技能训练场1。
（2）测量凸轮控制器各触头对地绝缘电阻，其值要求不小于0.5MΩ。
（3）用万用表依次测量手轮（柄）置于不同位置时各对触头的通断情况，根据测量作出凸轮控制器的触头分合表，并与说明书中给出的分合表进行对比，初步判断触头的工作情况是否良好。
（4）打开外壳，仔细观察凸轮控制器的结构和动作过程，指出主要零部件的名称，理解其工作原理。
（5）检查各对触头的接触情况和各凸轮片的磨损情况，若触头接触不良应进行修整，若凸轮片磨损严重则应更换。
（6）合上外壳，转动手轮检查转动是否灵活、可靠，并再次用万用表依次测量手轮置于不同位置时各触头的通断情况，判断是否与给定的触头分合表相符。

4. 训练评价

训练评价标准如表 5-5 所示，其余同技能训练场 1。

表 5-5　训练评价标准

项　目	评价要素	评价标准	配分	扣分
识别凸轮控制器	（1）正确识别凸轮控制器名称 （2）正确说明型号的含义	（1）写错或漏写名称　每只扣 5 分 （2）型号含义有错　每只扣 5 分	10	
识别凸轮控制器结构	正确说明凸轮控制器各部分结构名称、作用	主要部件的作用有误　每项扣 3 分	30	
识读说明书	（1）说明凸轮控制器的主要技术参数 （2）说明安装场所 （3）说明安装尺寸	（1）技术参数说明有误　每项扣 2 分 （2）安装场所说明有误　每项扣 2 分 （3）安装尺寸说明有误　每项扣 2 分	20	
检测凸轮控制器	（1）规范选择、检查仪表 （2）规范使用仪表 （3）检测方法及结果正确 （4）画出触头分合表	（1）仪表选择、检查有误　扣 10 分 （2）仪表使用不规范　扣 10 分 （3）检测方法及结果不正确　扣 10 分 （4）触头分合表有误　每项扣 3 分 （5）绝缘电阻不会测量或有误　扣 10 分 （6）损坏仪表或不会检测　该项不得分	40	
技术资料归档	技术资料完整并归档	技术资料不完整或不归档　酌情扣 3～5 分		

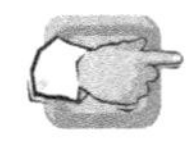

任务 3　绕线转子异步电动机控制线路的识读

一、转子绕组串接电阻启动控制线路的识读

1. 转子绕组串接电阻启动原理

启动时，在绕线转子异步电动机的转子回路串入作Y形连接、分级切换的三相启动电阻器，以减小启动电流、增大启动转矩。随着电动机转速的升高，逐级减小可变电阻。启动完毕后，切除可变电阻器，转子绕组被直接短接，电动机便在额定状态下运行。

若串接的外加电阻在每段切除前、后始终是对称的，称为三相对称电阻器，如图 5-6（a）所示；启动过程中依次切除 R1、R2、R3，最后全部电阻被切除。

若串接的外加电阻在每段切除前、后始终是不对称的，称为三相不对称电阻器，如图 5-6（b）所示。启动过程中依次切除 R1、R2、R3、R4、R5，最后全部电阻被切除。

如果电动机需要调速，则将电阻器调到相应位置即可，这时电阻器便成为调速电阻。

绕线转子异步电动机转子绕组串接电阻启动可用时间继电器、电流继电器等自动控制。

2. 时间继电器自动控制线路的识读

时间继电器自动控制转子绕组串接电阻启动控制线路如图 5-7 所示。该控制线路利用

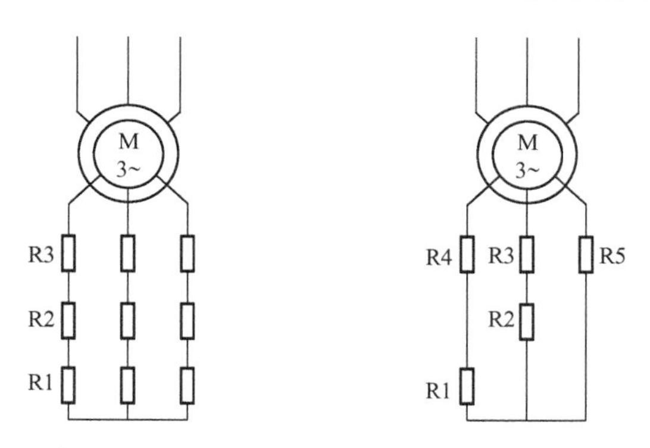

（a）转子串接三相对称电阻器　　（b）转子串接三相不对称电阻器

图 5-6　转子串接三相电阻器

三个时间继电器 K1、KT2、KT3 和三个接触器 KM1、KM2、KM3 相互配合依次自动完成转子绕组中三级电阻切除。

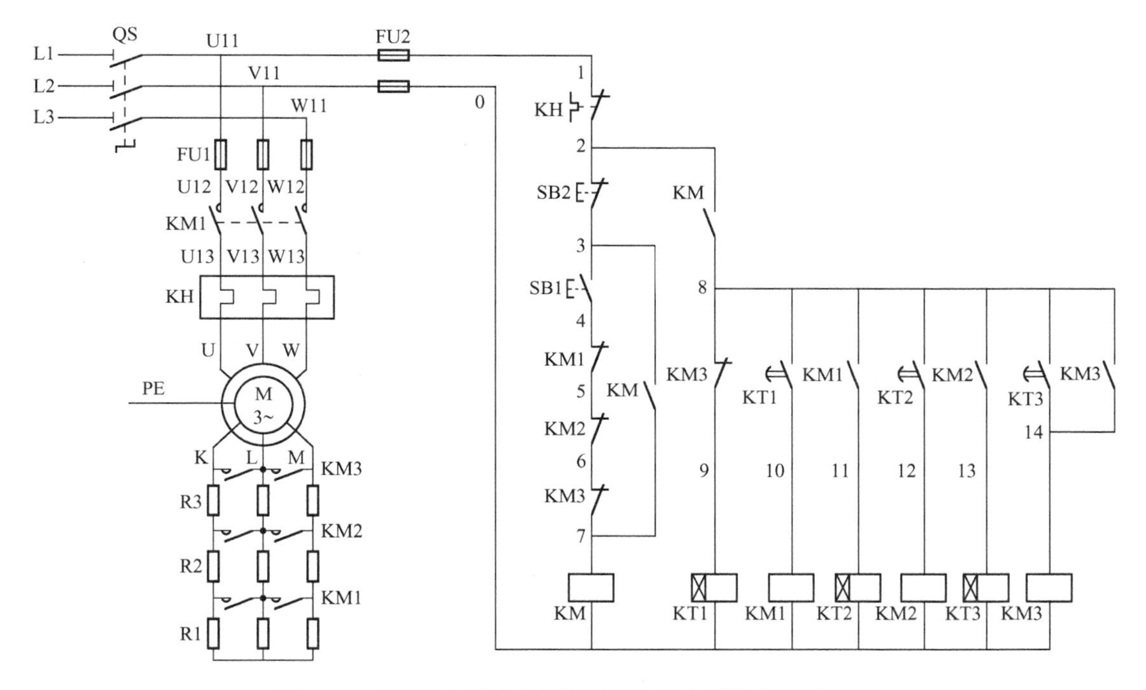

图 5-7　时间继电器自动控制转子串接电阻启动控制线路

控制线路的工作原理如下：合上电源开关 QS。

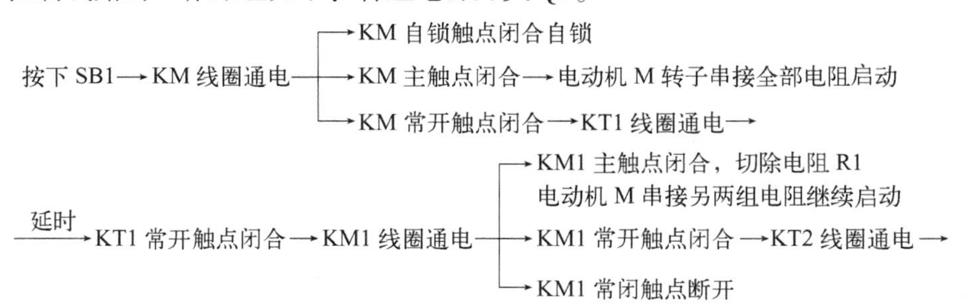

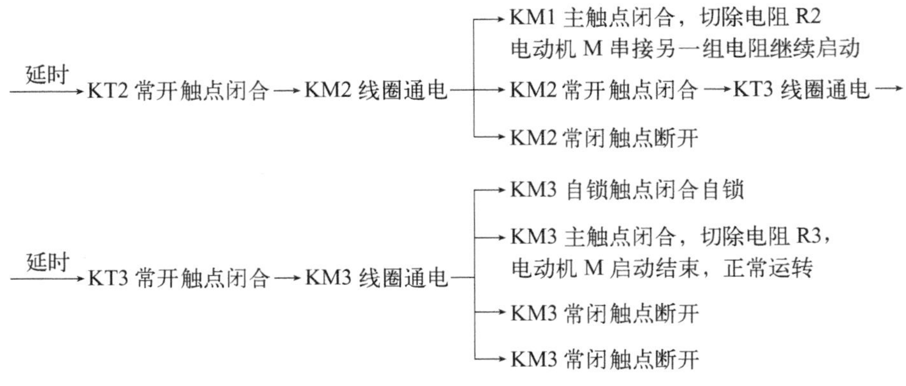

→ KT1、KM1、KT2、KM2、KT3 线圈依次断电释放，触点复位

停止时，按下 SB2 即可。

指点迷津：保证转子绕组串入全部外加电阻的措施

为了保证电动机转子绕组串入全部外加电阻的条件下才能使电动机启动，该控制线路中将接触器 KM1、KM2、KM3 的辅助常闭触头与启动按钮 SB1 串接，这样，如果接触器 KM1、KM2、KM3 中的任何一个因触头熔焊或机械故障而不能正常释放时，即使按下启动按钮 SB1，控制电路也不会得电，电动机就不会接通电源直接启动运转。

3. 电流继电器自动控制线路的识读

由于绕线转子异步电动机刚启动时转子电流较大，随着电动机转速的升高，转子电流将逐渐减小，根据这一特性，可利用电流继电器自动控制接触器来逐级切除转子回路中的电阻。

电流继电器自动控制线路如图 5-8 所示。在转子回路中串接了 3 个过电流继电器 KA1、KA2、KA3，它们的吸合电流都一样，但释放电流不同，KA1 最大、KA2 次之，KA3 最小，从而能根据转子电流的变化，控制接触器 KM1、KM2、KM3 依次动作来切除启动电阻。

由于电动机 M 启动时转子电流较大，3 个过电流继电器 KA1、KA2、KA3 均吸合，它们接在控制电路中的常闭触头全部断开，使接触器 KM1、KM2、KM3 的线圈都不能得电，接在转子回路中的常开触头均处于断开状态，启动电阻被全部串接在转子绕组中。随着电动机 M 转速的升高，转子电流逐渐减小，当减小到 KA1 的释放电流时，KA1 首先释放，其常闭触头恢复闭合，接触器 KM1 线圈得电，主触头闭合，切除第一级电阻 R1。当 R1 被切除后，转子电流重新增大，但随着电动机 M 转速的继续升高，转子电流又会减小，待减小到 KA2 的释放电流时，KA2 释放，接触器 KM2 动作，切除第二级电阻 R2，如此继续下去，直到全部电阻被切除，电动机启动完毕，进入正常运转状态。

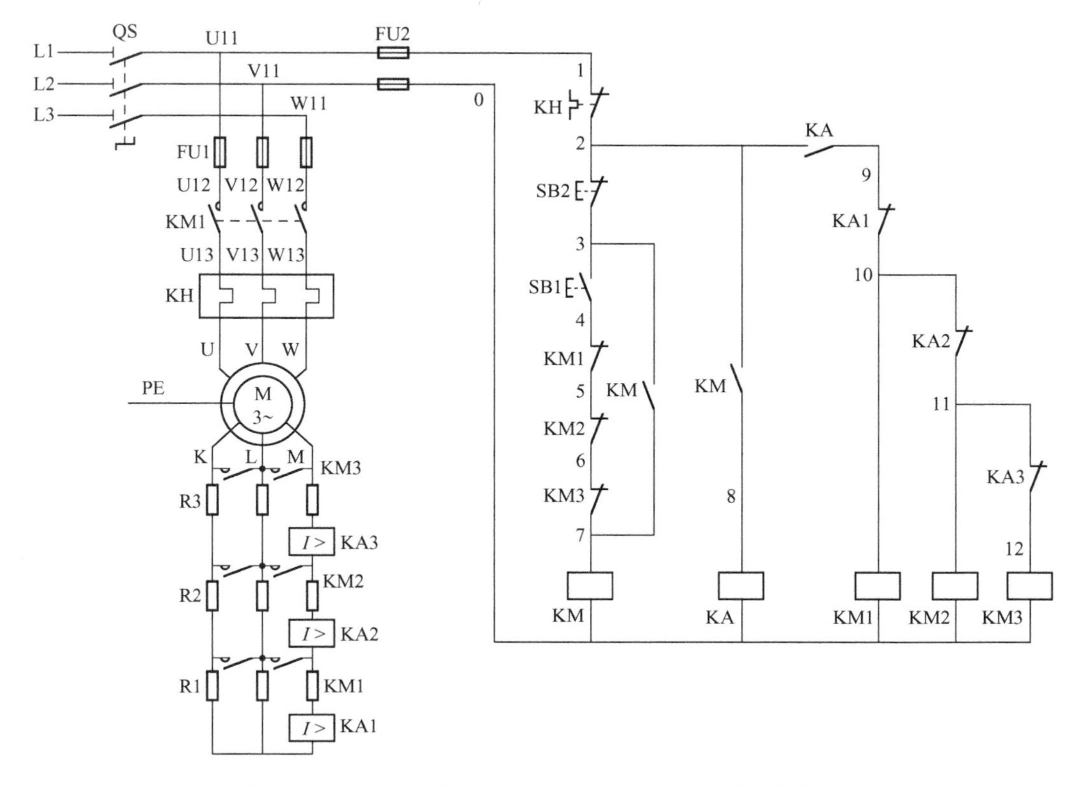

图 5-8　电流继电器自动控制转子串接电阻启动控制线路

指点迷津：中间继电器 KA 的作用

中间继电器 KA 的作用是保证电动机在转子回路中接入全部电阻的情况下开始启动。因为电动机 M 开始启动时，转子电流从零增大到最大值需要一定的时间，这样有可能使过电流继电器 KA1、KA2、KA3 还没有动作，接触器 KM1、KM2、KM3 就已经吸合而把电阻 R1、R2、R3 短接，造成电动机 M 直接启动。接入 KA 后，启动时由 KA 的常开触头断开 KM1、KM2、KM3 线圈的通电回路，保证了电动机 M 启动时转子回路串入全部电阻。

二、转子绕组串频敏变阻器启动控制线路的识读

绕线转子异步电动机采用转子绕组串电阻的方法启动，要想获得良好的启动特性，一般需要将启动电阻分为多级，这样所用的电器元件较多，控制线路比较复杂，增加了设备的投资，造成检修不便，并且在逐级切除电阻的过程中，会产生一定的机械冲击。因此，在工矿企业中对于不频繁启动的设备，广泛采用频敏变阻器代替启动电阻来控制绕线转子异步电动机。

频敏变阻器是一种阻抗值随频率明显变化、静止的无触点电磁元件。它实质上是一个铁芯损耗非常大的三相电抗器（如图 5-9 所示）。在电动机启动时，将频敏变阻器串接在转子绕组中，由于频敏变阻器的等效阻抗随转子电流频率的减小而减小，从而达到自动变阻的目的。因此，只需要用一组频敏变阻器就可以平稳地把电动机启动起来。启动完毕后将其切除。

（a）BP1 系列外形

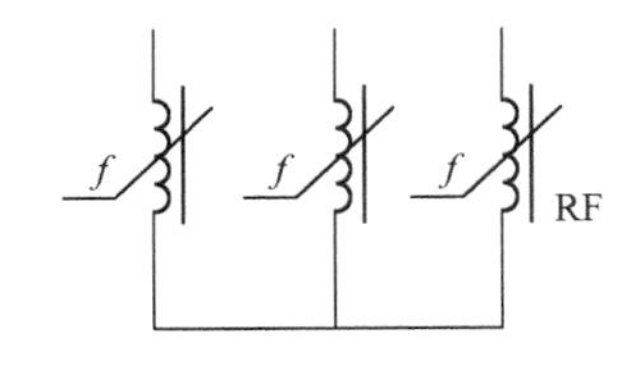

（b）符号

图 5-9　频敏变阻器

指点迷津：频敏变阻器安装与使用

频敏变阻器主要由铁芯和绕组两部分组成。它的上、下铁芯用四根接紧螺栓固定，拧开螺栓上的螺母，可以在上、下铁芯之间增减非磁性垫片，以调整其气隙长度。出厂时上、下铁芯间的空气气隙为零。

频敏变阻器的绕组备有四个抽头，一个抽头在绕组背面，标号为 N；另外三个抽头在绕组的正面，标号分别为 1、2、3。抽头 1 - N 之间为 100% 匝数，2 - N 之间为 85% 匝数，1 - N 之间为 71% 匝数。出厂时接线接在线圈的 85% 抽头上，并接成丫形。

频敏变阻器使用前，应先测量其绝缘电阻，其值应不小于 1MΩ，否则应先进行烘干处理后才能使用。如果电动机接上频敏变阻器启动后，有下列情况之一，可依下述方法进行调整：

（1）启动电流过大（大于 2.5 倍额定电流），启动太快，可设法增加圈数，将抽头接到 100% 圈数，其效果使启动电流减小，启动力矩同时减小。

（2）启动电流过小（小于 2 倍额定电流），启动力矩不够，启动太慢，可设法减少圈数，将抽头接到 85% 圈数，其效果使启动电流增大，启动力矩同时增大。

（3）如果机械设备在停机一段时间后重新启动，因机械设备负载特别重，再次启动有困难时，可将电动机点动数次，使机械设备转动几下后，就能正常使用。

频敏变阻器的结构较简单，成本较低，维护方便，平滑启动；其缺点是有电感存在，功率因数较低，启动转矩并不很大，适于绕线转子异步电动机轻载启动。

转子绕组串接频敏变阻器自动启动控制线路如图 5-10 所示。

转子绕组串接频敏变阻器自动启动控制线路的工作原理：合上电源开关 QS。

按下 SB1→KT 线圈通电→
- →KT 常开辅助触点闭合→KM1 线圈通电→
  - →KM1 主触点闭合→电动机 M 串频敏变阻器 RF 启动
  - →KM1 自锁触点闭合自锁
- 延时
  - →KT 常闭触点断开→KT 线圈断电→KT 自锁触点断开
  - →KT 常开触点闭合→KM2 线圈通电→
    - →KM2 常闭辅助触点断开→确保 KT 线圈断电
    - →KM2 主触点闭合→短接频敏变阻器 RF→电动机 M 转子短接运行

停止时，按下 SB2 即可。

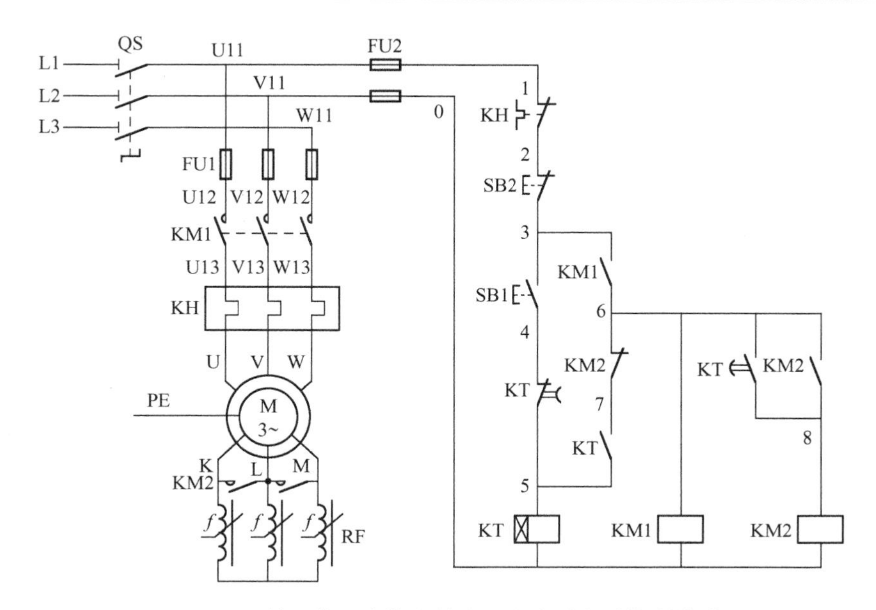

图5-10　转子绕组串接频敏变阻器自动启动控制线路

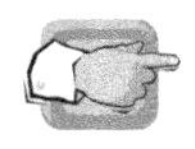

任务4　绕线转子异步电动机凸轮控制器启动控制线路的安装与检修

中、小容量绕线转子异步电动机的启动、调速及正反转控制，常常采用凸轮控制器来实现，以简化操作，如桥式起重机上大部分采用这种控制线路。绕线转子异步电动机凸轮控制器启动控制线路如图5-11（a）所示。

图中组合开关QS作为电源引入开关；熔断器FU1、FU2分别作为主电路和控制电路的短路保护；接触器KM控制电动机电源的通断，同时起欠压和失压保护作用；位置开关SQ1、SQ2分别作为电动机正反转时工作机构的限位保护；过电流继电器KA1、KA2作为电动机的过载保护；R是电阻器；凸轮控制器AC有12对触头，其分合状态如图5-11（b）所示。其中最上面4对配有灭弧罩的常开触头AC1～AC4接在主电路中用于控制电动机M的正反转；中间5对常开触头AC5～AC9与转子回路中电阻R相接，用来逐级切换电阻以控制电动机M的启动和调速；最下面的3对常闭触头AC10～AC12用做零位保护。

控制线路的工作原理如下：

将凸轮控制器AC的手轮置于“0”位后，才能合上电源开关QS，这时AC最下面的3对常闭触头AC10～AC12闭合，为控制电路的接通作准备。按下启动按钮SB1，接触器KM得动作后自锁，为电动机M的启动做好准备。

正转控制：将凸轮控制器AC的手轮从“0”位转到正转“1”位，这时触头AC10仍闭合，保证控制电路接通；触头AC1、AC3闭合，电动机M接通三相电源正转启动，此时由于AC的触头AC5～AC9均断开，转子绕组串接全部电阻R启动，所以启动电流较小，启动转矩也较小。如果电动机M此时负载较重，则不能启动，但可起到消除传动齿轮间隙和涨紧（拉紧）钢丝绳的作用。

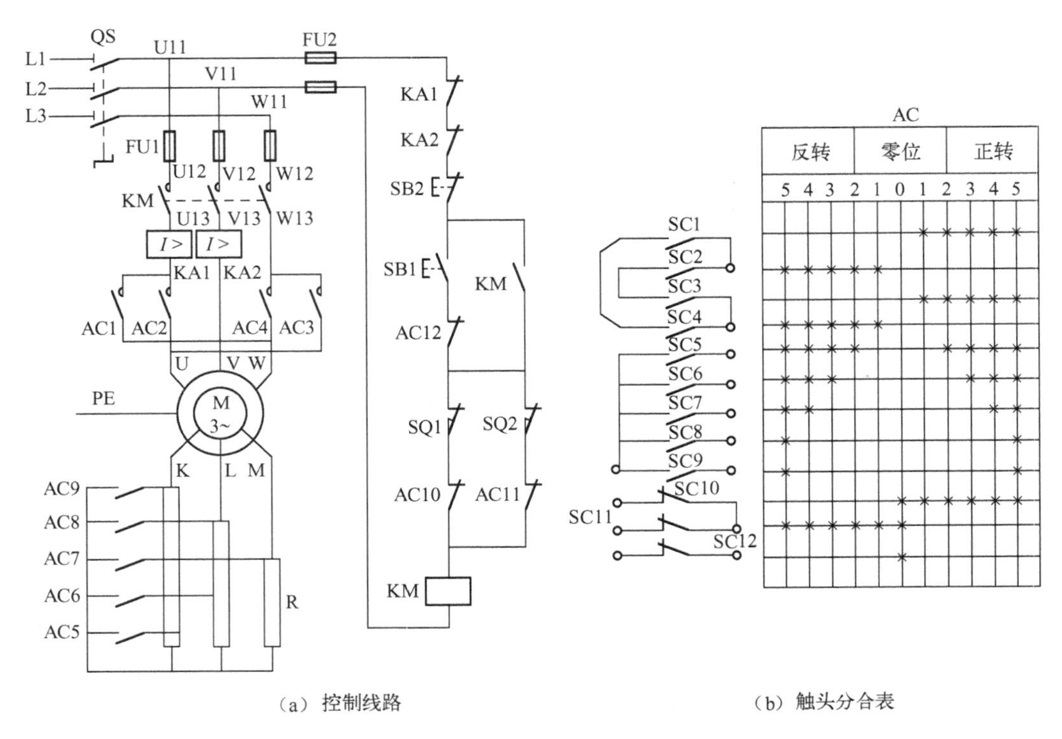

（a）控制线路　　　　（b）触头分合表

图 5-11　绕线转子异步电动机凸轮控制器启动控制线路

当 AC 的手轮从“1”位转到正转“2”位时，触头 AC10、AC1、AC3 仍闭合，AC5 闭合，把电阻器 R 上的一级电阻短接切除，电动机 M 转矩增大，正转加速。同理，当 AC 手轮依次转到正转“3”、“4”位置时，触头 AC10、AC1、AC3、AC5 仍闭合，AC6、AC7 先后闭合，把电阻器 R 上的两级电阻相继短接，电动机 M 的继续加速正转。当手轮转到“5”位置时，AC5 ~ AC9 五对触头全部闭合，转子回路电阻被全部切除，电动机 M 启动完毕进入正常运转。

要使电动机 M 的转速下降或停止，将手轮反转，从“5”挡位置退回到“0”位置后，电动机即停止。

反转控制：当将 AC 手轮扳到反转“1” ~ “5”时，触头 AC2、AC4 闭合，接入电动机的三相电源相序改变，电动机 M 将反转。反转的控制过程与正转相似。

指点迷津：如何保证电动机 M 串接全部电阻启动

在凸轮控制器的最下面有3对触头 AC10 ~ AC12，这3对触头只有当手轮置于零位时才全部闭合，而手轮在其余各挡位置时都只有一对触头闭合（AC10 或 AC12），而其余两对断开。这样保证了只有手轮置于“0”位时，按下启动按钮SB1 才能使接触器 KM 线圈得电动作，然后通过凸轮控制器 AC 使电动机进行逐级启动，避免了电动机 M 在转子回路不串启动电阻的情况下直接启动，同时也防止了由于误按 SB1 使电动机突然快速运转而产生的意外事故。

技能训练场20　绕线转子异步电动机凸轮控制器启动控制线路的安装与检修

1. 训练目标

能正确安装与检修绕线转子异步电动机凸轮控制器启动控制线路。

2. 安装工具、仪器仪表、电器元件等器材

（1）安装所需的工具、仪器仪表由学生自行选定。

（2）根据指导教师所给的绕线转子异步电动机的型号，选配安装所需的电器元件，并进行质量检验。

3. 安装训练

线路安装工艺要求同技能训练场11，安装步骤如下：

（1）按图5-11（a）所示的控制线路图画出电气布置图、电气接线图，在控制板上安装除电动机、凸轮控制器、启动电阻和行程开关以外的电器元件，并贴上醒目的文字符号。

（2）在控制板外安装电动机、凸轮控制器、启动电阻和行程开关等电器元件。

（3）根据控制电路图、电气接线图在控制板上进行板前行线槽布线和套编码套管。

（4）可靠连接电动机、凸轮控制器等各电器元件的保护接地线。

（5）连接电源、电动机等控制板外的导线。

（6）自检及交验。

（7）合格后通电试车。

4. 安装注意事项

（1）安装凸轮控制器前，应转动其手轮，检查运动系统是否灵活，触头分合顺序是否与触头分合表相符，有无缺件等。

（2）凸轮控制器必须可靠地安装在墙壁或支架上。

（3）在进行凸轮控制器接线时，要先熟悉其结构和各触头的作用，看清凸轮控制器内连接线的接线方式，然后按控制线路图、电气接线图正确接线。接线后必须盖上灭弧罩。

（4）通电试车的操作顺序是：先将凸轮控制器手轮置于“0”位→合上电源开关QS→按下启动按钮SB1使接触器KM吸合→将凸轮控制器的手轮依次转到正转1～5挡的位置并分别测量电动机的转速→将凸轮控制器的手轮从“5”挡逐渐恢复到“0”位→将凸轮控制器再依次转到反转1～5挡的位置并分别测量电动机的转速→将凸轮控制器的手轮从“5”挡逐渐恢复到“0”位→按下停止按钮SB2→切断电源开关QS。

（5）通电试车前过电流继电器的整定值应调整合适。通电试车最好带负载进行，否则手轮在不同挡位时所测得的电动机转速可能无明显差别。

（6）启动操作时，手轮转速不能太快，应逐级启动，且级与级之间应经过一定的时间间隔（约1s），以防电动机的冲击电流超过过电流继电器的动作值。

（7）通电试车必须在指导教师的监护下进行，并做到安全文明生产。

5. 检修训练

在控制电路或主电路中人为设置电气故障 3 处，由学生自行检修。检修步骤及要求如下：

（1）用通电试验法观察故障现象。合上电源开关 QS，按规定的操作顺序操作，注意观察电动机的动转情况，凸轮控制器的动作、各电器元件及线路的工作是否满足控制要求。操作过程中若发现异常现象，应立即断电检查。

（2）根据观察到的故障现象结合控制线路图和触头分合表分析故障范围，并在控制线路图上标出故障部位的最小范围。

（3）用测量法准确找出故障点并采取正确的方法排除故障。

（4）其他注意事项可参考技能训练场 8。

6. 训练评价

可参考技能训练场 7、8。

思考与练习

一、单项选择题（在每小题列出的四个备选答案中，只有一个是符合题目要求的）

1. 过电流继电器主要使用场合是　（　）

A. 重载、不频繁启动　B. 轻载、不频繁启动

C. 重载、频繁启动　D. 轻载、频繁启动

2. 当通过继电器的电流小到低于其整定值时就动作的继电器称为　（　）

A. 欠电压继电器　B. 过电压继电器　C. 过电流继电器　D. 欠电流继电器

3. 三相绕线转子异步电动机采用转子绕组串接电阻进行调速时，串接的电阻越大，则转速　（　）

A. 不随电阻变化　B. 越高　C. 越低　D. 测定后才可确定

5. 绕线转子异步电动机转子串电阻调速，属于　（　）

A. 变频调速　B. 变极调速　C. 改变端电压调速　D. 改变转差率调速

6. 频敏变阻器启动控制的优点是　（　）

A. 启动性能好，电流冲击小　B. 启动转矩大，电流冲击大

C. 启动性能差，电流冲击大　D. 启动转矩小，电流冲击大

二、填空题

1. 反映输入量为________的继电器叫做电流继电器。使用时，电流继电器的线圈________联在被测电路中，当通过线圈的________达到预定值时，其触头动作。

2. 凸轮控制器是利用凸轮来操动触头动作的控制器，主要用于控制容量不大于________的中小型绕线转子异步电动机的________、________、________，在________等设备中应用

广泛。

3. 三相绕线转子异步电动机可以通过________在转子绕组中________来改善电动机的机械特性，从而达到减小________，增大________以及调节________的目的。

4. 三相绕线转子异步电动机启动时，在转子回路中串入作________形连接、________的三相启动变阻器，并把可变电阻放到________位置，以减小启动电流、增加启动转。随着电动机转速的升高，可变电阻________。启动完毕后，切除可变电阻器，转子绕组被直接________，电动机便在额定状态下运行。

5. 频敏变阻器是一种阻抗值随着________明显变化、静止的________电磁元件。它实质是一个________非常大的三相电抗器，主要由________和________两部分组成。

三、综合题

1. 什么是电流继电器？电流继电器分为哪几种？它们的触头在什么情况下闭合？什么情况下释放？

2. 凸轮控制器的主要作用是什么？如何选择凸轮控制器？

3. 某电力拖动控制系统采用三相绕线转子异步电动机拖动（如图 5-12 所示），该异步电动机采用串频敏变阻器启动，KM1 控制电动机的运行，KM2 实现串接频敏变阻器控制，其启动和运行的切换由时间继电器 KT 自动完成，SB1、SB2 分别为启动、停止按钮。根据上述工作过程，回答下列问题：

（1）请根据控制要求，补画图中缺少的元件及电路连线，使电路具有完善的保护功能；

（2）说明该控制线路的控制过程。

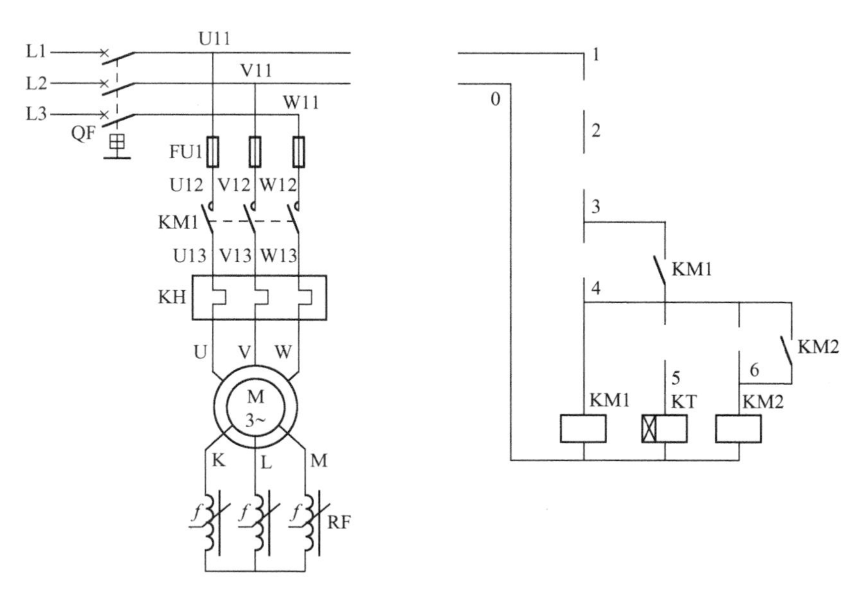

图 5-12

4. 凸轮控制器控制线路中，如何实现零位保护？

课题 6

T68 镗床主轴电动机控制线路的安装与检修

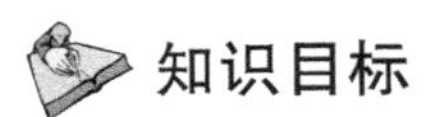

知识目标

□了解中间继电器、速度继电器的型号、结构、符号。
□掌握中间继电器、速度继电器的工作原理及其在电气控制设备中的典型应用。
□了解多速异步电动机的变速原理及其在电气控制设备中的典型应用。
□掌握三相交流异步电动机的制动方法与制动原理及其在电气控制设备中的典型应用。
□掌握多速异步电动机启动、变速工作原理。

技能目标

□能参照低压电器技术参数和控制要求选用常见中间继电器、速度继电器。
□会正确安装和使用常见中间继电器、速度继电器，能对其常见故障进行处理。
□会分析三相交流异步电动机制动控制线路的工作原理。
□会分析多速异步电动机控制线路的工作原理。
□能根据要求安装与检修 T68 镗床主轴电动机控制线路。
□能够完成工作记录、技术文件存档与评价反馈。

知识准备

1. 多速异步电动机的变速原理

根据三相交流异步电动机的转速公式 $n=(1-s)\dfrac{60f}{p}$可知，改变电动机转速可通过改变电源频率f、转差率s、磁极对数p来实现。

通过改变电动机的磁极对数来调节电动机转速的方法称为变极调速。变极调速需要通过改变电动机定子绕组的连接方式来实现，它是一种有级调速方法，且只适用于三相笼型异步电动机。常用的多速电动机有双速、三速、四速等几种。

2. 三相交流异步电动机的制动

电动机在断开电源后，由于惯性不会立即停止转动，而是需要转动一段时间后才会完全停下来。这种情况对于某些生产机械是不适宜的，如起重机的吊钩需要准确定位，万能铣床主轴电动机、T68镗床主轴电动机等需要立即停转。为满足这些生产机械的要求就需要对电动机进行制动。

所谓制动，就是给电动机加一个与转动方向相反的转矩使它迅速停转（或限制其转速）。制动的方法一般有两类：机械制动和电气制动。

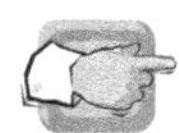

任务1　中间继电器的识别与检测

中间继电器是继电器的一种，它是用来增加控制电路中信号数量或将信号放大的继电器。其输入信号是线圈的通电或断电，输出信号是触头的动作。其触头数量较多，所以当其他电器的触头数或触头容量不够时，可借助中间继电器作中间转换，来控制多个元件或回路。

1. 中间继电器的型号及含义

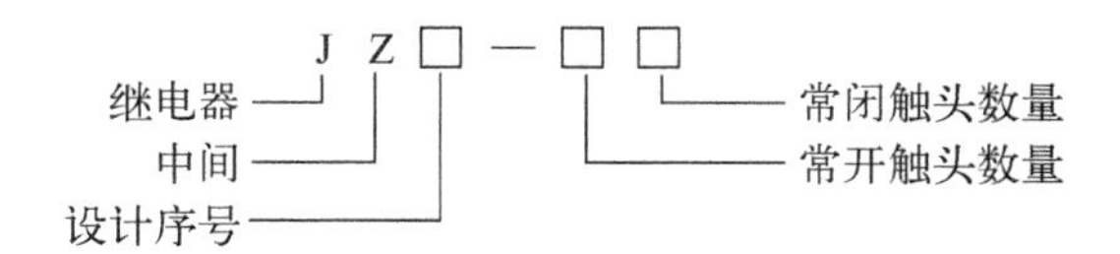

2. 中间继电器的结构、符号及工作原理

中间继电器的结构及工作原理与接触器基本相同，因而中间继电器又称为接触器式继电器。但中间继电器的触头对数多，且没有主、辅触头之分，各对触头允许通过的电流大小相同，多数为5A。因此，对于工作电流小于5A的电气控制线路，可用中间继电器代替接触器来控制。

图6-1（a）、（c）所示为JZ7系列交流中间继电器的外形和结构，中间继电器在电路图中的符号如图6-1（d）所示。

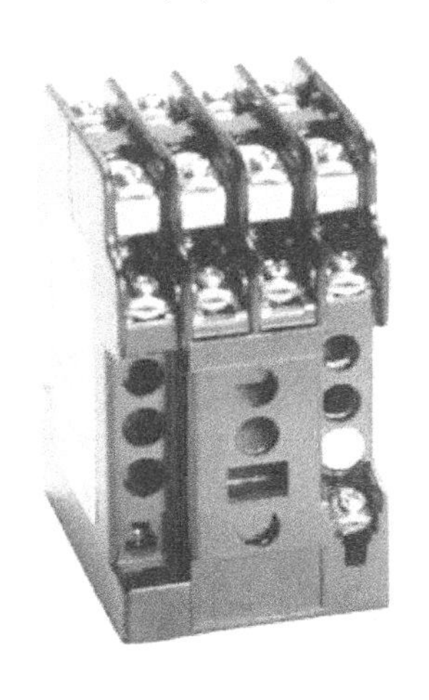

（a）JZ7系列中间继电器外形

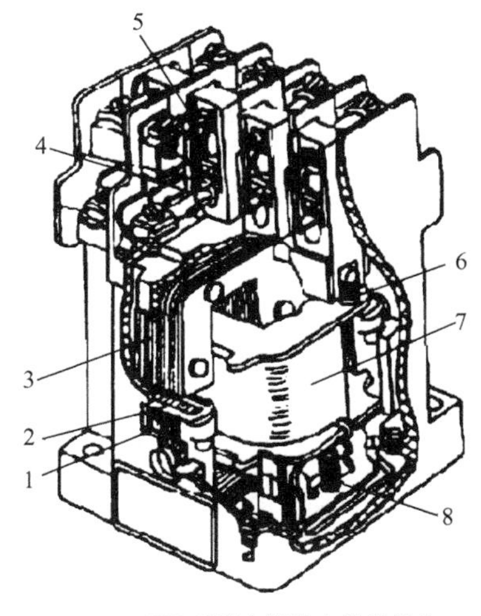

（c）JZ7系列中间继电器的结构

1—静铁芯　2—短路环　1—衔铁　1—常闭触头　1—反作用弹簧　1—缓冲弹簧

图6-1　中间继电器

(b) JZ14 系列中间继电器外形

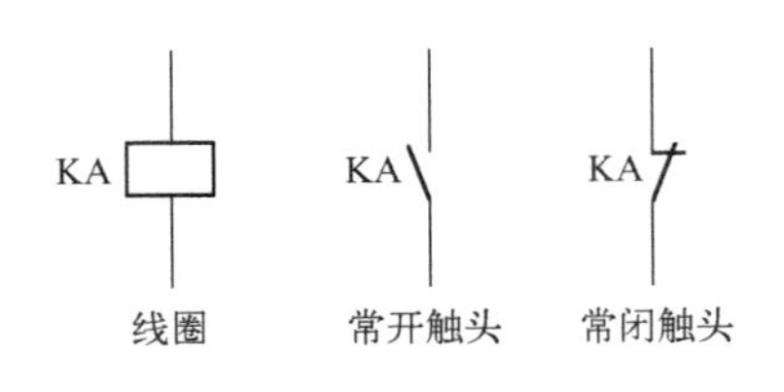

(d) 中间继电器符号

图 6-1　中间继电器（续）

想一想

■JZ7 系列中间继电器与 CJ10 系列交流接触器有哪些异同之处？

■说明中间继电器的工作原理。

JZ14 系列中间继电器有交流操作和直流操作两种，采用螺管式电磁系统和双断点桥式触头，其基本结构为交直流通用，只是交流铁芯为平顶形，直流铁芯与衔铁为圆锥形接触面，触头采用直列式分布，对数达 8 对，可按 6 常开、2 常闭，4 常开、4 常闭或 2 常开、6 常闭组合。该系列继电器带有透明外罩，可防止尘埃进入内部而影响工作的可靠性。用于交流 50Hz 或 60Hz，额定电压 380V 及以下，直流电压 220V 及以下的控制电路中。其外形如图 6-1（b）所示。

3. 中间继电器的技术参数

常用中间继电器的主要技术参数如表 6-1 所示。

表 6-1　中间继电器的主要技术参数

型　号	电压种类	触头电压（V）	触头额定电流（A）	触头组合		通电持续率（%）	线圈电压（V）	线圈消耗功率（W）	额定操作频率（次/h）
				常开	常闭				
JZ1－44 JZ1－62	交流	380	5	4	4	40	12、24、36、48、110、127、380、420、440、500	12	1200
				6	2				
JZ1－80				8	0				
JZ11－□□J/□	交流	380	5	6	2	40	110、127、220、380	10	2000
JZ11－□□Z/□	直流	220	5	4	4		24、48、110、220	7	
				2	6				
JZ11－□□J/□	交流	380	10	6	2	40	36、127、220、380	11	1200
				4	4				
JZ11－□□Z/□	直流	220		2	6		24、48、110、220	11	

4. 中间继电器的选用

中间继电器可根据被控制电路的电压等级、所需触头的数量、种类、容量等要求来选用。

5. 中间继电器的安装与使用、常见故障及其处理方法

中间继电器的安装与使用、常见故障及其处理方法与接触器类似。

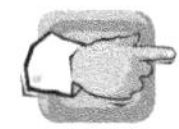 任务2　速度继电器的识别与检测

速度继电器是反映转速和转向的继电器，其作用是以旋转速度的快慢为指令信号，与接触器配合实现对电动机的反接制动，又称反接制动继电器。常用型号有JY1和JFZO型。

1. 速度继电器的型号及含义

JFZO型速度继电器的型号及含义如下：

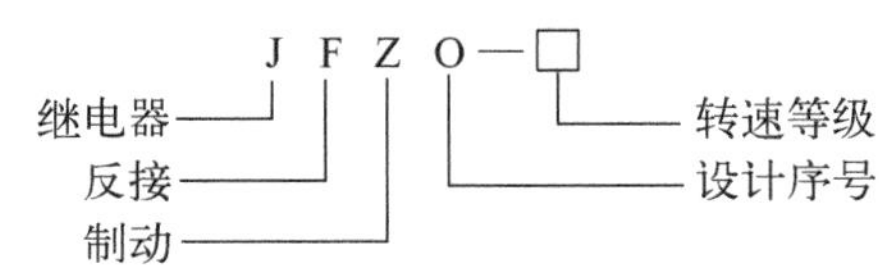

2. 速度继电器的结构、符号及动作原理

JFZO型速度继电器的外形、结构和电路图中的符号如图6-2所示。它主要由定子、转子、可动支架、触头系统及端盖等部分组成。其中触头系统由两组转换触头组成，一组在转子正转时动作，一组在转子反转时动作。

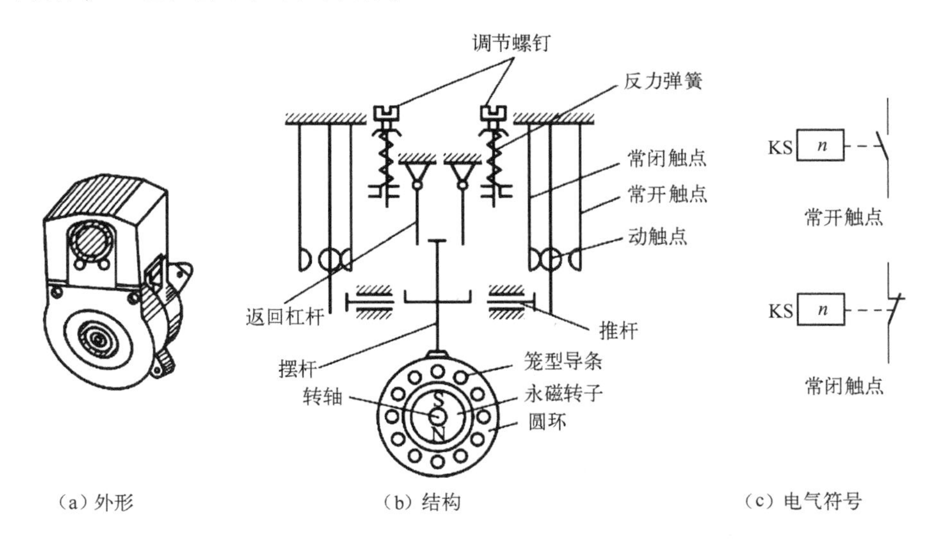

图6-2　JFZ0型速度继电器的外形、结构和符号

速度继电器与电动机转轴同轴安装。当电动机旋转时，带动与电动机同轴的速度继电器的转子旋转，当转速大于120r/min时，继电器触头动作；当转速小于100r/min时，触头复位。

速度继电器额定工作转速有300～1 000r/min（JFZ0－1型）和1 000～3 000r/min（JFZ0

－2 型）两种。它有两组触头（各有一对常闭触头和一对常开触头），可分别控制电动机正、反转的反接制动。

3. 速度继电器的主要技术参数

速度继电器的主要技术参数如表 6-2 所示。

表 6-2　速度继电器的主要技术参数

型　号	触头额定电压（V）	触头额定电流（A）	触头对数		额定工作转速（r/min）	允许操作频率（次/h）
			正转动作	反转动作		
JY1	380	2	1 组转换触头	1 组转换触头	100～3 000	＜30
JFZ0－1			1 常开、1 常闭	1 常开、1 常闭	300～1 000	
JFZ0－2			1 常开、1 常闭	1 常开、1 常闭	1 000～3 000	

4. 速度继电器的选用

根据所需控制的转速大小、触头数量、电压、电流来选用。

5. 速度继电器的安装与使用

速度继电器的工作条件与安装条件可参阅使用说明书，其安装与使用方法如下：

（1）其转轴应与电动机同轴连接，使两轴的中心线重合。

（2）接线时，应注意正反向触头不能接错，否则不能实现反接制动。

（3）其金属外壳必须接地。

6. 速度继电器的常见故障及其处理方法

速度继电器的常见故障及其处理方法如表 6-3 所示。

表 6-3　速度继电器的常见故障及其处理方法

故障现象	可能原因	处理方法
反接制动时失效，电动机不制动	（1）胶木杆断裂 （2）触头接触不良 （3）弹性动触片断裂或失去弹性 （4）笼形绕组开路	（1）更换 （2）查明原因后排除或更换触头 （3）更换 （4）更换
电动机不能正常制动	速度继电器弹性动触片调整不当	需要重新调整螺钉 （1）将调整螺钉向下旋转，弹性动触片弹性增大，速度较高时继电器才动作 （2）将调整螺钉向上旋转，弹性动触片弹性减小，速度较低时继电器才动作

技能训练场 21　中间继电器与速度继电器的识别与检测

1. 训练目标

（1）能识别不同型号的中间继电器、速度继电器，了解主要技术参数和适用范围。

（2）能初步判断中间继电器、速度继电器的好坏。

2. 工具、仪表及器材

（1）工具、仪表由学生自定。
（2）器材：中间继电器、速度继电器若干只。

3. 训练内容

（1）识别中间继电器、速度继电器，识读使用说明书要求同技能训练场1。
（2）打开速度继电器外壳，测量、判断速度继电器各触头，辨别正、反转时触头的动作情况。

4. 训练评价

可参考技能训练场1。

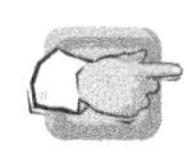

任务3 三相交流异步电动机制动控制线路的安装与检修

一、机械制动控制线路的识读

机械制动是利用机械装置，使电动机在切断电源后快速停转的方法。常用的机械制动方法有电磁抱闸制动器制动和电磁离合器制动两种。常用的电磁抱闸制动器分为断电制动型和通电制动型两种。

1. 断电型电磁抱闸制动控制线路的识读

电磁抱闸制动器主要由制动电磁铁和闸瓦制动器组成。制动电磁铁由铁芯、衔铁和线圈组成，闸瓦制动器由闸轮、闸瓦、杠杆和弹簧等部分组成，闸轮与电动机装在同一根轴上。电磁抱闸结构如图6-3所示。断电型电磁抱闸制动控制线路如图6-4所示。

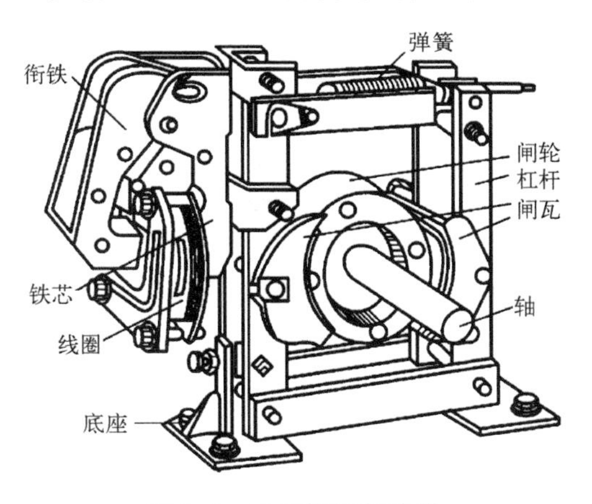

图6-3 电磁抱闸制动器

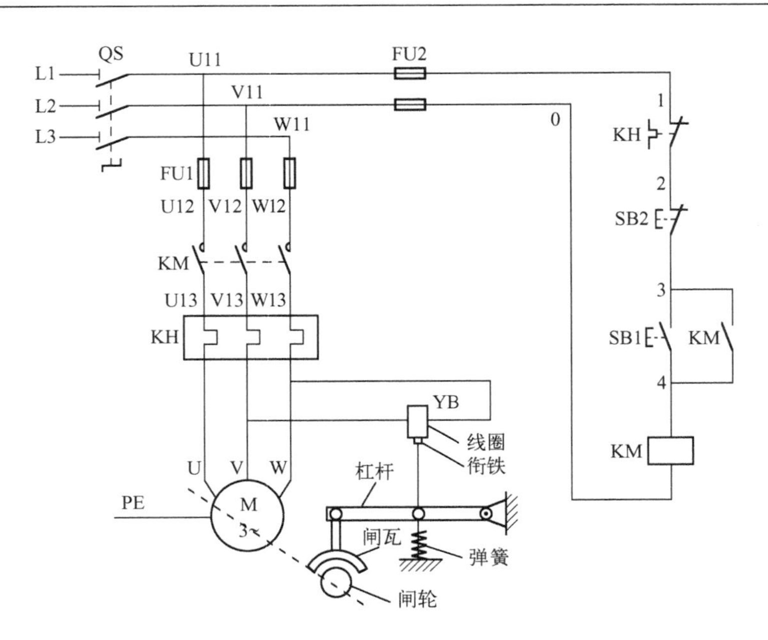

图 6-4　断电型电磁抱闸制动控制线路

线路的工作原理如下：合上电源开关 QS。

按启动按钮 SB1，接触器 KM 线圈得电动作，KM 主触头和自锁触头闭合，电动机 M 和电磁抱闸制动器 YB 线圈同时得电。电磁抱闸制动器的衔铁与铁芯吸合，衔铁克服弹簧的拉力迫使制动杠杆向上移动，闸瓦松开闸轮；电动机通电启动到正常运转。当按下停止按钮 SB2 时，KM 线圈失电，电动机的电源被切断，同时电磁抱闸制动器的线圈也断电，衔铁释放，在弹簧拉力的作用下闸瓦紧紧抱住闸轮，电动机迅速被制动停转。

这种制动方式是在电源切断时才起制动作用，在起重机械上广泛采用。其优点是能够准确定位，同时可防止电动机突然断电时重物自行坠落。但由于抱闸制动器线圈耗电时间与电动机运行时间一样长，所以不够经济。另外，由于抱闸制动器在切断电源后的制动作用，使手动调整工作很困难。因此，对电动机制动后需要手动调整工件位置的机床设备不能采用此法，而是采用下面的通电型电磁抱闸制动。

2. 通电型电磁抱闸制动控制线路的识读

通电型电磁抱闸制动控制线路如图 6-5 所示。

当电动机得电运转时，电磁抱闸制动器线圈断电，闸瓦与闸轮分开，无制动作用；当电动机失电需要停转时，电磁抱闸制动器线圈通电，闸瓦紧紧抱住闸轮制动。当电动机处于停转状态时，电磁抱闸制动器的线圈又无电，闸瓦与闸轮分开，这样操作人员就可以用手扳动主轴进行调整工件、对刀等操作。

3. 电磁离合器制动原理

电磁离合器制动原理与电磁抱闸制动器制动原理类似。电动葫芦的绳、X62W 型万能铣床的主轴电动机等常采用这种制动方法。断电制动型电磁离合器的结构示意图如图 6-6 所示。下面以电动葫芦中使用的电磁离合器为例进行介绍。

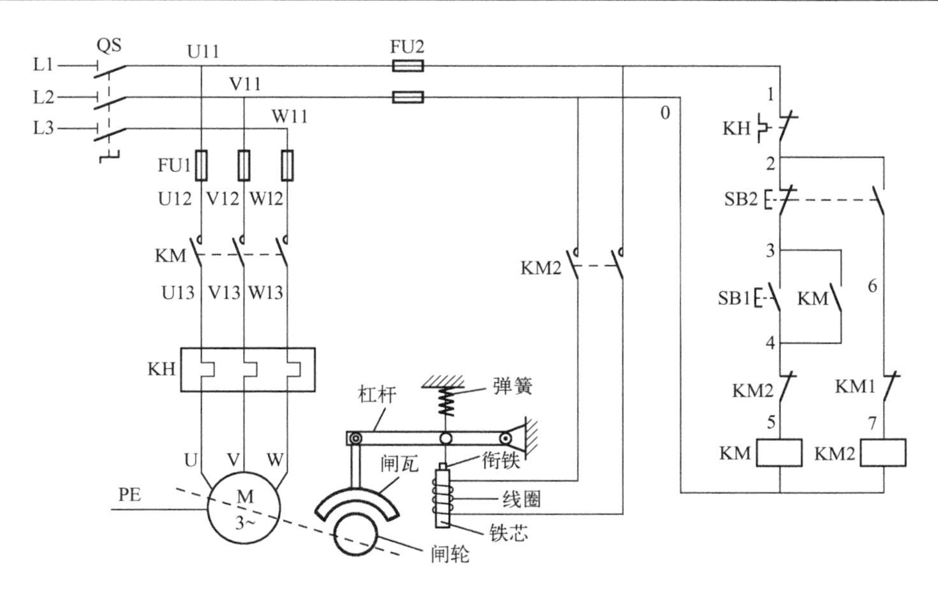

图6-5 通电型电磁抱闸制动控制线路

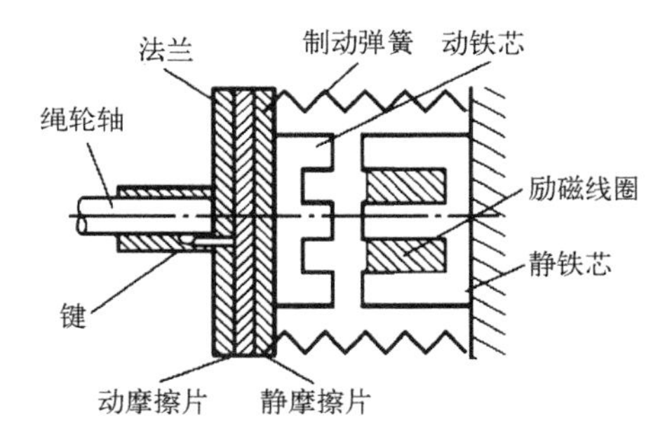

图6-6 断电制动型电磁离合器的结构示意图

电磁离合器主要由制动电磁铁（包括动铁芯、静铁芯和励磁线圈）、静摩擦片、动摩擦片及制动弹簧等组成。电磁铁的静铁芯靠导向轴（图中未画出）连接在电动葫芦本体上，动铁芯与静摩擦片固定在一起，并只能作轴向移动而不能绕轴转动。动摩擦片通过连接法兰与绳轮轴（与电动机共轴）由键固定在一起，可随电动机一起转动。

电动机静止时，励磁线圈不通电，制动弹簧将静摩擦片紧紧压在摩擦片上，此时电动机通过绳轮轴被制动。当电动机通电运转时，励磁线圈也同时通电，电磁铁的动铁芯被静铁芯吸合，使静摩擦片与动摩擦片分开，动摩擦片连同绳轮轴在电动机的带动下正常启动运转。当电动机切断电源时，励磁线圈也同时断电，制动弹簧立即将静摩擦片连同铁芯推向转动着的动摩擦片，强大的弹簧张力迫使动、静摩擦片之间产生足够大的摩擦力，使电动机断电后立即受制动停转。其控制线路与图6-5基本相同。

二、电力制动控制线路的识读

电力制动是在电动机需要停转时，产生一个和电动机旋转方向相反的电磁转矩（制动转矩），使电动机迅速制动停转。常用的方法有反接制动、能耗制动、电容制动、回馈制动。

1. 反接制动控制线路的识读

依靠改变电动机定子绕组的电源相序而产生制动转矩，迫使电动机迅速停转的方法称为反接制动。单向启动反接制动控制线路如图6-7所示。

电动机单向启动时，合上电源开关 QS，按下启动按钮 SB1，接触器 KM1 线圈得电，其主触头和自锁触头闭合，电动机 M 启动运行。当电动机 M 的转速升高到一定数值时，速度继电器 KS 的常开触头自动闭合，为反接制动做准备。

需要停转时，按下停止按钮 SB2，SB2 的常闭触头先断开，接触器 KM1 线圈断电释放，其主触头断开，电动机 M 失电惯性运转；同时 SB2 的常开触头闭合，接触器 KM2 线圈得电，其主触头闭合，串接限流电阻器 R 进行反接制动，电动机 M 产生一个与旋转方向相反的电磁转矩，即制动转矩，迫使电动机转速迅速下降；当电动机 M 转速降到 100r/min 以下时，速度继电器 KS 的常开触头断开，接触器 KM2 线圈失电，电动机 M 断电后停止运转。同时也防止了电动机反向启动。

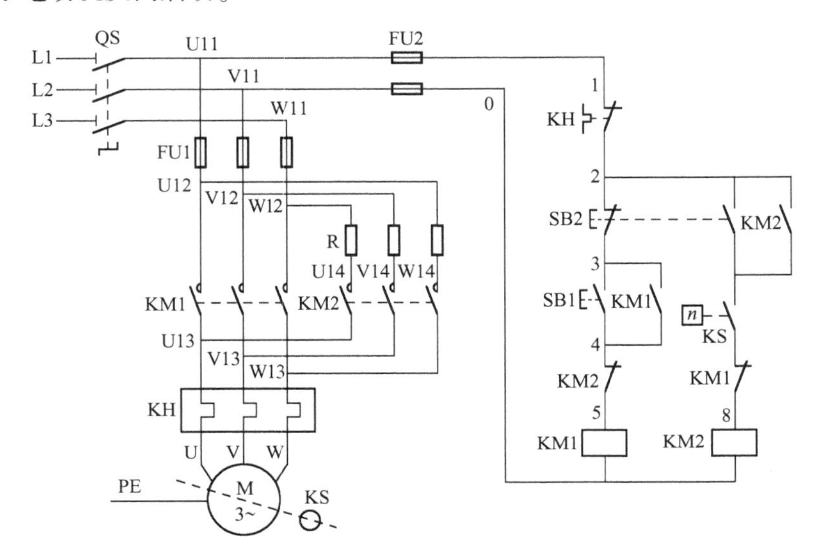

图 6-7　单向启动反接制动控制线路图

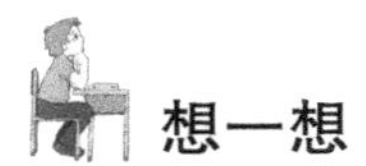

想一想

■电动机转速接近零时，如果不及时切断电源，将会造成什么后果？

■单向启动反接制动控制线路和正反转控制线路的主电路有何区别？

■电阻 R 的作用是什么？

反接制动的优点是制动力强，制动迅速。其缺点是制动准确性差，制动过程中冲击强烈，易损坏传动零部件，制动能量消耗大，不宜经常制动。因此反接制动一般适用于制动要求迅速、系统惯性较大、不经常启动与制动的场合，如铣床、镗床、中型车床等主轴的制动控制。

指点迷津：反接制动限流电阻的选择

电动机反接制动时，由于旋转磁场与转子的相对转速很高，所以转子绕组中感应电流很大，致使定子绕组中的电流很大，一般为电动机额定电流的 10 倍左右。因此，反接制动适用于 10kW 以下小容量电动机的制动，并且对 4.5kW 以上的电动机进行反接制动时，需在定子绕组回路中串入限流电阻R，以限制反接制动电流。限流电阻R的大小可参考下面经验计算公式进行估算。

在电源电压为380V时，若要使反接制动电流等于电动机直接启动时启动电流的1/2，即$\frac{1}{2}I_{st}$，则三相电路中每相应串入的电阻R（Ω）值可取为：

$$R \approx 1.5 \times \frac{220}{I_{st}}$$

若要使反接制动电流等于启动电流I_{st}，则每相应串入的电阻R'（Ω）值可取为：

$$R' \approx 1.3 \times \frac{220}{I_{st}}$$

如果反接制动时，只在电源两相中串接电阻，则电阻值应加大，分别取上述电阻值的1.5倍。

2. 能耗制动控制线路的识读

能耗制动是在电动机切断交流电源后，通过立即在定子绕组的任意两相中通入直流电，以消耗转子惯性运转的动能来进行制动的，所以又称动能制动。

1）无变压器单相半波整流单向启动能耗制动自动控制线路的识读

无变压器单相半波整流单向启动能耗制动自动控制线路如图6-8（a）所示，线路采用单相半波整流器作为直流电源，所用附加设备较少，线路简单，成本低，常用于10kW以下小容量电动机，且对制动要求不高的场合。

若电动机作Y形连接，制动时的直流电流由电源W21→KM2主触头→U、V两相绕组→W相绕组→KM2主触头→电流表A→滑线变阻器R→整流二极管VD→中性线N构成单相半

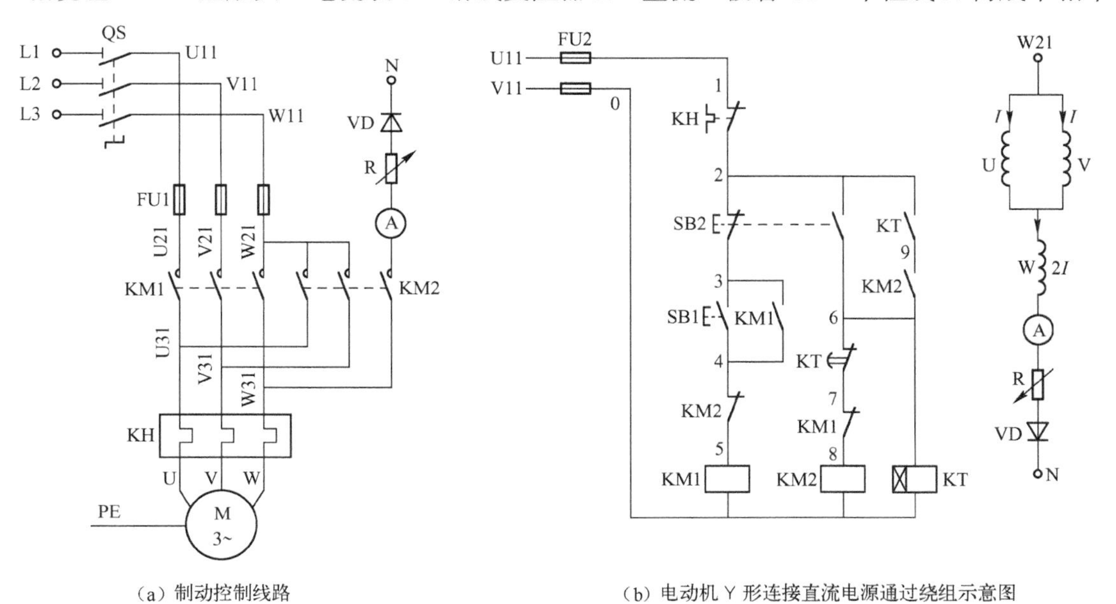

（a）制动控制线路　　（b）电动机Y形连接直流电源通过绕组示意图

图6-8　无变压器单相半波整流单向启动能耗制动自动控制线路

波整流回路，如图 6-8（b）所示。整流二极管 VD 将 L3 相电源整流，得到脉动直流电，由接触器 KM2 控制通入电动机绕组，对电动机进行制动控制，为防止造成电源短路事故，KM1、KM2 不能同时得电动作，并用联锁控制。

想一想

■电动机能耗制动时间由哪个电器元件来控制，是如何控制的？
■说明图中 KT 瞬时闭合常开触头的作用是什么？
■说明该控制线路的工作原理。

2）有变压器单相桥式整流单向启动能耗制动自动控制线路的识读

对于 10kW 以上容量的电动机，多采用有变压器单相桥式整流单向启动能耗制动自动控制线路，如图 6-9 所示。其中直流电源由单相桥式整流器 VC 供给，TC 是整流变压器，电阻 RP 用来调节直流电流，从而调节制动强度，整流变压器一次侧与整流器的直流侧同时进行切换，有利于提高触头的使用寿命。

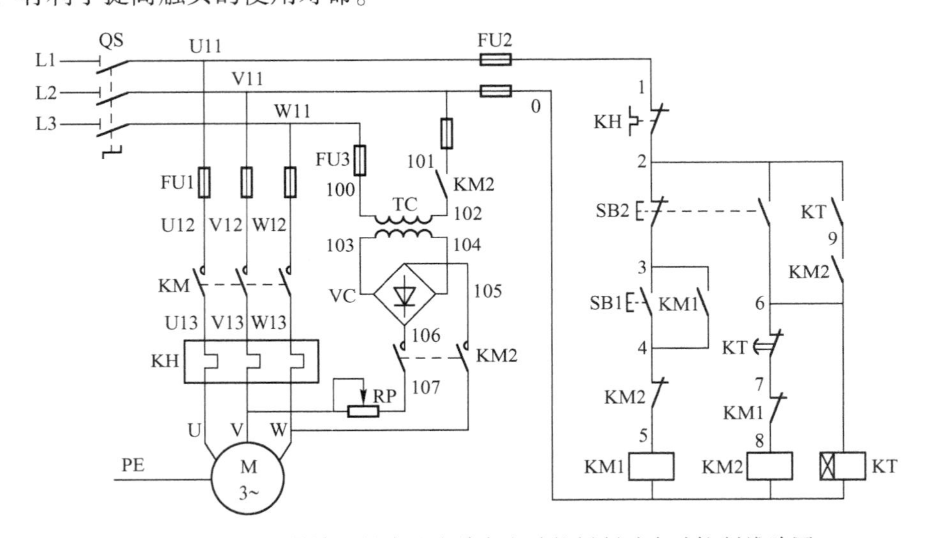

图 6-9　有变压器单相桥式整流单向启动能耗制动自动控制线路图

想一想

■说明图 6-8、图 6-9 所示的两种控制线路有哪些异同点？
■说明该控制线路的工作原理。

能耗制动的优点是制动准确、平稳，且能量消耗较小。其缺点是需要附加直流电源装置，设备费用较高，制动能力较弱，在低速时制动力矩小。因此能耗制动一般用于要求制动准确、平稳的场合，如磨床、立式铣床等的控制线路中。

指点迷津：能耗制动直流电源的选择

能耗制动所需的直流电源一般按以下方法估算（以常用的单相桥式整流电路为例）：

(1) 先测量出电动机三根引线中任间两根之间的电阻 R (Ω)。

(2) 测量出电动机的进线空载电流 I_o (A)。

(3) 能耗制动所需的直流电流 I_L (A) $=KI_o$，所需的直流电压 U_L (V) $=I_LR$。其中系数 K 一般可取 3.5～4。若考虑电动机定子绕组的发热情况，并使电动机达到比较满意的制动效果，对转速、惯性大的传动装置可取其上限。

(4) 单相桥式整流电源变压器二次绕组电压和电流有效值分别为：

$$U_2 = U_L/0.9(\text{V}) \qquad I_2 = I_L/0.9(\text{A})$$

变压器计算容量为：$S = U_2I_2(\text{V}\cdot\text{A})$

如果制动不频繁，可取变压器实际容量为：$S' = (1/3 \sim 1/4)S(\text{V}\cdot\text{A})$

(5) 可调电阻 $R\approx 2\Omega$，电阻功率 $P_R(\text{W}) = I_L^2R$，实际选用时，电阻功率的值也可适当选小一些。

三、电容制动控制线路的识读

当电动机切断交流电源后，通过立即在电动机定子绕组的出线端接入电容器迫使电动机迅速停转的方法称为电容制动。

电容制动的原理是：当旋转着的电动机断开交流电源时，转子内仍有剩磁。随着转子的惯性转动，形成一个随着转子转动的旋转磁场。该磁场切割定子绕组产生感应电动势，并通过电容器回路形成感应电流，这个电流产生的磁场与转子绕组中的感应电流相互作用，产生一个与旋转方向相反的制动力矩，使电动机受制动迅速停转。

电容制动控制线圈如图 6-10 所示。电阻 R1 是调节电阻，用以调节制动力矩的大小，

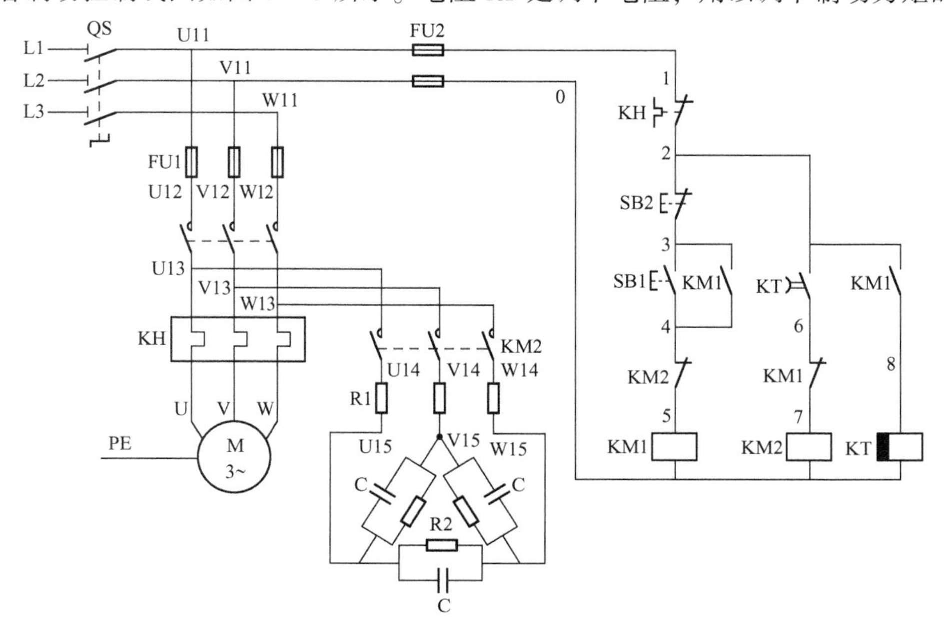

图 6-10　电容制动控制线路图

电阻 R2 为放电电阻。经验证明，对于 380V、50Hz 的三相笼型异步电动机，每千瓦每相约需要 150μF 左右，电容器的耐压应不小于电动机的额定电压。

实践证明，对于 5.5kW、△形接法的三相笼型异步电动机，无制动停车时间为 22s，采用电容制动后其停车时间仅需要 1s；对于 5.5kW、Y形接法的三相笼型异步电动机，无制动停车时间为 36s，采用电容制动后其停车时间仅需要 2s。所以电容制动是一种制动迅速、能量损耗小、设备简单的制动方法，一般用于 10kW 以下的小容量电动机，特别适用于存在机械摩擦和阻尼的生产机械和需要多台电动机同时制动的场合。

四、回馈制动的工作原理

回馈制动又称为再生发电制动，主要用在起重机械和多速异步电动机上。下面以起重机械为例说明其工作原理。

当起重机在高处开始下放重物时，电动机转速 n 小于同步转速 n_1，这时电动机处于电动运行状态，其转子电流和电磁转矩的方向如图 6-11（a）所示。但由于重力的作用，在重物的下放过程中，会使电动机的转速大于同步转速 n_1，这时电动机处于发电制动状态，转子相对于旋转磁场切割磁感线的运动方向发生了改变，其转子电流和电磁转矩的方向都与电动运行时相反，如图 6-11（b）所示。可见电磁力矩变为制动力矩限制了重物的下降速度，保证了设备和人身的安全。

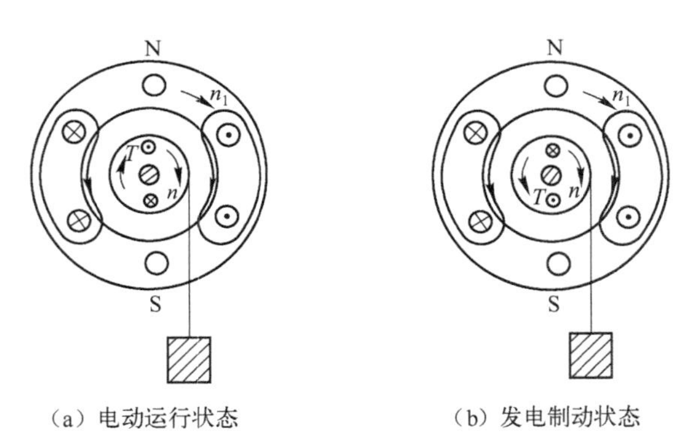

图 6-11　回馈制动原理图

对于多速电动机变速时，如果电动机由 2 极变为 4 极，定子旋转磁场的同步转速 n_1 由 3 000r/min 变为 1 500r/min，而转子由于惯性仍以原来的转速 n（接近 3 000r/min）旋转，此时 $n > n_1$，电动机处于发电制动状态。

回馈制动是一种比较经济的制动方法，制动时不需要改变线路即可从电动运行状态自动地转入发电制动状态，把机械能转换为电能，再回馈到电网，节能效果显著。但存在着应用范围较窄，仅当电动机转速大于同步转速时才能实现制动的缺点，所以常用于在位能负载作用下的起重机械和多速异步电动机由高速转为低速时的情况。

技能训练场22 三相交流异步电动机可逆运行反接制动控制线路的安装与检修

任务描述：

小张接到了维修电工车间主任分配给他的工作任务单，要求设计安装“2#机加工车间换气风扇电动机可逆运行反接制动机控制线路”。该换气风扇电动机的主要技术参数：型号Y132M－4，额定功率4kW，额定工作电流8.8A，额定电压380V，额定频率50Hz，△形接法，1 440r/min，绝缘等级B级，防护等级IP23。

1. 训练目标

（1）能设计三相交流异步电动机可逆运行反接制动控制线路。

（2）会安装与检修三相交流异步电动机可逆运行反接制动控制线路。

2. 实训过程

（1）设计可逆运行反接制动风扇电动机控制线路，要求符合下列条件：

① 风扇电动机能够正反转运行，使车间能够换气通风。

② 风扇电动机换向时，先按停止按钮，利用反接制动使风扇迅速转停后才能换向启动，同时由速度继电器控制制动时间。

③ 有必要的短路、过载、欠压、失压等保护功能。

注：若所设计的风扇电动机控制线路不符合要求，不得进行安装训练。允许向指导教师要求提供符合要求的控制线路图，但应适当扣分。

指点迷津：可逆运行反接制动风扇电动机控制线路的设计

（1）风扇电动机要求能够正反转，可见其主电路与正反转控制线路的主电路相同。

（2）风扇电动机控制电路与正反转控制线路相似，必须具有接触器联锁功能。

（3）由于反接制动由速度继电器控制，而风扇电动机要求能够正反转，所以速度继电器必须选择有正转、反转时能够闭合的触头。

（4）当按下停止按钮时，通过速度继电器的触头，使相反方向旋转的接触器线圈得电，实施反接制动，并由速度继电器来控制反接制动。

（5）控制线路中必须安装热继电器作为过载保护，熔断器作为短路保护，而失压和欠压保护由于使用了接触器，就具有了失压和欠压保护功能。

符合设计要求的控制线路如图6－12所示。

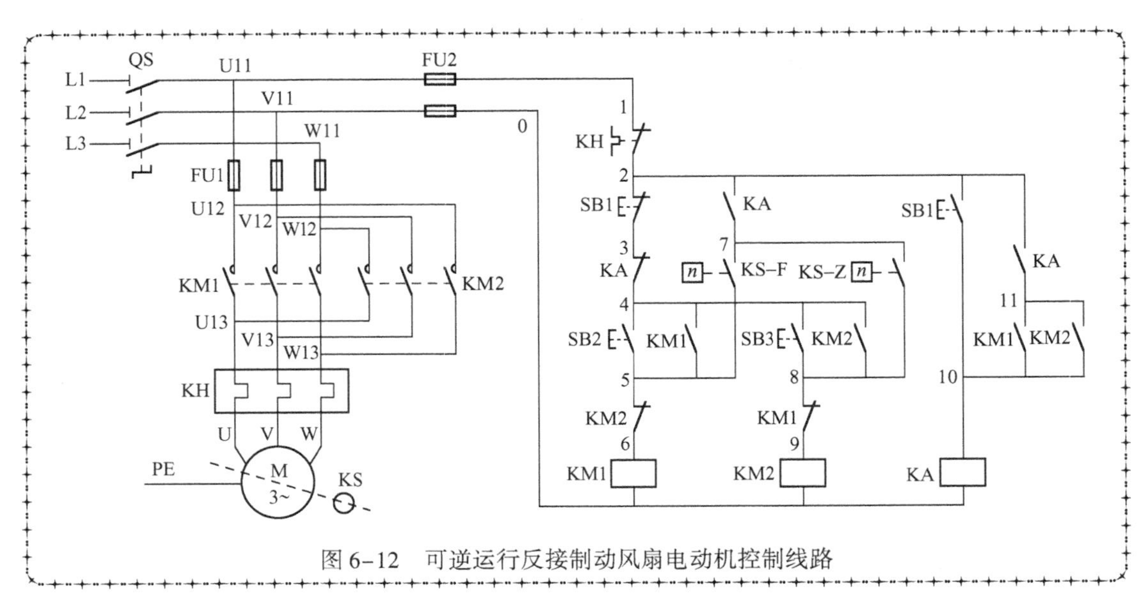

图 6-12　可逆运行反接制动风扇电动机控制线路

（2）根据所设计的风扇电动机控制线路，选配安装控制线路所需的安装工具、仪器仪表及器材，填入表 6-4 中。

表 6-4　工具、仪表及器材

安装工具				
仪器仪表				
器件代号	名称	型号	规格	数量
QS	组合开关			
FU1	螺旋式熔断器			
FU2	螺旋式熔断器			
KM1、KM2	交流接触器			
KA	中间继电器			
SB1 ~ SB3	按钮			
KS	速度继电器			
KH	热继电器			
XT	接线排			
	配线板			
	木螺钉			
	平垫圈			
	主电路导线			
	控制电路导线			
	按钮线			
	接地线			
	电动机电源线			
	异型塑料管			
	走线槽			

(3) 根据所设计的风扇电动机控制线路，画出电气布置图和电气接线图；自编安装步骤和工艺要求，经指导教师审阅合格后进行安装训练。

安装注意事项如下：

① 电动机及所有带金属外壳的电器元件必须可靠接地。

② 热继电器的整定值，应在不通电时整定好，并在试车时校正。

③ 安装速度继电器前，要弄清其结构，辨明风扇电动机在正、反转时的常开触头接线。

④ 速度继电器可以预先装好，不计入定额时间。安装时，采用速度继电器的连接头与风扇电动机转轴直接连接的方法，并使两轴中心线重合。

⑤ 通电试车时，若制动不正常，可检查速度继电器是否符合规定要求。若需调节速度继电器的调整螺钉，必须切断电源，防止出现相对地短路事故。

⑥ 速度继电器的动作值和返回值的调整，应先观察指导教师的示范操作后再进行。

(4) 检修训练。

① 故障设置：由指导教师在所完成的控制线路板上人为设置电气自然故障3处。

② 故障检修：要求学生自编检修步骤及工艺要求，在确保用电安全的前提下进行故障检修。

③ 注意事项要参考其他检修训练。

3. 训练评价

训练评价标准如表6-5所示。

表6-5 训练评价标准

项目	评价要素	评价标准	配分	扣分
工具、仪表、器材选用	(1) 工具、仪表选择合适 (2) 电器元件选择正确 (3) 工具、仪表使用规范	(1) 工具、仪表少选、错选或不合适 每个扣2分 (2) 电器元件选错型号和规格 每个扣2分 (3) 选错电器元件数量或型号规格不齐全 每个扣2分 (4) 工具、仪表使用不规范 每次扣2分	10	
设计控制线路图、画电气布置图与接线图	(1) 控制线路图功能符合要求、画图规范 (2) 电气布置图符合安装要求 (3) 电气接线图规范、正确	(1) 控制线路图设计功能不符合要求 扣10～20分 不会设计 扣20分 控制线路图不规范 扣3～5分 要求指导教师提供设计图 扣10分 (2) 电气布置图不符合安装要求 扣5分 (3) 电气接线图不正确 扣5分 电气接线图不规范 扣3分	25	
装前检查	(1) 检查电器元件外观、附件、备件 (2) 检查电器元件技术参数	(1) 漏检或错检 每件扣1分 (2) 技术参数不符合安装要求 每件扣2分	5	
安装布线	(1) 电器元件固定 (2) 布线规范、符合工艺要求 (3) 接点符合工艺要求 (4) 套装编码套管 (5) 接地线安装	(1) 电器元件安装不牢固 每只扣3分 (2) 电器元件安装不整齐、不匀称、不合理 每只扣3分 (3) 走线槽安装不符合要求 每处扣3分 (4) 损坏电器元件 扣15分 (5) 不按控制线路图接线 扣15分 (6) 布线不符合要求 每处扣1分 (7) 接点松动、露铜过长、反圈等 每处扣1分 (8) 损伤导线绝缘层或线芯 每根扣3分 (9) 漏装或套错编码套管 每个扣1分 (10) 漏接接地线 扣10分	20	

续表

项　目	评价要素	评价标准	配分	扣分
通电试车	(1) 熔断器熔体配装合理 (2) 热继电器整定电流整定合理 (3) 验电操作符合规范 (4) 通电试车操作规范 (5) 通电试车成功	(1) 配错熔体规格　扣 3 分 (2) 热继电器整定电流整定错误　扣 3 分 不会整定　扣 5 分 (3) 验电操作不规范　扣 5 分 (4) 通电试车操作不规范　扣 5 分 (5) 通电试车不成功　每次扣 5 分	20	
故障分析与排除	(1) 了解故障现象 (2) 故障原因、范围分析清楚 (3) 正确、规范排除故障 (4) 通电试车，运行符合要求	(1) 故障现象描述不正确　每个扣 3 ~ 5 分 (2) 故障点判断错误或标错范围　每处扣 5 分 (3) 停电不验电　扣 5 分 (4) 排除故障顺序不对　扣 3 分 (5) 不能查出故障点　每个扣 10 分 (6) 查出故障点，但不能排除　每个扣 5 分 (7) 产生新故障： 不能排除　每个扣 10 分 已经排除　每个扣 5 分 (8) 损坏风扇电动机、电器元件或排除故障方法不正确　每只（次）扣 5 ~ 10 分 (9) 试车运行不成功　每次扣 5 分	20	
技术资料归档	(1) 检修记录单填写 (2) 技术资料完整并归档	(1) 检修记录单不填写或填写不完整　酌情扣 3 ~ 5 分 (2) 技术资料不完整或不归档　酌情扣 3 ~ 5 分		
安全文明生产	要求材料无浪费，现场整洁干净，废品清理分类符合要求；遵守安全操作规程，不发生任何安全事故。违反安全文明生产要求，酌情扣 5 ~ 40 分，情节严重者，可判本次技能操作训练为 0 分，甚至取消本次实训资格			
定额时间	240 分钟，每超时 5 分钟（不足 5 分钟以 5 分钟计）扣 5 分			
备注	除定额时间外，各项目的最高扣分不应超过配分数			
开始时间		结束时间		实际时间		成绩	
学生自评： 学生签名：　　年　月　日				
教师评语： 教师签名：　　年　月　日				

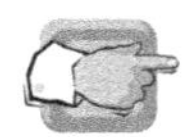

任务 4　多速异步电动机控制线路的识读

一、双速异步电动机控制线路的识读

1. 双速异步电动机定子绕组的连接

双速异步电动机定子绕组的△/YY形接线方式如图 6-13 所示。图中三相定子绕组接成△形，由 3 个连接点引出 3 个出线端 U1、V1、W1，从每相绕组的中点各引出一个出线端 U2、V2、W2，这样定子绕组共有 6 个出线端子。通过改变这 6 个出线端子与电源的连接方式，可以得到两种不同的转速。

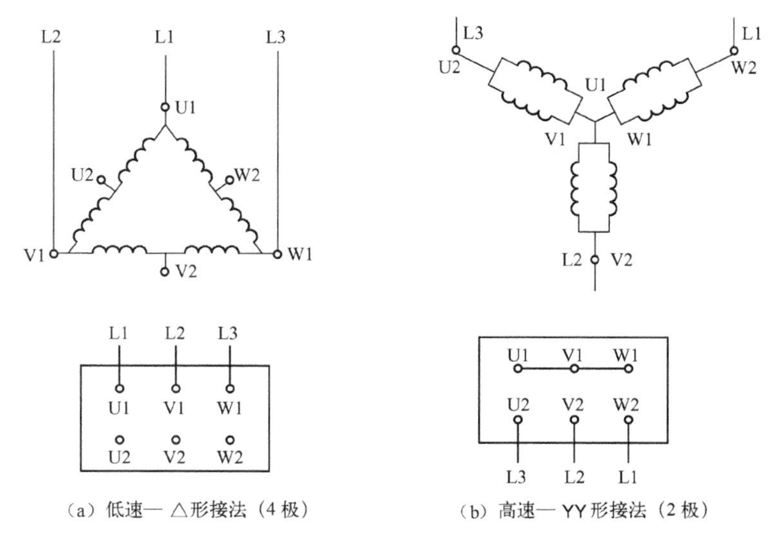

（a）低速— △形接法（4 极）　　（b）高速— YY 形接法（2 极）

图 6-13　双速异步电动机三相定子绕组△/YY形接线图

要使电动机低速运行，只需将三相电源接到定子绕组△形连接顶点的出线端 U1、V1、W1 上，其他 3 个出线端 U2、V2、W2 空着，此时电动机磁极为 4 极，同步转速为 1 500r/min。

要使电动机高速运行，只需将电动机定子绕组 3 个出线端 U1、V1、W1 并接在一起，三相电源接到定子绕组 U2、V2、W2 出线端上，此时电动机定子绕组成为YY形连接，磁极数为 2 极，同步转速为 3 000r/min。所以，双速异步电动机高转速是低转速的 2 倍。

值得注意的是，双速异步电动机定子绕组从一种接法改变为另一种接法时，必须把电源相序反接，以保证电动机的旋转方向不变。

2. 按钮、接触器控制的双速异步电动机控制线路的识读

按钮、接触器控制的双速异步电动机控制线路图如图 6-14 所示。

线路的工作原理如下：先合上电源开关 QS。

△形低速启动运转控制：

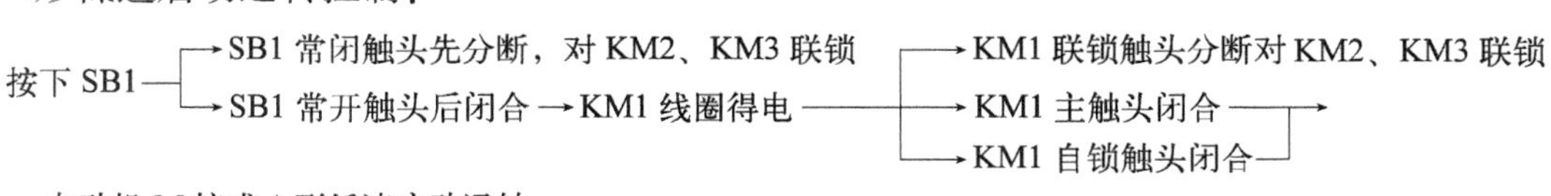

→电动机 M 接成△形低速启动运转

YY形高速启动运转控制：

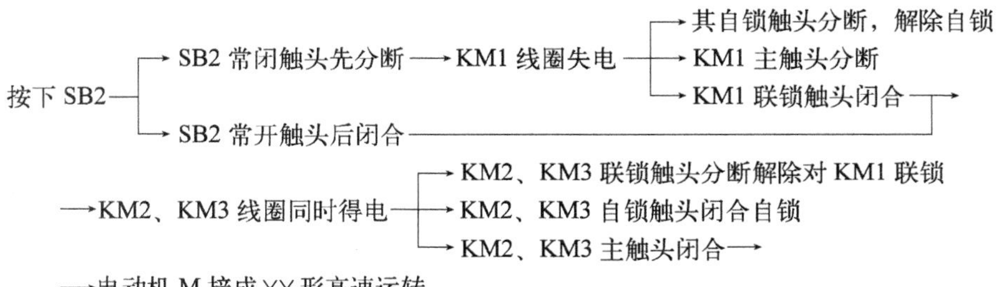

→电动机 M 接成 YY 形高速运转

停转时，只需按下 SB3 即可。

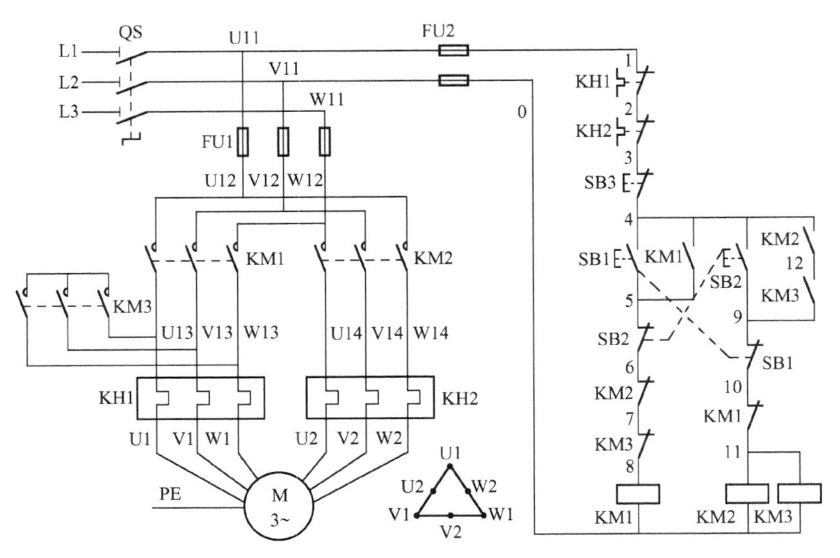

图 6-14　按钮、接触器控制的双速异步电动机控制线路图

想一想

■双速异步电动机定子绕组从一种接法换到另一种接法时，为什么要把电源相序反接？

■控制线路中，KM2、KM3 常开辅助触头为什么要串联后并接到 SB2 常开触头两端作为自锁触头？

3. 时间继电器自动控制的双速异步电动机控制线路的识读

时间继电器自动控制双速异步电动机的控制线路图如图 6-15 所示。

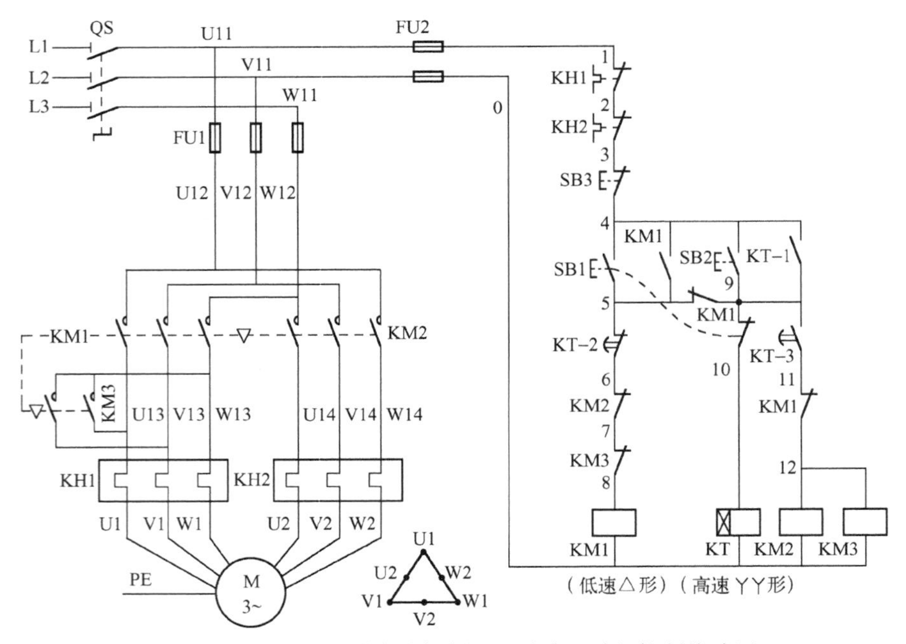

图 6-15　时间继电器自动控制双速异步电动机控制线路图

线路的工作原理如下：先合上电源开关 QS。

△形低速启动运转控制：

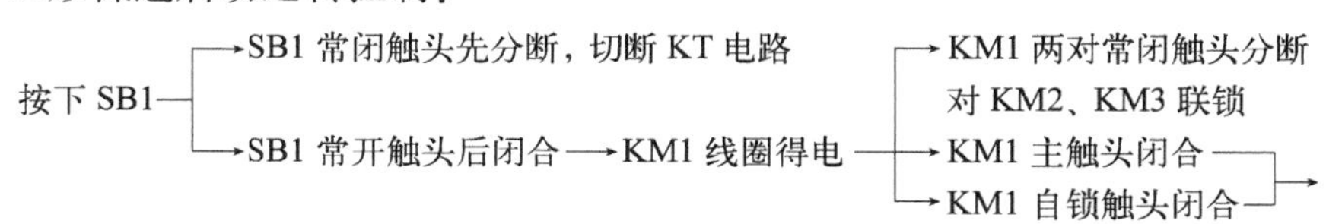

→电动机 M 接成△形低速启动运转

YY形高速启动运转控制：

按下 SB2→KT 线圈得电→KT-1 瞬时闭合自锁，并开始延时，延时结束后→

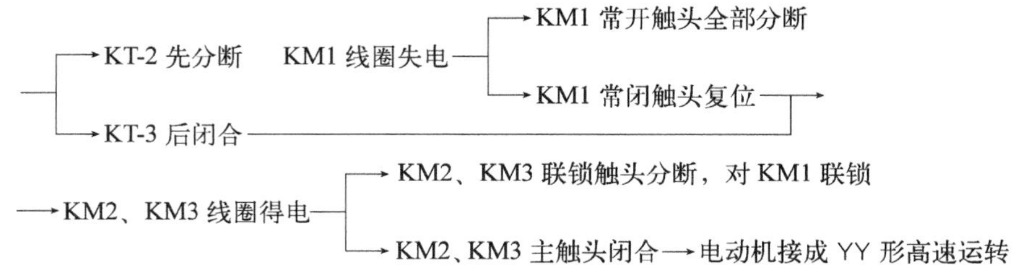

停止时，按下 SB3 即可。

若只需高速运转，可直接按下 SB2，则电动机先△形低速启动，后YY形高速运转。

技能训练场 23　时间继电器控制的双速异步电动机控制线路的安装与检修

任务描述：

小李接到了维修电工车间主任分配给他的工作任务单，要求安装“地下车库通风机控制线路”。地下车库通风机的控制要求如下：

地下车库由于受地下空间的限制，在满足风量及风压等参数的条件下，为节省投资，将通风和排烟的风道合用，需要用双速电动机来控制风机。正常情况时，作为通风机使用，风机以低速运行；一旦发生火灾，能够立即切换到高速运行，作为消防排风扇使用。同时要求地下车库通风机能够在现场和消控室两地控制。

该通风机电动机的主要技术参数：型号 YD112M－4/2，额定功率 3.3/4kW，额定工作电流 7.4/8.6A，额定电压 380V，额定频率 50Hz，△/YY形接法，1 440/2 890r/min，绝缘等级 B 级，防护等级 IP23。

1. 训练目标

（1）能设计时间继电器自动控制的双速异步电动机控制线路。

（2）会安装与检修时间继电器自动控制的双速异步电动机控制线路。

2. 实训过程

（1）设计地下车库通风机控制线路，要求符合实际使用要求。

注：若所设计的地下车库通风机控制线路不符合要求，不得进行安装训练。允许向指导教师要求提供符合要求的控制线路图，但应适当扣分。

指点迷津：地下车库通风机控制线路的设计

(1) 地下车库通风机要求平时能够低速运行，在发生火灾时能够自动高速运行，可见其主电路与双速电动机控制线路的主电路相同。

(2) 地下车库通风机由低速自动转向高速运行，可由时间继电器自动控制。

(3) 由于要求能够在两地（现场和消控室）控制通风机，可用两个启动按钮和两个停止按钮来控制。

(4) 控制线路中必须安装热继电器作为过载保护，熔断器作为短路保护，而失压和欠压保护由于使用了接触器，从而具有失压和欠压保护功能。

符合设计要求的控制线路如图 6－16 所示。

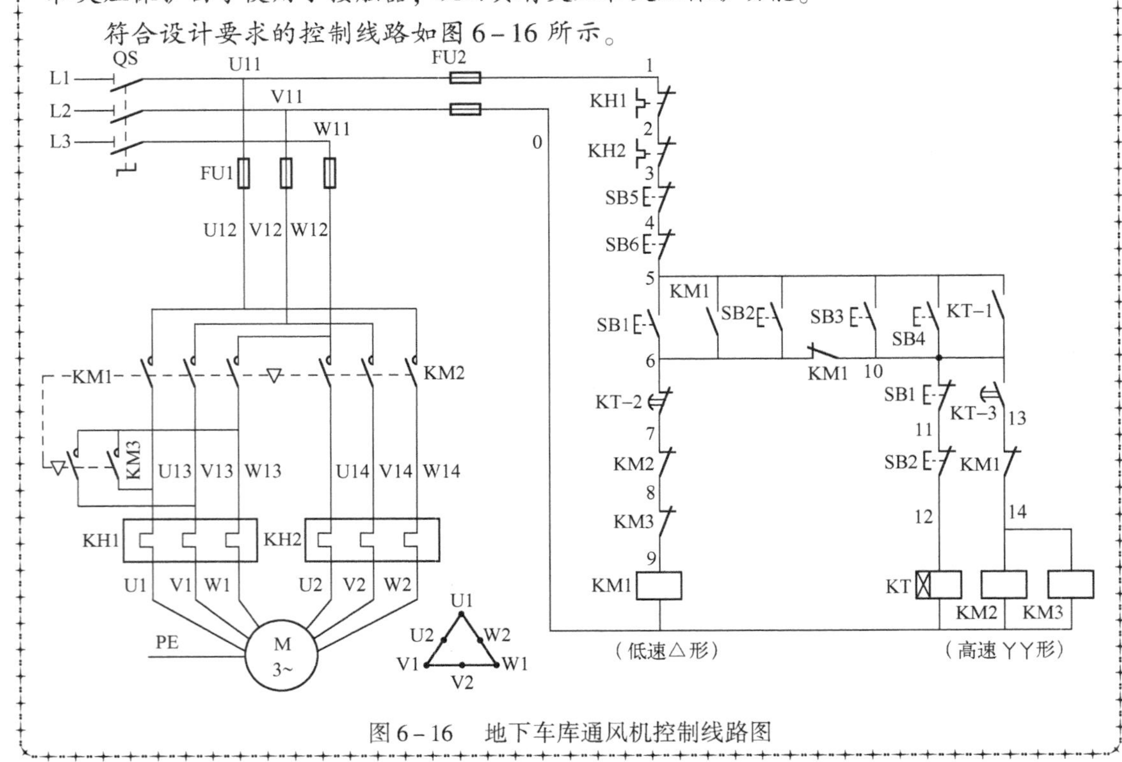

图 6－16 地下车库通风机控制线路图

(2) 根据所设计的地下车库通风机控制线路，选配安装控制线路所需的工具、仪表及器材。

(3) 根据所设计的地下车库通风机控制线路，画出电气布置图和电气接线图；自编安装步骤和工艺要求，经指导教师审阅合格后进行安装训练。

安装注意事项如下：

① 电动机及所有带金属外壳的电器元件必须可靠接地。

② 热继电器 KH1、KH2 的整定值应按通风机不同运行状态整定，在不通电前整定好，并在试车时校正。它们的热元件接线不能接错。

③ 接线时，应注意主电路中接触器 KM1、KM2 在两种运行速度下电源相序的改变，不能接错，否则将会造成电动机的转动方向相反，换向时将产生很大的冲击电流，而且达不到排风的要求。

④ 控制双速电动机△形接法的接触器 KM1 和YY形接法的接触器 KM3 的主触头不能对

换接线，否则不但无法实现双速控制要求，而且会在YY形运行时造成电源短路事故。

⑤ 两地控制电动机时，启动按钮应并联，停止按钮应串联。

⑥ 通电试车前，要复验电动机的接线是否正确，并测试其绝缘电阻是否符合要求。

⑦ 通电试车时，必须有指导教师在现场监护，并用转速表测量电动机的转速。

（4）检修训练。

① 故障设置：由指导教师在所完成的控制线路板上人为设置电气自然故障 3 处。

② 故障检修：要求学生自编检修步骤及工艺要求，在确保用电安全的前提下进行故障检修。

3. 训练评价

可参考技能训练场 22。

二、三速异步电动机控制线路的识读

1. 三速异步电动机定子绕组的连接

三速异步电动机定子绕组的连接如图 6-17 所示。它有两套绕组，分两层安放在定子槽内，第一套绕组（双速）有 7 个出线端 U1、V1、W1、U3、U2、V2、W2，可作△形或YY形连接；第二套绕组（单速）有 3 个出线端 U4、V4、W4，仅作Y形连接。当改变两套绕组的连接方式时，电动机可以得到 3 种不同的转速。

三速异步电动机定子绕组接线方法如表 6-6 所示。

表 6-6　三速异步电动机定子绕组接线方法

转　速	电源接线			并　头	连接方式
	L1	L2	L3		
低速	U1	V1	W1	U3、W1	△形
中速	U4	V4	W4	—	Y形
高速	U2	V2	W2	U1、V1、W1、U3	YY形

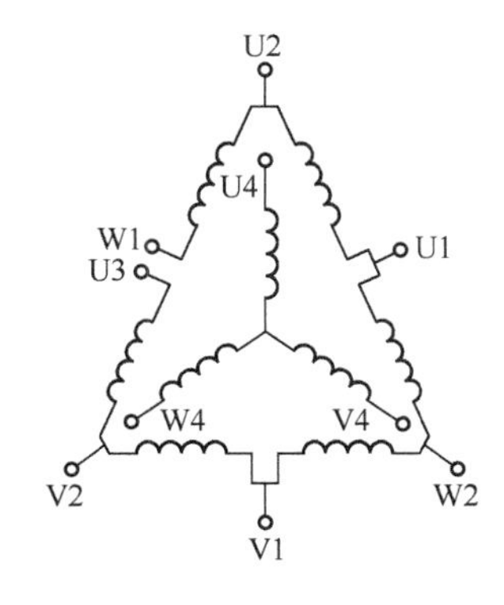

（a）三速电动机的两套定子绕组

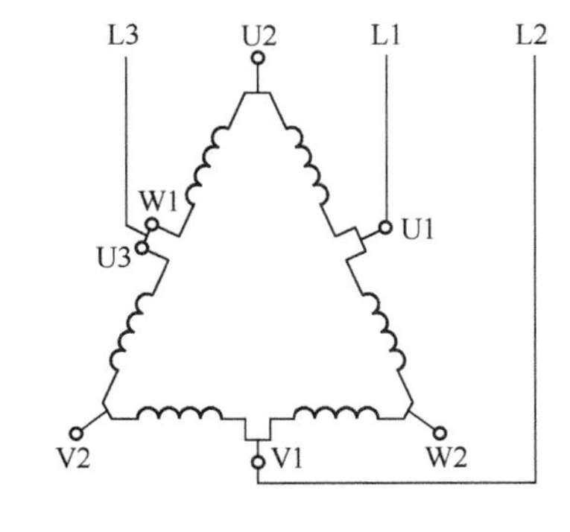

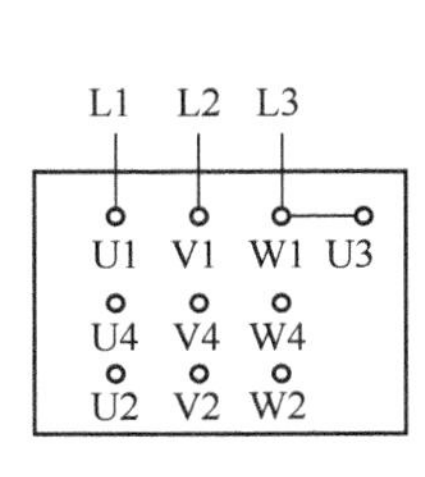

（b）低速—△形接法

图 6-17　三速异步电动机定子绕组的连接图

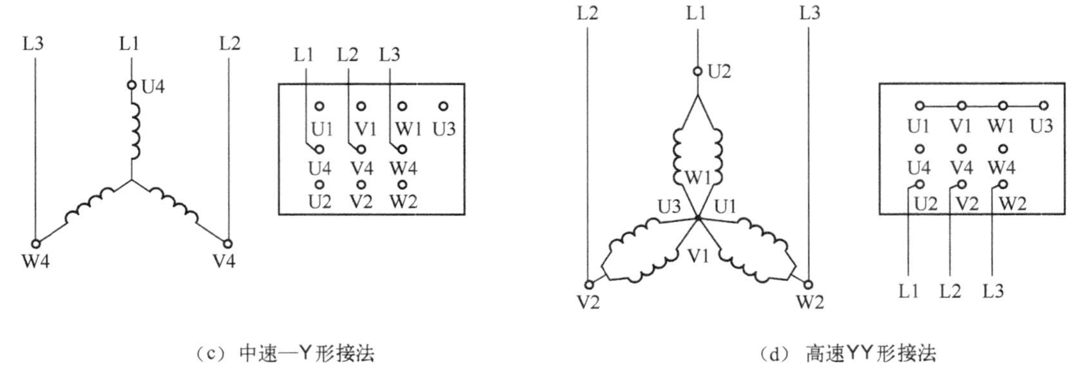

（c）中速—Y形接法　　　　（d）高速YY形接法

图 6-17　三速异步电动机定子绕组的连接图（续）

2. 时间继电器自动控制三速异步电动机控制线路的识读

时间继电器自动控制三速异步电动机的控制线路如图 6-18 所示。

线路的工作原理如下：先合上电源开关 QS。

△形低速启动运转控制：

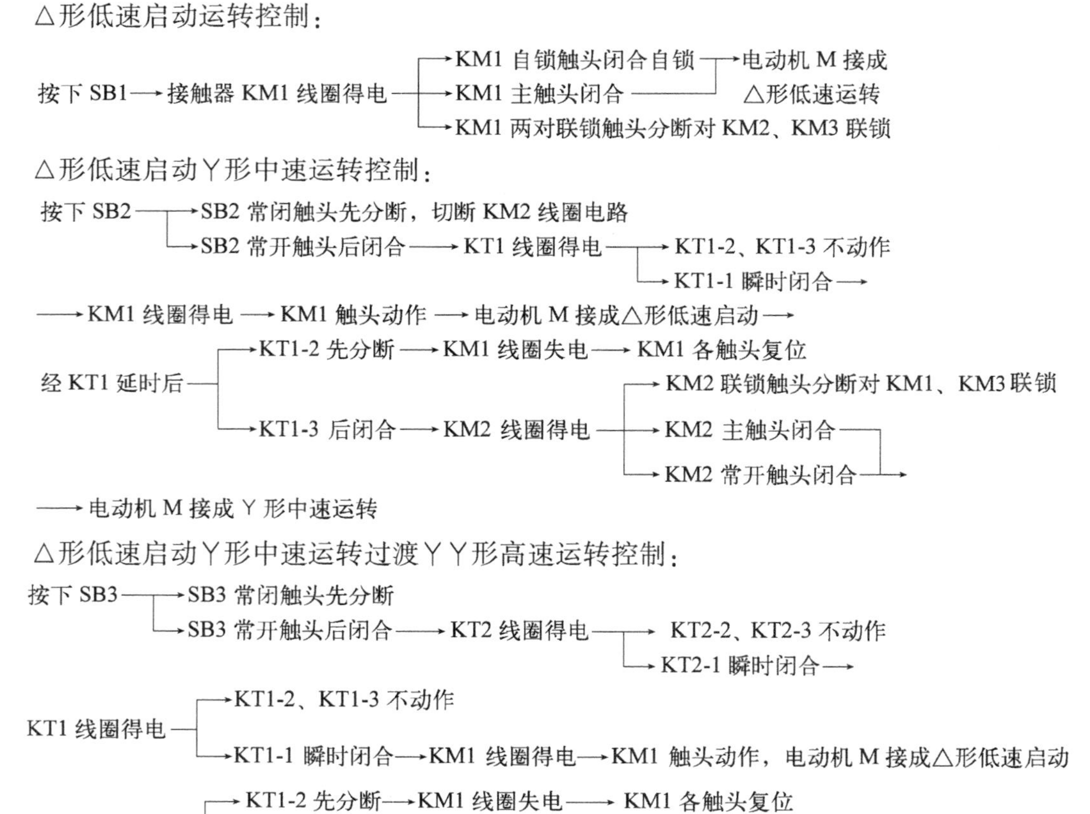

电动机M接成Y形中速运转过渡

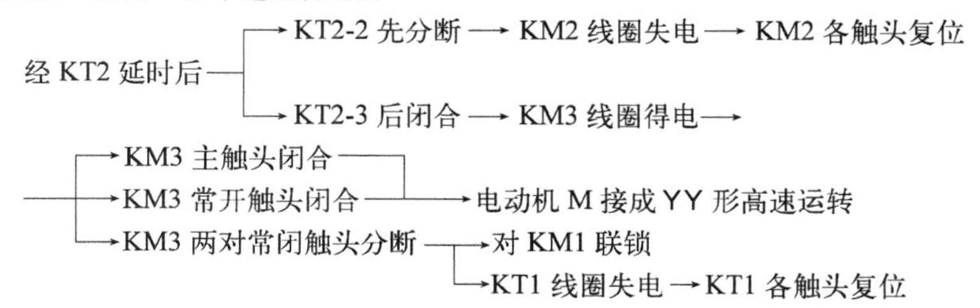

停止时，按下SB4即可。

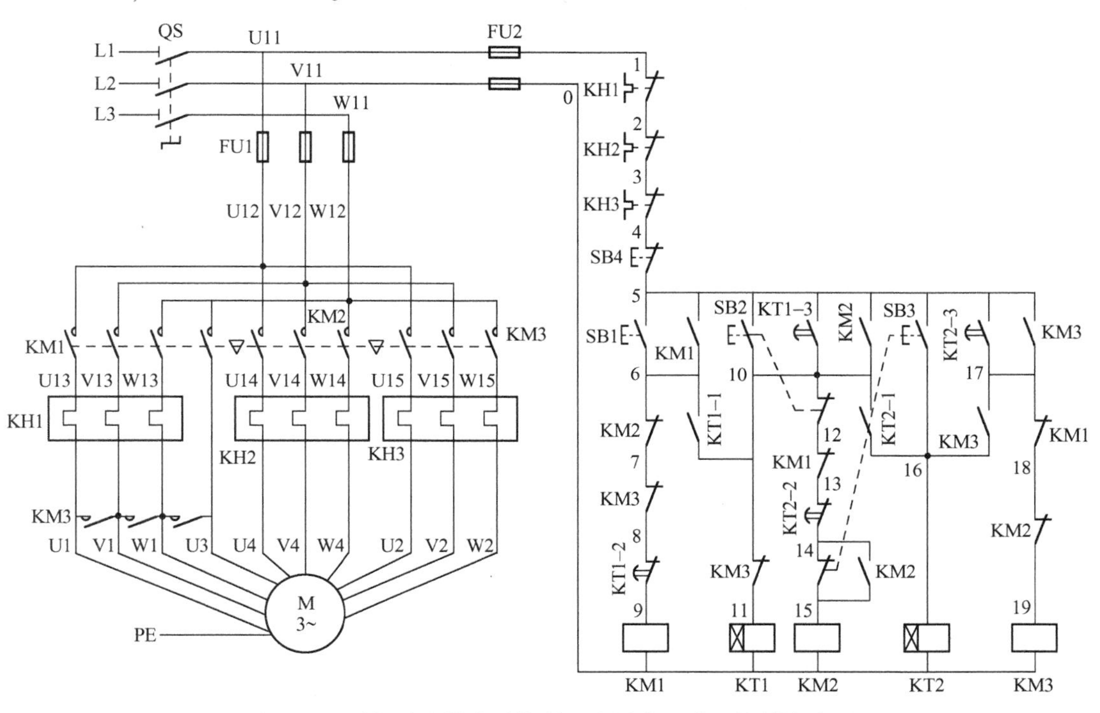

图6-18　时间继电器自动控制三速异步电动机控制线路图

技能训练场24　时间继电器自动控制三速异步电动机控制线路的安装与检修

1. 训练目标

会安装与检修时间继电器自动控制三速异步电动机控制线路。

2. 安装工具、仪器仪表、电器元件等器材

根据所安装的电动机控制线路图（如图6-18所示），学生自行选配除电动机外的安装工具、仪器仪表、电器元件等器材。

3. 安装训练

（1）安装步骤及工艺要求由学生自行编写，电气布置图、电气接线图要求学生自行

画出。

（2）安装中的注意事项：

① 电动机及所有带金属外壳的电器元件必须可靠接地。

② 控制电动机YY形高速运转的接触器 KM3 要求是六极的，训练时可用两只接触器代用。

③ 主电路接线时，要分清电动机出线端的标记，掌握其接线点：△形低速时，U1、V1、W1 经 KM1 接电源，W1、U3 并接；Y形中速时，U4、V4、W4 经 KM2 接电源，W1、U3 必须断开，空头不接；YY形高速时，U2、V2、W2 经 KM3 接电源，U1、V1、W1、U3 并接。所以接线要细心，保证正确无误。

④ 热继电器 KH1、KH2、KH3 在主电路中的接线不能接错，它们的整定值不同，应在不通电前先整定好，并在试车时校正。

⑤ 通电试车时，应由指导教师监护。

4. 检修训练

（1）故障设置：由指导教师设定 3 处自然故障（主电路一处，控制电路两处）。

（2）故障检修：在指导教师的指导下，学生自行编写检修步骤及工艺要求进行检修。

5. 训练评价

参考技能训练场 22。

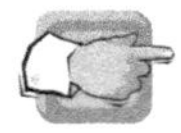

任务 5　T68 镗床主轴电动机控制线路的安装与检修

镗床是一种精密加工机床，主要用于加工高精度的孔和孔间距离要求较为精确的零件。镗床的主轴电动机带动主轴和花盘作旋转运动并作为常速进给动力，同时带动润滑油泵。其简化后的电气控制线路如图 6-19 所示。

一、主电路的识读

主轴电动机 M 采用双速异步电动机，能够低速、高速两种速度运行。由交流接触器 KM4 将电动机 M 定子绕组接成△形；由交流接触器 KM5 将电动机 M 定子绕组接成YY形。

主轴电动机 M 能够正反转，由交流接触器 KM1、KM2 控制其正反转电源。

主轴电动机采用串电阻反接制动，当主轴电动机 M 启动和运转时，交流接触器 KM3 将电阻 R 短接，电阻 R 不起作用。当反接制动时，为防止制动转矩和制动电流过大而损坏传动装置，所以接触器 KM3 主触头断开，主电路中两相串入电阻 R。

主轴电动机 M 由热继电器 KH 作过载保护。

二、控制电路的识读

主轴电动机 M 控制线路由控制变压器 TC 提供交流 220V 电压供电。位置开关 SQ7 为主轴电动机 M 高、低速运行选择开关。

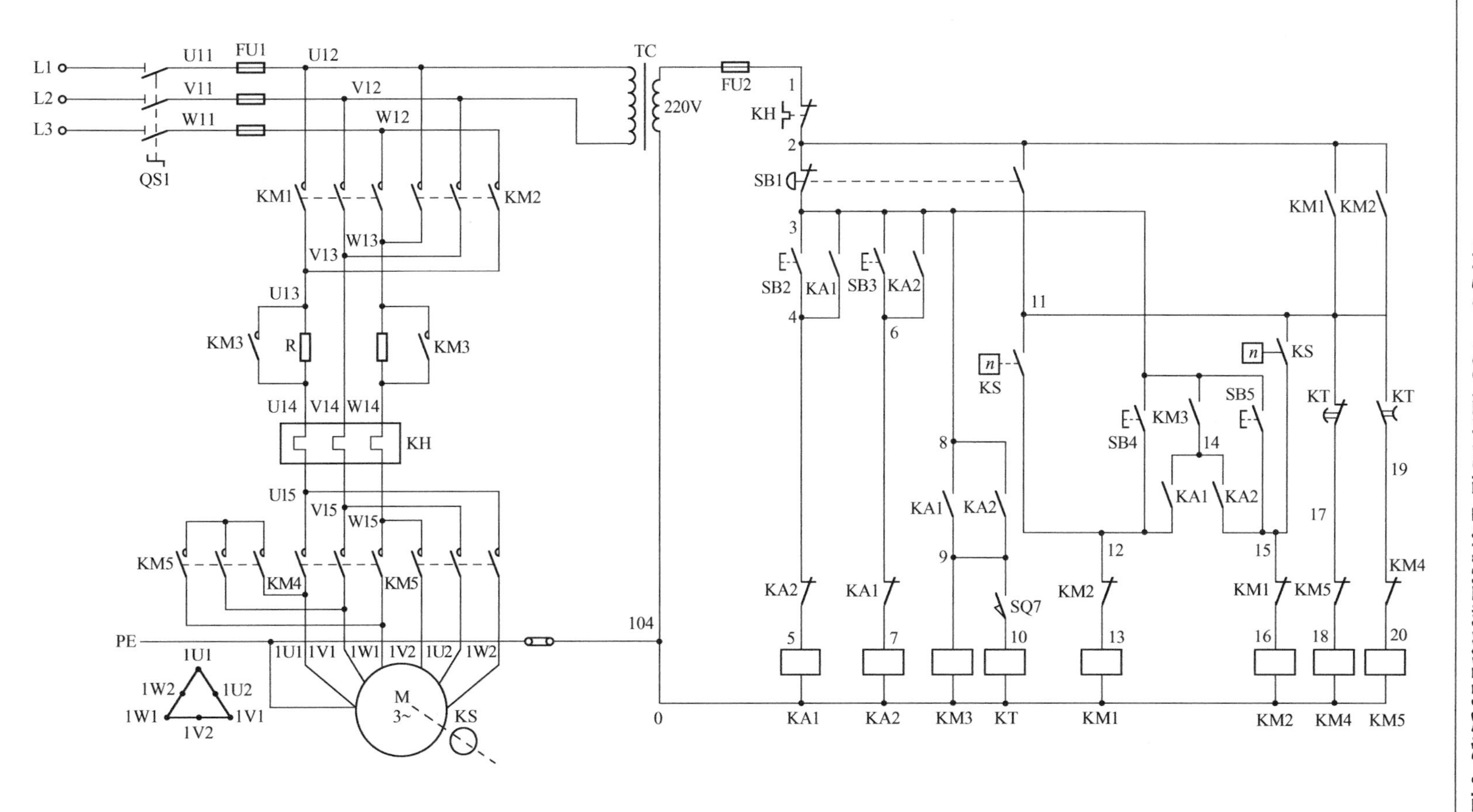

图6-19　镗床主轴电动机控制线路图

1. 主轴电动机的正反转低速控制

主轴电动机 M 作低速运行时，主轴变速手柄在“低速”位置，使位置开关 SQ7 常开触头分断，时间继电器 KT 不能得电，电动机 M 只能低速运行。

主轴电动机 M 正转低速控制：当按下启动按钮 SB2 时，中间继电器 KA1 线圈得电，其常开触头（3－4）闭合自锁，常开触头（8－9）闭合，交流接触器 KM3 线圈得电，其主触头闭合，将反接制动限流电流 R 短接。KM3 常开触头（3－14）和 KA1 常开触头（14－12）闭合，交流接触器 KM1 线圈得电，其主触头闭合，接通电动机 M 正转电源。同时 KM1 的常开触头（2－11）闭合，交流接触器 KM4 线圈得电，其主触头闭合，电动机 M 定子绕组接成△形低速正转启动运行。

主轴电动机 M 反转低速控制：按下启动按钮 SB3，中间继电器 KA2、交流接触器 KM3、KM2、KM4 线圈获电吸合后，电动机 M 定子绕组接成△形，通入反相电流低速反转启动运行。

2. 主轴电动机的点动控制

按下点动按钮 SB4（或 SB5），交流接触器 KM1（或 KM2）线圈得电吸合，KM1（或 KM2）的常开触头（2－11）闭合，交流接触器 KM4 线圈得电，交流接触器 KM1（或 KM2）、KM4 主触头闭合，电动机 M 定子绕组接成△形串电阻 R 低速点动。

3. 主轴电动机的正反转高速控制

主轴电动机 M 需要高速运行时，主轴变速手柄扳到“高速”位置，位置开关 SQ7 被压合，其常开触头（9－10）闭合。下面以高速正转为例分析其控制过程。

当按下启动按钮 SB2 时，中间继电器 KA1 线圈得电，其常开触头（3－4）闭合自锁，常开触头（8－9）闭合，交流接触器 KM3 和时间继电器 KT 线圈得电，交流接触器 KM3 主触头闭合，将反接制动限流电阻 R 短接。KM3 常开触头（3－14）和 KA1 常开触头（14－12）闭合，交流接触器 KM1 线圈得电，其主触头闭合，接通电动机 M 正转电源。同时 KM1 的常开触头（2－11）闭合，交流接触器 KM4 线圈得电，其主触头闭合，电动机 M 定子绕组接成△形先低速正转启动。时间继电器 KT 延时结束后，其延时断开常闭触头（11－17）断开，交流接触器 KM4 线圈失电，其触头复位，电动机 M 定子绕组△形接法断开后惯性运转。同时时间继电器 KT 延时闭合常开触头（11－19）闭合，交流接触器 KM5 线圈得电吸合，电动机 M 定子绕组接成YY形高速运行。

电动机 M 高速反转可按下启动按钮 SB3，中间继电器 KA2、交流接触器 KM3、KM2、KM4 和时间继电器 KT 线圈相继得电吸合，电动机 M 先低速反转启动。经时间继电器 KT 延时后，交流接触器 KM4 线圈失电，而交流接触器 KM5 线圈得电，电动机 M 高速反转运行。其工作原理与高速正转控制相似。

4. 主轴电动机的制动控制

主轴电动机 M 停车采用速度继电器 KS、串电阻 R 的双向低速反接制动。当电动机 M 低速或高速正转运行时，速度继电器 KS 的常开触头（11－15）闭合，为正转反接制动做好准备；当电动机M低速或高速反转运行时，速度继电器KS的常开触头（11－12）闭合，为反转反接制动做好准备。下面以高速正转运行反接制动为例分析其控制过程。

按下停止按钮SB1，SB1常闭触头断开，中间继电器KA1、交流接触器KM3、KM1、KM5和时间继电器KT线圈失电，各触头复位。SB1的常开触头闭合，交流接触器KM2线圈得电吸合，其主触头闭合，接通电动机M的电源（反相）；同时常开触头（2－11）闭合，使交流接触器KM4线圈得电动作，其主触头闭合，电动机M定子绕组接成△形、串电阻R制动。当电动机M的转速下降到一定值时，时间继电器KS常开触头（11－15）复位（断开），交流接触器KM2、KM4线圈失电后各触头复位，电动机停转，反接制动结束。

若主轴电动机M反转时，由速度继电器KS的另一对触头（11－12）闭合，协同交流接触器KM1、KM4及电阻R反接制动，其工作原理与正转反接制动相似。

技能训练场25　T68镗床主轴电动机控制线路的安装与检修

1. 训练目标

会安装与检修T68镗床主轴电动机控制线路。

2. 安装工具、仪器仪表、电器元件等器材

根据所安装的T68镗床主轴电动机控制线路图（如图6-19所示），主轴电动机的型号为JD02－51－4/2　5.5/7.5KW，学生自行选配除电动机外的安装工具、仪器仪表、电器元件等器材。

3. 安装训练

（1）安装步骤及工艺要求由学生自行编写，电气布置图、电气接线图要求学生自行画出。

（2）安装中注意事项可参与技能训练场22、23所列的注意事项。

4. 检修训练

（1）故障设置：由指导教师设定3处自然故障（主电路一处，控制电路两处）。

（2）故障检修：在指导教师的指导下，学生自行编写检修步骤及工艺要求进行检修。

5. 训练评价

参考技能训练场22。

思考与练习

一、单项选择题（在每小题列出的四个备选答案中，只有一个是符合题目要求的）

1. 在反接制动控制线路中，用于控制制动时间的电器是　（　　）

A. 速度继电器　　B. 时间继电器　　C. 电流继电器　　D. 热继电器

2. 能耗制动是指当电动机切断交流电源后，立即在________的任意二相中投入________。（　）

A. 转子绕组　直流电　　B. 定子绕组　交流电

C. 转子绕组　交流电　　D. 定子绕组　直流电

3. 改变通入三相交流异步电动机定子绕组的电源相序，定子绕组产生反向旋转磁场，从而使转子受到与原旋转磁场方向相反的制动力矩而迅速停车的制动方式称为（　）

A. 电容制动　B. 反接制动　C. 能耗制动　D. 回馈制动

4. 下列三相交流异步电动机的制动方式中不属于电气制动的是（　）

A. 反接制动　　B. 能耗制动

C. 回馈制动　　D. 电磁抱闸制动器制动

5. 适用于制动要求迅速、制动惯性较大，不能经常启动与制动场合的制动方式是（　）

A. 反接制动　B. 能耗制动　C. 回馈制动　D. 电容制动

6. 在起重机等设备上，移动设备用电动机和提升电动机一般采用（　）

A. 反接制动　　B. 能耗制动

C. 电磁离合器制动　　D. 电磁抱闸制动器制动

7. 三相双速电动机高速运行时，定子绕组出线端的连接方式应为（　）

A. U1、V1、W1 接三相电源，U2、V2、W2 空着不接

B. U2、V2、W2 接三相电源，U1、V1、W1 空着不接

C. U1、V1、W1 接三相电源，U2、V2、W2 并接在一起

D. U2、V2、W2 接三相电源，U1、V1、W1 并接在一起

8. 三相双速异步电动机高速运行时的转速是低速运转转速的（　）

A. 1 倍　B. 2 倍　C. 3 倍　D. 4 倍

9. 三相双速异步电动机处于低速运行时，其定子绕组的连接方式是（　）

A. Y形　B. △形　C. YY形　D. △△形

10. 三相双速异步电动机从高速运行转到低速运行时，其制动方式是（　）

A. 能耗制动　B. 反接制动　C. 回馈制动　D. 电容制动

二、填空题

1. 速度继电器是反映________和________的继电器，其主要作用是以________的快慢为指令信号，与接触器配合实现对电动机的________控制，所以它又称为________继电器。

2. 中间继电器触头对数________，且没有________之分，各对触头允许通过的电流大小相同，多数为________A。

3. 所谓制动，就是给电动机加一个与转动方向________的转矩使它迅速停转。制动的方法一般有：________和________两大类。

4. 利用________使电动机断开电源后迅速停转的方法称为机械制动。机械制动常用的方法有：________制动和________制动。

5. 电力制动常用的方法有________、________、________和________等。

6. 反接制动是依靠改变电动机定子绕组的电源________来产生制动力矩，迫使电动机

迅速停转。在反接制动过程中，为保证电动机的转速被制动到接近________时，能迅速切断电源，防止反向启动，常利用________来自动地及时切断电源。反接制动适用于________kW以下小容量电动机的制动，并且对________kW以上的电动机进行反接制动时，需在定子绕组回路中串入________，以限制反接制动电流。

7. 能耗制动又称为________，是当电动机切断交流电源后，立即在定子绕组的任意两相中通入________，迫使电动机迅速停转的方法。

8. 当电动机切断交流电源后，立即在电动机定子绕组的出线端接入________来迫使电动机迅速停转的方法叫电容制动。它是一种制动________、能量损耗________、设备简单的制动方法，一般用于________kW以下的小容量电动机，特别适用于存在________和________的生产机械和需要多台电动机________制动的场合。

9. 再生发电制动又称为________制动，主要用在________和________上。它是一种比较________的制动方法，制动时不需要改变线路即可从________状态自动地转入________状态，把________能转换成______能，再回馈到________，________效果显著。

10. 三相交流异步电动机的调速方法有3种：一是改变________调速；二是改变________调速；三是改变________调速。

11. 双速异步电动机的定子绕组共有________个出线端，可作________和______两种连接方式，电动机低速运行时定子绕组接成________形，高速运行时定子绕组接成________形。

三、综合题

1. 中间继电器与交流接触器有何异同？什么情况下可以用中间继电器代替接触器使用？

2. 什么是速度继电器？其主要作用是什么？画出速度继电器的符号。

3. 什么是制动？制动方法有哪两类？

4. 什么是机械制动？常用的机械制动有哪两种？

5. 电磁抱闸制动器分为哪两种类型？分析它们的制动原理。

6. 什么是电力制动？常用的电力制动方法有哪几种？分析各种电力制动方法的优点、缺点及适用场合。

7. 试设计一个有变压器桥式整流双向启动能耗制动自动控制的控制线路图。

课题 7

工厂直流电动机控制线路的安装与检修

知识目标

□ 掌握并励、串励直流电动机的启动、正反转、制动、调速控制原理及其在电气控制设备中的典型应用。

□ 掌握并励、串励直流电动机的控制要求。

技能目标

□ 能熟练分析并励、串励直流电动机的启动、正反转、制动、调速控制线路工作原理。

□ 能根据要求安装与检修并励、串励直流电动机控制线路。

□ 能够完成工作记录、技术文件存档与评价反馈。

知识准备

与交流电动机相比，直流电动机具有启动转矩大、调速范围广、调速精度高、能够实现无级平滑调速及频繁启动等优点，对需要在大范围无级平滑调速或需要大启动转矩的生产机械，常用直流电动机来拖动。例如，高精度金属切削机床、轧钢机、造纸机、电气机车等生产机械都是采用直流电动机来拖动的。

直流电动机按励磁方式可分为他励、并励、串励和复励 4 种。直流电动机的启动方法有两种：一是电枢回路串联电阻启动；二是降低电源电压启动。对并励直流电动机常采用电枢回路串联电阻启动。

任务 1　直流接触器的识别与检测

直流接触器是接触器的一种，它常用于控制直流电动机，其结构、工作原理与交流接触器基本相同。常用的有 CZ0、CZ17、CZ18、CZ21 等系列，常见的外形如图 7-1 所示。

（a）CZ0-20

（b）CZ0-40

（c）CZ0-150

（d）CZ0-250

图 7-1　直流接触器外形

1. 直流接触器的型号及含义

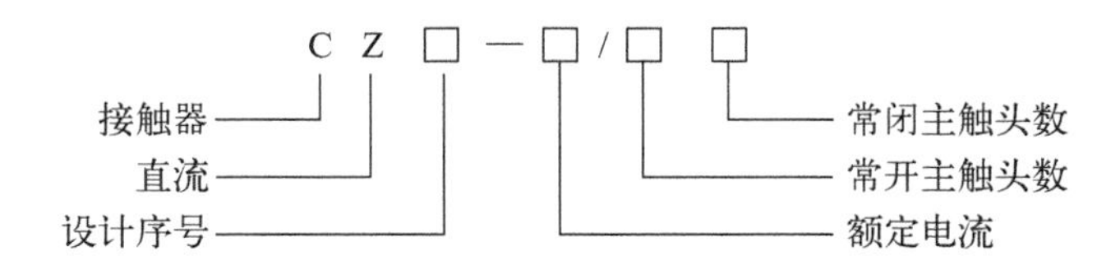

2. 直流接触器的结构、符号及工作原理

（1）直流接触器的结构。直流接触器主要由电磁系统、触头系统和灭弧装置3部分组成。其电磁系统由线圈、铁芯和衔铁组成。由于直流接触器线圈中通过直流电流，铁芯中不会产生涡流和磁滞损耗而发热，因此铁芯可以用整块铸钢或铸铁制成，铁芯端面也不需要嵌装短路环。但在磁路中常垫有非磁性垫片，以减少剩磁的影响，保证线圈断电后衔铁能可靠释放。另外，直流接触器线圈的匝数较多、电阻较大、铜损较大，是发热的主要部件，常做成长而薄的圆筒形，不设骨架；其触头系统中触头也有主、辅之分。主触头常采用具有滚动接触的指形触头，用于接通和断开较大的电流，辅助触头用于通断较小的电流，多采用双断点桥式触头，可有若干对；由于直流接触器的主触头在分断较大直流电流时，会产生强烈的电弧，而且直流电弧的熄灭要比熄灭交流电弧困难，所以其灭弧装置采用磁吹灭弧装置结合其他灭弧方法灭弧。

（2）直流接触器的符号及工作原理与交流接触器相同。

3. 直流接触器的技术参数

CZ0系列直流接触器的基本技术参数如表7-1所示。

表7-1　CZ0系列直流接触器的基本技术参数

<table>
<tr><th rowspan="2">型　号</th><th rowspan="2">额定电压（V）</th><th rowspan="2">额定电流（A）</th><th colspan="2">主触头形式及数量（对）</th><th rowspan="2">分断电流（A）</th><th colspan="2">辅助触头形式及数量（对）</th><th rowspan="2">线圈电压（V）</th><th rowspan="2">额定操作频率（次/h）</th></tr>
<tr><th>常闭</th><th>常开</th><th>常开</th><th>常闭</th></tr>
<tr><td>CZ0－40/20</td><td rowspan="13">440</td><td>40</td><td>2</td><td>—</td><td>160</td><td>2</td><td>2</td><td rowspan="13">24、48、110、220、440</td><td>1200</td></tr>
<tr><td>CZ0－40/02</td><td>40</td><td>—</td><td>2</td><td>100</td><td>2</td><td>2</td><td>600</td></tr>
<tr><td>CZ0－100/10</td><td>100</td><td>1</td><td>—</td><td>400</td><td>2</td><td>2</td><td>1200</td></tr>
<tr><td>CZ0－100/01</td><td>100</td><td>—</td><td>1</td><td>250</td><td>2</td><td>1</td><td>600</td></tr>
<tr><td>CZ0－100/20</td><td>100</td><td>2</td><td>—</td><td>400</td><td>2</td><td>2</td><td>1200</td></tr>
<tr><td>CZ0－150/10</td><td>150</td><td>1</td><td>—</td><td>600</td><td>2</td><td>1</td><td>1200</td></tr>
<tr><td>CZ0－150/01</td><td>150</td><td>—</td><td>1</td><td>375</td><td>2</td><td>2</td><td>600</td></tr>
<tr><td>CZ0－150/20</td><td>150</td><td>2</td><td>—</td><td>600</td><td colspan="2" rowspan="6">可在5常开，1常闭与5常闭，1常开之间任意组合</td><td>1200</td></tr>
<tr><td>CZ0－250/10</td><td>250</td><td>1</td><td>—</td><td>1000</td><td>600</td></tr>
<tr><td>CZ0－250/20</td><td>250</td><td>2</td><td>—</td><td>1000</td><td>600</td></tr>
<tr><td>CZ0－400/10</td><td>400</td><td>1</td><td>—</td><td>1600</td><td>600</td></tr>
<tr><td>CZ0－400/20</td><td>400</td><td>2</td><td>—</td><td>1600</td><td>600</td></tr>
<tr><td>CZ0－600/10</td><td>600</td><td>1</td><td>—</td><td>2400</td><td>600</td></tr>
</table>

4. 直流接触器的选用

直流接触器的选用方法与交流接触器相同。但应注意的是：选择接触器时，应先选择接触器的类型，即根据所控制的电动机或负载的电流类型来选择接触器。通常交流负载选择交流接触器，直流负载选择直流接触器。

直流接触器的安装与使用、常见故障及处理方法与交流接触器相同。

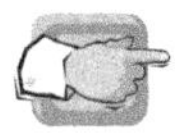

任务 2　电压继电器的识别与检测

电压继电器是继电器的一种，其反映输入量为电压。使用电压继电器时，其线圈应并联在被测电路中，根据线圈两端电压的大小而接通或断开电路，其外形如图 7-2（a）所示。因此，电压继电器的线圈导线细、匝数多、阻抗大。电压继电器可分为过电压继电器、欠电压继电器和零电压继电器 3 种。

过电压继电器是当线圈两端的电压大于其整定值时动作，用于对电路或设备作过电压保护，常用的是 JT1 - A 系列，动作电压可在 105% ~120% 额定电压范围内调整。

欠电压继电器是当电压降到某一规定范围时动作。零电压继电器是欠电压继电器的一种特殊形式，是当线圈两端电压降到或接近消失时才动作。常用的欠电压、零电压继电器有 JT1 - P 系列，欠电压继电器可在额定电压的 40% ~70% 范围内整定，零电压继电器的释放电压可在 10% ~35% 额定电压范围内调节。

电压继电器的结构、工作原理及安装使用等知识与电流继电器相似。

电压继电器的选择，可根据继电器的线圈电压、触头数量和种类进行。

电压继电器在电路图中的符号如图 7-2（b）所示。

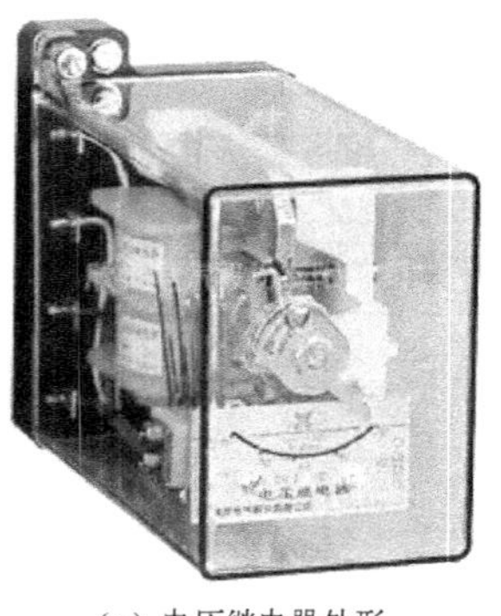

（a）电压继电器外形

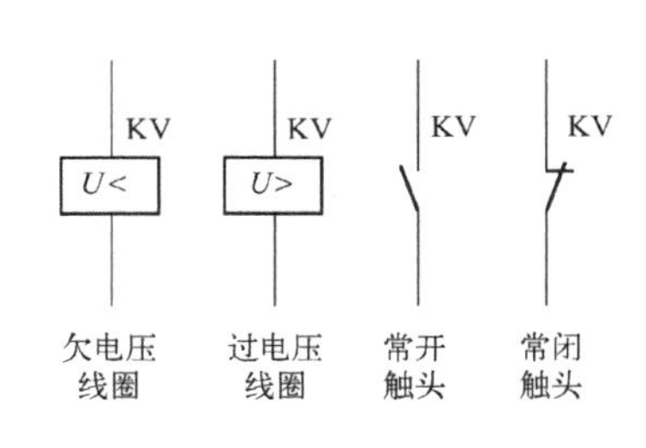

（b）电压继电器符号

图 7-2　电压继电器的外形与符号

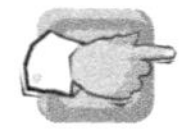

任务 3　并励直流电动机基本控制线路的安装与检修

一、并励直流电动机启动控制线路的识读

并励直流电动机一般不允许直接启动。这是因为并励直流电动机直接启动时电枢电流可高达十几倍或更高的额定电流值，使绕组由于过热而损坏。并励直流电动机的启动控制常采用降压启动。并励直流电动机电枢回路串电阻二级启动控制线路如图 7-3 所示。

图 7−3　并励直流电动机电枢回路串电阻二级启动控制的电路图（一）

线路的工作原理如下：

先合上断路器 QF → 励磁绕组 A 得电励磁
→ 时间继电器 KT1、KT2 线圈得电 → KT1、KT2 延时闭合的常闭触头瞬时断开 → 接触器 KM2、KM3 线圈处于断电状态，以保证电阻 R1、R2 全部串入电枢回路才能启动

按下 SB1 → KM1 线圈得电
→ KM1 常开触头闭合，为 KM2、KM3 得电做准备
→ KM1 主触头闭合 + KM1 自锁触头闭合自锁 → 电动机 M 串 R1 和 R2 启动
→ KM1 常闭辅助触头断开 → KT1、KT2 线圈失电 → 经 KT1 延时后，KT1 常闭触头恢复闭合 → KM2 线圈得电 → KM2 主触头闭合短接 R1 → 电动机 M 串接 R2 继续启动 → 经 KT2 延时后，KT2 常闭触头恢复闭合 KM3 线圈得电 → KM3 主触头闭合短接电阻 R2 → 电动机 M 启动结束进入正常运转

停止时，按下SB2即可。

指点迷津：更加完善的并励直流电动机串电阻启动控制线路

更加完善的并励直流电动机串电阻启动控制线路如图 7−4 所示。其中的 KA1 为欠电流继电器，作为励磁绕组的失磁保护（保证励磁绕组两端为额定电压），以防励磁绕组因断线或接触不良引起“飞车”事故。KA2 为过电流继电器，对电动机进行过载和短路保护。电阻 R 为电动机停转时励磁绕组的放电电阻。VD 为续流二极管，使励磁绕组正常工作时电阻 R 上没有电流流入。线路的工作原理请自行分析。

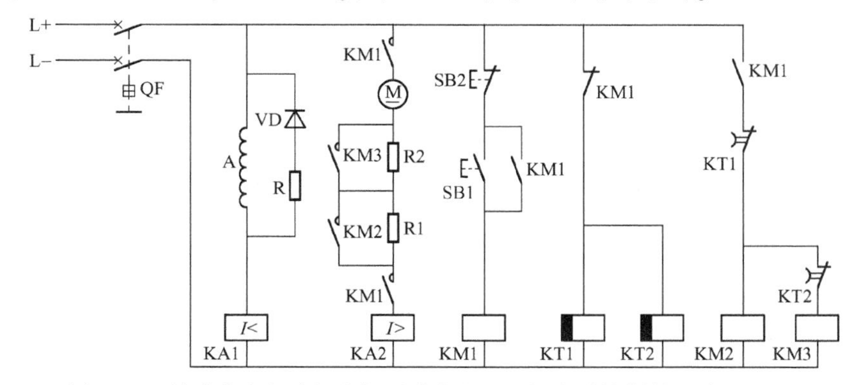

图 7−4　并励直流电动机电枢回路串电阻二级启动控制的电路图（二）

二、并励直流电动机正反转控制线路的识读

使直流电动机反转的方法有两种，一是电枢反接法，即改变电枢电流方向，保持励磁电流方向不变；二是励磁绕组反接，即改变励磁电流方向，保持电枢电流方向不变。并励直流电动机常用电枢反接法实现反转，这是由于励磁组匝数多，电感大，在进行反接时因电流突变，会产生很大的自感电动势，危及电动机及电器的绝缘安全；同时励磁绕组在断开时，由于失磁造成很大的电枢电流，易造成“飞车”事故。

并励直流电动机正反转控制线路如图 7-5 所示。

线路的工作原理如下：

先合上断路器 QF ──→ 励磁绕组 A 得电励磁
　　　　　　　　　├→ 欠电流继电器 KA 得电 ──→ KA 常开触头闭合
　　　　　　　　　└→ 时间继电器 KT 线圈得电 ──→ KT 延时闭合常闭触头瞬时分断 ──→
KM3 处于断电状态 ──→ 保证电动机 M 串接电阻 R 启动

按下启动按钮 SB1 或 SB2 ──→ 接触器 KM1 或 KM2 线圈得电 ──→
　├→ KM1 或 KM2 自锁触头闭合自锁 ──┬→ 电动机 M 串接电阻 R 正转或反转启动
　├→ KM1 或 KM2 主触头闭合 ────────┘
──┼→ KM1 或 KM2 常开辅助触头闭合，为 KM3 得电做准备
　├→ KM1 或 KM2 联锁触头分断，对 KM2 或 KM1 起联锁作用
　└→ KM1 或 KM2 常闭触头分断 ──→ 时间继电器 KT 线圈失电 ──→ 经 KT 延时后 ──→
　KT 延时闭合的常闭触头恢复闭合 ──→ KM3 线圈得电 ──→ KM3 主触头闭合短接电
阻 R ──→ 电动机 M 进入正常运转

停止时，按下 SB3 即可。

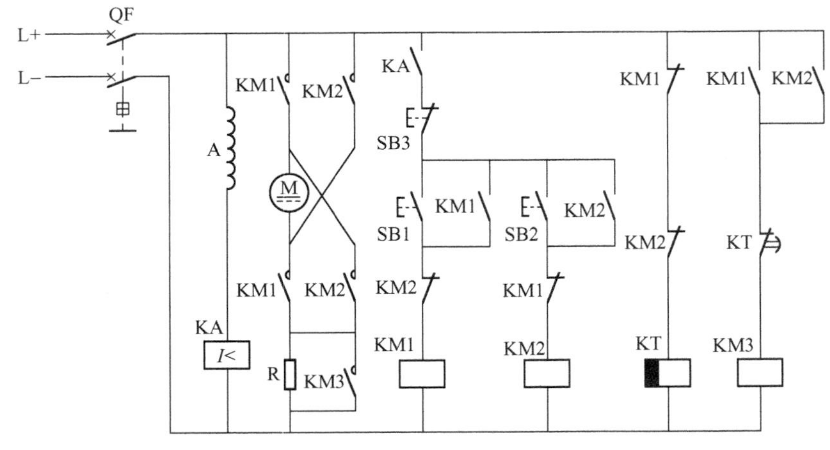

图 7-5　并励直流电动机正反转控制线路图

三、并励直流电动机制动控制线路的识读

直流电动机的制动与三相交流异步电动机的制动相似，其制动方法也有机械制动和电力制动两大类。机械制动也常用电磁抱闸制动；电力制动常用方法也有能耗制动、反接制动、回馈制动 3 种。由于电力制动具有制动力矩大，操作方便、无噪声等优点，所以在直流电力拖动系统中应用广泛。

1. 能耗制动控制线路的识读

能耗制动是维持直流电动机的励磁电源不变，切断正在运转的直流电动机电枢电源，再接入一个外加制动电阻，组成回路，将机械能转变为热能消耗在电枢和制动电阻上，使直流电动机迅速停转。并励直流电动机单向启动能耗制动控制线路如图 7-6 所示。

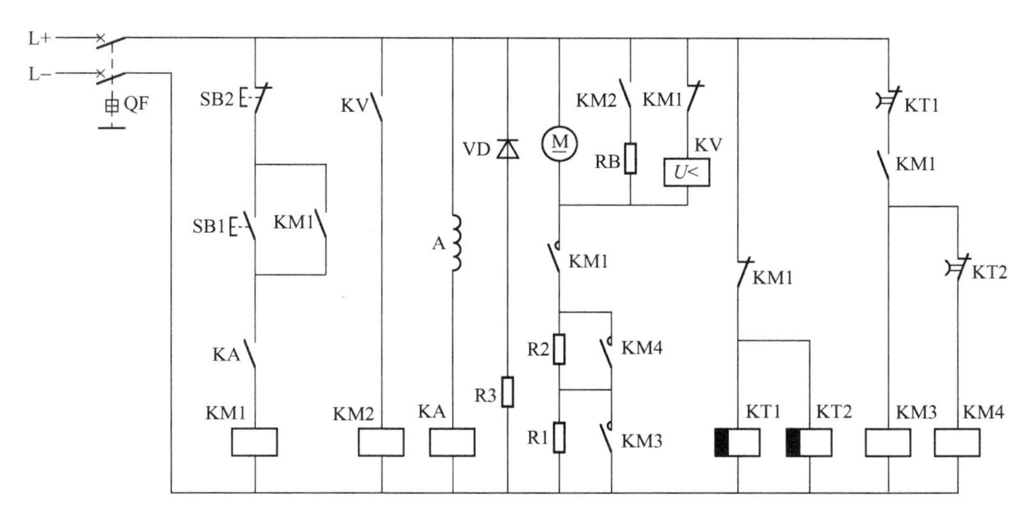

图 7-6　并励直流电动机单向启动能耗制动控制线路图

线路的工作原理如下：

（1）串电阻单向启动控制：合上断路器 QF，按下启动按钮 SB1，电动机 M 接通电源进行串电阻二级启动运转。其详细过程可参照前述的并励直流电动机电枢回路串电阻二级启动控制线路进行分析。

（2）能耗制动停车控制：

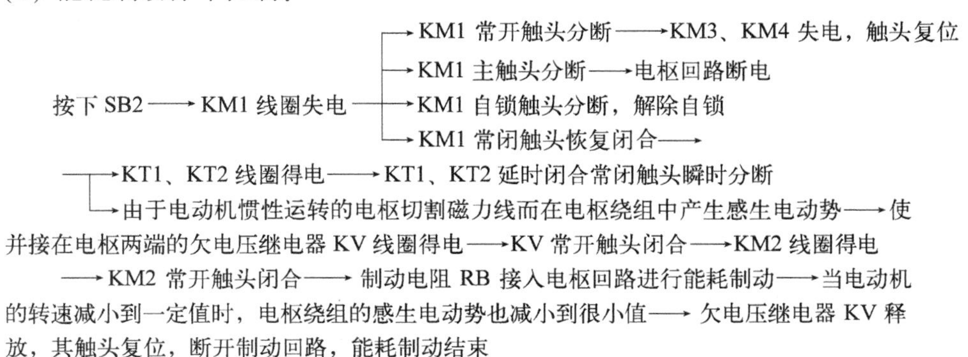

2. 反接制动控制线路的识读

直流电动机的反接制动是通过改变电枢两端电压极性或改变励磁电流方向，来改变电磁转矩方向，形成制动力矩，使电动机迅速停转。并励直流电动机的反接制动是通过把正在运行的电动机的电枢绕组突然反接来实现。

采用反接制动时应注意以下两点：一是电枢绕组突然反接的瞬间，会在电枢绕组中产生很大的反向电流，易使换向器和电刷产生强烈的火花而损坏，所以在电枢回路中串入附加电阻以限制电枢电流，其值可取近似电枢的电阻值；二是当电动机转速接近于零时，应及时准确、可靠地断开电枢回路电源，以防止电动机反转。

并励直流电动机双向启动反接制动控制线路如图 7-7 所示。

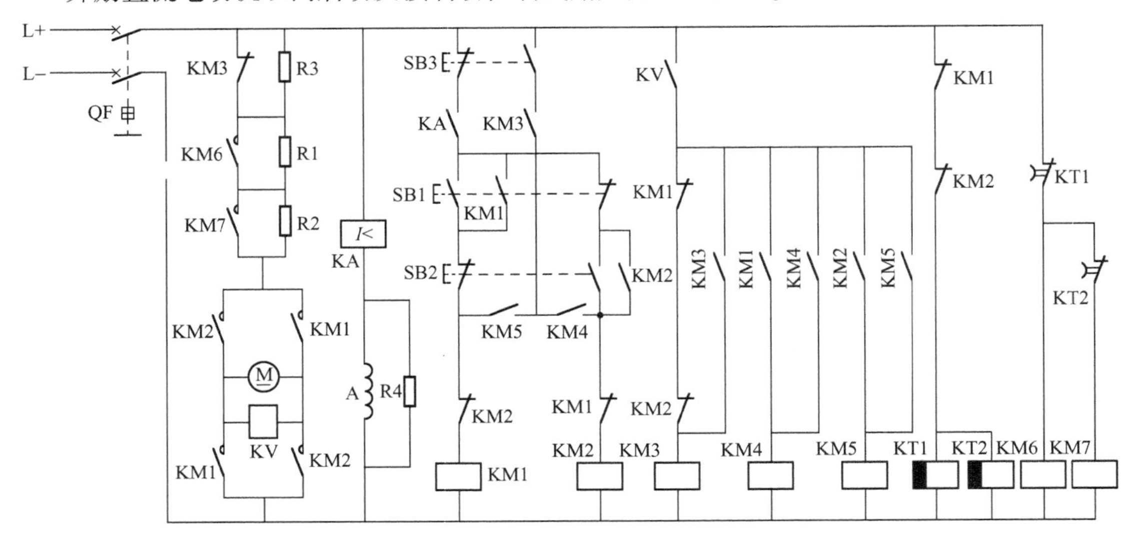

图 7-7　并励直流电动机双向启动反接制动控制线路图

线路的工作原理如下：

（1）正向启动控制：

先合上断路器 QF→励磁绕组 A 得电励磁
→欠电流继电器 KA 得电→ KA 常开触头闭合，为启动做准备
→时间继电器 KT1 和 KT2 线圈得电→KT1 和 KT2 延时闭合常闭触头瞬时分断→KM6、KM7 处于断电状态→保证电动机 M 串接电阻 R1 和 R2 启动

按下启动按钮 SB1→SB1 常闭触头先分断对 KM2 联锁
→SB1 常开触头后闭合→KM1 线圈得电→
→KM1 自锁触头闭合自锁→电动机 M 串入电阻 R1、R2 启动
→KM1 主触头闭合
→KM1 常开辅助触头闭合，为KM4得电做准备
→KM1 3 对常闭辅助触头分断→
→对 KM2、KM3 联锁
→KT1 和 KT2 线圈失电→经 KT1 和 KT2 延时后→KT1 和 KT2 的常闭触头先后恢复闭合→KM6、KM7 线圈先后得电→KM6、KM7 主触头先后闭合→逐级切除电阻 R1、R2，电动机 M 进入正常运转

（2）反接制动控制：

按下 SB3→SB3 常闭触头先分断→KM1 线圈失电→各触头复位（电压继电器 KV 仍保持得电）
→SB3 常开触头后闭合→KM2 线圈得电→ KM2 的触头动作→电动机的电枢绕组串入制动电阻 RB 进行反接制动，当转速接近于零时，电压继电器 KV 断电释放→接触器 KM3、KM4 和 KM2 也断电释放，反接制动结束

想一想

■ 电路中欠电压继电器KV、欠电流继电器KA的作用是什么?
■ 欠电压继电器KV何时吸合，何时断开?
■ 并励直流电动机反接制动时，需要注意什么?
■ 分析反向启动和反接制动的工作原理。

3. 回馈制动原理

回馈制动（又称再生发电制动）只适用于当电动机的转速大于空载转速 n_0 的场合。这时电枢产生的反电势 E_a 大于电源电压 U，电枢电流改变了方向，电动机处于发电制动状态，能将拖动系统中的机械能转化为电能反馈回电网，同时产生制动力矩限制电动机的转速。串励直流电动机采用回馈制动时，必须先将串励改为他励，以保证电动机的磁通不随 I_a 的变化而变化。

四、并励直流电动机调速控制线路的识读

在电动机的机械负载不变的条件下改变电动机的转速叫做调速。调速可用机械、电气或机械与电气相结合的方法。这里只分析直流电动机的电气调速方法。

根据直流电动机的转速公式：$n=(U-I_aR_a)/C_a\Phi$ 可知，直流电动机的调速方法有改变电枢电路压降 I_aR_a、改变主磁通 Φ、改变电源电压 U 共3种。

1. 电枢回路串电阻调速

电枢回路串电阻调速是在电枢电路中串接调速变阻器来实现的。当电源电压 U 和主磁通 Φ 不变时，调速电阻RP阻值增大，则电阻压降 $I_a(R_a+R_p)$ 增大，电动机转速 n 下降；反之则上升。

并励直流电动机电枢回路串电阻调速原理图如图7-8所示。此方法只能使直流电动机在额定转速以下调速，故调速范围一般为1.5∶1。同时，由于RP会消耗大量的电能，且使电动机的机械特性变软，转速受负载的影响较大，所以不经济、稳定性较差。一般适用于对短期工作、功率不太大且机械特性硬度要求不太高的场合，如蓄电池搬运车、无轨电车、电池铲车机械上。

2. 改变主磁通调速

改变主磁通，即改变励磁电流调速。并励直流电动机改变主磁通调速原理图如图7-9所示。

改变励磁电路变阻器RP即改变励磁电流，主磁通也随着改变，这种调速方法只能在额定转速以上范围内调速。但转速也不能调节得过高，以免电动机振动过大，换向条件恶化，甚至出现“飞车”事故。

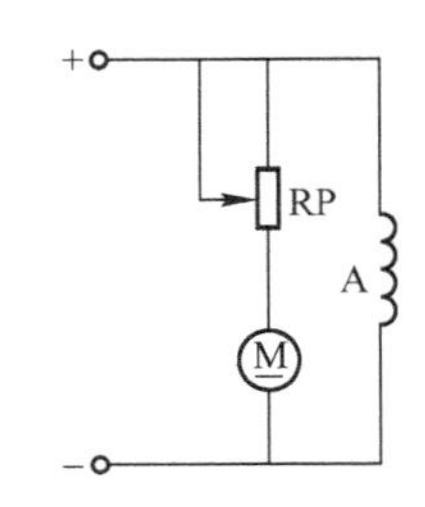

图 7-8　并励直流电动机电枢电路串电阻调速原理图

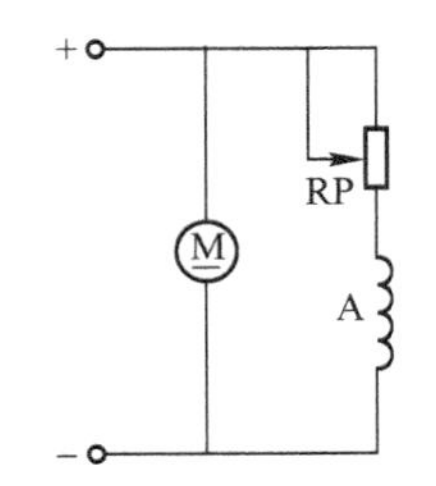

图 7-9　并励直流电动机改变主磁通调速原理图

想一想

■ 为什么并励直流电动机改变主磁通调速只能在额定转速以上范围内调速？

3. 改变电源电压调速控制线路的识读

这种调速方法的调速范围很大，只适用于他励直流电动机，且必须要有专用的直流电源调压设备，通常采用他励直流发电机作为他励直流电动机的电枢电源，组成直流发电机—电动机组拖动系统，简称 G—M 调速系统。G—M 调速系统的电路图如图 7-10 所示。

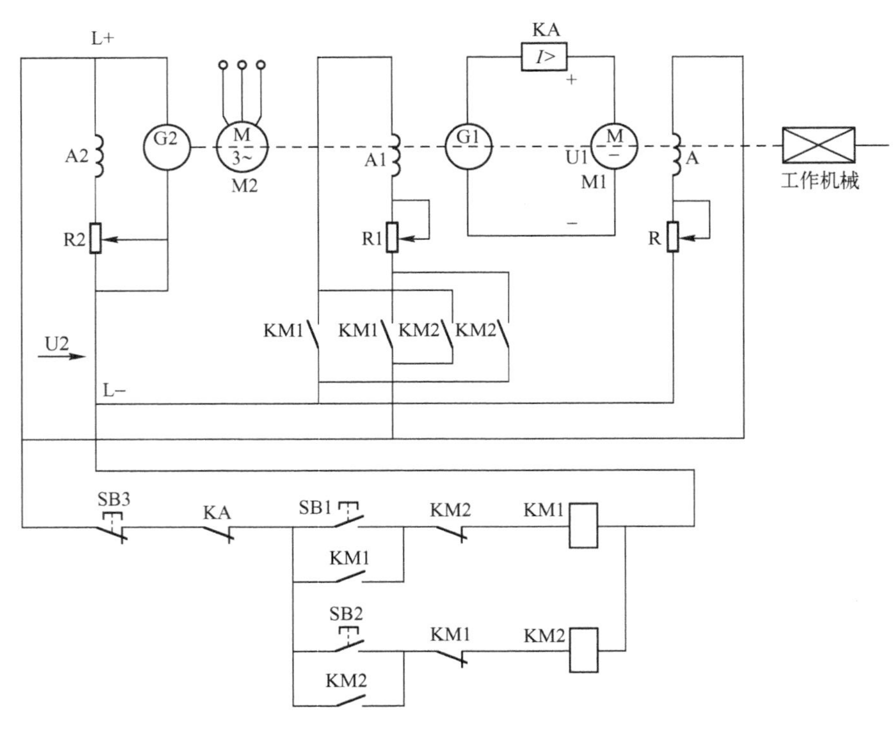

图 7-10　G—M 调速系统电路图

图 7-10 中各电器元件的名称和作用如表 7-2 所示。

表7-2 G—M调速系统各电器元件的名称和作用

符号	名称	作用
M1	他励电动机	拖动生产机械
G1	他励直流发电机	发出电压U1供直流电动机M1作为电枢电源电压
G2	并励直流发电机	发出直流电压为他励直流电动机M1和他励直流发电机G1提供励磁电压，同时为控制电路提供直流电源
M2	三相笼型异步电动机	用来拖动同轴连接的他励直流发电机G1和并励直流发电机G2
A1、A2、A	分别是G1、G2、M1的励磁绕组	励磁
R1、R2、R	调节变阻器	分别用来调节G1、G2和M1的励磁电流
KA	过电流继电器	用于电动机M1的过载保护和短路保护
SB1、KM1	正转按钮和接触器	组成正转控制电路
SB2、KM2	反转按钮和接触器	组成反转控制电路

G—M调速系统的控制原理如表7-3所示。

表7-3 G—M调速系统的控制原理

控制过程	控制原理
励磁	先启动三相交流异步电动机M2，拖动他励直流发电机G1和并励直流发电机G2同速旋转，励磁发电机G2切割剩磁磁力线产生感生电动势，输出直流电压U2，除提供本身励磁电压外还供给G—M机组励磁电压和控制电路电压
启动	按下启动按钮SB1或SB2，接触器KM1或KM2线圈得电，其常开触头闭合，发电机G1的励磁绕组A1接入电压U2开始励磁。因发电机G1的励磁绕组A1的电感较大，所以励磁电流逐渐增大，使G1产生的感生电动势和输出电压从零逐渐增大，可以避免直流电动机M1在启动时有较大的电流冲击。因此，在电动机启动时，不需要在电枢电路中串入启动电阻就可以很平滑地进行启动
调速	启动前，将调节变阻器R调到零，R1调到最大，目的是为了使直流电压U1逐步上升，直流电动机M1则从最低速逐渐上升到额定转速。 当直流电动机M1需要调速时，可先将R1的阻值减小，使直流发电机G1的励磁电流增大，导致G1的输出电压即直流电动机M1电枢绕组上的电压U1增大，电动机转速升高。可见，调节R1的阻值能升降直流发电机的输出电压U1，即达到调节直流电动机转速的目的。不过加在直流电动机电枢上的电压U1不能超过其额定电压值。一般情况下，调节R1只能使电动机在低于额定转速下进行平滑调速。 当需要电动机在额定转速以上进行调速时，则可先调节R1，使电动机电枢电压U1保持在额定值不变，然后将电阻R的阻值增大，使直流电动机M1的励磁电流减小，其主磁通Φ减小，电动机M1的转速升高
制动	电动机停转时，可按下停止按钮SB3，接触器KM1或KM2线圈失电，其触头复位，使直流发电机G1的励磁绕组A1失电，G1的输出电压即直流电动机M1的电枢电压U1下降为零。但此时电动机M1仍沿原方向惯性运转，由于切割磁力线，在电枢绕组中产生与原电流方向相反的感生电流，从而产生制动力矩，迫使电动机迅速停转

G—M调速系统的优点：调速范围大，增加发电机励磁调节电阻器和电动机励磁调节电阻器的抽头数目，即可减小各级转速差，便得到近似的无级调速；且所需控制能量小，控制方便，启动和制动时不需要串接电阻器，所以能量损耗小。因此，在龙门刨床、重型镗床、高炉卷扬装置、轧钢机设备及生产机械上得到广泛应用。

G—M调速系统的缺点：设备投入费用大，机组多，占地大，故效率较低，过渡过程时间较长。

技能训练场 26　并励直流电动机正反转能耗制动控制线路的安装与检修

任务描述：

小张接到了维修电工车间主任分配给他的工作任务单，要求“设计、安装、调试 Z200/20－220 型并励直流电动机正反转能耗制动控制线路”。该直流电动机的主要技术参数为：型号 Z200/20－220，额定功率 200W，额定励磁电流 2.24A，额定电枢电流 1.1A，额定电压 220V，额定转速 2 000r/min。

1. 训练目标

能安装与检修并励直流电动机正反转能耗制动控制线路。

2. 设计控制线路图

根据图 7-5 并励直流电动机正反转控制线路图和图 7-6 并励直流电动机单向启动能耗制动控制线路图，设计并励直流电动机正反转能耗制动控制线路，并画出电气布置图、电气装接图。

3. 安装工具、仪器仪表、电器元件等器材

根据所设计的控制线路图，学生自行选配除电动机外的安装工具、仪器仪表、电器元件等器材。

指点迷津：直流电动机制动电阻及功率的计算方法

直流电动机能耗制动电阻值可按下式估算：

$$R_B = (E_a/I_N) - R_a \approx (U_N/I_N) - R_a$$

式中　U_N—— 电动机的额定电压(V)；

I_N—— 电动机的额定电流(A)；

R_a—— 电动机电枢回路电阻(Ω)。

直流电动机能耗制动电阻功率可按下式计算：

$$P = I_d^2 \times R_B$$

式中，电动机能耗制动时的最大电流，一般取电动机额定电枢电流的 2 倍。

4. 安装步骤及工艺要求

根据控制线路图，学生自行编写安装步骤及工艺要求。

5. 安装中的注意事项

（1）电动机及所有带金属外壳的电器元件必须可靠接地。

（2）通电试车前应认真检查接线是否正确、可靠，特别是励磁绕组的接线；各电器元件的动作是否正常，是否有卡阻现象。

（3）欠电流继电器、时间继电器、欠电压继电器的整定值，应在不通电前先整定好，并在试车时校正。

（4）通电试车前，应将启动变阻器 R 的电阻值调到最大位置，然后才能合上断路器 QF，按下正转启动按钮 SB1，用钳形电流表测量电枢绕组和励磁绕组的电流，观察其电流变化情况；同时记录电动机的转向，当转速稳定后，用转速表测量转速；最后按下 SB3，并记录停车时间。

（5）按下反转启动按钮 SB2，用钳形电流表测量电枢绕组和励磁绕组的电流，观察其电流变化情况；同时记录电动机的转向（是否同正转时相反，若方向不正确，应切断电源并检查接触器 KM1、KM2 主触头接线是否正确，改正后再重新通电试车）；当转速稳定后，用转速表测量转速；最后按下停止按钮 SB3。

（6）通电试车时，必须在指导教师的监护下进行，做到安全文明生产。

6. 检修训练

（1）故障设置：在控制电路或主电路中人为设置电气故障 2 ~ 3 处。

（2）检修过程及注意事项可参考技能训练场 8。

7. 训练评价

训练评价标准如表 7-4 所示。

表 7-4　训练评价标准

项　目	评价要素	评价标准	配分	扣分
工具、仪表、器材选用	（1）工具、仪表选择合适 （2）电器元件选择正确 （3）工具、仪表使用规范	（1）工具、仪表少选、错选或不合适　每个扣 2 分 不会用转速表测量电动机的转速　扣 2 分 不会用钳形电流表测电流　扣 2 分 （2）电器元件选错型号和规格　每个扣 2 分 （3）选错电器元件数量或型号规格不齐全　每个扣 2 分 （4）工具、仪表使用不规范　每次扣 2 分	10	
设计控制线路图、画电气布置图与接线图	（1）控制线路图功能符合要求、画图规范 （2）电气布置图符合安装要求 （3）电气接线图规范、正确	（1）控制线路图设计功能不符合要求　扣 10 ~ 20 分 不会设计　扣 20 分 控制线路图不规范　扣 3 ~ 5 分 （2）电气布置图不符合安装要求　扣 5 分 （3）电气接线图不正确　扣 5 分 电气接线图不规范　扣 3 分	25	
装前检查	（1）检查电器元件外观、附件、备件 （2）检查电器元件技术参数	（1）漏检或错检　每件扣 1 分 （2）技术参数不符合安装要求　每件扣 2 分	5	

续表

<table>
<tr><th>项　目</th><th colspan="3">评价要素</th><th colspan="3">评价标准</th><th>配分</th><th>扣分</th></tr>
<tr><td>安装布线</td><td colspan="3">(1) 电器元件固定
(2) 布线规范、符合工艺要求
(3) 接点符合工艺要求
(4) 套装编码套管
(5) 接地线安装</td><td colspan="3">(1) 电器元件安装不牢固　每只扣3分
(2) 电器元件安装不整齐、不匀称、不合理　每只扣3分
(3) 走线槽安装不符合要求　每处扣3分
(4) 损坏电器元件　扣15分
(5) 不按控制线路图接线　扣15分
(6) 布线不符合要求　每处扣1分
(7) 接点松动、露铜过长、反圈等　每处扣1分
(8) 损伤导线绝缘层或线芯　每根扣3分
(9) 漏装或套错编码套管　每个扣1分
(10) 漏接接地线　扣10分</td><td>20</td><td></td></tr>
<tr><td>通电试车</td><td colspan="3">(1) 欠电流继电器、时间继电器、欠压继电器整定合理
(2) 验电操作符合规范
(3) 通电试车操作规范
(4) 通电试车成功</td><td colspan="3">(1) 欠电流继电器、时间继电器、欠压继电器整定值错误　扣3分
不会整定　扣5分
(2) 验电操作不规范　扣5分
(3) 通电试车操作不规范　扣5分
(4) 通电试车不成功　每次扣5分</td><td>20</td><td></td></tr>
<tr><td>故障分析与排除</td><td colspan="3">(1) 了解故障现象
(2) 故障原因、范围分析清楚
(3) 正确、规范排除故障
(4) 通电试车，运行符合要求</td><td colspan="3">(1) 故障现象描述不正确　每个扣3～5分
(2) 故障点判断错误或标错范围　每处扣5分
(3) 停电不验电　扣5分
(4) 排除故障顺序不对　扣3分
(5) 不能查出故障点　每个扣10分
(6) 查出故障点，但不能排除　每个扣5分
(7) 产生新故障：
不能排除　每个扣10分
已经排除　每个扣5分
(8) 损坏电动机、电器元件或排除故障方法不正确　每只（次）扣5～10分
(9) 试车运行不成功　每次扣5分</td><td>20</td><td></td></tr>
<tr><td>技术资料归档</td><td colspan="3">(1) 检修记录单填写
(2) 技术资料完整并归档</td><td colspan="3">(1) 检修记录单不填写或填写不完整　酌情扣3～5分
(2) 技术资料不完整或不归档　酌情扣3～5分</td><td></td><td></td></tr>
<tr><td>安全文明生产</td><td colspan="7">要求材料无浪费，现场整洁干净，废品清理分类符合要求；遵守安全操作规程，不发生任何安全事故。违反安全文明生产要求，酌情扣5～40分，情节严重者，可判本次技能操作训练为零分，甚至取消本次实训资格</td><td></td></tr>
<tr><td>定额时间</td><td colspan="7">240分钟，每超时5分钟（不足5分钟以5分钟计）扣5分</td><td></td></tr>
<tr><td>备注</td><td colspan="7">除定额时间外，各项目的最高扣分不应超过配分数</td><td></td></tr>
<tr><td>开始时间</td><td></td><td>结束时间</td><td></td><td>实际时间</td><td></td><td colspan="2">成绩</td><td></td></tr>
<tr><td colspan="9">学生自评：

学生签名：　　　　年　月　日</td></tr>
<tr><td colspan="9">教师评语：

教师签名：　　　　年　月　日</td></tr>
</table>

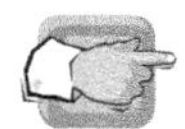

任务 4 串励直流电动机基本控制线路的安装与检修

串励直流电动机与并励直流电动机相比，具有以下特点：一是具有较大的启动转矩，且启动性能好；二是过载能力较强。因此，在要求有大的启动转矩、负载变化时转速允许变化的恒定功率负载场合，如起重机吊车、电力机车等，宜采用串励直流电动机。

串励直流电动机使用时，切忌空载或轻载启动及运行。因为空载或轻载时，电动机转速会很高，使电枢的离心力过大而损坏，所以启动时必须带 20% ~30% 的额定负载。电动机与生产机械要直接耦合，严禁使用带传动，以防带滑脱而造成事故。

一、串励直流电动机启动控制线路的识读

串励直流电动机串电阻二级启动的控制线路如图 7-11 所示。

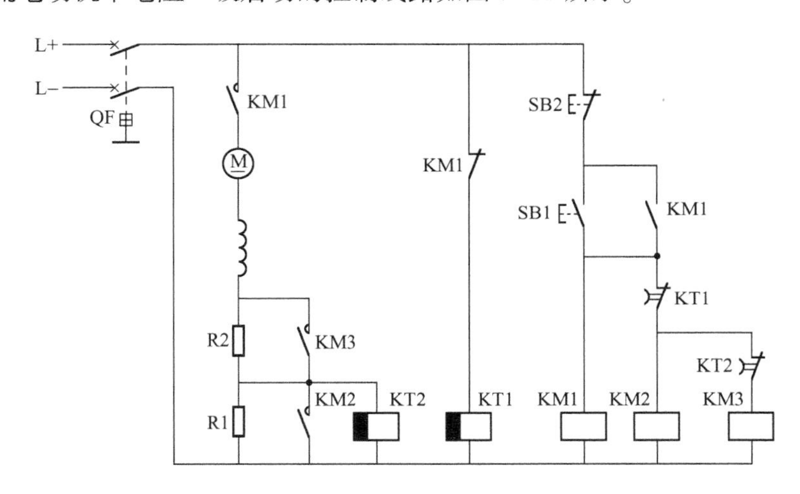

图 7-11 串励直流电动机串电阻二级启动控制线路图

线路的工作原理如下：

合上断路器 QF，时间继电器 KT1 线圈得电，时间继电器 KT1 延时闭合常闭触头瞬时断开，使接触器 KM2、KM3 处于断电状态，保证电动机启动时串入全部电阻 R1、R2。

启动时，按下 SB1，接触器 KM1 线圈得电，接触器 KM1 的自锁触头闭合自锁，主触头闭合，电动机串接电阻 R1、R2 启动。同时时间继电器 KT2 线圈得电，其延时闭合常闭触头瞬时断开，使接触器 KM3 线圈不能得电。

接触器 KM1 的常闭触头分断，使时间继电器 KT1 线圈失电，经延时后，KT1 的延时闭合常闭触头恢复闭合，接触器 KM2 线圈得电，接触器 KM2 主触头闭合，短接电阻 R1，电动机 M 串接电阻 R2 继续启动。

在 R1 被短接的同时，时间继电器 KT2 线圈被短接而失电，经延时后，其延时闭合常闭触头恢复闭合，接触器 KM3 线圈得电，KM3 主触头闭合短接电阻 R2，使电动机进入正常的工作状态。

停止时，按下 SB2 即可。

想一想

■ 串励直流电动机启动时，如何保证电动机 M 串接 R1、R2 启动？

■ 时间继电器 KT1、KT2 能否改为断电延时型，这时电路图中应进行哪些修改？

二、串励直流电动机正反转控制线路的识读

串励直流电动机的反转常采用励磁绕组反接法实现。因为串励电动机电枢绕组两端的电压很高，而励磁绕组两端的电压较低，反接较容易。

串励直流电动机的正反转控制线路如图 7-12 所示。

线路的工作原理如下：

先合上断路器 QF→KT 线圈得电→KT 延时闭合的常闭触头瞬时分断→KM3 处于断电状态→保证电动机 M 串接电阻 R 启动。

按下 SB1 或 SB2 ⟶ KM1 或 KM2 线圈得电 ⟶

⟶ KM1 或 KM2 自锁触头闭合自锁 ⟶ 电动机 M 串接电阻 R 正转或反转启动
⟶ KM1 或 KM2 主触头闭合
⟶ KM1 或 KM2 常开辅助触头闭合，为 KM3 得电做准备
⟶ KM1 或 KM2 联锁触头分断，对 KM2 或 KM1 起联锁作用
⟶ KM1 或 KM2 常闭触头分断 ⟶ 时间继电器 KT 线圈失电 ⟶ 经 KT 延时后

⟶ KT 延时闭合的常闭触头恢复闭合 ⟶ KM3 线圈得电 ⟶ KM3 主触头闭合短接电阻 R ⟶ 电动机 M 进入正常运转

停止时，按下 SB3 即可。

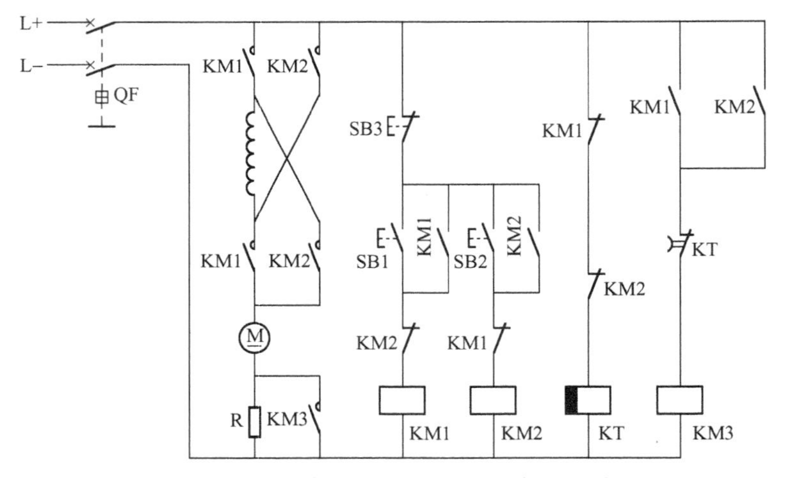

图 7-12　串励直流电动机的正反转控制线路图

想一想

■ 串励直流电动机的正反转控制线路图中，接触器 KM3 的作用是什么？

■ 时间继电器 KT 线圈回路中为何要串接 KM1、KM2 常闭触头？

三、串励直流电动机制动控制线路的识读

串励电动机只有能耗制动和反接制动两种电力制动方法。

1. 能耗制动控制线路的识读

串励直流电动机的能耗制动分为自励式和他励式两种。

自励式能耗制动是当电动机断开电源后，将励磁绕组反接并与电枢绕组和制动电阻串联构成闭合回路，使惯性运转的电枢处于自励发电状态，产生与原方向相反的电流和电磁转矩，使电动机迅速停转。串励直流电动机自励式能耗制动控制线路如图 7–13 所示。

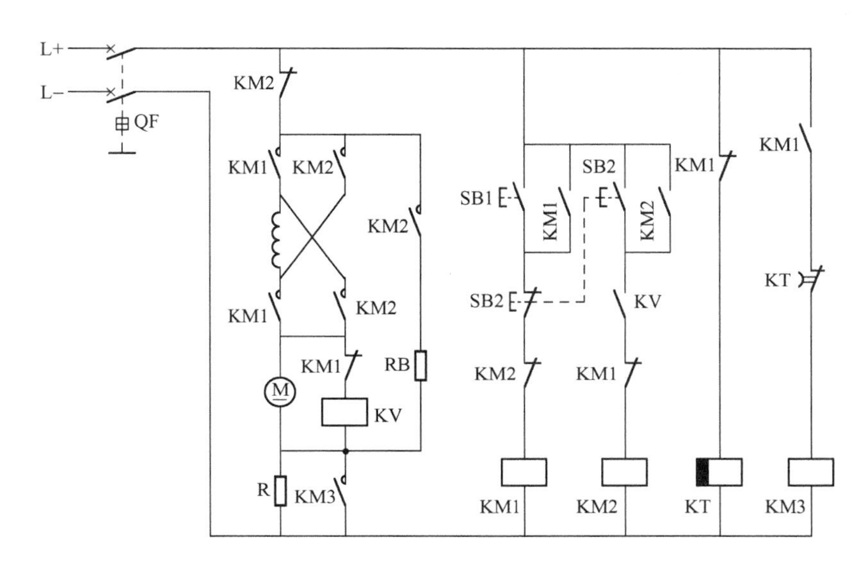

图 7–13　串励直流电动机自励式能耗制动控制线路图

线路工作原理如下：

（1）串接电阻启动运转控制：合上断路器 QF，时间继电器 KT 线圈得电，KT 延时闭合常闭触头瞬时分断。按下启动按钮 SB1，接触器 KM1 线圈得电，KM1 触头动作，使电动机 M 串接电阻启动并自动转入正常运转。

（2）能耗制动控制：

按下停止按钮 SB2 ─┬→ SB2 常闭触头分断 → KM1 线圈失电 → 各触头复位
　　　　　　　　　 └→ SB2 常开触头闭合 →

由于电动机惯性运转的电枢切割磁力线产生感生电动势，KV 线圈得电，常开触头闭合

→ KM2 线圈得电 ─┬→ KM2 常闭触头分断，切断电动机电源
　　　　　　　　 └→ KM2 主触头闭合，这时励磁绕组反接后与电枢绕组和制动电阻构

成闭合回路，使电动机 M 受制动迅速停转 → KV 断电，常开触头分断 → KM2 线圈失电 → KM2 各触头复位，制动结束

自励式能耗制动设备简单，在高速时制动力矩大，制动效果好。但在低速时制动力矩减小很快，制动效果变差。

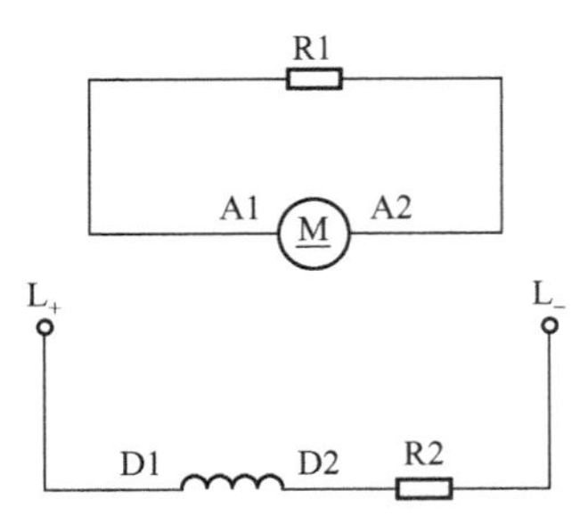

图 7–14　串励式电动机他励式能耗制动原理图

串励式电动机他励式能耗制动原理图如图 7–14 所示。

制动时，切断电动机电源，将电枢绕组与放电电阻 R1 接通，将励磁绕组与电枢绕组断开后串入分压电阻 R2，再接入外加直流电源励磁。

小型串励直流电动机作为伺服电动机使用时，采用他励能耗制动控制线路，如图 7–15 所示。

R1、R2 为电枢绕组的放电电阻，减小它们的值，能使制动力矩增大；R3 为限流电阻，防止电动机启动电流过大；R 是励磁组的分压电阻；SQ1、SQ 是位置开关。

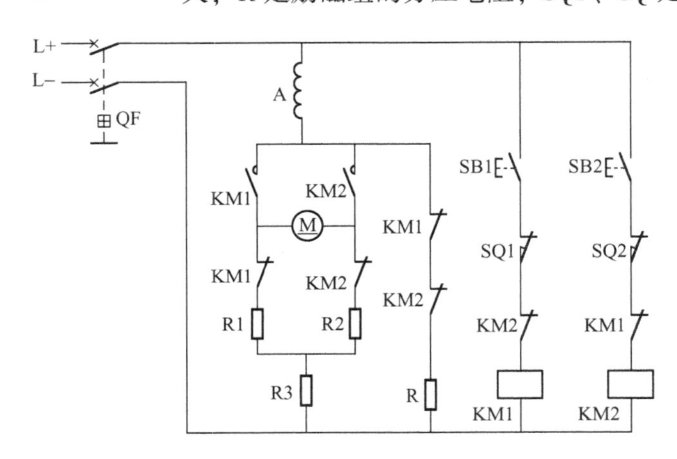

图 7–15　小型串励式电动机他励式能耗制动控制线路图

想一想

■ 小型串励式电动机他励式能耗制动控制的工作原理。

2. 反接制动控制线路的识读

串励电动机的反接制动可通过位能负载时转速反向法和电枢直接反接法来实现。

（1）位能负载时转速反向法。这种方法是强迫电动机转速反向，使电动机转速方向与电磁转矩的方向相反，以实现制动。如起重机在下放重物时，电动机在重物的作用下，转速与电磁转矩反向，使电动机处于制动状态，其原理如图 7–16 所示。

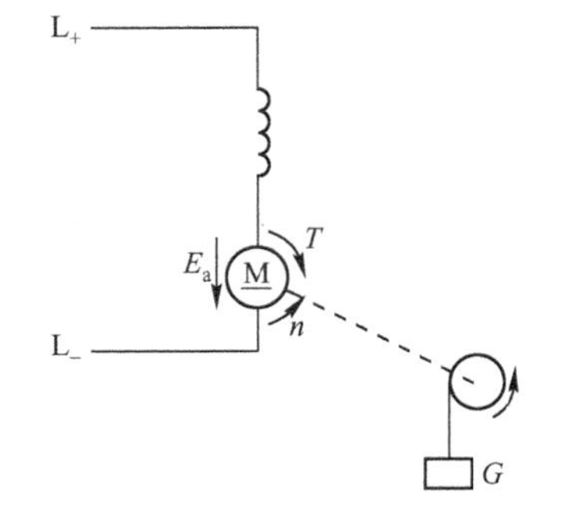

图 7–16　串励直流电动机转速反向法制动原理图

（2）电枢直接反接法。这种方法是切断电动机的电源后，将电枢绕组串入制动电阻后反接，并保持其励磁电流方向不变的制动方法。但应注意采用电枢反接制动时，不能直接将电源极性反接，否则会由于电枢电流和励磁电流同时反向，起不到制动作用。串励电动机反接制动自动控制线路如图 7-17 所示。

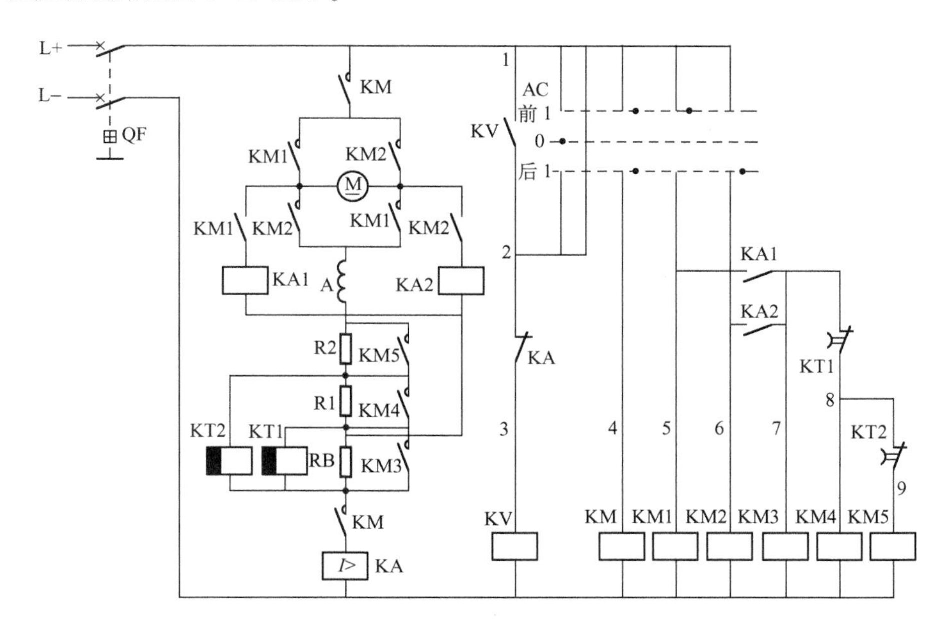

图 7-17　串励直流电动机反接制动自动控制线路图

图 7-17 中的主令控制器 AC 用来控制电动机的正反转；KM 是线路接触器；KM1 是正转接触器；KM2 是反转接触器；KA 是过电流继电器，用来对电动机进行过载和短路保护；KV 是零压保护继电器；KA1、KA2 是中间继电器；R1、R2 是启动电阻；RB 是制动电阻。

主令控制器 AC 手柄在“0”位时，各触头不接通；当处于前“1”位时，触头 2 与 4、2 与 5 接通；当处于后“1”位时，触头 2 与 4、2 与 6 接通。

线路的工作原理如下：

准备启动：主令控制器 AC 手柄放在“0”位，合上电源开关 QF，零压继电器 KV 线圈得电，KV 常开触头闭合自锁。

电动机正转：将主令控制器 AC 向前手柄扳向“1”位置时，AC 触头 2 与 4、2 与 5 接通，使得接触器 KM、KM1 线圈得电，它们的主触头闭合，电动机 M 串入电阻 R1、R2 和 RB 启动；同时时间继电器 KT1、KT2 线圈得电，它们的常闭触头瞬时分断，使接触器 KM4、KM5 处于断电状态。

因接触器 KM1 得电时其辅助常开触头闭合，使中间继电器 KA1 线圈得电，KA1 常开触头闭合，接触器 KM3、KM4、KM5 依次得电动作，KM3、KM4、KM5 常开触头依次闭合短接电阻 RB、R1、R2，电动机启动完毕。

电动机反转：将主令控制器 AC 手柄由正转位置向后扳向“1”位置时，接触器 KM1 和中间继电器 KA1 失电，其触头复位，电动机由于惯性仍沿正转方向转动。

但电枢电源则由于接触器 KM、KM2 的接通而反向，使电动机运行在反接制动状态，而中间继电器 KA2 线圈上的电压变得很小，并未吸合，KA2 常开触头分断，接触器 KM3 线圈失电，KM3 常开触头分断，制动电阻 RB 接入电枢电路，电动机进行反接制动，其转速迅速下降。

当转速降到接近于零时，KA2 线圈上的电压升高到吸合电压时，中间继电器 KA2 线圈得电，KA2 常开触头闭合，使接触器 KM3 得电动作，RB 被短接，电动机进入反转启动，其详细过程与正转启动运行相似，可自行分析。

若要电动机停转，把主令控制器手柄扳向“0”位置即可。

想一想

■ 串励电动机采用电枢反接制动时，通过改变外电源的电压极性是否能达到制动目的？为什么？

四、串励直流电动机调速控制线路

串励直流电动机的调速方法与他励、并励直流电动机的电气调速方法相同，即电枢回路串接电阻、改变主磁通、改变电枢电压调速法 3 种。当采用改变主磁通调速时，在大型串励电动机上，常采用在励磁绕组两端并联可调分流电阻的方法进行调磁调速；在小型串励电动机上，常采用改变励磁绕组的匝数或接线方法来实现调速。

思考与练习

一、单项选择题（在每小题列出的四个备选答案中，只有一个是符合题目要求的）

1. 为改变并励直流电动机的旋转方向，常采用 （　　）

A. 电枢反接法　　B. 励磁绕组反接法

C. 电枢、励磁绕组同时反接法　　D. 断开励磁绕组，电枢绕组反接

2. 并励直流电动机电气控制线路中，其励磁回路中接入的电流继电器应是 （　　）

A. 欠电流继电器，应将其常开触头接入控制电路中

B. 欠电流继电器，应将其常闭触头接入控制电路中

C. 过电流继电器，应将其常开触头接入控制电路中

D. 过电流继电器，应将其常闭触头接入控制电路中

3. 直流电动机启动时，通常在其电枢回路中串接必要的电阻，这是为了 （　　）

A. 限制启动电流　　B. 防止飞车

C. 防止短路　　D. 防止产生过大的反电动势

4. 串励直流电动机启动时，不能 （　　）

A. 串电阻启动　　B. 降低电枢电压启动

C. 空载启动　　D. 有载启动

5. 改变直流电动机的电源电压进行调速时，当电源电压降低时，其转速 （　　）

A. 升高　　B. 降低

C. 不变　　D. 不一定

二、填空题

1. 直流接触器主要由__________、__________、________三大部分组成；其铁芯可用

________或________制成，铁芯端面________嵌装短路环；其发热的主要部件是________；其一般采用________方法灭弧。

2. 电压继电器反映的输入量为________，其线圈应________联在被测电路中，根据线圈两端的大小而接通或断开电路。

3. 直流电动机常用的启动方法有________________和________________两种。

4. 并励直流电动机常用的电气制动方法有________、________、________3 种。

5. 并励直流电动机常用的调速方法有________、________、________3 种。

6. 串励直流电动机的反接制动方法有两种，其一是________________法，其二是________________法。

三、综合题

1. 说明并励直流电动机励磁回路中串接欠电流继电器和并接 R、VD 串联电路的作用是什么？

2. 使直流电动机反转有哪两种方法？并励直流电动机反转常采用哪种方法？为什么？

3. 并励直流电动机反接制动时应注意哪些问题？

4. 串励直流电动机在性能上有哪些优点？它适用于哪些场合？使用时应注意哪些问题？为什么？

5. 为什么串励直流电动机不允许空载启动？如何限制串励直流电动机的启动电流？

常用生产机械电气控制线路

<table>
<tr><td>单元提要</td><td>本篇主要介绍普通车床、摇臂钻床、平面磨床、万能铣床、镗床、桥式起重机等具有代表性的常用生产机械的电气控制线路及其检修方法，主要目的是提高在工厂电气控制设备检修工作中的综合分析能力和解决问题的能力。
学会分析常见生产机械电气控制原理，通过对故障现象进行深入细致的调查研究，分析工厂电气控制设备故障可能的原因，熟练使用工具和仪表找出故障点并排除。</td></tr>
<tr><td></td><td></td></tr>
<tr><td>知识目标</td><td>● 了解常见生产机械的主要结构及运动形式、电力拖动的特点及控制要求。
● 掌握常见生产机械电气控制线路及其工作原理。</td></tr>
<tr><td></td><td></td></tr>
<tr><td>技能目标</td><td>● 能正确、熟练分析常见生产机械的电气控制线路。
● 能正确、熟练分析常见生产机械电气控制线路的常见故障。
● 能熟练使用工具和仪表查找故障点并排除。</td></tr>
</table>

课题 8
CA6140 型卧式车床电气控制线路的检修

知识目标

- □ 了解绘制、阅读机床电气控制线路图的基本方法。
- □ 了解 CA6140 型卧式车床的主要结构及运动形式、电力拖动特点及控制要求。
- □ 掌握 CA6140 型卧式车床电气控制线路及其工作原理。
- □ 掌握工厂电气控制设备检修要求与方法。

技能目标

- □ 能正确、熟练分析 CA6140 型卧式车床电气控制线路。
- □ 会识读 CA6140 型卧式车床电器元件布置图、接线图。
- □ 能根据控制要求和相关技术资料选择和领用制作控制线路所需的电器元件和材料。
- □ 能根据相关技术资料编制制作 CA6140 型卧式车床电气控制线路的工艺文件。
- □ 能根据要求安装、调试、运行 CA6140 型卧式车床电气控制线路。
- □ 能正确、熟练分析 CA6140 型卧式车床电气控制线路的常见故障。
- □ 能选择检修工具和恰当方法查找故障点并排除。
- □ 能按安全规范和操作规程对 CA6140 型卧式车床进行通电试车并交付验收。
- □ 能够完成工作记录、技术文件存档与评价反馈。

知识准备

车床是机械加工中使用最广泛的一种机床，指以卡盘或顶尖带动工件旋转为主运动，溜板带动刀架的直线移动为进给运动加工回转表面的机床。车床能够进行车削外圆、内圆、端面和加工螺纹、螺杆等，在装上钻头或铰刀等还可进行钻孔和铰孔等加工。

车床的种类型号很多，按其用途、结构可分为：仪表车床、卧式车床、单轴自动车床、多轴自动和半自动车床、转塔车床、立式车床、多刀半自动车床、专门化车床等。近年来，还出现了数控车床、车削加工中心等机电一体化的产品。

本课题以 CA6140 型卧式车床为例分析电气控制线路的构成、工作原理及检修方法。

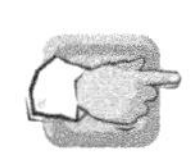

任务 1 CA6140 型卧式车床的结构、运行方式及控制要求的认识

1. CA6140 型卧式车床的型号及含义

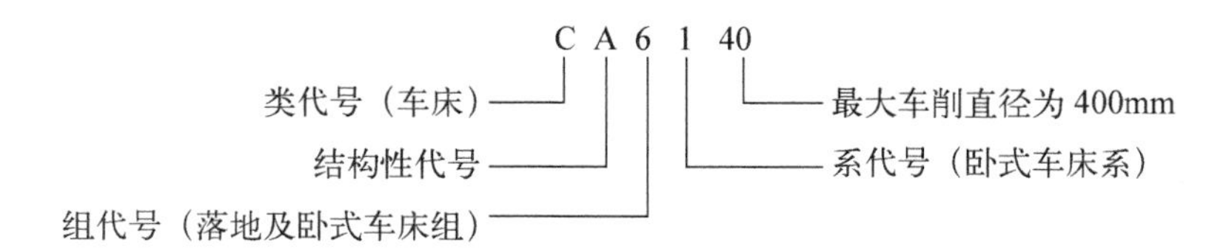

2. CA6140 型卧式车床的主要结构

CA6140 型卧式车床的外形及结构图如图 8-1 所示。

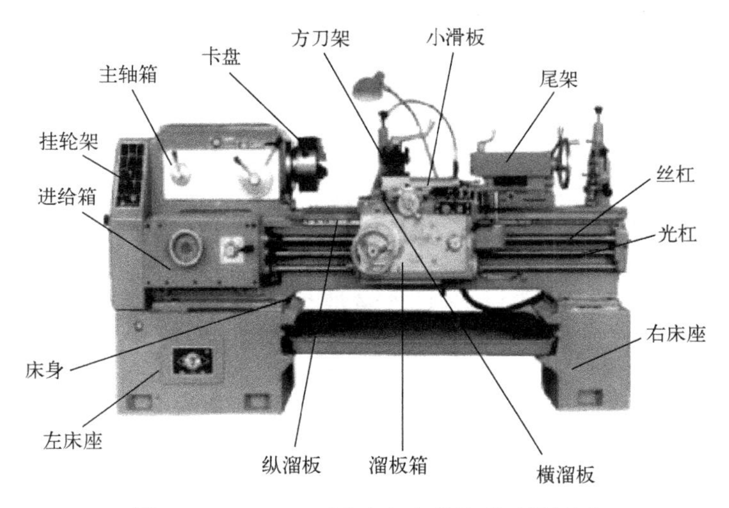

图 8-1 CA6140 型卧式车床的外形及结构图

CA6140 型卧式车床主要由床身、主轴箱、进给箱、溜板箱、刀架、丝杠、光杠、尾架等部分组成。车床的切削运动包括工件的旋转运动和刀具的直线运动。

切削时，车床的主运动是工件作旋转运动，即车削运动。根据工件的材料性质，要求主轴有不同的切削速度。主轴的变速是由主轴电动机经 V 形带传递到主轴变速箱来实现的。车床的进给运动是刀架带动刀具的直线运动。溜板箱把丝杠或光杠的转动传递给刀架部分，变换溜板箱外的手柄位置，经刀架部分使车刀作纵向或横向进给。

3. CA6140 型卧式车床的主要运动形式及控制要求

CA6140 型卧式车床的主要运动形式及控制要求如表 8-1 所示。

表 8-1　CA6140 型卧式车床的主要运动形式及控制要求

运动种类	运动形式	控制要求
主运动	主轴通过卡盘或顶尖带动工件的旋转运动	（1）主轴电动机选用三相笼型异步电动机，不需要进行电气调速；主轴变速采用齿轮箱进行机械有级变速。 （2）主轴电动机通过 V 形带将动力传递到主轴箱。 （3）在车削螺纹时，要求主轴有正、反转，采用机械方法来实现，因此主轴电动机只作单向旋转。 （4）主轴电动机容量不大，可采用直接启动，由按钮操作
进给运动	刀架带动刀具的直线运动	由主轴电动机拖动，主轴电动机的动力通过挂轮箱传递给进给箱来实现刀具的纵向和横向进给。加工螺纹时，要求刀架的移动和主轴转动有固定的比例关系，以满足对加工螺纹的要求
辅助运动	刀架的快速移动	由刀架快速移动电动机拖动，该电动机可直接启动，不需要正反转和调速
	尾架的纵向运动	由手动操作控制
	工件的夹紧与放松	由手动操作控制
	加工过程的冷却	车削加工时，需要对刀具和工件进行冷却，需配备冷却泵电动机，并要求在主轴电动机启动后，才能决定冷却泵电动机的开动与否，而当主轴电动机停止时，冷却泵应立即停止

另外，CA6140 型卧式车床电气控制线路必须有过载、短路、欠压、失压保护功能及安全的局部照明装置。

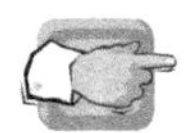 任务 2　CA6140 型卧式车床电气控制线路的识读

CA6140 型卧式车床电气控制线路如图 8-2 所示。其电气控制线路分主电路、控制线路和辅助电路 3 部分。CA6140 型卧式车床的电器元件明细表如表 8-2 所示。

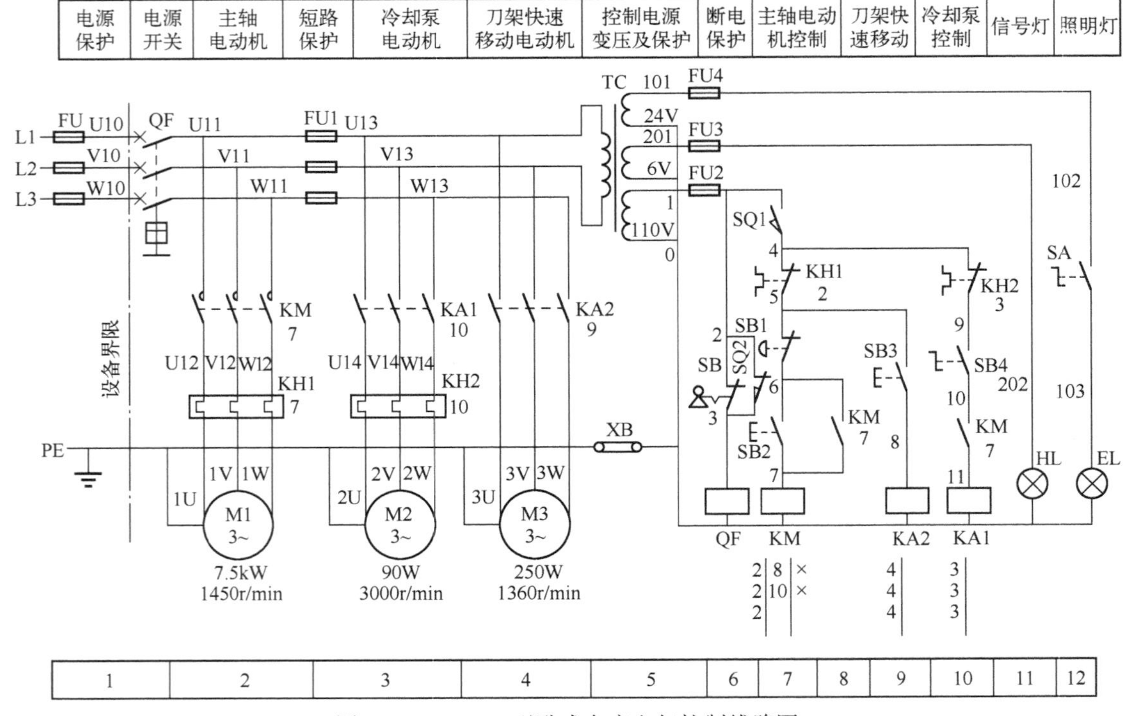

图 8-2　CA6140 型卧式车床电气控制线路图

表 8-2　CA6140 型卧式车床的电器元件明细表

符号	名　称	作　用	符号	名　称	作　用
M1	主轴电动机	主轴旋转及进给传动	FU2	熔断器	控制电路短路保护
M2	冷却泵电动机	提供冷却液	FU3	熔断器	信号灯电路短路保护
M3	快速移动电动机	带动溜板快速移动	FU4	熔断器	照明灯电路短路保护
KM	交流接触器	控制主轴电动机 M1	HL	信号灯	电源指示
KA1	中间继电器	控制冷却泵电动机 M2	SB1	停止按钮	控制主轴电动机 M1 停止
KA2	中间继电器	控制快速移动电动机 M3	SB2	启动按钮	控制主轴电动机 M1 启动
QF	低压断路器	总电源引入	SB3	点动按钮	控制快速移动电动机 M3
EL	照明灯	提供工作时局部照明	SB4	旋钮开关	控制冷却泵电动机 M2
SA	照明灯开关	控制照明灯	SB	钥匙开关	电源开关锁
KH1	热继电器	主轴电动机过载保护	SQ1	位置开关	挂轮架安全保护
KH2	热继电器	冷却泵电动机过载保护	SQ2	位置开关	电气箱打开断电安全保护
FU1	熔断器	电动机 M2、M3 短路保护	TC	控制变压器	提供照明灯安全电压、控制电路电压等

指点迷津：识读机床电气控制线路图的基本方法

识读机床电气控制线路图除上篇所介绍的绘制与识读电气控制线路图的一般原则外，还应注意以下几点：

(1) 机床电气控制线路图按电路的功能可分成若干个单元，并用文字将其功能标注在控制线路图上部的栏内，如图 8-2 所示的控制线路图按功能分为电源保护、电源开关、主轴电动机等 13 个单元。

(2) 在控制线路图的下部(或上部) 划分若干图区，并从左向右依次用阿拉伯数字编号标注在图区栏内。通常是一条回路或一条支路划分为一个图区。如图 8-2 所示的控制线路图中，共划分了 12 个图区。

(3) 控制线路图中，在每个接触器的线圈下方画出两条竖直线，分成左、中、右 3 栏，每个继电器的线圈下方画出一条竖直线，分成左、右两栏。将受其线圈控制而动作的触头所处的图区号填入相应的栏内，对备而未用的触头，在相应的栏内用记号“×”标出或不标出任何符号，如表 8-3 和表 8-4 所示。

表 8-3　接触器触头在控制线路图中位置的标记

栏　目	左　栏	中　栏	右　栏
触头类型	主触头所处的图区号	辅助常开触头所处的图区号	辅助常闭触头所处的图区号
举例 KM 2 | 8 | X 2 | 10 | X 2 | |	表示 3 对主触头均在图区 2	表示一对辅助常开触头在图区别 8，另一对常开触头在图区 10	表示 2 对辅助常闭触头未用

表 8-4　继电器触头在控制线路图中位置的标记

栏　目	左　栏	右　栏
触头类型	常开触头所处的图区号	常闭触头所处的图区号
举例 KA2 4 | 4 | 4 |	表示 3 对常开触头均在图区 4	表示常闭触头未用

(4) 控制线路图中触头文字符号下面用数字表示该电器线圈所处的图区号。如图8-2所示的控制线路图中，在图区 4 中有“$\frac{KA2}{9}$”，表示中间继电器 KA2 的线圈在图区 9 中。

1. 主电路分析

CA6140 型卧式车床电气控制线路中共有 3 台电动机，各电动机的控制和保护电器如表 8-5 所示。

表 8-5　主电路的控制和保护电器

名称与代号	作　用	控 制 电 器	过载保护电器	短路保护电器
主轴电动机 M1	带动主轴旋转、刀架进给运动	交流接触器 KM	热继电器 KH1	低压断路器 QF
冷却泵电动机 M2	供给冷却液	中间继电器 KA1	热继电器 KH2	熔断器 FU1
快速移动电动机 M3	带动刀架快速移动	中间继电器 KA2	无	熔断器 FU1

想一想

■ 快速移动电动机 M3 为什么不设过载保护?

2. 控制电路分析

该车床的电源由钥匙开关 SB 控制，将 SB 向右转动，再扳动断路器 QF 将三相电源引入。控制电路采用 110V 交流供电，是由 380V 交流电压经控制变压器 TC 降压而得，由熔断器 FU2 作短路保护。

(1) 断电联锁保护：钥匙开关 SB 和位置开关 SQ2 的常闭触头并联后与断路器 QF 的线圈串联。在正常工作时是断开的，QF 线圈不通电，断路器能合闸。打开配电壁龛门时，SQ2 闭合，QF 线圈获电，断路器 QF 自动断开，切断了整个控制线路的电源，达到安全保护的目的。

在正常工作时，位置开关 SQ1 的常开触头闭合。打开床头皮带罩后，SQ1 将断开，切断控制电路的电源，以确保人身和设备的安全。

想一想

■ 在什么条件下，低压断路器 QF 才能合上？

■ 钥匙开关 SB 没有插入钥匙并向右转动时，低压断路器 QF 能否合上？

■ 在车床正常工作时，若打开配电壁龛门，车床将会出现什么现象？

（2）主轴电动机 M1 的控制：按下启动按钮 SB2，接触器 KM 线圈通电，常开辅助触头闭合自锁（8 区），主触头闭合（2 区），主轴电动机 M1 启动，同时有一个辅助常开触头闭合（10 区），为 KA1 线圈得电做准备。按下停止按钮 SB1，接触器 KM 线圈断电，主触头断开，主轴电动机 M1 停转。

（3）冷却泵电动机 M2 的控制：本控制线路中，主轴电动机 M1 和冷却泵电动机 M2 采用控制电路顺序控制，只有当主轴电动机 M1 启动后，其辅助常开触头闭合（10 区），旋转旋钮开关 SB4，冷却泵电动机 M2 才能启动。当电动机 M1 停止时，冷却泵电动机 M2 自行停止。

指点迷津：电动机的顺序控制

在装有多台电动机的生产机械上，各电动机所起的作用是不同的，有时需按一定顺序启动或停止，才能保证操作过程的合理和工作的安全可靠。如 CA6140 型卧式车床、M7120 型平面磨床等生产机械上，要求主轴电动机启动后，冷却泵电动机才能启动。这种要求几台电动机的启动或停止必须按一定的先后顺序来完成的控制方式，称为电动机的顺序控制。

实现电动机的顺序控制方式有两种：一是主电路实现顺序控制，即将控制第二台电动机 M2 的接触器 KM2 的主触头接在控制第一台电动机 M1 接触器 KM1 的主触头下面，这样只有当 KM1 主触头闭合，电动机 M1 启动后，电动机 M2 才可能接通电源运转。二是控制电路实现顺序控制，其方法有多种，最常用的是在后启动电动机 M2 的控制电路中，串接一个先启动电动机 M1 的接触器 KM 的辅助常开触头，这样只有当接触器 KM 线圈得电，辅助常开触头闭合后，按后启动电动机 M2 的启动按钮，M2 才能启动。

在 CA6140 型卧式车床控制线路中，主轴电动机 M1 和冷却泵电动机 M2 就采用了在控制电路中串联接触器 KM 的辅助常开触头，保证了只有主轴电动机 M1 启动后，KM 的辅助常开触头闭合后，旋转旋钮开关 SB4 才能启动冷却泵电动机 M2。

（4）刀架快速移动电动机 M3 控制：刀架快速移动电动机 M3 的启动由安装在进给操作手柄顶端的按钮 SB3 控制，它与中间继电器 KA2 组成点动控制。刀架的前、后、左、右方向的改变，是由进给操作手柄配合机械装置来实现的。需要快速移动时，按下 SB3 即可。

3. 照明、信号电路分析

控制变压器 TC 的次级输出 24V、6V 电压，作为车床低压照明灯和信号灯的电源。EL 为车床的低压照明灯，由开关 SA 控制，照明灯 EL 的另一端必须接地，以防止照明变压器初级绕组和次级绕组之间发生短路时可能发生的触电事故，熔断器 FU4 是照明电路的短路保护电器。HL 为电源信号灯，采用 6V 交流电压供电，指示灯 HL 亮表示控制电路有电。

想一想

■ 控制电路中采用了哪些保护措施，是如何实现的？
■ 机床照明灯为什么要采用 24V 电压供电？安全电压的种类有哪些？
■ 照明灯的另一端为什么必须要接地？

技能训练场 27 CA6140 型卧式车床电气控制线路的安装与调试

1. 训练目标

会进行 CA6140 型卧式车床电气控制线路的安装与调试。

2. 训练过程

（1）在指导教师的指导下对 CA6140 型卧式车床进行操作，熟悉车床的主要结构和运动形式，了解车床的各种工作状态和操作方法。

（2）参照图 8-3、图 8-4 所示的 CA6140 型卧式车床电气布置图和电气接线图，熟悉车床电器元件的实际安装位置和走线情况，并通过测量等方法找出实际走线路径。

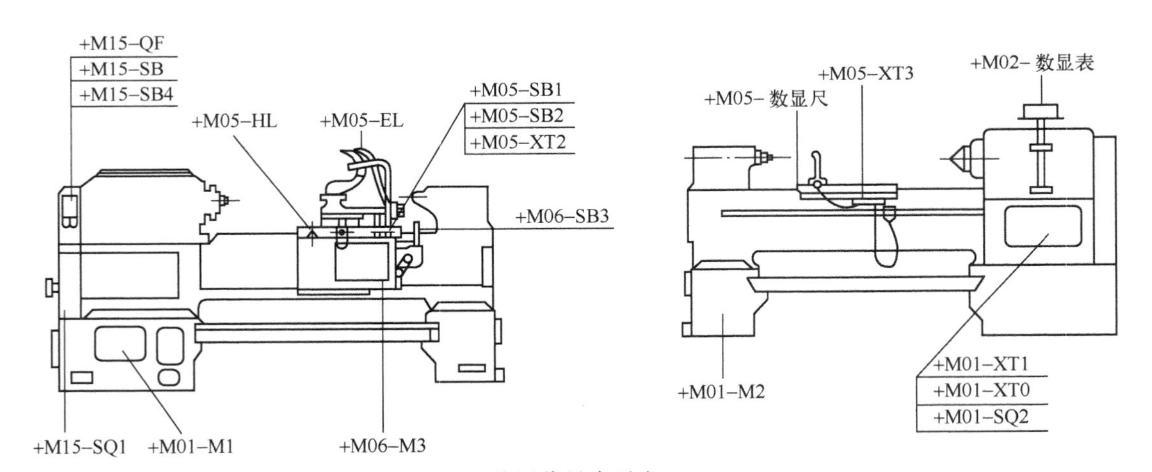

位置代号索引表

序号	部件名称	所安装的电器元件
1	床身底座	—M1、—M2、—XT0、—XT1、—SQ2
2	床鞍	—HL、—EL、—SB1、—SB2、—XT2、—XT3、数显表
3	溜板	—M3、—SB3
4	传动带罩	—QF、—SB、—SB4、—SQ1
5	床头	数显表

图 8-3 CA6140 型卧式车床电气布置图

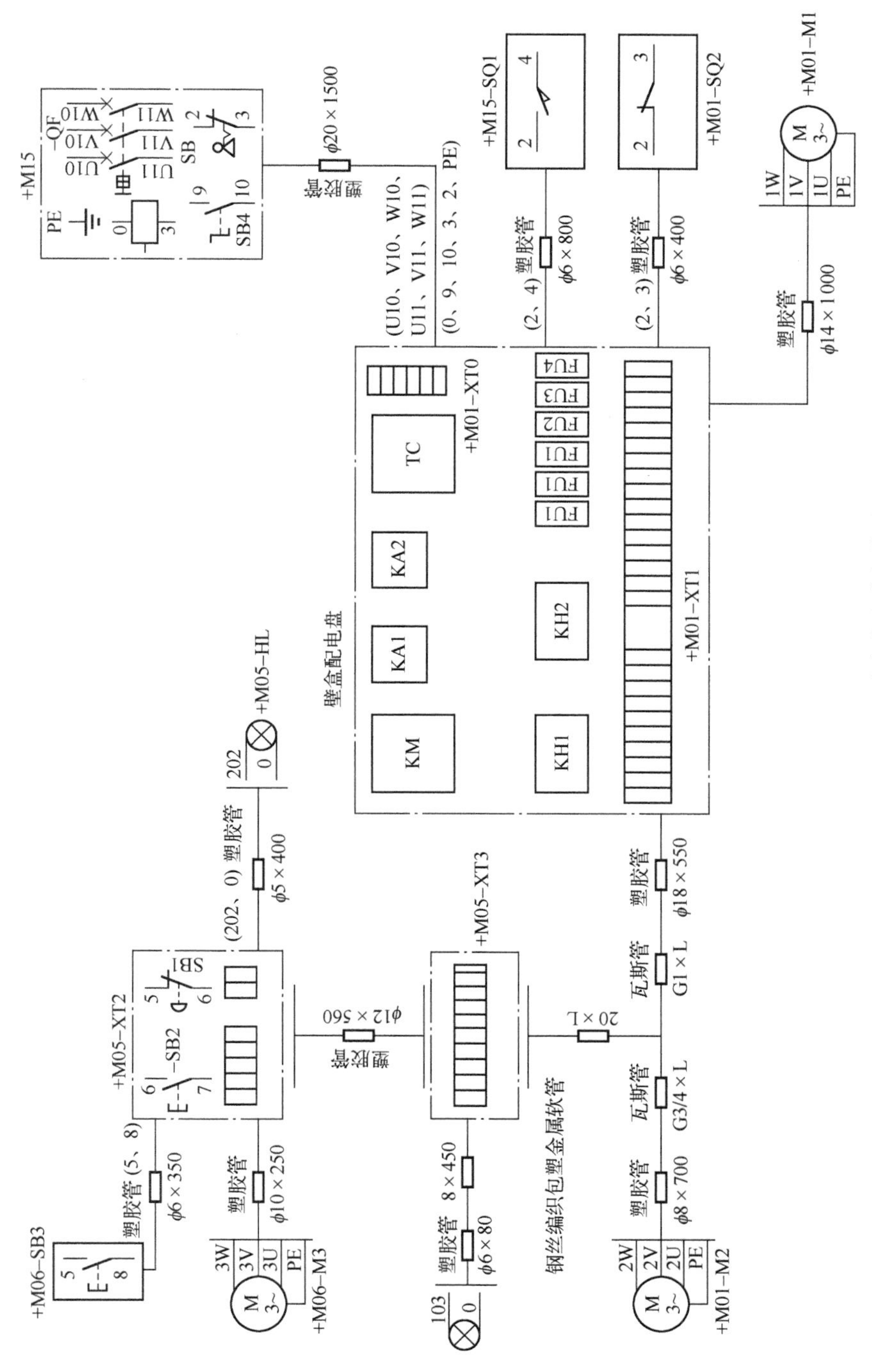

图 8-4　CA6140 型卧式车床电气接线图

（3）通过实测，列出 CA6140 型卧式车床的电器元件规格、型号填入表 8-6 中。

表 8-6　CA6140 型卧式车床的电器元件规格、型号表

符号	名　称	型　号	规　格	数量
M1	主轴电动机			
M2	冷却泵电动机			
M3	快速移动电动机			
KM	交流接触器			
KA1	中间继电器			
KA2	中间继电器			
QF	电源开关			
EL	照明灯			
SA	照明灯开关			
KH1	热继电器			
KH2	热继电器			
FU1	熔断器			
FU2	熔断器			
FU3	熔断器			
FU4	熔断器			
TC	控制变压器			
HL	信号灯			
SB1	停止按钮			
SB2	启动按钮			
SB3	点动按钮			
SB4	旋钮开关			
SB	钥匙开关			
SQ1	位置开关			
SQ2	位置开关			

（4）安装工具、仪器仪表及电器元件的配置。根据安装要求，学生自行配置安装所需的工具、仪器仪表及电器元件（包括控制线路板、各种规格的导线、紧固件、编码管等），并进行检验。

（5）安装与调试 CA6140 型卧式车床控制线路。

安装步骤及工艺要求如表 8-7 所示。

表 8-7　安装步骤及工艺要求

序号	安装步骤及工艺要求	备　注
1	对照电气控制线路图和实测的车床电器元件规格、型号，配齐所用的电器元件，并进行检查（电器元件的技术参数是否符合安装要求、有无缺陷、动作是否灵活）	若有缺陷，及时更换
2	根据电动机容量、线路走向及要求和各电器元件安装尺寸，正确选配导线规格、导线通道类型和数量、接线端子排型号及节数、控制板、管夹、紧固件等	

续表

序号	安装步骤及工艺要求	备 注
3	根据电气布置图，在控制线路板上安装电器元件、走线槽，贴上文字符号标签。 安装走线槽时应做到横平竖直、排列整齐匀称、安装牢固和便于走线等	
4	根据电气接线图，按板前行线槽布线工艺要求在控制线路板前布线和套编码管	
5	合理选择导线走向，做好导线通道的支持准备，并安装控制板外的所有电器元件	
6	进行控制板外部布线，并在导线线头套装与控制线路图相同线号的编码套管。对可移动的导线应放适当的余量，使金属软管在运动时不承受拉力，并按规定在通道内放好备用导线	
7	检查控制线路安装的正确性及接地通道是否具有连续性	通过目测，仪表检查
8	检查热继电器等的整定值是否符合要求。各级熔断器的熔体是否符合要求	
9	安装电动机，并检查是否按生产机械传动装置的连接要求连接	
10	连接电动机和所有电器元件金属外壳的保护接地线，并检查绝缘电阻	
11	清理安装现场，并再次检查安装质量	断电检查
12	交验	教师检查
13	通电试车： 通电试车时应遵守安全用电操作规程，由一人监护，一人操作。通电试车一般先不接电动机进行试车，以检测控制线路动作是否正常、三相交流异步电动机的电源电压是否平衡等；若正常，再接上电动机进行通电试车，检测电动机的三相电流是否平衡。 （1）通电试车须得到指导教师的同意，并由指导教师接通三相电源，同时在现场监护。 （2）观察电源指示灯、照明灯亮后，按生产机械的控制要求，有顺序地按下各类按钮，观察各电器元件的动作是否符合控制要求。 （3）试车中发现异常情况，应立即停车。 （4）当电动机运转平稳后，用钳形电流表检测电动机三相电流是否平衡。 （5）试车中出现故障时，应由学生独立进行检修。若需带电检查，则必须由指导教师在现场监护。 （6）通电试车完成后，应待电动机停转，再切断电源。然后拆除三相电源线，再拆除电动机电源线	由指导教师作监护，操作顺序必须符合机床正常操作的规范

3. 安装与调试注意事项

（1）不能漏接接地线，严禁采用金属软管作为接地通道。

（2）在控制板外部进行布线时，导线必须穿在导线通道内或在机床底座内的导线通道内，所有导线不允许有接头。

（3）通道内的所有导线均需套编码套管。

（4）在进行快速进给时，要注意将运动部件处于行程的中间位置，防止运动部件与车头或尾架相撞产生设备事故。

（5）在安装、调试过程中，工具、仪表的使用要符合规范。

（6）通电操作时，必须严格遵守安全用电操作规程。

4. 训练评价

训练评价标准如表 8-8 所示。

表 8-8 训练评价标准

项 目	评价要素	评价标准	配分	扣分
熟悉车床结构、运动形式、操作方法	(1) 熟悉车床结构 (2) 熟悉车床运动形式 (3) 会简单操作车床	(1) 车床主要结构不清 扣 2 分 (2) 车床运动形式不清 扣 2 分 (3) 不会操作车床 扣 3 分	5	
实测电气布置、接线、走线及电器元件规格与型号	(1) 识读车床电气布置图 (2) 识读车床电气接线图 (3) 熟悉车床走线通道 (4) 实测车床电器元件规格与型号	(1) 车床电器元件位置不清 每个扣 1 分 (2) 车床电气接线不清 每处扣 1 分 (3) 车床走线通道不清 每处扣 1 分 (4) 电器元件规格与型号不清 每个扣 0.5 分	15	
工具、仪表、器材选用	(1) 工具、仪表选择合适 (2) 电器元件选择正确 (3) 工具、仪表使用规范	(1) 工具、仪表少选、错选或不合适 每个扣 2 分 不会用钳形电流表测量电动机的电流 扣 3 分 (2) 选错电器元件型号和规格 每个扣 2 分 (3) 选错电器元件数量或型号规格不齐全 每个扣 1 分 (4) 工具、仪表使用不规范 每次扣 2 分	15	
装前检查	(1) 检查电器元件外观、附件、备件 (2) 检查电器元件技术参数	(1) 漏检或错检 每件扣 1 分 (2) 技术参数不符合安装要求 每件扣 2 分	5	
安装布线	(1) 电器元件固定 (2) 布线规范、符合工艺要求 (3) 接点符合工艺要求 (4) 套装编码套管 (5) 接地线安装规范	(1) 电器元件安装不牢固、不正确 每只扣 2 分 (2) 电器元件安装不整齐、不匀称、不合理 每只扣 2 分 (3) 不按电气布置图安装器件 每只扣 3 分 (4) 行线槽安装不符合要求 每处扣 3 分 (5) 损坏电器元件 每只扣 15 分 (6) 不按控制线路图接线 扣 15 分 (7) 布线不符合要求 每处扣 1 分 (8) 接点松动、露铜过长、反圈等 每处扣 1 分 (9) 损伤导线绝缘层或线芯 每根扣 1 分 (10) 漏装或套错编码套管 每个扣 0.5 分 (11) 漏接接地线 扣 10 分	30	
通电试车	(1) 熔断器熔体配装合理 (2) 热继电器整定电流整定合理 (3) 验电操作符合规范 (4) 通电试车操作规范 (5) 通电试车成功	(1) 配错熔体规格 每只扣 3 分 (2) 热继电器整定电流整定错误 扣 3 分 不会整定 扣 5 分 (3) 验电操作不规范 扣 5 分 (4) 通电试车操作不规范 扣 5 分 (5) 通电试车不成功 每次扣 10 分	30	
技术资料归档	技术资料完整并归档	技术资料不完整或不归档 酌情扣 3 ~ 5 分		
安全文明生产	要求材料无浪费，现场整洁干净，废品清理分类符合要求；遵守安全操作规程，不发生任何安全事故。违反安全文明生产要求，酌情扣 5 ~ 40 分，情节严重者，可判本次技能操作训练为零分，甚至取消本次实训资格			
定额时间	12h，每超时 5 分钟（不足 5 分钟以 5 分钟计）扣 5 分，但不得超时 30 分钟以上			
备注	除定额时间外，各项目的最高扣分不应超过配分数			

开始时间		结束时间		实际时间		成绩	

学生自评：

学生签名： 年 月 日

教师评语：

教师签名： 年 月 日

 任务 3　CA6140 型卧式车床电气控制线路的检修

CA6140 型卧式车床电气控制线路常见故障及处理方法如表 8-9 所示。

表 8-9　CA6140 型卧式车床电气控制线路的常见故障及处理方法

故障现象	可能原因	处理方法
低压断路器 QF 合不上	（1）配电盘壁龛门没有合上（SQ2 不能压合）或 SQ2 触头粘连 （2）钥匙式电源开关未转到 SB 断开位置	（1）关好配电盘壁龛门或更换 SQ2 （2）将 SB 转到断开位置
电源指示灯不亮	（1）灯泡烧坏 （2）熔断器 FU3 熔体熔断 （3）控制变压器 TC 损坏	（1）更换灯泡 （2）按要求更换熔体 （3）更换控制变压器 TC
照明灯不亮	（1）灯泡损坏 （2）照明开关 SA 损坏 （3）熔断器 FU4 熔体已烧断 （4）控制变压器 TC 损坏	（1）更换灯泡 （2）更换照明开关 SA （3）更换熔断器 FU4 熔体 （4）更换控制变压器 TC
电源指示灯亮，但电动机均不能启动	（1）FU2 熔断器熔体熔断或接触不良 （2）皮带罩没有关好，位置开关 SQ1 没有压合 （3）位置开关 SQ1 触头接触不良	（1）更换熔体或拧紧 （2）关好皮带罩，使 SQ1 压合 （3）更换位置开关 SQ1
按下启动按钮 SB2，电动机发出“嗡嗡”的声音，但不能启动运转	（1）熔断器 FU 中 L3 相熔体烧断 （2）接触器 KM 有一对主触头接触不良 （3）电动机接线有一处断线 （4）电动机绕组一相断线 （5）热继电器的热元件有一相断开	（1）更换熔体 （2）更换接触器 KM （3）接好断线 （4）更换电动机 （5）更换热继电器
主轴电动机 M1 只能点动	（1）接触器 KM 的自锁触头接触不良 （2）接线断开	（1）检查自锁触头，必要时更换 KM （2）接好断线
按下停止按钮 SB1，主轴电动机 M1 不能停止	（1）接触器 KM 主触头熔焊或机械卡阻 （2）停止按钮 SB1 常闭触头断不开	（1）更换 KM 或检修机械卡阻原因 （2）检查或更换停止按钮 SB1
冷却泵电动机 M2 不能启动	（1）主轴电动机没有启动 （2）旋钮开关 SB4 触头损坏 （3）热继电器 KH2 已动作或常闭触头损坏 （4）中间继电器 KA1 触头损坏或线圈断开 （5）电动机 M2 损坏	（1）启动主轴电动机 （2）更换 SB4 （3）将热继电器 KH2 复位或更换 KH2 （4）更换中间继电器 KA1 （5）更换电动机 M2
快速移动电动机 M3 不能启动	（1）按钮 SB3 触头损坏 （2）中间继电器 KA2 触头损坏或线圈断开 （3）快速移动电动机 M3 损坏	（1）更换按钮 SB3 （2）更换中间继电器 KA2 （3）更换快速移动电动机 M3

技能训练场 28　CA6140 型卧式车床电气控制线路常见故障的检修

1. 训练目标

能正确分析 CA6140 型卧式车床电气控制线路常见故障，会正确检修排除故障。

2. 检修工具、仪器仪表及技术资料

（1）检修用工具、仪器仪表由学生自行选配，并进行检验。

（2）检修用技术资料：主要包括与CA6140型卧式车床相配套的电气控制线路图、电气布置图、电气接线图、检修记录单及机床其他相关技术资料。

3. 检修步骤及工艺要求

机床电气控制线路检修前，必须在操作人员的指导下对机床进行操作，了解机床的各种工作状态及操作方法，切不可自行操作，以防操作不当，引起机械设备损坏。

机床电气故障的设置必须是模拟机床受外界影响而造成的自然故障；设置故障时不能更改线路或更换电器元件等由于人为原因而产生的非自然故障；故障设置应尽量不采用会引起人身安全或设备重大故障的故障。一般由指导教师在电气控制线路上设置3～5处故障点。

（1）在指导教师的指导下，根据车床电气布置图和电气接线图，熟悉车床各电器元件的分布位置和走线情况。

（2）用试验法观察故障现象：主要观察电动机、接触器、继电器等动作情况，若发现异常，应及时切断电源检查。

（3）用逻辑分析法缩小故障范围，并在控制线路图中标出故障的最小范围。

（4）用测量法等检测方法正确、迅速地找出故障点。（测量方法由学生选择）

（5）根据故障点的不同情况，采取正确的修复方法，迅速排除故障。

（6）故障排除后再通电试车。

（7）检修结束后，应填写检修记录单，做好检修记录，如表8-10所示。

表8-10 机床电气检修记录单 ______号

设备型号		设备名称		设备编号	
故障日期		检修人员		操作人员	
故障现象					
故障原因分析					
故障部位					
引起故障原因					
故障修复措施					
负责人评价	负责人签字：　　年　月　日				

4. 注意事项

（1）要熟悉机床电气控制线路中各个基本环节的作用及控制原理。

（2）观察故障现象应认真仔细，发现异常情况应及时切断电源，并向指导教师报告。

（3）工具、仪器仪表使用要正确规范。

（4）故障分析思路、方法要正确、有条理，应将故障范围尽量缩小。

（5）停电要验电，带电检修时，必须有指导教师在现场监护，并应确保用电安全。
（6）检修时不得扩大故障范围或产生新的故障点。
（7）检修结束时，应整理技术资料并归档。

5. 训练评价

训练评价标准如表 8-11 所示。

表 8-11　训练评价标准

项　目	评 价 要 素	评 价 标 准				配分	扣分
调查研究	正确了解故障现象	（1）故障现象不正确　每个扣 5 分 （2）故障现象描述有误　每个扣 3 分				20	
工具、仪器仪表、器材选择与使用	（1）正确选择所需的工具、仪表及检修器材 （2）工具、仪表使用规范	（1）选择不当　每件扣 2 分 （2）工具、仪表使用不规范　每次扣 3 分 （3）损坏工具、仪表　扣 15 分				15	
故障分析与检查	（1）故障分析思路清晰 （2）故障检查方法正确、规范 （3）故障点判断正确	（1）故障分析思路不清晰　扣 10 分 （2）故障检查方法不正确、不规范　每个扣 15 分 （3）故障点判断错误　每个扣 10 分				30	
故障排除	（1）停电验电 （2）排故思路清晰 （3）正确排除故障 （4）通电试车成功	（1）停电不验电　扣 5 分 （2）排故思路不清晰　每个故障点扣 5 分 （3）排故方法不正确　每个故障点扣 5 分 （4）不能排除故障　每个故障点扣 10 分 （5）通电试车不成功　扣 25 分				30	
技术资料归档	（1）检修记录单填写 （2）技术资料完整并归档	（1）检修记录单不填写或填写不完整　酌情扣 3 ~ 5 分 （2）技术资料不完整或不归档　酌情扣 3 ~ 5 分				5	
其他	（1）检修过程中不出现新故障 （2）不损坏电器元件	（1）检修时产生新故障不能自行修复　每个扣 10 分 产生新故障能自行修复　每个扣 5 分 （2）损坏电动机、电器元件　扣 10 分 注：本项从总分中总分中扣除					
安全文明生产	要求材料无浪费，现场整洁干净，废品清理分类符合要求；遵守安全操作规程，不发生任何安全事故。违反安全文明生产要求，酌情扣 5 ~ 40 分，情节严重者，可判本次技能操作训练为零分，甚至取消本次实训资格						
定额时间	60 分钟，每超时 5 分钟（不足 5 分钟以 5 分钟计）扣 5 分						
备注	除定额时间外，各项目的最高扣分不应超过配分数						
开始时间		结束时间		实际时间		成绩	
学生自评： 学生签名：　　　年　月　日							
教师评语： 教师签名：　　　年　月　日							

阅读材料 8　工厂电气控制设备检修要求与方法

一、工厂电气控制设备检修要求

工厂电气控制设备发生故障时，检修人员应能够及时、熟练、准确、迅速、安全地查出故障，并加以排除，使生产机械能够正常运行。对工厂电气控制设备检修的一般要求有：

（1）采用的检修步骤和方法必须正确、切实可行。

（2）不得随意更换电器元件及连接导线的型号与规格，不得损坏电器元件。

（3）不得善自更改线路。

（4）电气设备的各种保护性能、绝缘电阻等必须达到设备出厂前的要求。达到设备外观整洁，无破损；各种操纵机构、复位机构必须灵活可靠；各种整定参数值符合电路使用要求；指示装置能正常发出信号等。

二、工厂电气控制设备检修的一般方法

工厂电气控制设备的检修包括日常维护保养和故障检修两个方面。

1. 工厂电气控制设备的日常维护和保养

加强对工厂电气控制设备的日常检查、维护、保养，要做到“四勤”——勤巡视、勤听、勤闻、勤摸，这样能及时发现一些非正常现象，并给予及时的修复或更换处理，可以将故障消灭在萌芽状态，达到防患于未然，使工厂电气控制设备少出甚至不出故障，达到设备的正常运行。

工厂电气控制设备的日常检查、维护、保养主要内容如表 8-12 所示。

表 8-12　工厂电气控制设备的日常检查、维护、保养主要内容

项　目	日常检查、维护、保养主要内容
电动机的日常检查、维护与保养	（1）保持电动机表面清洁，进、出风口保持通畅无阻，没有异物进入电动机内部。 （2）经常检查运行中的电动机负载电流是否正常，特别是三相电压、电流是否平衡，三相电压、电流中任何一相与其三相平均值相差不能超过 10%。 （3）经常检查电动机的绝缘电阻，额定电压为 380V 的三相交流异步电动机及各种低压电动机的绝缘电阻不得低于 0.5MΩ，高压电动机定子绕组绝缘电阻为 1MΩ/kV，转子绕组绝缘电阻不得低于 0.5MΩ。若发现电动机绝缘电阻不符合要求，应采取措施处理，使其符合要求才能继续使用。 （4）经常检查电动机的接地装置，使之保持牢固可靠。 （5）经常检查电动机的温升是否正常，振动、噪声是否正常，有无异味、冒烟、转动困难，电动机轴承是否过热、润滑脂是否正常等情况，一旦发现异常，应立即停止运行并检修。 （6）对绕线转子异步电动机还应检查电刷与滑环之间的接触压力、磨损及火花情况等。 （7）对直流电动机应检查换向器表面是否光滑圆整，有无机械损坏或火花灼伤等。 （8）检查机械传动装置是否正常，联轴器、带轮或传动齿轮是否跳动。 （9）检查电动机的引出线绝缘是否良好、连接是否可靠

续表

项　目	日常检查、维护、保养主要内容
电气控制设备的日常检查、维护和保养	（1）电气柜的门、盖、锁及门框四周的耐油密封垫应良好。 （2）操纵台上的所有操纵按钮、主令开关的手柄、信号灯及仪表保护罩等应保持清洁。 （3）检查接触器、继电器等电器元件的触头系统吸合是否良好，有无异常噪声、卡阻或迟滞现象，触头表面有无烧蚀、毛刺或穴坑；电磁线圈是否过热；各种弹簧的弹力是否适当；灭弧装置是否完好无损等。 （4）检查位置开关能否起到位置保护作用。 （5）检查各电器的操作机构是否灵活可靠，有关整定值是否符合要求。 （6）检查各线路接头与端子排的连接是否可靠，各种部件之间的连接线、电缆或保护导线的软管不得被冷却液等腐蚀，管接头处不得产生脱落或散头等现象。 （7）检查电气柜及导线通道的散热情况是否良好，各类指示信号和照明装置是否完好等
电气控制设备的维护和保养周期	对电气柜内的电器元件，一般不经常进行开门监护，主要依靠定期维护和保养来实现电气设备较长时间的安全稳定运行。其维护和保养周期，可根据电气设备的结构、使用频率、环境条件等确定。一般可采用配合生产机械的一、二级保养同时进行。 一级保养时间一般为一季度一次，二级保养一般为一年一次

2. 工厂电气控制设备电气故障的一般检修方法

工厂电气控制设备电气故障的一般检修方法如下。

1）故障检修前的调研

当工厂电气控制设备发生故障后，不能盲目动手检修。应通过问、看、听、摸、闻等手段来了解故障前后的操作情况和故障发生后出现的异常现象，以便根据故障现象判断出故障发生的部位，进而准确地排除故障。详见课题 2 阅读材料 5。

2）用逻辑分析法确定并缩小故障范围

对发生故障的电气控制设备，不可能对其控制线路进行全面检查。检修时，可以根据电气控制线路图，采用逻辑分析法，对故障现象进行具体分析，划出故障可能的范围。通常是先从主电路入手，分析与电动机有关的控制电器；然后根据电动机主电路所用的电器元件，找到相应的控制电路。在此基础上，结合故障现象和线路的工作原理，进行认真分析排查，确定故障的范围。

对比较熟悉的电气控制线路，可不必按部就班逐级检查，可在故障范围内的某个中间环节先进行检查，查明故障原因，提高检修速度。

3）进行必要的外观检查

在确定故障范围后，可对该范围内的所有电器元件、连接导线等进行外观检查。如对熔断器的熔体、接触器的线圈、位置开关的安装位置等进行必要的检查。

4）用试验法进一步缩小故障范围

当外观检查不能发现故障部位时，可根据故障现象，结合电气控制线路图分析故障原因，在不扩大故障和保证安全的前提下，进行直接通电试验或切断负载通电试验，以分清故障可能是电气部分还是机械部分等其他部分；是在电动机上还是在控制板上；是在主电路还是在控制电路上。

一般情况下，先检查控制电路，其方法是：操作某一只按钮或开关时，控制线路中有关的接触器、继电器应按规定的动作顺序动作。若依次动作到某一电器元件时，发现动作不符合要求，即说明该电器元件或与其相关的电路有故障。再在此电路中进行逐项分析和检查，一般就能发现故障。当控制电路的故障排除后，再接通主电路，检查控制电路对主电路的控制效果，观察主电路的工作情况有无异常等。

在通电试验时，必须注意人身安全和设备安全。要遵守安全用电操作规程，不得随意触及带电部分，要尽可能切断电动机主电路电源，只在控制电路带电的情况下进行检查；如需电动机运转，则应使电动机在空载下运行，以避免生产机械的运动部分发生误动作和碰撞；要暂时隔断有故障的主电路，以防故障扩大，并预先充分估计到局部线路动作后可能发生的不良后果。

5）用测量法确定故障点

所谓测量法，就是运用常用的电工仪器仪表（如万用表、钳形电流表、兆欧表、测电笔等）对电路进行带电或断电测量，根据所测得的电压、电流、电阻等参数，来判断电器元件的好坏和线路的通断等情况。

除了课题2中所介绍的电阻测量法和课题3中所介绍的电压测量法外，还有短接法等。下面介绍短接法确定电气控制线路故障点的方法与步骤。

因为机床电气控制线路的常见故障是导线断开、触头接触不良、熔断器开路等故障，对此类故障，可用一根绝缘硬导线将所怀疑的断路点短接，若短接后电路接通，则说明该处断路。短接法有局部短接法和长短接法两种。下面以CA6140型卧式车床主轴电动机控制线路故障为例进行说明。

（1）局部短接法。按下启动按钮SB2，若接触器KM不能吸合，说明主轴电动机控制电路有故障。其检查方法如图8-5所示。

检查前，先用万用表测量0和1号点之间的电压是否为110V。若正常，可用一根绝缘良好的硬导线分别短接1－2、2－4、4－5、5－6、6－7相邻两点。当短接到某点时，接触器KM吸合，说明断路故障在这两点之间。注意不能短接1－0和7－0之间，以防电路短路。其故障判断结果如表8-13所示。

表8-13　用局部短接法查找故障点

故障现象	短接点标号	电路状态	故障点
按下SB2，接触器KM不吸合	1－2	KM吸合	熔断器FU2熔断或接触不良
	2－4	KM吸合	位置开关SQ1触头接触不良
	4－5	KM吸合	热继电器KH1常闭触头接触不良
	5－6	KM吸合	停止按钮SB1常闭触头接触不良
	6－7	KM吸合	启动按钮SB2常开触头接触不良

（2）长短接法。长短接法是用一根绝缘硬导线一次短接一个或多个触头来检查故障。以图8-6所示的CA6140型卧式车床主轴电动机控制线路故障为例进行分析。

如怀疑FU2熔体熔断、SQ1的常开触头接触不良时，可将1-4两点间用绝缘硬导线短接，如KM能吸合，则说明KM线圈正常，故障点可缩小到在1-4号点之间的电路上；然后再用局部短接法短接1-2、2-4等点，最后确认故障点。所以长、短接法结合使用，可以较迅速地查找到故障点。

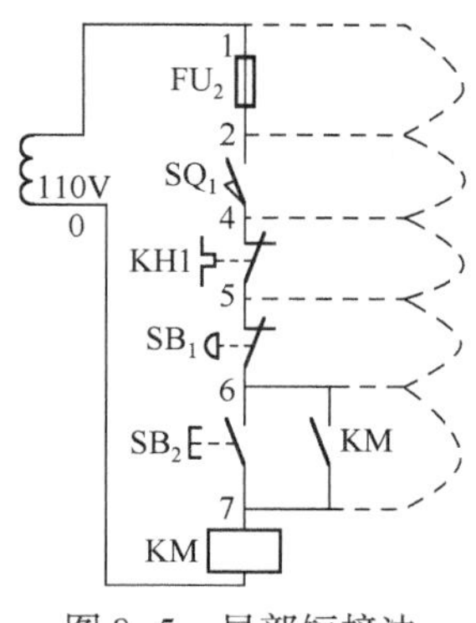

图 8-5　局部短接法

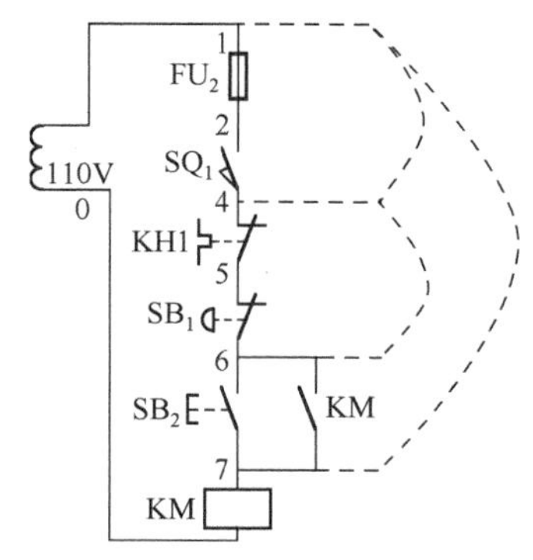

图 8-6　长短接法

指点迷津：用短接法检查故障时的注意事项

（1）用短接法检测时，是用手拿着绝缘硬导线带电操作，所以要严防发生触电事故。

（2）短接法一般只适用于压降较小的导线及触头之类的断路故障检查，不能在主电路中使用。对于压降较大的电器，如电阻、线圈、绕组等断路故障，切不能用短接法，否则会出现短路故障。

（3）必须保证生产机械电气和机械部件不会出现事故的情况下才能使用。

6）检查是否存在机械、液压等故障

由于许多电器元件的动作是由机械或液压来推动的，或与它们有密切关系，所以在检修电气故障的同时，应检查、调整和排除机械、液压部分的故障或与机修工配合完成。

7）检修后的善后工作

当故障排除后，就应做修复、试运转、故障记录等善后工作。

（1）不仅要查出故障点、排除故障，还应查明产生故障的原因，然后将故障的原因排除，并采取有效的措施，以免以后产生类似的故障。

（2）检修时，不能改动控制线路或更换不同规格的电器元件，以防止产生人为故障。

（3）试运行时，应与操作工配合完成。

（4）每次排除故障后，应及时总结经验，并做好故障记录。

阅读材料 9　电气控制设备检修时的安全操作规范

在检修电气控制设备时，若不遵守安全操作规范，容易造成电气控制设备损坏，甚至发生人身伤害事故。因此，必须遵守下面的安全操作规范。

1. 检修要停电，带电检修必须有监护人

检修电气控制设备必须在停电的条件下进行，单人检修，严禁带电作业。不得不带电作业时，检修人员除保持与带电体和大地之间良好的绝缘外，还必须有专业人员监护，随时提醒、制止作业人员的不安全行为。同时带电检修应特别注意防止短路。在检修或测量靠得很近的接

线端子时，必须特别小心，防止短路。因为靠得很近的接线端子，电位是不同的，测量检修时稍不小心，就会造成短路事故。检修时一般眼睛离检修部位很近，一旦发生短路事故，飞溅的短路电火花极易伤害眼睛。另外，短路还会使某些元件的使用寿命缩短甚至烧坏。

2. 检修人员必须熟悉电气控制设备的电气控制线路的工作原理

电气控制设备检修是一项实践性很强的工作，提倡敢于实践，但又坚决反对盲目动手。检修人员必须熟悉电气控制线路的基本原理。

3. 检修人员要掌握一般检修方法，合理选择元件

对于电气控制线路较简单的电气控制设备，由于电器元件个数和导线根数很少，一目了然，发生故障后，可采用逐个电器、逐根导线依次检查的方法，找出故障部位。但是对于控制线路较复杂的电气控制设备，很难采用上述方法来检查电气故障。这时检修人员必须在熟悉和理解其电气控制线路工作原理的前提下，根据故障的性质和具体情况灵活运用各种方法。例如，断电检查多采用万用表测量电阻的方法、通电检查多采用测量电压和电流法，其他方法还有直观观察法、短接法等，必要时各种方法交叉使用，才能迅速有效地找出故障点。找出故障点后，一定要针对不同的故障情况和部位采取正确的修复方法，不要轻易采用更换电器元件和补线等方法，更不允许轻易改动控制线路或更换规格不同的电器元件，以防止产生人为故障。需要更换电器元件的，要合理选择，切不能图方便而以大代小，更不可以小代大，以保证电路性能正常和工作安全可靠。

4. 检修用照明灯应使用安全电压

检修电气控制设备时，使用的照明灯电压应采用36V及以下安全电压，灯头应有护罩，严禁使用高于36V的电压。同时检修人员还应特别注意，使用安全电压也不是绝对的安全。国家标准规定：当电气设备采用了超过24V的安全电压时，必须采取防直接接触带电体的保护措施。

5. 有储能元件的电路停电后一定要放电

凡是有储能元件的电路检修前要放电。例如，电容器会储存一定的电荷，使其在刚断开电源后尚保留一定的时间。当人体接触时，残余电荷会通过人体而放电，形成电击。因此，凡是有储能元件的电路，从电网切断后要进行放电，放电时间要大于5倍的时间常数。

6. 使用吊装工具注意安全

电气控制设备检修有时需要使用吊装工具，使用吊装工具时必须注意安全。使用前，先检查设备是否良好，使用时不准超负荷起吊，不准歪拉斜吊，吊装过程中，吊物下严禁站人。

7. 设计或改装控制线路必须满足以下要求

检修时，一般不允许擅自改动控制线路。若改动线路，必须满足以下要求：一是在同一条线路中，不允许串联两只及以上电器的吸引线圈。因为对交流接触器或中间继电器来说，只要有一只电器动作，它的线圈电感就增大，电压降自然也要增大。两只及以上线圈串联

后，便使电压达不到使其动作所需求的电压，也就不能保证安全可靠地工作。二是线路中尽量避免多只电器依次动作后，才能接通另一只电器的控制电路。如对于中间继电器，凡能不要的就不要。因中间继电器越多，控制线路越复杂，不但费用高，而且会使检修不便，很容易出现差错。三是设计或改装控制线路时，要尽量减少连接线的根数和长度。即要尽量减少两根导线并联和往复走线的现象。

8. 检修时应在消除产生故障的原因后再更换损坏元件

在找出故障点和修复故障时，应注意不能把找出故障点作为寻找故障的终点，还必须进一步分析调查产生故障的根本原因。例如，在处理某台电动机烧毁故障时，决不能错误地认为，只要将烧毁的电动机重新修复或换上一台同型号的新电动机就算完事，而应进一步查明电动机过载的原因，到底是因为负载过重，还是电动机选择不当、功率过小所致，因为两者都将导致电动机过载。所以在处理这类故障时，必须在找出故障原因并排除后再更换新电器。

9. 检修后各种保护性能必须满足安全要求

检修后的电气控制设备，各种保护装置的性能必须满足使用时的安全要求。在检修过程中，对电气控制设备的各种保护装置应予高度重视，特别是短路、过载和联锁保护，千万不能马虎疏忽。对短路和过载保护严禁以大代小，以确保电路、设备出现故障后，可靠动作，确保电路、电动机安全。

10. 拆装电动机等设备应使用专用工具

拆装电动机端盖、皮带轮、轴及轴承时，应用铜棒、木榔头、拉钩等专用工具，不准直接用铁锤、扁铲等敲打。

11. 修理后的电气控制设备要达到质量标准

电气控制设备检修后，应尽量使其复原。但有时为了不影响生产，要尽快恢复工作机械的正常运行，常常采取一些适当的、临时性应急措施，但采取的应急措施，绝不允许凑合行事，且事后及时将其复原。电气控制设备检修完毕试车前，检修人员应仔细检查，要求修理后的电气控制设备必须达到以下要求：绝缘电阻合格；线头不露毛刺，并用编码管写出编号；所有的接头应拧紧；外观整洁，无破损和碳化；所有触头完整、光洁、接触良好；压力弹簧和反作用力弹簧有足够弹力；操纵、复位机构灵活可靠；各种衔铁运动灵活，无卡阻；灭弧罩完整、清洁，安装牢固；整定数值大小符合电路要求；指示装置能正常发出信号等。

12. 排除故障后必须通电试车

电气控制设备故障修复完毕，必须在操作者的配合下，通电试车。试车前应采取安全措施，认真检查机械部分各限位器、零压、弱磁、过压、过流继电器等是否安全可靠。试车时，应注意观察电动机转向、声音、温度等是否正常；控制线路的各种功能，控制环节的动作程序是否符合要求。工作人员要避开联轴节等的旋转部位，以确保人身安全。

13. 文明检修，预防火灾

整个检修工作结束后，要清点使用的工具，防止遗漏在设备内。最后清理设备上的污垢、杂物、打扫好卫生，断开电源，消除火源后，方可离开现场。检修人员要特别注意：在用汽油清洗电气设备零件时，严禁动用明火及防止产生静电火花。

14. 注意积累检修经验

每次检修结束后，应及时总结经验，并做好检修记录。

阅读材料10 CA6140型卧式车床电气控制线路典型故障检修方法和步骤

为了安全生产和安全检修，CA6140型卧式车床由于设置了配电盘壁龛门位置开关SQ2和床头皮带罩位置开关SQ1，所以当需要带电检修或打开皮带罩试车时，应做好相应的安全预防措施，否则不得进行检修和试车。在带电检修时，可将位置开关SQ2的传动杠拉出，使低压断路器QF能够合上，以保证车床能够通电。关上壁龛门后，SQ2恢复原保护作用。

下面以主轴电动机不能启动为例介绍常见电气故障的检修方法和步骤。

1. 主轴电动机不能启动、接触器KM吸合故障的检修方法与步骤

主轴电动机M1不能启动，在确保安全的前提下，可打开配电盘壁龛门，将位置开关SQ2的传动杠拉出，再合上电源开关QF，按下启动按钮SB2，观察接触器KM能否吸合，若KM吸合，则故障必然发生在主电路中，可按下列步骤检修。

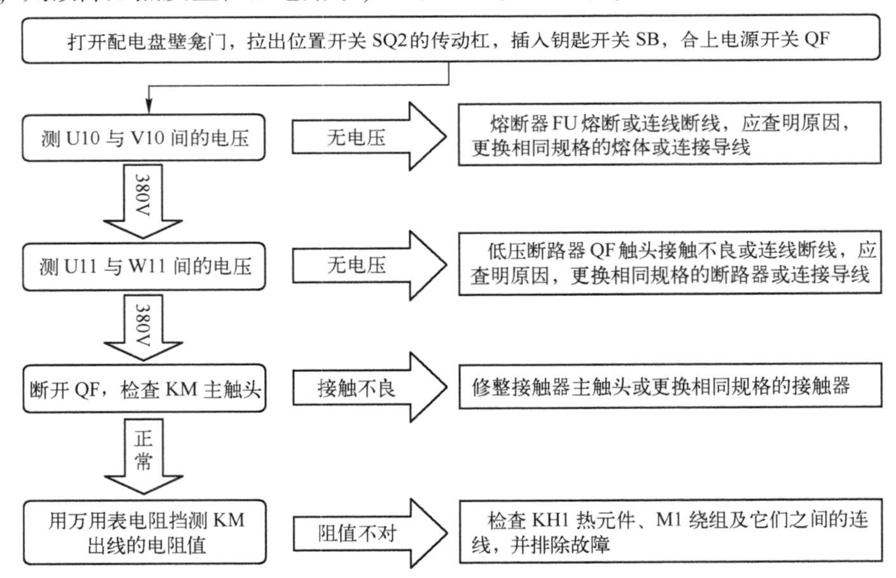

2. 主轴电动机不能启动、接触器KM不吸合故障的检修方法与步骤

合上电源开关QF，按下启动按钮SB2，观察到KM不能吸合，则故障必然发生在控制电路中，可按下列步骤检修。

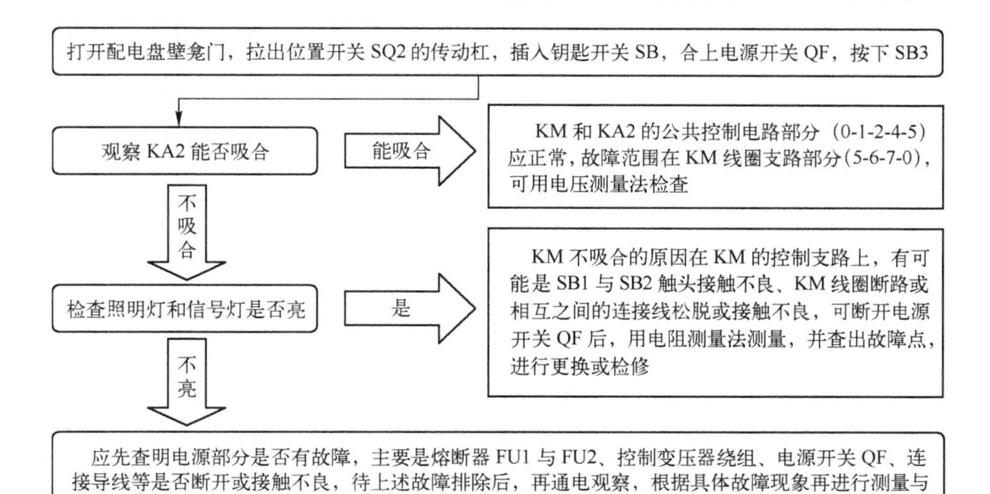

思考与练习

一、单项选择题（在每小题列出的四个备选答案中，只有一个是符合题目要求的）

1. CA6140 型卧式车床从________考虑，主轴电动机不进行电气调速控制。（　　）

A. 经济性，可靠性　　B. 可行性

C. 安全性　　D. 经济性

2. CA6140 型卧式车床主轴电动机采用的启动方式是（　　）

A. Y—△降压启动　　B. 串电阻降压启动

C. 直接启动　　D. 反接启动

3. CA6140 型卧式车床主轴电动机 M1 与冷却泵电动机 M2 的启动与停止顺序是（　　）

A. 同时启动，同时停止

B. 顺序启动，同时停止

C. 顺序启动，逆序停止

D. 顺序启动，M2 可单独停止或 M1、M2 同时停止

4. CA6140 型卧式车床电源开关 QF 合闸的条件是（　　）

A. SB 触头闭合　　B. SQ2 触头闭合

C. SB、SQ2 触头全部断开　　D. SQ2 触头断开

5. CA6140 型卧式车床，按下启动按钮 SB2 时，主轴电动机不能启动，下列描述不可能是故障原因的是（　　）

A. SB1 常闭触头接触不良　　B. SB2 常开触头不能闭合

C. SB3 常开触头不能闭合　　D. 交流接触器 KM 线圈断路

6. CA6140 型卧式车床控制电路的电压是（　　）

A. 交流 24V　　B. 交流 36V

C. 交流 110V　　D. 交流 380V

7. CA6140 型卧式车床控制线路图中，TC 是（　　）

A. 升压变压器　　B. 隔离变压器

C. 整流变压器　　D. 控制变压器

8. CA6140 型卧式车床，按下启动按钮 SB4，冷却泵电动机不能启动，不可能的原因是（　　）

A. SB4 常开触头不能闭合　　B. 10 与 11 线号间 KM 常开触头断开

C. 热继电器 KH2 常闭触头断开　　D. 位置开关 SQ1 常开触头不闭

9. CA6140 型卧式车床控制线路中，位置开关 SQ1 的作用是（　　）

A. 保证人身安全　　B. 确保设备安全

C. 控制行程　　D. 终端限位

10. CA6140 型卧式车床中，低压照明电路的电压是（　　）

A. 交流 24V　　B. 交流 36V

C. 交流 110V　　D. 交流 380V

二、填空题

1. CA6140 型卧式车床主轴电动机 M1 和冷却泵电动机 M2 采用________控制方式，即只有________启动后 M2 才能启动，如 M1 停转，则 M2 ________。

2. CA6140 型卧式车床控制线路图中，控制变压器能够提供__________、__________、________三种电压，其中控制电路的电压为________V，照明电路的电压为________V，指示灯的电压为________V。

3. CA6140 型卧式车床的刀架快速移动电动机 M3 采用________控制方式，由________继电器来控制；因其是短时工作，所以________过载保护。

4. CA6140 型卧式车床的主轴电动机 M1 的启动与停止分别由按扭________、________控制，主轴的正反转是由________实现的。

5. CA6140 型卧式车床正常工作时，位置开关 SQ1 的常开触头处于________状态；钥匙开关 SB 和位置开关 SQ2 的常闭触头处于________状态。

6. CA6140 型卧式车床主轴电动机的电气控制环节是____________________。

7. CA6140 型卧式车床在工作中，若打开床头皮带罩，则________________。

8. CA6140 型卧式车床中，作为控制电路短路保护的电器是________________。

三、综合题

1. 在 CA6140 型卧式车床启动过程中，发现按下按钮 SB2，接触器 KM 不吸合，但按下按钮 SB3 时，KA2 能够吸合。维修电工小张用电压测量法检修电路的故障，在按下 SB2 不放的条件下检测结果如下表所示。

（1）判断故障结果，填写入下表中。（答题示例：× ×接触不良或× ×接线断开）

故障现象	1－6 线号间电压	1－7 线号间电压	1－0 线号间电压	故障点
按下 SB2 时，KM 不吸合；按下 SB3 时，KA2 能吸合	110V	—	—	
	0	110V	—	
	0	0	110V	

注：表中“—”表示不需要进行测量。

（2）小张若用 MF500 或 MF47 型机械式万用表测量，则应将万用表打在什么挡？

（3）若发现信号指示灯正常，但按下 SB1、SB3、SB4 按钮时，电动机 M1、M2、M3 都不能启动，其原因可能有哪些？

2. 在 CA6140 型卧式车床中出现下列故障现象：主轴电动机 M1 启动后不能自锁，即按下启动按钮 SB2 时，主轴电动机能启动，但松开 SB2 后，M1 随之停止。请根据故障现象，阐述故障的主要部位在什么地方？并描述用电阻法检测的步骤和故障处理方法。

3. 识读 CA6140 型卧式车床电气控制线路图，完成下列各题：

（1）说明在 CA6140 型卧式车床开机前，能合上低压断路器 QF 的条件。

（2）分析主轴电动机 M1 的控制过程。

（3）说明冷却泵电动机 M2 的启动条件。

（4）若冷却泵电动机 M2 不能启动，但主轴电动机能正常启动运行。请根据故障现象，阐述故障的主要部位，并用电阻法描述检测步骤和故障处理方法。

（5）若主轴电动机 M1 能正常启动运行，但按下停止按钮 SB1 时，主轴电动机不能停止。试说明故障原因有哪些？如何处理？

课题 9

摇臂钻床电气控制线路的检修

知识目标

□ 了解 Z37 型、Z3050 型摇臂钻床的主要结构及运动形式、电力拖动特点及控制要求。

□ 掌握 Z37 型、Z3050 型摇臂钻床电气控制线路及其工作原理。

技能目标

□ 能正确、熟练分析 Z37 型、Z3050 型摇臂钻床电气控制线路。

□ 能通电运行 Z37 型、Z3050 型摇臂钻床，观察、分析其故障现象。

□ 能选择检修工具和恰当方法查找故障点并排除。

□ 能按安全规范和操作规程对 Z37 型、Z3050 型摇臂钻床进行通电试车并交付验收。

□ 能够完成工作记录、技术文件存档与评价反馈。

知识准备

钻床是一种孔加工机床，主要用钻头钻削精度要求不高的孔，还可用来扩孔、铰孔、镗孔及攻螺纹等。钻床的结构形式较多，主要有立式钻床、卧式钻床、台式钻床、多轴钻床等，如图 9-1 所示。摇臂钻床是一种立式钻床，它适用于单件或批量生产中带有多孔的大型工件的孔加工。

本课题以 Z37 型和 Z3050 型钻床为例分析电气控制线路的构成、工作原理及检修方法。

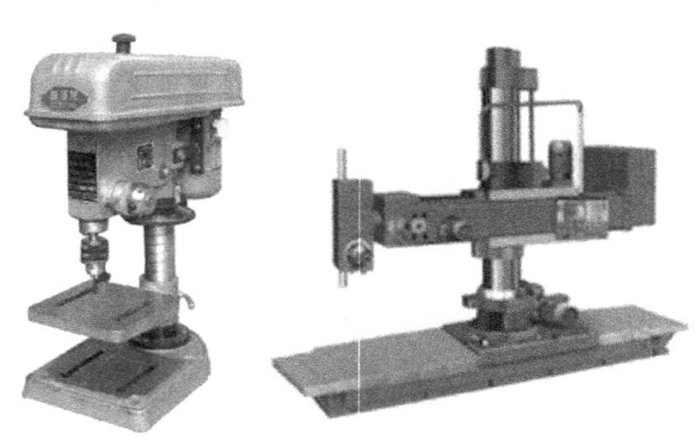

（a）Z4125 型台式钻床　（b）滑座式万向摇臂钻床　（c）Z3050 型摇臂钻床

图 9-1　常见的钻床

Z37 型、Z3050 型摇臂钻床的外形结构如图 9-2、图 9-3 所示。摇臂钻床主要由底座、内外立柱、摇臂、主轴箱、工作台等组成。内立柱固定在底座上，在它外面套着空心的外立柱，外立柱可绕不动的内立柱回转。摇臂与外立柱之间不能作相对运动。主轴箱可以在摇臂上沿导轨作水平移动。由于这些运动，可以方便地调整主轴上的钻头相对于工件的位置，以对准加工工件所需的加工孔中心。

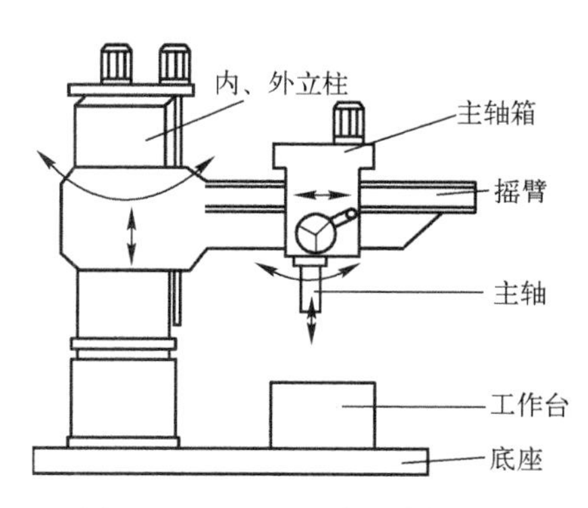

图 9-2　Z37 型摇臂钻床外形图

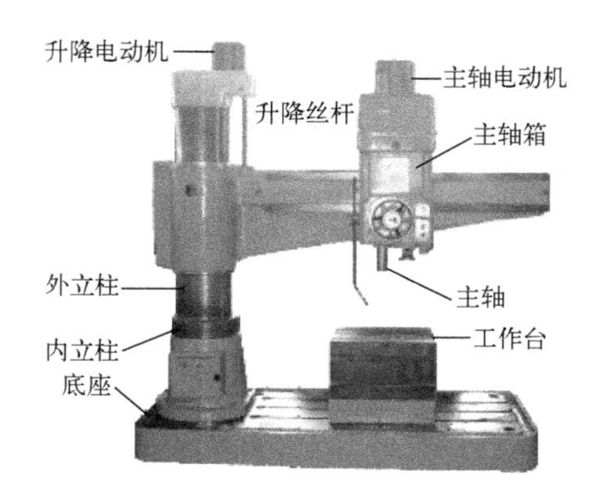

图 9-3　Z3050 型摇臂钻床外形图

加工工件不大时，可将其压紧在工作台上加工。如工件较大，可以直接装在底座上加工。根据所加工工件高度的不同，摇臂借助于丝杆可带着主轴箱沿外立柱上下升降。在升降之前，应自动将摇臂松开，再进行升降。当到达升降所需位置时，摇臂自动夹紧在立柱上。

Z37 型摇臂钻床摇臂升降时的松开与夹紧依靠机械机构和电气配合自动进行，而 Z3050 型摇臂钻床摇臂松开与夹紧是由电动机配合液压装置自动进行，并有夹紧和放松指示。

摇臂钻床的主运动是主轴带动钻头的旋转运动；进给运动是钻头的上下运动；辅助运动是指主轴箱沿摇臂水平移动、摇臂沿外立柱上下移动及摇臂边同外立柱一起相对内立柱的回转运动。

任务 1　Z37 型摇臂钻床的检修

一、Z37 型摇臂钻床的型号及含义、电力拖动特点及控制要求

1. Z37 型摇臂钻床的型号及含义

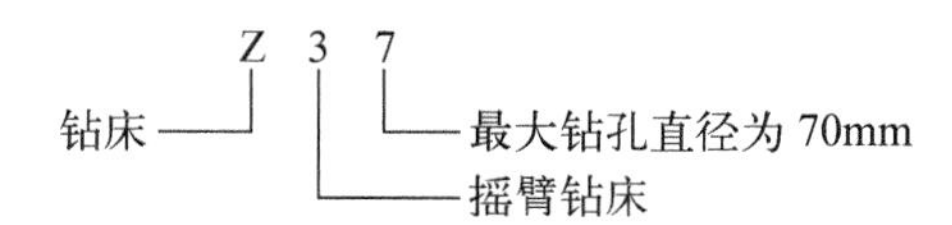

2. Z37 型摇臂钻床的电力拖动特点及控制要求

（1）Z37 型摇臂钻床的相对运动部件较多，常采用多台电动机拖动，以简化传动装置。

（2）Z37 型摇臂钻床的各种工作状态是通过十字开关 SA 来操作的，为防止十字开关手柄停在任何位置时因接通电源而产生误动作，在控制线路应设零压保护环节。

（3）摇臂的升降要求有限位保护。

（4）摇臂的夹紧与放松是由机械和电气联合控制，外立柱和主轴箱的夹紧与放松是由电动机配合液压装置完成的。

（5）钻削加工时，需要对刀具及工件提供冷却液进行冷却。

各电动机的作用及控制要求如表 9–1 所示。

表 9–1　各电动机作用及控制要求

电动机名称及代号	作　用	控制要求
冷却泵电动机 M1	提供冷却液	单向正转控制，拖动冷却泵输送冷却液
主轴电动机 M2	拖动钻削及进给运动	单向正转控制，主轴的正反转通过摩擦离合器实现，主轴转速和进刀量由变速机构调节
摇臂升降电动机 M3	拖动摇臂升降	正反转控制，通过机械和电气联合控制
立柱松紧电动机 M4	拖动内、外立柱及主轴箱与摇臂夹紧与放松	正反转控制，通过液压装置和电气联合控制

二、Z37 型摇臂钻床电气控制线路的分析

Z37 型摇臂钻床电气控制线路图如图 9–4 所示。其主要电器元件如表 9–2 所示。

表 9–2　Z37 型摇臂钻床的电器元件明细表

符号	名　称	作　用	符号	名　称	作　用
M1	冷却泵电动机	带动冷却泵供给冷却液	SQ2	位置开关	摇臂下降限位控制
M2	主轴电动机	主轴旋转运动	SQ3	位置开关	立柱夹紧松开
M3	摇臂升降电动机	摇臂升降	FU1	熔断器	冷却泵电动机 M1 短路保护
M4	立柱松夹电动机	立柱松开、夹紧	FU2	熔断器	摇臂升降电动机 M3 短路保护
KM1	交流接触器	控制主轴电动机 M2	FU3	熔断器	立柱夹紧电动机 M4 和控制变压器 TC 短路保护
KM2 KM3	交流接触器	控制摇臂升降电动机 M3 正转、反转	FU4	熔断器	照明电路短路保护
			TC	控制变压器	控制电路、照明电路电源
KM4 KM5	交流接触器	控制立柱松开夹紧电动机 M4 正转、反转	EL	照明灯	机床低压照明
SA	十字开关	控制电动机 M1、M2、M3	QS1	组合开关	电源引入
KA	中间继电器	零压保护	QS2	组合开关	控制冷却泵电动机 M1
KH	热继电器	电动机 M2 过载保护	QS3	照明开关	控制低压照明灯
YG	汇流环	使摇臂能 360°旋转	S1	鼓形组合开关	控制摇臂升降电动机 M3
SQ1	位置开关	摇臂上升限位控制	S2	组合开关	控制立柱松紧电动机 M4

1. 主电路分析

主电路中共有 4 台三相交流异步电动机，它们的控制和保护电器如表 9–3 所示。

表 9–3　主电路的控制和保护电器

电动机名称及代号	控制电器	过载保护电器	短路保护电器
冷却泵电动机 M1	组合开关 QS2	无	熔断器 FU1
主轴电动机 M2	交流接触器 KM1	热继电器 KH	无
摇臂升降电动机 M3	交流接触器 KM2、KM3	无	熔断器 FU2
立柱松紧电动机 M4	交流接触器 KM4、KM5	无	熔断器 FU3

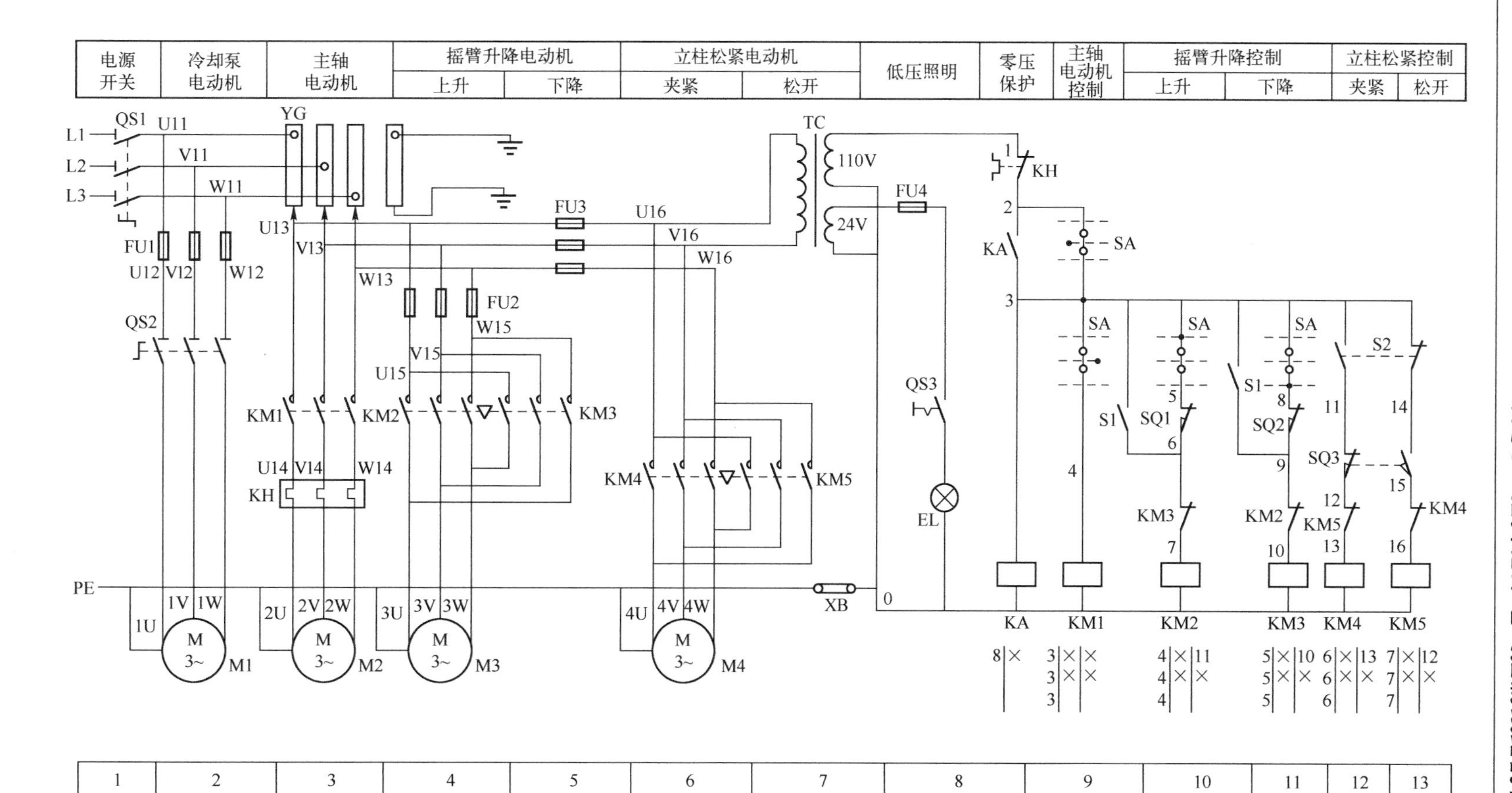

图9-4　Z37型摇臂钻床电气控制线路图

2. 控制电路分析

摇臂上的电气设备电源通过组合开关 QS1 及汇流环 YG 引入。控制电路的电源由控制变压器 TC 提供 110V 交流电压。

Z37 型摇臂钻床的控制电路由十字开关 SA 来操作，它有集中控制和操作方便的优点。十字开关由十字手柄和 4 个微动开关组成。根据工作的需要，可将操作手柄分别扳在孔槽内 5 个不同位置上，即左、右、上、下和中间位置，手柄处在各个工作位置时的工作情况如表 9-4 所示。为防止突然停电又恢复供电而造成的危险，电路设有零压保护环节。零压保护是由中间继电器 KA 和十字开关 SA 来实现的。

表 9-4 十字开关操作说明

手柄位置	接通微动开关的触头	工作情况
中	均不通	控制电路断电
左	SA（2-3）	KA 获电并自锁
右	SA（3-4）	KM1 获电，主轴旋转
上	SA（3-5）	KM2 获电，摇臂上升
下	SA（3-8）	KM3 获电，摇臂下降

1）零压保护

每次合上电源或电源中断后又恢复时，必须将十字开关左扳一次。这时微动开关触头 SA（2-3）接通，零压继电器 KA 因线圈通电而吸合并自锁。当机床工作时，十字开关的手柄不在左边位置时，若电源断电，零压继电器 KA 将释放，其自锁触头断开，当电源恢复时，零压继电器 KA 不会自行吸合，控制电路不会自行得电，可防止可能发生的当电源中断后又恢复时机床自行启动的危险。

2）主轴电动机 M2 的控制

主轴电动机 M2 的旋转是由接触器 KM1 和十字开关 SA 控制的。先将十字开关 SA 扳到左边位置，其触头（2-3）闭合，零压继电器 KA 线圈得电吸合并自锁，为其他控制电路接通做准备。再将十字开关 SA 扳到右边位置，其触头（2-3）分断，触头（3-4）闭合，接触器 KM1 线圈得电吸合，主轴电动机 M2 通电旋转。主轴的正反转由摩擦离合器的手柄控制。将十字开关扳到中间位置时，接触器 KM1 线圈断电释放，主轴电动机 M2 停转。

3）摇臂升降的控制

摇臂的放松、升降及夹紧的半自动工作顺序是通过十字开关 SA，接触器 KM2、KM3，位置开关 SQ1、SQ2 及鼓形组合开关 S1 来控制电动机 M3 实现的。

要使摇臂上升，将十字开关 SA 的手柄从中间位置扳到向上位置，SA 的触头（3-5）接通，接触器 KM2 获电吸合，电动机 M3 正转。由于摇臂在升降前被夹紧在立柱上，所以 M3 刚启动时，摇臂不会上升，而是通过传动装置先把摇臂松开，这时鼓形组合开关 S1 的常开触头（3-9）闭合，为摇臂上升后的夹紧做准备，随后摇臂才开始上升。当上升到所需位置时，将十字开关 SA 扳到中间位置，接触器 KM2 线圈断电释放，电动机 M3 停转。由于摇臂松开时，鼓形组合开关 S1 的常开触头（3-9）已闭合，所以当接触器 KM2 线圈断电释放，其联锁触头（9-10）恢复闭合后，接触器 KM3 获电吸合，电动机 M3 反转，带动机械夹紧机构将摇臂夹紧，夹紧后鼓形开关 S1 的常开触头（3-9）断开，接触器 KM3 线圈断电释放，电动机 M3 停转。

要使摇臂下降，将十字开关 SA 的手柄从中间位置扳到向下位置，SA 的触头（3-8）接通，接触器 KM3 获电吸合，其余动作与上升相似。

从分析可知，摇臂的升降是由机械、电气联合控制实现的，能够自动完成摇臂松开—摇臂上升或下降—摇臂夹紧的过程。

在摇臂升降时，为了不致超出允许的极限位置，在摇臂升降控制电路中分别串联了位置开关 SQ1、SQ2 作为限位保护。

想一想

■ 摇臂下降的控制过程。

■ 位置开关 SQ1、SQ2 的作用是什么？

4）立柱的夹紧与松开控制

钻床正常工作时，外立柱夹紧在内立柱上。要使摇臂和外立柱绕内立柱转动，应先扳动手柄放松外立柱。立柱的松开与夹紧是靠电动机 M4 的正反转拖动液压装置来完成的。

电动机 M4 的正反转由组合开关 S2 和位置开关 SQ3、接触器 KM4 和 KM5 来实现。位置开关 SQ3 由主轴箱与摇臂夹紧的机械手柄操作。拨动手柄使 SQ3 的常开触头（14-15）闭合，接触器 KM5 线圈得电吸合，电动机 M4 拖动液压泵工作，使立柱夹紧装置放松。当夹紧装置完全放松时，组合开关 S2 的常闭触头（3-14）断开，使接触器中 KM5 线圈断电释放，电动机 M4 停转，同时 S2 常开触头（3-11）闭合，为夹紧做好准备。当摇臂转到所需位置时，只需扳动手柄使位置开关 SQ3 复位，其常开触头（14-15）断开，常闭触头（11-12）闭合，接触器 KM4 线圈得电吸合，电动机 M4 带动液压泵反向运转，就能完成立柱夹紧动作。当完全夹紧后，组合开关 S2 复位，其常开触头（3-11）断开，常闭触头（3-14）闭合，使接触器 KM4 线圈失电，电动机 M4 停转。

Z37 型摇臂钻床的主轴箱在摇臂上的松开与夹紧和立柱的松开与夹紧是由同一台电动机 M4 拖动液压机构完成的。

想一想

■ 主轴箱在摇臂上的松开与夹紧操作过程。

3. 照明电路分析

照明电路的电源由控制变压器 TC 将 380V 交流电压降为 24V 安全电压提供。照明灯 EL 由开关 QS3 控制，由熔断器 FU4 作为短路保护。

三、Z37 型摇臂钻床电气控制线路常见故障的分析

Z37 型摇臂钻床电气控制线路的常见故障的检修方法与车床相似。但因其摇臂的升降和松紧控制是由电气和机械机构相互配合的，实现摇臂的放松—上升（或下降）—夹紧半自

动顺序控制，因此在检修时不但要检查电气部分的故障，还必须检查机械部分是否正常。常见故障及处理方法如表 9-5 所示。

表 9-5　Z37 型摇臂钻床电气控制线路的常见故障及处理方法

故障现象	可能原因	处理方法
主轴电动机 M2 不能启动	（1）电源开关 QS1、汇流环 YG 有断开故障 （2）十字开关 SA 的触头（3-4）接触不良 （3）接触器 KM1 主触头接触不良 （4）零压继电器 KA 自锁触头接触不良 （5）连接电器元件的导线开路或脱落 （6）电源电压过低	（1）检修或更换 （2）更换十字开关 （3）更换接触器 KM1 （4）更换零压继电器 KA （5）检查并更换导线 （6）检查原因并排除
主轴电动机 M2 不能停止	（1）接触器 KM1 主触头熔焊 （2）十字开关 SA 右边微动开关失控	（1）查明原因，更换接触器 KM1 （2）查明原因，更换十字开关 SA （此时应及时切断电源开关）
摇臂升降后不能完全夹紧	（1）鼓形组合开关 S1 未能按要求闭合（位置移动） （2）鼓形组合开关 S1 的触头有故障，其中 S1 触头（3-9）断开，下降不能夹紧；S1 触头（3-6）断开，上升不能夹紧	（1）查明原因，更换 S1 （2）更换鼓形组合开关 S1
摇臂升降后不能按要求停止	鼓形组合开关 S1 常开触头（3-6）或（3-9）的闭合顺序颠倒（触头互换）	查原因后修复 （此时应及时切断电源开关）
摇臂升降方向与十字开关标志方向相反	电动机电源相序接错 （此时十字开关的触头和终端限位开关的触头都没有被鼓形组合开关 S1 的触头短路，失去控制作用或终端保护作用）	将电动机电源线中两根相互调换 （此时应及时断开电源开关）
立柱松紧电动机 M4 不能启动	（1）熔断器 FU2 熔体熔断 （2）接触器 KM4 的主触头接触不良 （3）位置开关 SQ3 触头断开 （4）组合开关 S2 触头断开	（1）更换熔体 （2）更换接触器 （3）更换位置开关 SQ3 （4）更换组合开关 S2

技能训练场 29　Z37 型摇臂钻床电气控制线路的检修

1. 训练目标

能正确分析 Z37 型摇臂钻床电气控制线路常见故障，会正确检修排除故障。

2. 检修工具、仪器仪表及技术资料

除机床配套控制线路图、接线图、电器布置图外，其余同技能训练场 28。

3. 检修步骤及工艺要求

由指导教师在电气控制线路上设置 3 ~ 5 处故障点。检修步骤及工艺要求参考技能训练场 28。

4. 注意事项

除参考技能训练场 28 中 CA6140 型卧式车床检修注意事项外，还应注意以下几点：

（1）摇臂升降是一个由机械和电气配合实现的半自动控制过程，检修时要特别注意机械与电气之间的配合。

（2）检修时不能改变升降电动机原来的电源相序，以免使摇臂升降反向，造成事故。

5. 训练评价

请参考技能训练场 28 中训练评价标准。

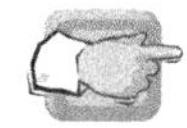

任务 2　Z3050 型摇臂钻床电气控制线路的检修

一、Z3050 型摇臂钻床的型号及含义、电力拖动特点及控制要求

1. Z3050 型摇臂钻床的型号及含义

Z 3 0 50

钻床 —— Z

摇臂钻床组 —— 3

0 —— 摇臂钻床型

50 —— 最大钻孔直径 50mm

2. Z3050 型摇臂钻床的电力拖动特点及控制要求

Z3050 型摇臂钻床不但在结构上与 Z37 型摇臂钻床基本相同，而且在运动形式、拖动特点及控制要求上也基本类似，不同之处是 Z3050 型摇臂的夹紧与放松是由电动机配合液压装置自动进行的，并有夹紧、放松指示。另外，Z3050 型摇臂钻床不再使用十字开关操作。

二、Z3050 型摇臂钻床电气控制线路的分析

Z3050 型摇臂钻床控制线路如图 9-5 所示。

1. 主电路分析

Z3050 型摇臂钻床共有 4 台电动机，除冷却泵电动机采用组合开关 QS2 直接启动外，其他 3 台电动机均采用交流接触器直接启动，其控制和保护电器如表 9-6 所示。

表 9-6　主电路中的控制和保护电器

电动机名称及代号	控 制 电 器	过载保护电器	短路保护电器
主轴电动机 M1	交流接触器 KM1 控制单向运转	热继电器 KH1	熔断器 FU1
摇臂升降电动机 M2	交流接触器 KM2、KM3 控制正反转	无	熔断器 FU2
液压泵电动机 M3	交流接触器 KM4、KM5 控制正反转	热继电器 KH2	熔断器 FU2
冷却泵电动机 M4	组合开关 QS2	无	熔断器 FU1

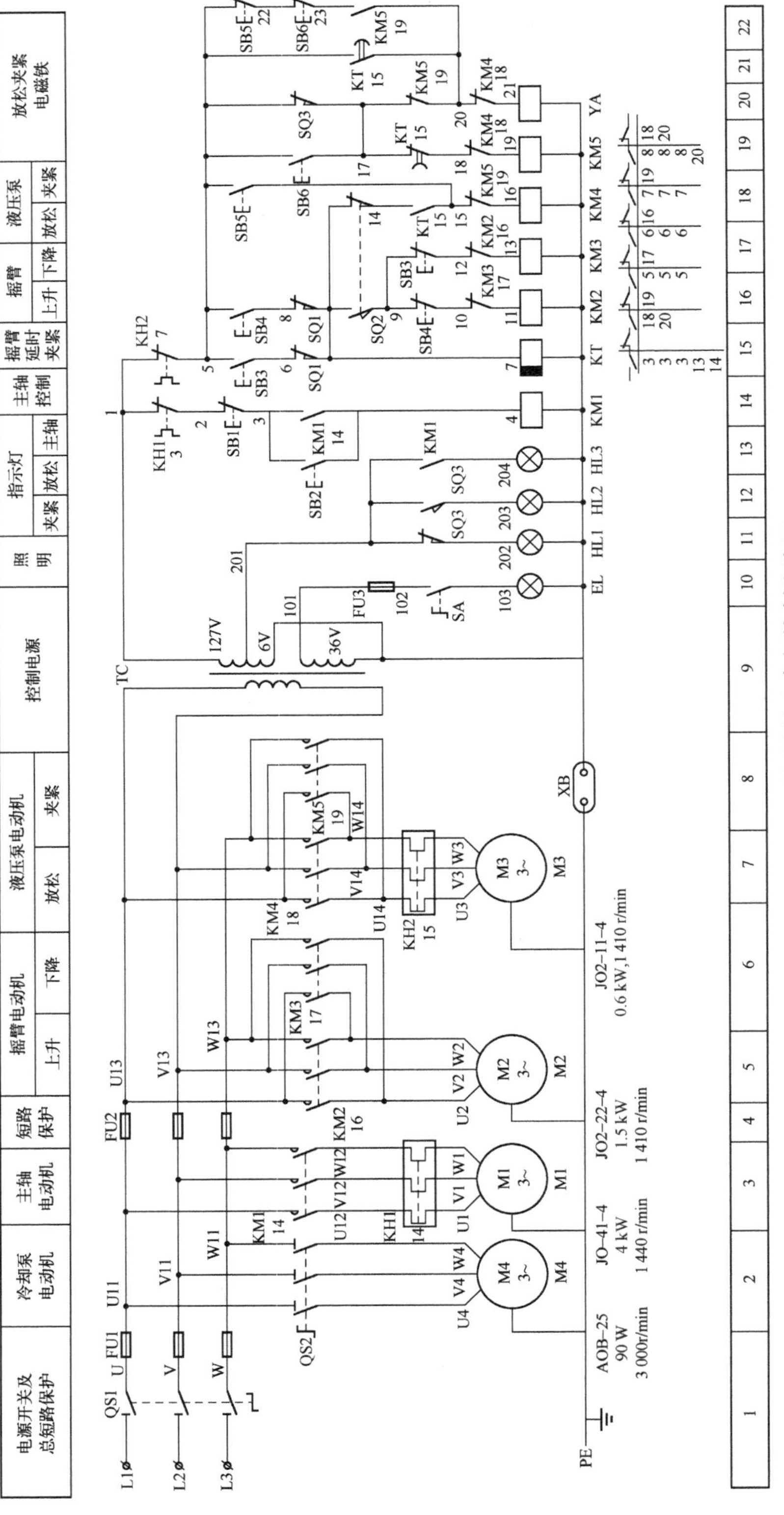

图 9-5　Z3050 型摇臂钻床电气控制线路图

想一想

■ 摇臂升降电动机 M2 和冷却泵电动机 M4 为什么不设过载保护？

Z3050 型摇臂钻床电源配电盘装在立柱的前下部，组合开关 QS1 为电源引入开关，冷却泵电动机 M4 装在靠近立柱的底座上，摇臂升降电动机 M2 装于立柱顶部，其余电气设备置于主轴箱或摇臂上。由于 Z3050 型摇臂钻床的内、外立柱间没有装汇流排，因此在使用时不允许沿一个方向连续转动摇臂，以免发生事故。其主要电器元件如表 9-7 所示。

表 9-7　Z3050 型摇臂电器元件明细表

符号	名　称	作　用	符号	名　称	作　用
M1	主轴电动机	带动主轴旋转	SA	照明开关	控制照明灯
M2	摇臂升降电动机	带动摇臂升降	SQ1	位置开关	摇臂升降超程保护
M3	液压泵电动机	立柱松开、夹紧	SQ2	位置开关	摇臂松开
M4	冷却泵电动机	带动冷却泵供给冷却液	SQ3	位置开关	摇臂夹紧
QS1	组合开关	电源引入开关	SB1	停止按钮	停止主轴电动机 M1
QS2	组合开关	控制冷却泵电动机	SB2	启动按钮	启动主轴电动机 M1
KM1	交流接触器	控制主轴电动机	SB3	摇臂上升按钮	控制摇臂上升
KM2 KM3	交流接触器	控制摇臂升降电动机正反转	SB4	摇臂下降按钮	控制摇臂下降
KM4 KM5	交流接触器	控制液压泵电动机正反转	SB5	立柱和主轴箱松开按钮	控制立柱和主轴箱松开
KH1	热继电器	主轴电动机过载保护	SB6	立柱和主轴箱夹紧按钮	控制立柱和主轴箱夹紧
KH2	热继电器	液压泵电动机过载保护	YA	电磁铁	控制电磁阀
FU1	熔断器	主轴电动机和冷却泵电动机短路保护	EL	照明灯	工作照明
FU2	熔断器	摇臂升降电动机、液压泵电动机和控制变压器短路保护	HL1	指示灯	摇臂夹紧指示
FU3	熔断器	照明电路短路保护	HL2	指示灯	摇臂放松指示
KT	时间继电器	摇臂夹紧与放松延时	HL3	指示灯	主轴电动机工作指示

2. 控制电路分析

控制电路的电源由控制变压器 TC 提供 127V 电压。

1）主轴电动机 M1 控制

合上电源开关 QS1，按下启动按钮 SB2，接触器 KM1 线圈通电吸合，同时其自锁触头（14 区 3－4 点）闭合，接触器 KM1 自锁，主轴电动机 M1 启动。同时接触器 KM1 的常开触头（13 区 201－204 点）闭合，主轴电动机 M1 旋转指示灯 HL3 亮。停车时，按下停止按钮 SB1，接触器 KM1 线圈断电后释放，主轴电动机 M1 断电后停转，指示灯 HL3 熄灭。

2）摇臂升降控制

摇臂通常夹紧在外立柱上，以免升降丝杆承担吊挂载荷，因此 Z3050 型摇臂钻床摇臂的升降是由升降电动机 M2、摇臂夹紧机构和液压系统协调配合，自动完成摇臂松开—摇臂上升（下降）—摇臂夹紧的控制过程。下面以摇臂上升为例分析其控制过程。

（1）摇臂放松：按下摇臂上升按钮 SB3，时间继电器 KT 线圈得电，它的瞬时闭合常开触头（18 区 14-15 点）闭合和延时断开的常开触头（21 区 5-20 点）闭合，使电磁铁 YA 和接触器 KM4 线圈同时通电吸合，接触器 KM4 的主触头（7 区）闭合，液压泵电动机 M3 启动正向旋转，供给压力油。压力油经二位六通阀进入摇臂的“松开”油腔，推动活塞移动，活塞推动菱形块将摇臂松开。

（2）摇臂上升：摇臂夹紧机构松开后，活塞杆通过弹簧片压位置开关 SQ2，使其常闭触头（18 区 7-14 点）断开，常开触头（16 区 7-9 点）闭合。前者切断了接触器 KM4 的线圈电路，接触器 KM4 主触头断开，液压泵电动机 M3 停止工作；后者使交流接触器 KM2 的线圈得电，其主触头（5 区）接通电动机 M2 的电源，摇臂升降电动机启动正向旋转，带动摇臂上升。

如果此时摇臂尚未松开，则位置开关 SQ2 的常开触头（16 区 7-9 点）不能闭合，接触器 KM2 不能吸合，摇臂就不能上升。

（3）摇臂夹紧：当摇臂上升到所需位置时，松开按钮 SB3，则接触器 KM2 和时间继电器 KT 同时断电释放，电动机 M2 停止工作，随之摇臂停止上升。

由于时间继电器 KT 断电释放，经 1 ~ 3s 时间的延时后，其延时闭合的常闭触头（19 区 17-18 点）闭合，使接触器 KM5 线圈得电，接触器 KM5 的主触头闭合（8 区），液压泵电动机 M2 反向旋转，此时电磁铁 YA 处于吸合状态，压力油从相反方向经二位六通阀进入摇臂“夹紧”油腔，向相反方向推动活塞和菱形块，使摇臂夹紧的同时，活塞杆通过弹簧片压位置开关 SQ3，其常闭触头（20 区 5-17 点）断开，使接触器 KM5 和电磁铁 YA 都失电释放，最终液压泵电动机 M3 停止旋转。至此，完成了摇臂的松开、上升、夹紧整个动作。

想一想

- 说明摇臂下降的动作过程。
- 摇臂升降电动机 M2 的控制电路中采用了何种联锁保护措施？
- 时间继电器 KT、位置开关 SQ1 的作用是什么？
- 为什么摇臂升降电动机 M2 采用点动控制？

在摇臂升降过程中，由位置开关 SQ1 作为超程保护。当摇臂上升到极限位置时，SQ1 动作，使 SQ1 的常闭触头（6-7 点）断开，KM2 断电释放，升降电动机 M2 停止旋转，但另一组常闭触头（8-7 点）仍处于闭合状态，以保证摇臂能够下降；当摇臂下降到极限位置时，SQ1 动作，使 SQ1 的常闭触头（8-7 点）断开，KM3 断电释放，升降电动机 M2 停止旋转，但另一组常闭触头（6-7 点）仍处于闭合状态，以保证摇臂能够上升。

时间继电器 KT 为断电延时型时间继电器，其主要作用是控制交流接触器 KM5 的吸合时间，使升降电动机停止运转后再夹紧摇臂。KT 的延时时间非常重要，整定时间为 1 ~ 3s。

由于摇臂升降电动机的正反转控制接触器不允许同时得电动作，以防止电源二相短路。为避免因操作失误等原因而造成短路事故，在摇臂上升和下降的控制电路中，采用了接触器辅助常闭触头互锁和复合按钮互锁两种保证安全的方法，确保电路的安全工作。

3）立柱和主轴箱的夹紧和放松控制

立柱和主轴箱的夹紧与放松由液压和电气控制系统协调完成，可以同时进行，也可单独进行。由复合按钮 SB5 或 SB6 进行控制。

（1）立柱和主轴箱的放松：按下松开按钮 SB5，接触器 KM4 线圈通电吸合，接触器 KM4 的主触头（7 区）闭合，液压泵电动机 M3 正向旋转，供给压力油，压力油经二位六通阀（此时电磁铁 YA 是处于释放状态）进入立柱和主轴箱松开油腔，推动活塞及菱形块，使立柱和主轴箱分别松开，松开指示灯 HL2 亮。

（2）立柱和主轴箱的夹紧：按下夹紧按钮 SB6，接触器 KM5 线圈通电吸合，接触器 KM5 的主触头（8 区）闭合，液压泵电动机 M3 反向旋转，供给压力油，压力油经二位六通阀（此时电磁铁 YA 处于释放状态）进入立柱和主轴箱夹紧油腔，推动活塞及菱形块，使立柱和主轴箱分别夹紧，夹紧指示灯 HL1 亮。

4）冷却泵电动机 M4 的控制

扳动组合开关 QS2，接通或分断电源，操纵冷却泵电动机 M4 工作或停止。

5）照明、指示灯电路分析

照明、指示灯电路的电源由控制变压器 TC 将 380V 交流电压降为 36V、6V 的安全电压提供。熔断器 FU3 作为照明电路的短路保护。

三、Z3050 型摇臂钻床电气控制线路常见故障的分析

Z3050 型摇臂钻床电气控制线路的常见故障及处理方法如表 9-8 所示。

表 9-8 Z3050 型摇臂钻床电气控制线路的常见故障及处理方法

故障现象	可能原因	处理方法
摇臂不能升降	（1）时间继电器 KT 或接触器 KM4 不能吸合 （2）液压系统故障，使 SQ2 不能动作 （3）电动机 M3 反转	（1）查明原因，进行检修 （2）检查液压系统 （3）检查电动机 M3 电源的相序
摇臂升降后，摇臂夹不紧	（1）位置开关 SQ3 位置不当，使其提前动作 （2）油路堵塞、活塞杆阀芯卡死	（1）检查 SQ3 位置 （2）查明原因，进行检修
立柱、主轴箱不能夹紧或松开	（1）油路堵塞 （2）接触器 KM4 或 KM5 不能吸合	（1）查明原因，进行检修 （2）查明接触器 KM4、KM5 不能吸合的原因（如 SB6、SB7 接线情况、接触器线圈等）
摇臂上升或下降限位保护开关失灵	（1）位置开关 SQ1 触头不通或接线不良 （2）位置开关 SQ1 触头熔焊	（1）更换 SQ1，检查接线并检修 （2）更换 SQ1
按下 SB6，立柱、主轴箱能夹紧，但释放后就松开	由于立柱、主轴箱的夹紧和松开机构是采用机械菱形块结构，所以本故障主要是机械原因造成或距离不适当	请机械检修工检修

技能训练场 30 Z3050 型摇臂钻床电气控制线路的检修

1. 训练目标

能正确分析 Z3050 型摇臂钻床电气控制线路常见故障，会正确检修排除故障。

2. 检修工具、仪器仪表及技术资料

除机床配套电路图、接线图、电器布置图外，其余同技能训练场28。

3. 检修步骤及工艺要求、注意事项及评价标准

参考技能训练场28。

思考与练习

一、单项选择题（在每小题列出的四个备选答案中，只有一个是符合题目要求的）

1. Z37 型摇臂钻床中中间继电器 KA 的作用是 （ ）

A. 过载保护作用　　B. 零压保护作用

C. 控制作用　　D. 防止立柱与摇臂夹紧的应力过低

2. Z37 型摇臂钻床主轴电动机采用的启动方式是 （ ）

A. Y—△降压启动　　B. 串电阻降压启动

C. 直接启动　　D. 反接启动

3. 如果 Z37 型摇臂钻床的主轴电动机 M1 不能启动，检查时，把十字开关 SA 扳到左端，中间继电器 KA 吸合，然后把 SA 扳向右端，发现 KA 断电释放，则故障原因可能是 （ ）

A. SA 的触头（3－4）接触不良　　B. KA 的自锁触头（2–3）接触不良

C. KM1 的主触头接触不良　　D. 十字开关 SA 位置不准确

4. Z37 型摇臂钻床的摇臂上升后可以完全夹紧，但下降后不能夹紧的故障原因可能是 （ ）

A. S1 的触头（3－9）未闭合　　B. S1 的触头（3－6）未闭合

C. S1 的触头（3－11）未闭合　　D. S1 的触头（3－6）未断开

5. Z3050 型摇臂钻床的主轴 （ ）

A. 只能单向旋转　　B. 由机械手柄操作正反转

C. 由主轴电动机 M1 带动正反转　　D. 由机械装置带动正反转

6. Z3050 型摇臂钻床的摇臂升降电动机 M2 采用了 （ ）

A. 接触器联锁正反转控制　　B. 按钮连锁正反转控制

C. 按钮和接触器双重连锁正反转控制　　D. 按钮和接触器双重联锁点动正反转控制

二、填空题

1. Z37 型摇臂钻床的各种工作状态是通过________操作的，为防止其停在某一工作位置时，因接通电源而产生误动作，本控制线路中设有________保护环节。

2. Z37 型摇臂钻床中需要正反转的电动机是________电动机和________电动机。

3. Z37 型摇臂钻床中，要使摇臂和外立柱绕内立柱转动，应首先________外立柱，这时可拨动机械手柄，使位置开关________动作，接触器________线圈得电吸合，电动机____

__拖动液压泵正向工作，使立柱夹紧装置放松。

4. Z3050 型摇臂钻床中，位置开关 SQ1 和 SQ2 起________作用，保护摇臂上升或下降时不会超出允许的极限位置。

5. Z3050 型摇臂钻床控制线路图中，时间继电器 KT 为________型时间继电器。

6. Z3050 型摇臂钻床摇臂的夹紧和放松是由________配合________自动进行的，并有夹紧、放松指示。

7. Z3050 型摇臂钻床中，若要使立柱和主轴箱先同时松开再同时夹紧，则应先把转换开关 SA1 扳到________位置，然后再分别按下按钮________和________。

三、综合题

1. 说明 Z37 型摇臂钻床主轴电动机 M2 的启动过程。
2. 说明 Z37 型摇臂钻床摇臂的升降控制过程。
3. 如何保证 Z37 型摇臂钻床需要摇臂上升或下降不能超出允许的极限位置？
4. 说明 Z3050 型摇臂钻床摇臂下降的控制过程。
5. Z3050 型摇臂钻床大修后，若摇臂升降电动机 M2 的三相电源接反会发生什么事故？

课题 10

M7120 型平面磨床电气控制线路的检修

知识目标

□ 了解 M7120 型平面磨床的主要结构及运动形式、电力拖动特点及控制要求。

□ 掌握 M7120 型平面磨床电气控制线路及其工作原理。

技能目标

□ 能正确、熟练分析 M7120 型平面磨床电气控制线路。

□ 能通电运行 M7120 型平面磨床，观察、分析其故障现象。

□ 能选择检修工具和恰当方法查找故障点并排除。

□ 能按安全规范和操作规程对 M7120 型平面磨床进行通电试车并交付验收。

□ 能够完成工作记录、技术文件存档与评价反馈。

知识准备

磨床是用砂轮的周边或端面对工件的表面进行机械加工的一种精密机床。通过磨削，使工件表面的形状、精度、光洁度等达到预期的要求。磨床的种类很多，根据用途不同可分为平面磨床、内圆磨床、外圆磨床、工具磨床及一些专用磨床（如螺纹磨床、齿轮磨床、球面磨床、花健磨床、导轨磨床与无心磨床）等，其中以平面磨床应用最为普遍。

平面磨床是用砂轮磨削加工各种零件的平面。平面磨床可分为立轴矩台平面磨床、卧轴矩台平面磨床、立轴圆台平面磨床、卧轴圆台平面磨床。M7120 型平面磨床是平面磨床中使用较为普遍的一种，它的平面磨削精度和光洁度都比较高，操作方便，适用磨削精密零件和各种工具，并可作镜面磨削。

本课题以 M7120 型平面磨床为例分析电气控制线路的构成、工作原理及检修方法。

任务 1 M7120 型平面磨床的结构、运动方式及控制要求

1. M7120 型平面磨床的型号及含义

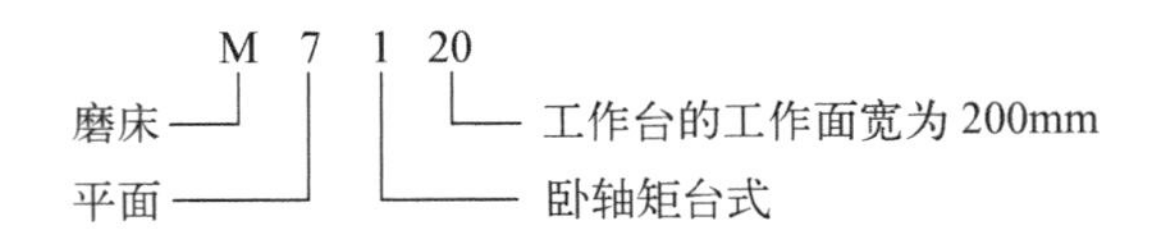

2. M7120 型平面磨床的主要结构

M7120 型平面磨床的外形和结构如图 10-1 所示，主要由床身、工作台、电磁吸盘、砂轮架（又称磨头）、立柱等组成。

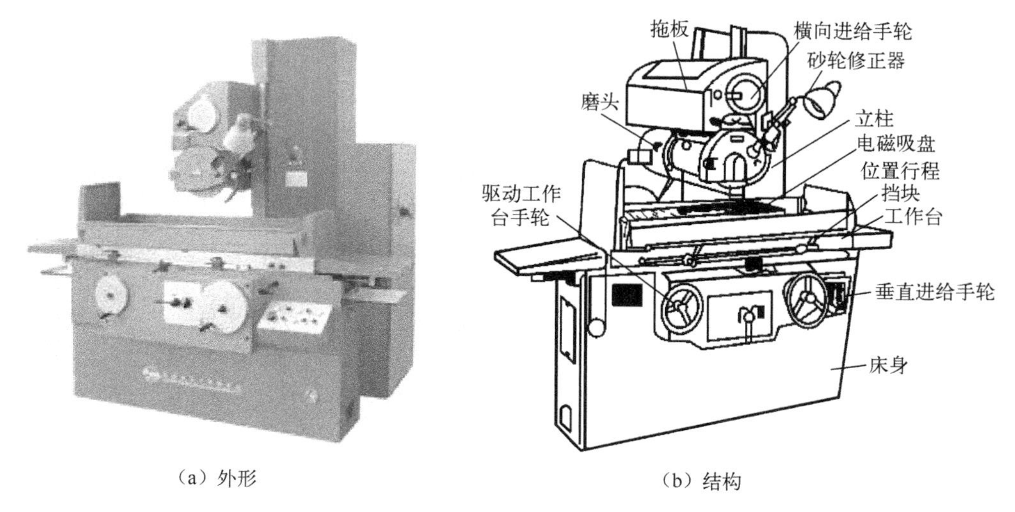

（a）外形　　（b）结构

图 10-1　M7120 型平面磨床结构

3. M7120 型平面磨床的运动形式及控制要求

M7120 型平面磨床的运动形式及控制要求如表 10-1 所示。

表 10-1　M7120 型平面磨床的运动形式及控制要求

运动种类	运动形式	控制要求
主运动	砂轮的高速运转	（1）为保证磨削加工质量，要求砂轮有较高的转速，通常采用两极笼型异步电动机拖动。 （2）为提高主轴的刚度，简化机械结构，采用装入式电动机，将砂轮直接装到电动机轴上。 （3）砂轮电动机只要求单向运转，可直接启动，无调速和制动要求
进给运动	工作台的往复运动（纵向进给）	（1）因液压传动换向平稳，易于实现无级调速，所以工作台的往复运动由液压传动。 （2）液压泵电动机 M1 拖动液压泵，工作台在液压作用下作纵向运动。 （3）由装在工作台前侧的换向挡铁碰撞床身上的液压换向开关控制工作台的进给方向
	砂轮架的横向（纵向）进给	（1）在磨削加工过程中，工作台每换向一次，砂轮架就横向进给一次。 （2）在修正砂轮或调整砂轮的前后位置时，可连续横向移动。 （3）砂轮架的横向进给运动可由液压传动，也可用手轮进行操作
	砂轮架的升降（垂直）进给	（1）滑座沿立柱的导轨垂直上下移动，以调整砂轮架的上下位置，或使砂轮磨入工件，以控制磨削平面时的工件尺寸。 （2）垂直进给运动由砂轮升降电动机 M4 控制

续表

运动种类	运动形式	控制要求
辅助运动	工件的夹紧	（1）工件可以用螺钉和压板直接固定在工作台上。 （2）在工作台上也可以装电磁吸盘，将较小的工件吸附在电磁吸盘上。此时要有充磁和通磁控制环节。 （3）为保证安全，电磁吸盘与电动机 M1、M2、M3 之间有电气联锁装置，即电磁吸盘吸牢工件后，这些电动机才能启动。电磁吸盘不工作或发生故障时，这些电动机均不能启动
	工作台的快速移动	工作台能在纵向、横向或垂直 3 个方向快速移动，由液压传动机构控制
	工件的夹紧与放松	由人力操作
	工件的冷却	冷却泵电动机 M3 拖动冷却泵旋转供给冷却液；要求砂轮电动机 M2 和冷却泵电动机 M2 实现顺序控制

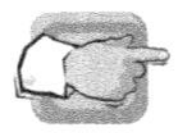

任务 2　M7120 型平面磨床电气控制线路的识读

M7120 型平面磨床电气控制线路如图 10-1 所示。M7120 型平面磨床主要分为主电路、控制电路、电磁吸盘控制电路及照明与信号灯电路 4 部分。其主要电器元件如表 10-2 所示。

表 10-2　M7120 型平面磨床电器元件明细表

符号	名　　称	作　　用	符号	名　　称	作　　用
M1	液压泵电动机	驱动液压泵	TC	控制变压器	提供控制电路等电源
M2	砂轮电动机	驱动砂轮	YH	电磁吸盘	工件夹具
M3	冷却泵电动机	供给冷却液	KV	欠电压继电器	电磁吸盘欠压保护
M4	砂轮升降电动机	升降砂轮	SB1	紧急停止按钮	紧急停止
QS	电源开关	电源引入	SB2	停止按钮	停止电动机 M1
SA	照明灯开关	控制照明灯	SB3	启动按钮	启动电动机 M1
FU1	熔断器	4 台电动机短路保护	SB4	停止按钮	停止电动机 M2
FU2	熔断器	控制变压器短路保护	SB5	启动按钮	启动电动机 M2
FU3	熔断器	控制电路短路保护	SB6	点动按钮	控制砂轮上升
FU4	熔断器	整流器短路保护	SB7	点动按钮	控制砂轮下降
FU5	熔断器	电磁吸盘短路保护	SB8	充磁按钮	电磁吸盘充磁
FU6	熔断器	照明电路短路保护	SB9	停止按钮	电磁吸盘充磁结束
FU7	熔断器	指示灯电路短路保护	SB10	退磁按钮	电磁吸盘退磁
KM1	交流接触器	控制液压泵电动机 M1	R、C	电阻、电容	构成电磁吸盘放电电路
KM2	交流接触器	控制砂轮电动机 M2	HL1	指示灯	电源指示
KM3 KM4	交流接触器	控制电动机 M4 正反转，带动砂轮升降	HL2	指示灯	电动机 M1 工作指示
KM5 KM6	交流接触器	电磁吸盘充磁、通磁	HL3	指示灯	电动机 M2 工作指示
KH1	热继电器	电动机 M1 过载保护	HL4	指示灯	电动机 M4 工作指示
KH2	热继电器	电动机 M2 过载保护	HL5	指示灯	电磁吸盘工作指示
KH3	热继电器	电动机 M3 过载保护			

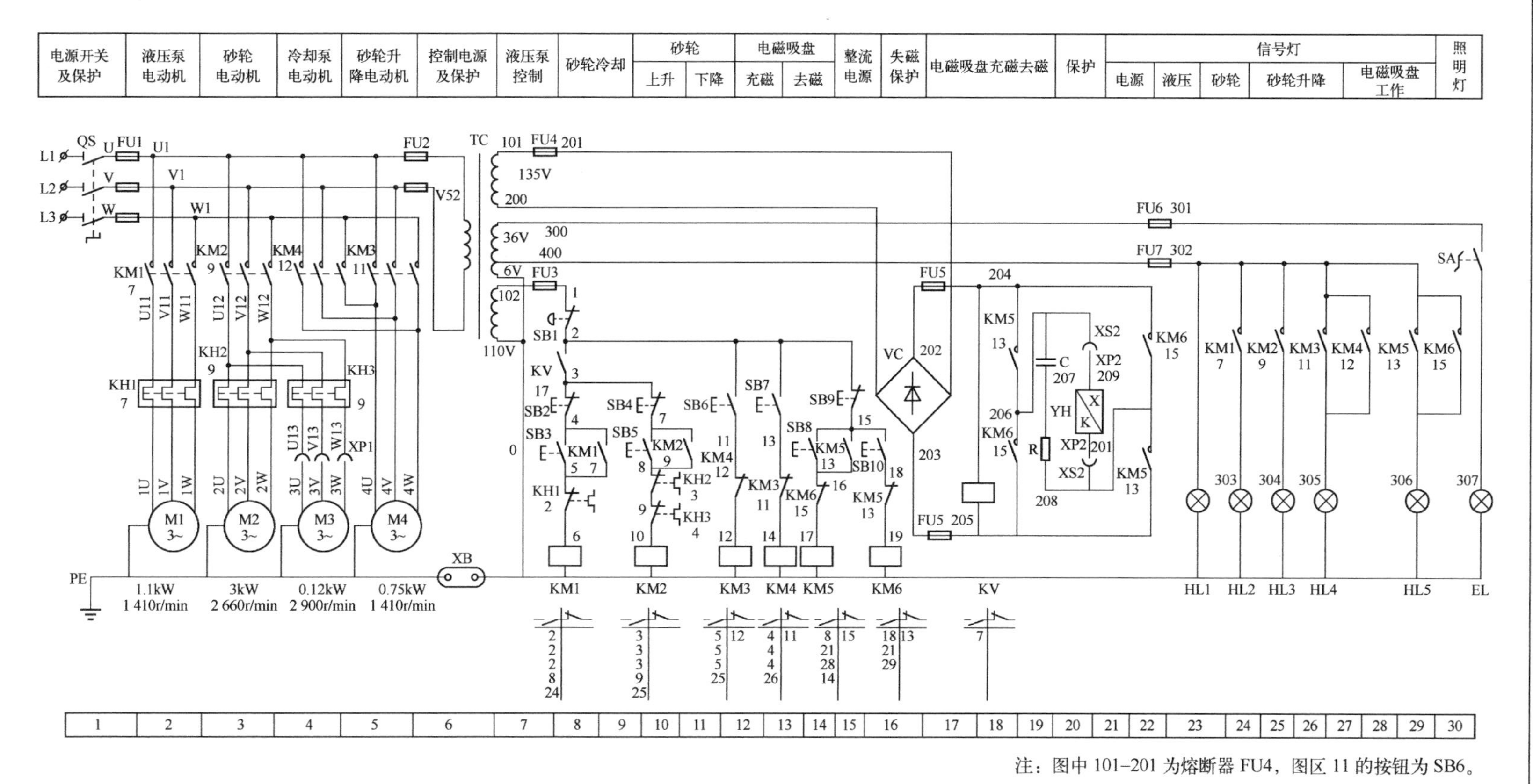

注：图中 101–201 为熔断器 FU4，图区 11 的按钮为 SB6。

图 10-2　M7120 型平面磨床电气控制线路图

1. 主电路分析

QS 作为电源开关。主电路中共有 4 台电动机，它们的控制和保护电器如见表 10-3 所示。

表 10-3　主电路的控制和保护电器

名称与代号	作　用	控 制 电 器	过载保护电器	短路保护电器
液压泵电动机 M1	为液压系统提供动力	交流接触器 KM1	热继电器 KH1	熔断器 FU1
砂轮电动机 M2	拖动砂轮高速旋转	交流接触器 KM2	热继电器 KH2	熔断器 FU1
冷却泵电动机 M3	供给冷却液	接插件	热继电器 KH3	熔断器 FU1
砂轮升降电动机 M4	砂轮升降	交流接触器 KM3、KM4	无	熔断器 FU1

想一想

■ *砂轮电动机 M2 与冷却泵电动机 M3 为什么要采用顺序控制？它们是采用什么控制方式实现的？*

■ *砂轮升降电动机 M4 为什么不设过载保护？*

2. 控制电路分析

控制电路由控制变压器 TC 提供交流 110V 电压，由熔断器 FU3 作为控制电路短路保护。

在控制电路中，串接了欠电压继电器 KV 的常开触头（7 区 2－3 点），因此，液压泵电动机 M1 和砂轮电动机 M2 启动的前提条件是 KV 的常开触头（7 区 2－3 点）闭合。欠电压继电器 KV 的线圈（17 区）并接在电磁吸盘 YH（20 区）的工作回路中，所以只有当电磁吸盘得电工作时，欠电压继电器 KV 线圈得电吸合，接通液压泵电动机 M1 和砂轮电动机 M2 的控制电路，保证了加工工件被 YH 吸住的情况下，液压泵电动机 M1 和砂轮电动机 M2 才能启动，砂轮和工作台才能进行磨削加工，达到了安全的目的。

1）液压泵电动机 M1 的控制电路分析

合上电源开关 QS，若整流器电源输出直流电压正常，则欠电压继电器 KV 线圈（17 区）通电吸合，使 KV 的常开触头（7 区 2－3 点）闭合，为启动液压泵电动机 M1 和砂轮电动机 M2 做好准备工作。

当 KV 吸合后，按下启动按钮 SB3，接触器 KM1 线圈得电吸合并自锁，液压泵电动机 M1 启动，同时指示灯 HL2 亮。若按下停止按钮 SB2，接触器 KM1 线圈断电释放，液压泵电动机 M1 断电后停转，指示灯 HL2 熄灭。

2）砂轮电动机 M2 和冷却泵电动机 M3 的控制电路分析

电动机 M2 和 M3 也必须在欠电压继电器 KV 通电吸合后才能启动。按下启动按钮 SB5，接触器 KM2 线圈得电吸合，砂轮电动机 M2 启动运转。由于冷却泵电动机 M3 通过接插件 XP1 和 M2 联动控制，所以 M2 和 M3 同时启动运转。当不需要冷却时，可将接插件 XP1 拉出，冷却泵电动机 M3 停止供冷却液。按下停止按钮 SB4 时，接触器 KM2 线圈断电释放，M2 和 M3 同进断电停转。

电动机 M2 和 M3 的过载保护热继电器 KH2、KH3 的常闭触头串联在 KM2 线圈电路上，只要有一台电动机过载，就会使接触器 KM2 失电。

3）砂轮升降电动机 M4 的控制电路分析

砂轮升降电动机 M4 只有在调整工件和砂轮之间的位置时才使用，且属于点动控制，因此不设热继电器作过载保护。

当按下点动按钮 SB6 时，接触器 KM3 线圈得电吸合，电动机 M4 启动正转，砂轮上升。当达到所需位置时，松开 SB6，接触器 KM3 线圈断电释放，电动机 M4 停转，砂轮停止上升。

砂轮下降过程与上升过程相似，只是由点动按钮 SB7 来控制。

想一想

■ 为什么要在电磁吸盘吸牢工件后电动机 M1、M2 才能启动工作？控制线路中采取了什么措施来防止工件没有吸牢时电动机 M1、M2 不能启动工作？

■ 为防止控制砂轮升降电动机 M4 的接触器 KM3、KM4 同时得电，控制线路中采用了何种保护措施？

4）电磁工作台电路分析

电磁工作台又称电磁吸盘，电磁吸盘 YH 的结构如图 10-3 所示，其外壳是钢制箱体，中部的芯体上绕有线圈，吸盘的盖板用钢板制成，钢制盖板用非磁性材料（如铅锡合金）隔离成若干个小块，当线圈通上直流电后，吸盘的芯体被磁化，产生磁场，磁通便以芯体和工件作回路，工件被吸牢。因此，它是用来固定加工工件的一种夹具，是利用通电导体在铁芯中产生的磁场来吸牢铁磁材料的工件，以便加工。它与机械夹具相比较，具有夹紧迅速、操作快速简便、不损伤工件、一次能吸牢多个小工件，以及在磨削工件发热可自由伸缩、不会变形等优点。其不足之处是只能吸牢铁磁材料的工件，不能吸牢非磁性材料的工件。

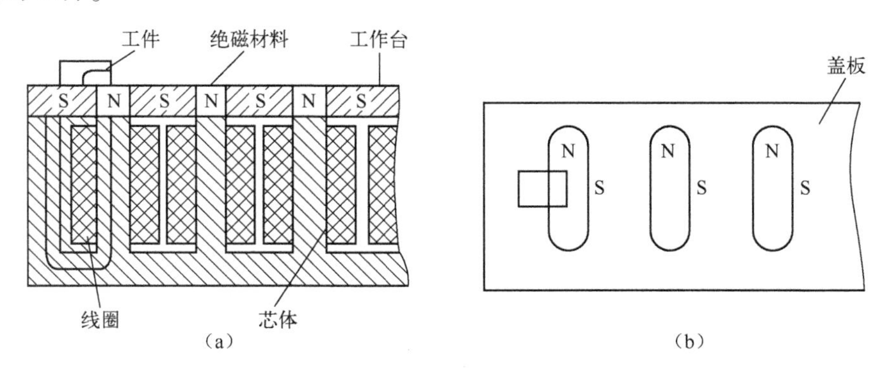

图 10-3　电磁吸盘结构示意图

电磁吸盘电路包括整流电路、控制电路和保护电路 3 部分。

控制变压器 TC 将 380V 的交流电压降为 135V，经单相桥式全波整流器 VC 后输出 110V 直流电压。

电磁吸盘的充磁和退磁过程：

（1）充磁过程：当电磁工作台上放上铁磁材料的工件后，按下充磁按钮 SB8，接触器 KM5 线圈得电吸合，其主触头（18 区 204－206 点和 21 区 205－208 点）闭合，同时自锁触头（14 区 15－16 点）闭合，联锁触头（15 区 18－19 点）断开，电磁吸盘 YH 通入 110V 直流电压进行充磁将工件吸牢。这时就可以启动液压泵电动机 M1 和砂轮电动机 M2 进行磨削加工。

当磨削加工完成后，在取下加工好的工件前，先按下按钮 SB9，接触器 KM5 线圈断电释放，切断电磁吸盘 YH 的直流电源，电磁吸盘断电，但由于吸盘和工件都有剩磁，要取下工件，需要对吸盘和工件进行退磁。

（2）退磁过程：按下点动按钮 SB10，接触器 KM6 线圈获电吸合，其主触头（18 区 205－206 点和 21 区 204－208 点）闭合，电磁吸盘 YH 被通入反向直流电，使电磁吸盘和工件退磁。退磁时，为防止电磁吸盘反向将工件吸住，造成取工件困难，所以要注意按点动按钮 SB10 的时间不能过长，同时接触器 KM6 必须采用点动控制。

电磁吸盘的保护装置由放电电阻 R 和电容 C 及欠电压继电器 KV 构成。

（1）放电电阻 R 和电容 C 的作用：由于电磁吸盘是一个大电感，会存储大量的磁场能量。当它脱离直流电源的瞬间，电磁吸盘 YH 的两端会产生较大的自感电动势，如果没有 RC 放电回路，电磁吸盘线圈及其他电器的绝缘将有被击穿的危险，所以用电阻和电容组成放电回路；利用电容 C 两端的电压不能突变的特点，使电磁吸盘线圈两端电压变化趋于缓慢；利用放电电阻 R 消耗电磁能量，如果参数选配得当，此时 RLC 电路可以组成一个衰减的振荡电路，对去磁将十分有利。

（2）欠压继电器 KV 的作用：在加工过程中，若整流器输出的直流电压过低或消失，将使电磁吸盘吸力不足或无吸力，则电磁吸盘将吸不牢工件，会导致工件被砂轮打出，造成严重事故。因此，在电磁吸盘电路中设置了欠电压继电器 KV，将其线圈并联在电磁吸盘 YH 的直流电源上，其常开触头（7 区 2－3 点）串联在液压泵电动机 M1 和砂轮电动机 M2 控制电路中，若直流电压过低或消失使电磁吸盘吸不牢工件时，欠电压继电器 KV 立即释放，使液压泵电动机 M1 和砂轮电动机 M2 立即停转，以确保安全。

5）照明和指示灯电路分析

照明电路的电源由控制变压器 TC 将 380V 交流电压降为 36V 安全电压提供，一端接地，另一端由开关 SA 控制，熔断器 FU6 作为短路保护。

指示灯 HL1、HL2、HL3、HL4、HL5 的工作电源由控制变压器提供，其工作电压为 6V。

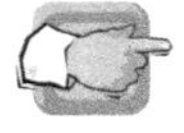 任务 3　M7120 型平面磨床电气控制线路的检修

M7120 型平面磨床控制线路的常见故障及处理方法如表 10-4 所示。

表 10-4　M7120 型平面磨床控制线路的常见故障及处理方法

故障现象	可能原因	处理方法
4 台电动机都不能启动	（1）控制电路熔断器 FU3 熔断 （2）紧急停止按钮 SB1 触头接触不良或接线松脱	（1）更换同规格熔体 （2）检修或更换 SB1 或重新接线

续表

故障现象	可能原因	处理方法
砂轮电动机热继电器KH2常动作	（1）电动机轴磨损后引起堵转 （2）进刀量过大，引起电动机过载 （3）热继电器的整定值不对	（1）检修或更换电动机 （2）调整进刀量 （3）调整热继电器的整定值
冷却泵电动机烧坏	（1）切削液进入电动机内部，引起绕组匝间短路 （2）电动机长期运行后，转子在定子内不同心，工作电流增大，电动机长时间过载运行	（1）检修或更换电动机 （2）检修或更换电动机
冷却泵电动机不能启动	（1）插座损坏 （2）冷却泵电动机损坏	（1）查明原因后修复 （2）更换电动机
电磁吸盘没有吸力	（1）插座XP2接触不良 （2）熔断器FU4或FU5熔体熔断 （3）桥式整流电路损坏 （4）电磁吸盘线圈断开 （5）三相电源电压不正常	（1）更换或检修 （2）查明原因，更换熔体 （3）检修桥式整流电路 （4）检修或更换电磁吸盘线圈 （5）检查三相电源电压，查明原因并排除故障
电磁吸盘吸力不足	（1）电磁吸盘线圈损坏（局部匝间短路等） （2）整流器输出电压不正常	（1）通过测量整流器空载时输出电压应为130～140V，负载时不低于110V，若空载输出正常，带负载时输出电压过低，则为电磁吸盘线圈损坏，可检修或更换电磁吸盘线圈 （2）通常为整流元件短路或断路，可检查整流器VC交流、直流侧电压，判断故障部位，查出故障元件，进行更换或修理

技能训练场31　M7120型平面磨床电气控制线路常见故障的检修

1. 训练目标

能正确分析M7120型平面磨床电气控制线路常见故障，会正确检修排除故障。

2. 检修工具、仪表及技术资料

除机床配套电路图、接线图、电器布置图外，其余同技能训练场28。

3. 检修步骤及工艺要求、注意事项及评价标准

参考技能训练场28。

阅读材料11　M7120型平面磨床典型故障分析与检修步骤

下面以M7120型平面磨床电磁吸盘无吸力为例进行说明。电磁吸盘无吸力，将使电动

机 M1、M2、M3、M4 均不能启动，这时可以观察电源指示灯 HL1 是否亮或操作照明开关 SA 观察照明灯 EL 是否亮来判断磨床电源是否正常，再根据具体情况进行分析。其分析与检修步骤如下。

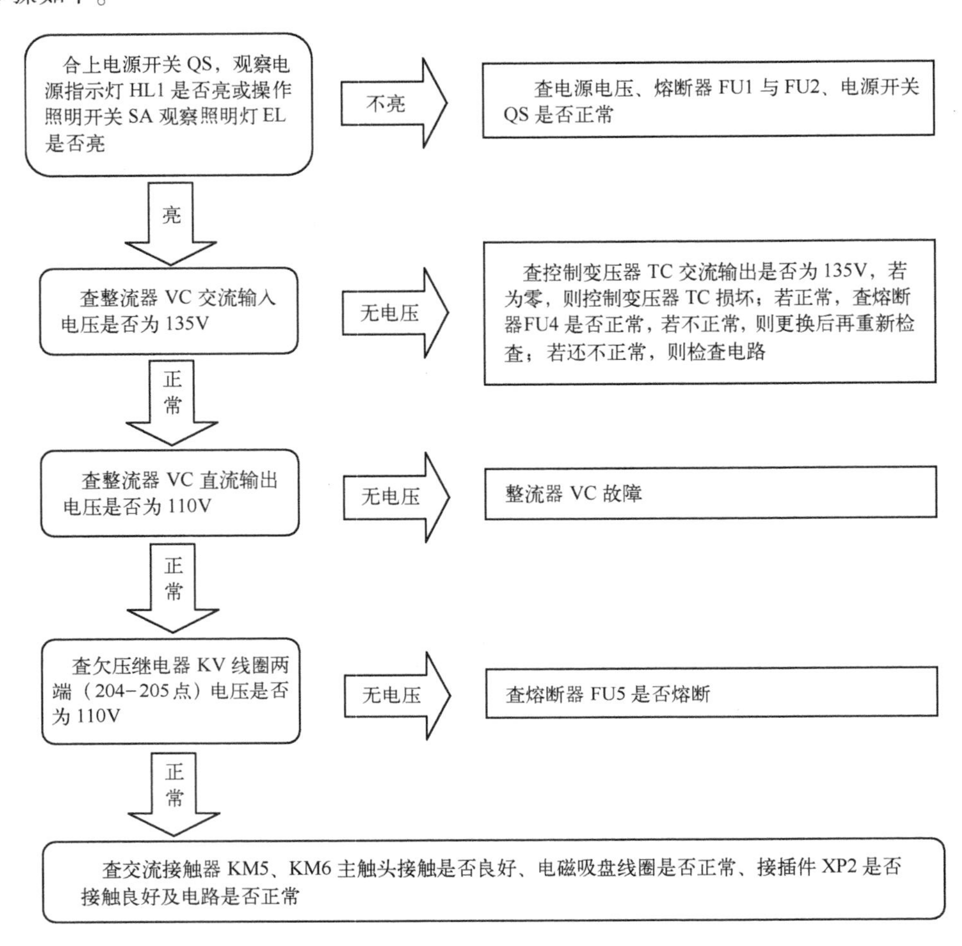

思考与练习

一、单项选择题（在每小题列出的四个备选答案中，只有一个是符合题目要求的）

1. M7120 型平面磨床在开动砂轮机之前，必须使（　　）

A. 电磁吸盘处于充磁位置　　B. 电磁吸盘处于退磁位置

C. 液压泵电动机先启动　　D. 冷却泵电动机先启动

2. M7120 型平面磨床的电磁吸盘是一个大电感，并联放电电阻 R 和电容器 C 的作用是（　　）

A. 当电路断开时，吸收磁场能量　　B. 回路接通时存储电场能量

C. 改善功率因数　　D. 提高电磁吸盘的吸力

3. M7120 型平面磨床加工完成后，取下工件前必须退磁，若退磁时间过长，则会出现 （ ）

A. 退磁不够　　B. 退磁更彻底

C. 反而使工件不能取下　　D. 不会出现任何问题

4. M7120 型平面磨床砂轮电动机 M2 与冷却泵电动机 M3 之间的控制方式属于 （ ）

A. 主电路顺序控制　　B. 控制电路顺序控制

C. 两地控制　　D. 联锁控制

5. M7120 型平面磨床中，为保证电磁吸盘将工件吸牢后才能开动砂轮电动机 M1，在电磁吸盘电路中并接了一个____继电器线圈。 （ ）

A. 过电压　　B. 欠电压

C. 中间　　D. 电流

6. M7120 型平面磨床电气控制线路中，熔断器 FU3 的作用是 （ ）

A. 电源短路保护　　B. 辅助电路短路保护

C. 电源过载保护　　D. 控制电路短路保护

7. M7120 型平面磨床控制线路中，YH 的名称和作用是 （ ）

A. 电磁吸盘，固定工件　　B. 液压阀，固定工件

C. 整流器，不固定工件　　D. 电磁阀，固定工件

8. M7120 型平面磨床控制线路中，电磁吸盘的电源是 （ ）

A. 直流 145V　　B. 直流 110V

C. 交流 380V　　D. 交流 220V

9. M7120 型平面磨床控制线路中，VC 是 （ ）

A. 半波整流器　　B. 全波整流器

C. 桥式整流器　　D. 滤波器

10. M7120 型平面磨床控制线路中，按下启动按钮 SB3，液压泵电动机不能启动，可能的原因是 （ ）

A. SB3 常开触头接触不良　　B. SB2 常闭触头接触不良

C. KM1 线圈断开　　D. 以上情况都有可能

二、填空题

1. M7120 型平面磨床中，主电路共有________台电动机，分别是________、________、________、________，它们分别由________、________、________、________控制。

2. M7120 型平面磨床中，若合上电源开关 QS，控制电路得电，按下按钮 SB8，电磁吸盘开始充磁，________吸合为启动砂轮电动机 M2 及液压泵电动机 M1 做好准备工作。

3. M7120 型平面磨床中，电磁吸盘要用________电流，所以采用整流装置，若桥式整流装置中有一个二极管断开，则整流电压将变为________，欠电压继电器______ 触头断开，从而使电动机 M1、M2 不能启动。

4. M7120 型平面磨床中，电磁吸盘的保护电路由________和________组成。

5. M7120 型平面磨床中，砂轮电动机 M2 与液压泵电动机 M1 都采用了________控制线路。

6. M7120 型平面磨床中，电磁吸盘电路包括________、________、________3 部分。

7. M7120 型平面磨床中，由于砂轮升降电动机是点动运行，所以一般不设________保护。

8. M7120 型平面磨床控制线路中，控制电路的电源电压是________V。

三、综合题

1. 根据 M7120 型平面磨床电气控制线路图，回答下列问题：

（1）电磁吸盘是一个电磁铁，其线圈通电后产生电磁吸力，吸引铁磁材料的工件进行磨削加工。请说明电磁吸盘电路由哪几部分组成？分析电磁吸盘控制电路的工作过程。

（2）电压继电器 KV 起什么作用？与电磁吸盘 YH 并联的电阻 R 和电容 C 起什么作用？

（3）说明加工工件时，砂轮电动机 M2 的启动过程。

（4）说明电磁吸盘吸力不足的原因及处理方法。

（5）说明砂轮电动机 M2 的热继电器 KH2 经常动作的原因及处理方法。

2. 在 M7120 型平面磨床中出现电磁吸盘无吸力的故障，请分析故障的主要原因和说明检修此故障的基本思路。

课题 11
X62W 型万能铣床电气控制线路的检修

知识目标

☐ 了解 X62W 型万能铣床的主要结构及运动形式、电力拖动特点及控制要求。
☐ 掌握 X62W 型万能铣床电气控制线路及其工作原理。

技能目标

☐ 能正确、熟练分析 X62W 型万能铣床电气控制线路。
☐ 能通电运行 X62W 型万能铣床，观察、分析其故障现象。
☐ 能选择检修工具和恰当方法查找故障点并排除。
☐ 能按安全规范和操作规程对 X62W 型万能铣床进行通电试车并交付验收。
☐ 能够完成工作记录、技术文件存档与评价反馈。

知识准备

铣床的种类很多，有卧铣、立铣、仿形铣和各种专用铣等，万能铣床是一种通用的多用途机床，它可以用圆柱铣刀、圆片铣刀、角度铣刀、成型铣刀及端面铣刀等刀具对各种零件进行平面、斜面、螺旋面及成型表面的加工，还可以加装万能铣头、分度头和圆工作台等机床附件来扩大加工范围。常用的万能铣床有 X62W 型卧式万能铣床和 X53K 型立式万能铣床。其中，卧式的主轴是水平的，而立式的主轴是竖直的，它们的电气控制原理类似。

本课题以 X62W 型卧式万能铣床为例，分析铣床电气控制线路的构成、工作原理及检修方法。

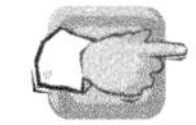

任务 1　X62W 型万能铣床的结构、运动方式及控制要求

1. X62W 型万能铣床的型号及含义

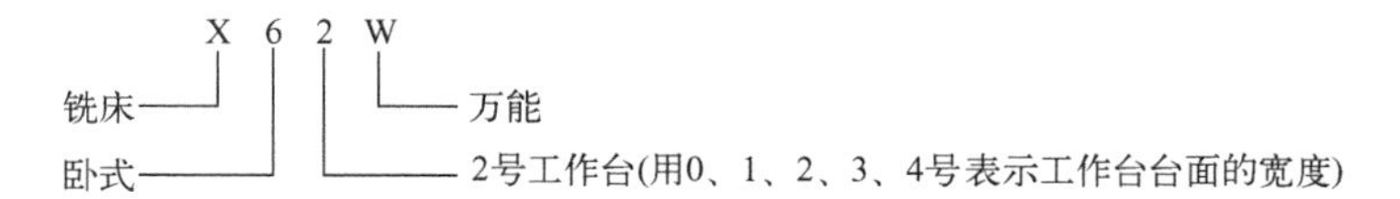

2. X62W 型万能铣床的主要结构

X62W 型万能铣床的结构如图 11-1 所示，主要由床身、主轴、刀杆支架、悬梁、工作台、回转盘、横溜板、升降台、底座等几部分组成。

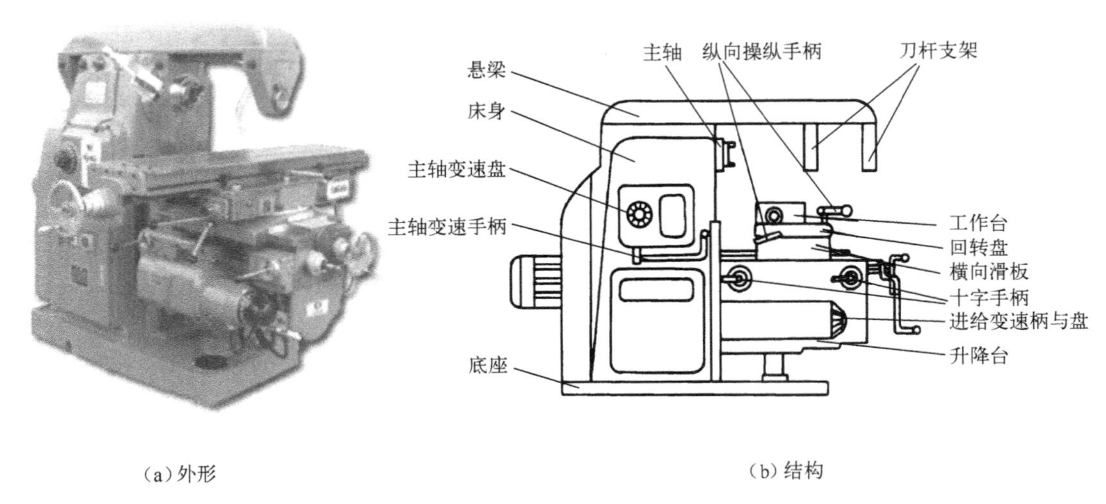

（a）外形　　（b）结构

图 11-1　X62W 型万能铣床结构图

（1）床身。床身用来安装和连接其他部件。床身内装有主轴的传动机构和变速操纵机构。在床身的前面有垂直导轨，升降台可沿导轨上下移动，在床身的顶部有水平导轨，悬梁可沿导轨水平移动。

（2）悬梁及刀杆支架。刀杆支架在悬梁上，用来支承铣刀心轴的外端，心轴的另一端装在主轴上。刀杆支架可以在悬梁上水平移动，悬梁又可以在床身顶部的水平导轨上水平移动，这样就能适应各种长度的心轴。

（3）升降台。升降台依靠下面的丝杆，可沿床身的导轨而上下移动。进给系统的电动机和变速机构装在升降台内部。

（4）横向溜板。横向溜板装在升降台的水平导轨上，可沿导轨平行于主轴轴线方向作横向移动。

（5）工作台。工作台用来安装夹具和工件。它的位置在横向溜板上的水平导轨上，可沿导轨垂直于主轴线方向作纵向移动。万能铣床在横向溜板和工作台之间还有回转盘，可使工作台向左右转 ±45°，因此，工作台在水平面内除了可以纵向进给和横向进给外，还可以在倾斜的方向进给，以便加工螺旋槽等。

3. X62W 型万能铣床的运动形式及控制要求

X62W 型万能铣床的运行形式及控制要求如表 11-1 所示。

表 11-1　X62W 型万能铣床的运动形式及控制要求

运动种类	运动形式	控制要求
主运动	主轴带动铣刀的旋转运动	（1）铣削加工有顺铣和逆铣两种，所以主轴电动机要求能正反转，由于主轴电动机的正反转不是很频繁，因此在床身下侧的电器箱上设置一个组合开关来改变电源相序，实现主轴电动机的正反转。 （2）为减小振动，主轴上装有惯性轮，会造成主轴停车困难，因此要求主轴电动机采用电磁离合器制动以实现迅速停车。 （3）主轴采用改变变速箱的齿轮传动比来实现，主轴电动机不需要调速

续表

运动种类	运 动 形 式	控 制 要 求
进给运动	工件随工作台在前后、左右、上下 6 个方向及圆工作台的旋转运动	（1）工作台要求有上下、左右、前后 6 个方向的进给运动和快速移动，所以也要求进给电动机能够正反转，并通过操纵手柄和位置开关配合的方式来实现 6 个运动方向的联锁。 （2）为了扩大加工能力，在工作台上可加装圆形工作台，圆形工作台的回转运动由进给电动机经传动机构驱动。 （3）为防止刀具和机床的损坏，要求只有主轴旋转后，才允许有进给运动；同时为了减小加工件的表面粗糙度，要求进给停止后，主轴才能停止或同时停止。 （4）进给变速采用机械方式实现，进给电动机不需要调速
辅助运动	工作台快速移动	进给的快速移动是通过电磁离合器和机械挂挡来实现的
	主轴和进给变速冲动	主轴正反转及变速后、进给变速后，要求能瞬时冲动一下，以利于齿轮的啮合

 任务 2　X62W 型万能铣床电气控制线路的识读

X62W 型万能铣床电气控制线路如图 11–2 所示，它分为主电路、控制电路和照明电路 3 部分。其主要电气设备元件如表 11–2 所示。

表 11–2　X62W 型万能铣床的电器元件明细表

符号	名　称	作　用	符号	名　称	作　用
M1	主轴电动机	驱动主轴转动	KM1	交流接触器	控制主轴电动机 M1
M2	进给电动机	驱动工作台进给运动	KM2	交流接触器	控制工作台快速移动电磁离合器
M3	冷却泵电动机	驱动冷却泵转动，供给冷却液	KM3 KM4	交流接触器	控制电动机 M2 正反转
QS1	转换开关	电源总开关	SB1 SB2	启动按钮	主轴电动机 M1 启动
QS2	转换开关	冷却泵电动机电源开关	SB3 SB4	点动按钮	控制快速进给
SA1	转换开关	换刀制动开关			
SA2	转换开关	圆工作台开关	SB5 SB6	停止按钮	主轴电动机 M1 的停止及制动
SA3	转换开关	电动机 M1 换向开关			
SA4	转换开关	控制照明灯	YC1	电磁离合器	主轴制动
FU1	熔断器	主轴电动机短路保护	YC2	电磁离合器	正常进给
FU2	熔断器	进给电动机短路保护	YC3	电磁离合器	快速进给
FU3	熔断器	整流器短路保护	SQ1	位置开关	主轴变速冲动开关
FU4	熔断器	电磁离合器短路保护	SQ2	位置开关	进给变速冲动开关
FU5	熔断器	照明电路短路保护	SQ3	位置开关	工作台向下、向前运动
FU6	熔断器	控制电路短路保护	SQ4	位置开关	工作台向上、向后运动
KH1	热继电器	电动机 M1 过载保护	SQ5	位置开关	工作台向左运动
KH2	热继电器	电动机 M3 过载保护	SQ6	位置开关	工作台向右运动
KH3	热继电器	电动机 M2 过载保护	EL	照明灯	机床低压照明
T1	照明变压器	提供照明电路电源	VC	整流器	整流后输出直流电压
T2	整流变压器	提供整流电源	TC	控制变压器	提供控制电路电源

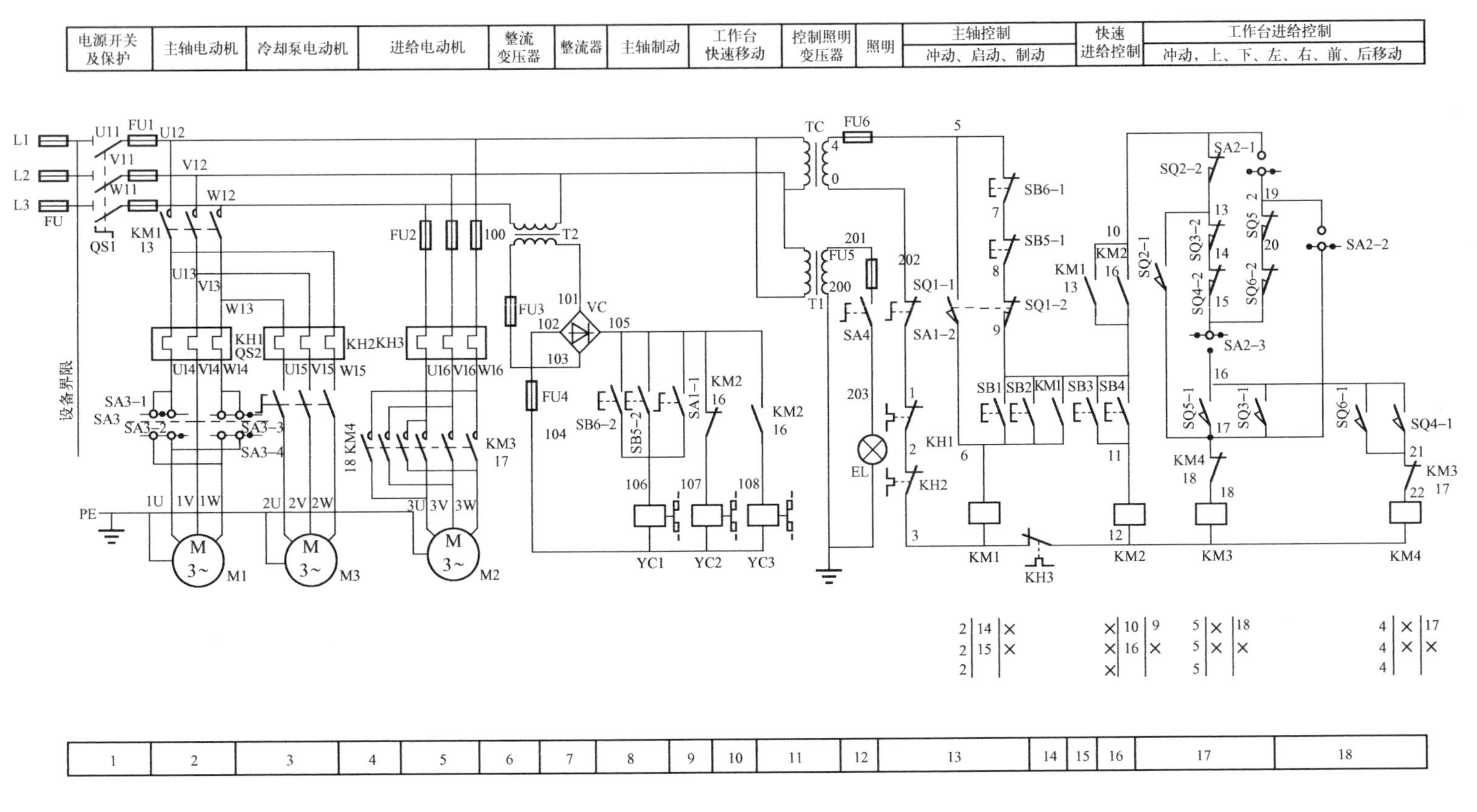

图11-2　X62W型万能铣床电气控制线路图

1. 主电路分析

X62W 型万能铣床共有 3 台电动机，它们的控制和保护电器如表 11–3 所示。

表 11–3　主电路的控制和保护电器

名称与代号	作　用	控制电器	过载保护电器	短路保护电器
主轴电动机 M1	拖动主轴带动铣刀旋转	交流接触器 KM1 和组合开关 SA3	热继电器 KH1	熔断器 FU1
进给电动机 M2	拖动进给运动和快速移动	交流接触器 KM3、KM4	热继电器 KH3	熔断器 FU2
冷却泵电动机 M2	供给冷却液	转换开关 QS2	热继电器 KH2	熔断器 FU1

2. 控制电路分析

控制电路的电源由控制变压器 TC 输出 110V 交流电压供电。

1）主轴电动机 M1 的控制

主轴电动机 M1 采用两地控制，启动按钮 SB1、SB2 和停止按钮 SB5、SB6 分别装在机床两处，方便操作。SA3 是主轴电动机 M1 的电源换相开关，用做改变主轴电动机 M1 的旋转方向；KM1 是电动机的启动接触器；SQ1 是与主轴变速手柄联动的冲动位置开关，主轴电动机是经过弱性联轴器和调整机构的齿轮传动链来传动的，可使主轴获得 18 级不同的转速。

主轴电动机 M1 的控制包括启动控制、制动控制、换刀控制和变速冲动控制，具体如表 11–4 所示。

表 11–4　主轴电动机 M1 的控制

控制形式	控制作用	控制过程
启动控制	启动主轴电动机 M1	启动主轴电动机 M1 前，先选择好主轴的转速，合上电源开关 QS1，再把主轴换相开关 SA3 扳到主轴所需要的旋转方向；按下启动按钮 SB1 或 SB2，接触器 KM1 线圈获电动作，主轴电动机 M1 启动运转，同时其常开辅助触头（9–10 点）闭合，为工作台进给电路提供了电源
制动控制	停车时使主轴迅速停转	按下停止按钮 SB5 或 SB6，切断接触器 KM1 线圈的电路，主轴电动机惯性运转，同时电磁离合器 YC1 线圈得电（由 SB5–2、SB6–2 控制），使电动机 M1 迅速制动停转
换刀制动控制	更换铣刀时将主轴制动，以方便换刀	将转换开关 SA1 扳向换刀位置，其常开触头 SA1–1 闭合，电磁离合器 YC2 线圈得电将主轴制动；同时其常闭触头 SA1–2 断开，切断控制电路，铣床不能通电运转，确保换刀时人身和设备的安全
变速冲动控制	保证主轴变速后齿轮能良好啮合	主轴变速冲动控制是利用变速手柄与冲动位置开关 SQ1 通过机械上的联动控制的，如图 11–3 所示。 当主轴需要变速时，先把变速手柄向下压，使手柄的榫块从定位槽中脱出，然后外拉手柄使榫块落入第二道槽中，使齿轮组脱离啮合。转动变速盘选定所需转速后，再把变速手柄以连续较快的速度推回原来位置；当变速手柄推向原来位置时，其联动机构瞬时压合位置开关 SQ1，使 SQ1–2 分断、SQ1–1 闭合，接触器 KM1 线圈瞬时获电动作，使电动机 M1 瞬时转动一下，以利于变速后的齿轮啮合；当变速手柄推回原位后，位置开关 SQ1 触头又复原，接触器 KM1 线圈断电释放，电动机 M1 断电停转，变速冲动操作结束

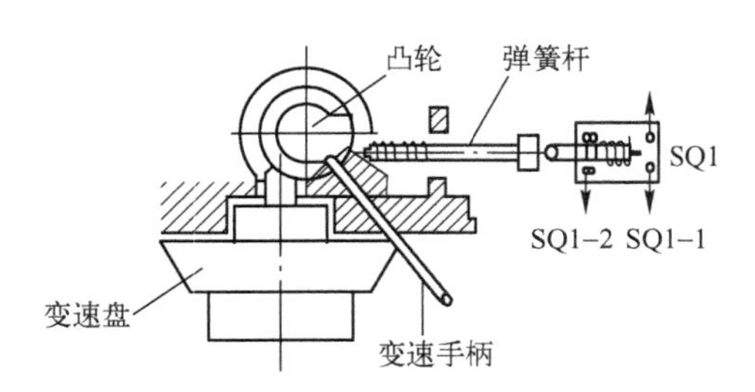

图 11-3 主轴变速的冲动控制示意图

想一想

■ 主轴电动机的正反转、制动各是由什么电器元件来控制的？

■ 主轴换铣刀时，如何保证主轴不会自由转动，达到保证人身和设备安全的目的？

■ 主轴变速冲动的目的是什么？是如何进行的？

■ 主轴制动离合器 YC1 电路中有 SB5－2、SB6－2 和 SA1 三个常开触头并联，它们各有什么作用？

■ 在控制线路图中用虚线表示主轴电动机启动、变速冲动时的电流通路。

2）进给电动机 M2 的控制

X62W 型万能铣床的进给控制与主轴电动机的控制是顺序控制，只有在主轴电动机 M1 启动后，接触器 KM1 的辅助常开触头（9－10 点）闭合，才接通进给电动机 M2 控制电路，进给电动机 M2 才可以启动。

转换开关 SA2 是控制圆工作台运动的，在不需要圆工作台运动时，转换开关 SA2 的触头 SA2－1 闭合，SA2－2 分断，SA2－3 闭合。

工作台的进给运动有上和下（升降）、前和后（横向）及左和右（纵向）6 个方向的运动。工作台的上下运动和前后进给运动完全是由“工作台升降与横向手柄”来控制的；工作台的左右进给运动是由“工作台纵向操纵手柄”来控制的。

（1）工作台向上、向下、向前、向后进给运动的控制：操作手柄装在工作台的左侧前后方，将操作手柄扳到某一方向，操作手柄的联动机构与位置开关 SQ3 和 SQ4 相连接，位置开关装在工作台的左侧，前面一个是 SQ4，控制工作台向上及向后运动；后面一个是 SQ3，控制工作台的向下及向前运动。此手柄有 5 个位置（上、下、左、右、中），而且是相互联锁的，各方向的进给不能同时进行。工作台升降和横向运动与手柄位置间的控制关系如表 11-5 所示。

表 11-5 工作台升降和横向运动与手柄位置间的控制关系

手柄位置	工作台运动方向	离合器接通丝杆	位置开关动作	接触器动作	电动机运转方向
上	向上进给或快速向上	垂直进给丝杆	SQ4	KM4	反转
下	向下进给或快速向下	垂直进给丝杆	SQ3	KM3	正转
中	升降或横向进给停止		—	—	停止
前	向前进给或快速向前	横向进给丝杆	SQ3	KM3	正转
后	向后进给或快速向后	横向进给丝杆	SQ4	KM4	反转

工作台向上、向下、向前、向后进给运动的控制过程如表 11-6 所示。

表 11-6 工作台向上、向下、向前、向后进给运动的控制过程

运动方向	控制过程
工作台向上运动	在主轴电动机启动后，将操作手柄扳到向上位置，其联动机构一方面接通垂直传动丝杠的离合器，为垂直运动丝杠的转动做好准备；另一方面它使位置开关 SQ4 动作，其常闭触头 SQ4-2 分断，而常开触头 SQ4-1 闭合，接触器 KM4 线圈获电，KM4 主触头闭合，M2 反转，工作台向上运动。接触器 KM4 的常闭触头起联锁作用，使接触器 KM3 线圈不能同时获电动作
工作台向下运动	将手柄向下扳动时，其联动机构一方面使垂直传动丝杠的离合器接通，同时压合位置开关 SQ3，使其常闭触头 SQ3-2 分断，而常开触头 SQ3-1 闭合，接触器 KM3 线圈获电，KM3 主触头闭合，M2 正转，工作台向后运动。接触器 KM3 的常闭触头起联锁作用，使接触器 KM4 线圈不能同时获电动作
工作台向前运动	当手柄向前扳动时，其联动机构一方面使横向传动丝杠的离合器接通，同时压合位置开关 SQ3，使其常闭触头 SQ3-2 分断，而常开触头 SQ3-1 闭合，接触器 KM3 线圈获电，KM3 主触头闭合，M2 正转，工作台向后运动。接触器 KM3 的常闭触头起联锁作用，使接触器 KM4 线圈不能同时获电动作
工作台向后运动	当手柄向前扳动时，其联动机构一方面使横向传动丝杠的离合器接通，同时压合位置开关 SQ4 动作，其常闭触头 SQ4-2 分断，而常开触头 SQ4-1 闭合，接触器 KM4 线圈获电，KM4 主触头闭合，M2 反转，工作台向上运动。接触器 KM4 的常闭触头起联锁作用，使接触器 KM3 线圈不能同时获电动作

（2）工作台的左右（纵向）运动的控制：工作台的左右运动同样是由进给电动机 M2 来传动的，由“工作台纵向操纵手柄”来控制。此手柄有 3 个位置：向左、向右和中间位置。当手柄扳到向左或向右运动方向时，手柄的联动机构压下位置开关 SQ5 或 SQ6，使接触器 KM3 或 KM4 动作，来控制电动机 M2 的正反转。工作台纵向运动与手柄位置间的控制关系如表 11-7 所示。

表 11-7 工作台纵向运动与手柄位置间的控制关系

手柄位置	工作台运动方向	离合器接通丝杆	位置开关动作	接触器动作	电动机运转方向
左	向左进给或快速向左	左右进给丝杠	SQ5	KM3	正转
中	停止	—	—	—	停止
右	向右进给或快速向右	左右进给丝杠	SQ6	KM4	反转

工作台左右（纵向）进给运动的控制过程如表 11-8 所示。

表 11-8 工作台左右进给运动的控制过程

运动方向	控制过程
工作台向右运动	当主轴电动机 M1 启动后，将操纵手柄向右扳，其联动机构压合位置开关 SQ6，使其常闭触头 SQ6-2 分断，而常闭触头 SQ6-1 闭合，使接触器 KM4 线圈得电，其主触头闭合，电动机 M2 反转，拖动工作台向右运动，KM4 的常闭触头断开，对接触器 KM3 起联锁作用

续表

运动方向	控制过程
工作台向左运动	当KM1闭合后，将操纵手柄向左扳，其联动机构压合位置开关SQ5，使其常闭触头SQ5－2分断，而常闭触头SQ5－1闭合，使接触器KM3线圈得电，其主触头闭合，电动机M2正转，拖动工作台向左运动，KM3的常闭触头断开，对接触器KM4起联锁作用

（3）工作台进给变速时的冲动控制：在需要改变工作台进给速度时，为了使齿轮易于啮合，也需要进给电动机M2的瞬时冲动一下。变速时，先将进给变速操纵手柄放在中间位置，然后将进给变速盘向外拉出，使进给齿轮松开，转动变速盘选定进给速度后，再将变速盘快速推回原位。在推进过程中，其联动机构瞬时压合位置开关SQ2，使SQ2－2分断，SQ2－1接通，接触器KM3因线圈得电而动作，进给电动机M2瞬时转动一下，从而保证变速齿轮易于啮合。当手柄推回到原位后，位置开关SQ2复位，接触器KM3因线圈断电而释放，进给电动机M2瞬时冲动结束。

（4）工作台的快速移动控制：为提高工作效率，减少辅助时间，X62W型万能铣床在加工过程中，若不做铣削加工时，要求工作台可以快速移动。工作台的快速移动通过各个方向的操纵手柄与快速移动按钮SB3、SB4配合，由工作台快速进给电磁离合器YC3和进给电动机M2来实现。其动作过程如下：

先将进给操纵手柄扳到需要的位置，按下快速移动按钮SB3或SB4（它们为两地控制），使接触器KM2线圈获电，KM2的常闭触头分断，电磁离合器YC2失电，将齿轮传动链与进给丝杆分离，KM2的两对常开触头闭合，一对使电磁离合器YC3得电，将电动机M2与进给丝杆直接搭合；另一对使接触器KM3或KM4得电动作，电动机M2得电正转或反转，带动工作台沿选定的方向快速移动。工作台的快速移动是点动控制，当松开SB3或SB4，快速移动停止。

想一想

■ 工作台的垂直升降和横向运动与纵向运动之间是如何实现联锁的？

■ 当工作台在上、下、前、后4个方向中某个方向进给时，若又将控制纵向进给的手柄扳动了，将会出现什么结果？

■ 接触器KM1、KM2的常开辅助触头并联后，串接在进给控制电路中的作用是什么？

■ 按钮SB3、SB4常开触头两端能否并联KM2的常开辅助触头？为什么？

■ 在控制线路图中用虚线表示6个方向进给运动时的电流通路。

（5）圆工作台运动的控制：先将工作台的进给操纵手柄扳到中间位置（零位），使位置开关SQ3、SQ4、SQ5、SQ6全部处于正常位置（不动作），然后将转换开关SA2扳到“接通”位置，这时SA2－2闭合，SA2－1、SA2－3分断。这时按主轴启动按钮SB1或SB2，主轴电动机M1启动，接触器KM3线圈得电动作，进给电动机M2启动，并通过机械传动使圆工作台按照规定的方向转动。

圆工作台不能反转，只能沿一个方向作回转运动，并且圆工作台运动的通路需经SQ3、SQ4、SQ5、SQ6 4个位置开关的常闭触头，所以，在圆工作台工作时，若扳动工作台任一进给手柄，都将使圆工作台停止工作，这就保证了工作台的进给运动与圆工作台工作不可能同时进行。若按下主轴电动机 M1 停止按钮，主轴停转，圆工作台也同时停止运动。

当不需要圆工作台旋转时，转换开关 SA2 扳到断开位置，这时触头 SA2－1、SA2－3 闭合，触头 SA2－2 断开，以保证工作台在 6 个方向的进给运动，因为圆工作台的运动与 6 个方向的进给也是联锁的。

想一想

■ 在圆工作台工作期间，若扳动了两个进给手柄中的任何一个，会出现什么结果？
■ 在控制线路图中用虚线表示圆工作台运动时的电流通路。

3）冷却泵电动机的控制

冷却泵电动机 M3 只有在主轴电动机启动后才能启动，它由转换开关 QS2 控制。

4）照明电路的控制

照明电路的安全电压为 24V，由降压变压器 T1 的二次侧输出。EL 为机床的低压照明灯，由转换开关 SA4 控制。FU5 为熔断器，作为照明电路的短路保护。

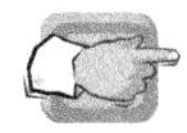

任务 3　X62W 型万能铣床电气控制线路的检修

X62W 型万能铣床控制线路的常见故障及处理方法如表 11-9 所示。

表 11-9　X62W 型万能铣床控制线路的常见故障及处理方法

故障现象	可能原因	处理方法
主轴电动机不能启动	（1）控制电路熔断器 FU6 熔体熔断 （2）组合开关 SA3 在“停”位置 （3）KM1 线圈断路或接线松脱 （4）按钮 SB1、SB2、SB5、SB6 触头接触不良或接线松脱 （5）换刀开关 SA1 在制动位置 （6）热继电器 KH1、KH2 动作或触头接触不良 （7）变速冲动开关 SQ1 常闭触头损坏	（1）更换熔体 （2）将组合开关 SA3 打到正转或反转位置 （3）检修或更换 KM1 线圈，接好接线 （4）检修或更换 SB1、SB2、SB5、SB6 及接好接线 （5）将换刀开关 SA1 转到正常位置 （6）查明 KH1、KH2 动作原因，检查它们的触头是否正常，必要时进行更换 （7）更换 SQ1
工作台 6 个方向都不能进给	（1）控制圆工作台的转换开关 SA2 是否处于“接通”位置 （2）接触器 KM1 没有吸合或其常开触头接触不良 （3）位置开关 SQ3、SQ4、SQ5、SQ6 位置移动或触头损坏 （4）热继电器 KH3 动作或触头损坏 （5）变速冲动开关 SQ2 的常闭触头断开 （6）接触器 KM3、KM4 线圈断开或主触头接触不良	（1）将 SA2 打到“断开”位置 （2）查明 KM1 没有吸合的原因；检查其常开触头，必要时更换 （3）检查 SQ3、SQ4、SQ5、SQ6 位置并固定好，检查它们的触头，若损坏则更换 （4）查明 KH3 动作原因并复位；检查其触头，必要时更换 KH3 （5）查明 SQ2 触头断开的原因，必要时更换 SQ2 （6）查明原因，更换接触器

续表

故障现象	可能原因	处理方法
工作台不能向前、后、上、下进给	（1）左右进给控制的位置开关 SQ5 或 SQ6 位置移动、触头接触不良 （2）开关机构被卡住	（1）查明原因，调整位置或更换位置开关 （2）查明原因后排除 检查 SQ5－2 或 SQ6－2 的接通情况时，应操纵前后、上下进给手柄，使 SQ5－2 或 SQ6－2 断开，否则回路 9—10—13—14—15—20—19 会导通，导致误认为 SQ5－2 或 SQ6－2 接触良好
工作台不能左、右进给	同上例原因，主要是位置开关 SQ3－2 或 SQ4－2 触头接触不良	参照上例的处理方法
工作台不能快速移动	（1）电磁离合器 YC3 线圈断线或接线不良 （2）整流变压器 T2 损坏 （3）熔断器 FU3、FU4 熔体熔断 （4）整流二极管损坏 （5）电磁离合器动、静摩擦片损坏	（1）查明原因，必要时更换电磁离合器线圈 （2）检查整流变压器 T2 有无断线、短路等故障，必要时更换 T2 （3）查明原因后更换熔体 （4）检查整流输出电压是否异常，必要时更换整流二极管 （5）更换动、静摩擦片
主轴或进给变速不能冲动	主要是冲动位置开关 SQ1 或 SQ2 位置移动（压合不上开关）或触头接触不良，使线路断开，主轴电动机 M1 或进给电动机 M2 不能瞬时点动	与机修工配合，调整冲动位置开关 SQ1、SQ2 的位置（动作距离）；检查触头接触情况，必要时更换

技能训练场 32　X62W 型万能铣床电气控制线路常见故障的检修

1. 训练目标

能正确分析 X62W 型万能铣床电气控制线路常见故障，会检修和排除故障。

2. 检修工具、仪表及技术资料

除机床配套电路图、接线图、电气布置图外，其余同技能训练场 28。

3. 检修步骤及工艺要求、注意事项及评价标准

参考技能训练场 28。

阅读材料 12　X62W 型万能铣床典型故障分析与检修步骤

1. X62W 型万能铣床停车时无制动

该铣床在停车时或上刀时，采用电磁离合器 YC1 进行制动。若无制动，主轴电动机停车时间将延长。发生故障时，可先转动转换开关 SA1，观察上刀制动时电磁离合器 YC1 是否吸合，再根据具体情况进行分析。其分析与检修步骤如下。

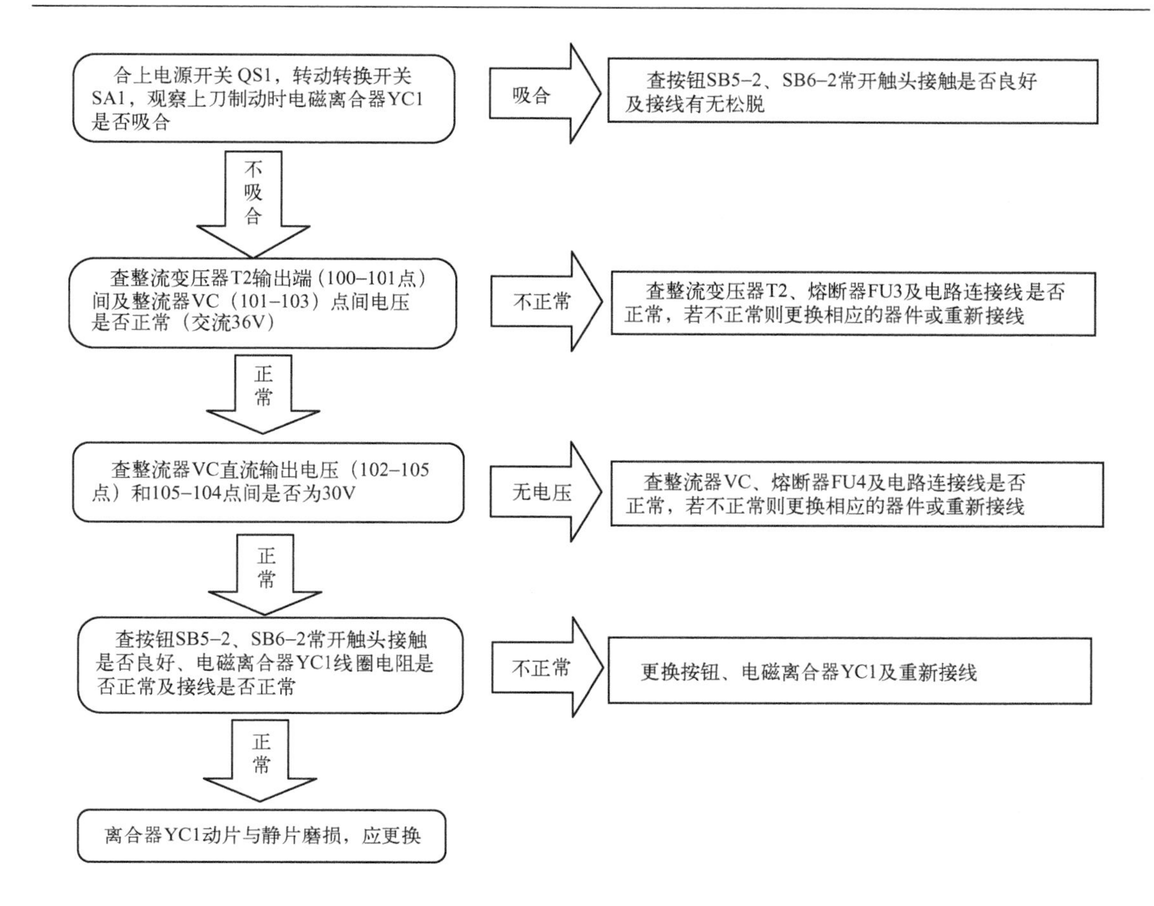

2. X62W 型万能铣床工作台向左、向右能进给，但向前、向后、向上、向下不能进给

该铣床工作台需要进给时，必须先启动主轴电动机 M1。由于工作台能向左、向右进给，说明控制电路中线号 10 以前的电路正常。该故障的分析与检修步骤如下。

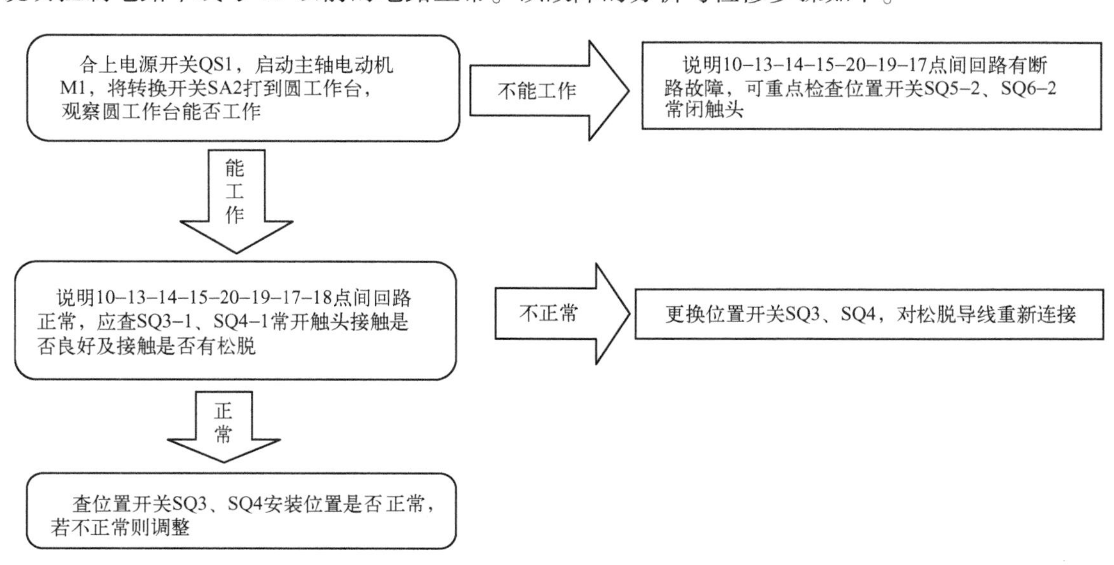

思考与练习

一、单项选择题（在每小题列出的四个备选答案中，只有一个是符合题目要求的）

1. X62W 型万能铣床控制线路图中，控制电路的短路保护电器是（　　）

A. FU 1　　B. FU3　　C. FU5　　D. FU6

2. X62W 型万能铣床控制线路图中，VC 是（　　）

A. 电磁离合器　　B. 液压阀　　C. 整流器　　D. 电磁阀

3. X62W 型万能铣床控制线路图中，实现主轴的变速冲动的电器是（　　）

A. 位置开关 SQ1　　B. 位置开关 SQ2

C. 组合开关 SA3　　D. 组合开关 SA4

4. X62W 型万能铣床控制线路图中，实现主轴电动机 M1 换向的电器是（　　）

A. 组合开关 SA3　　B. 接触器 KM1

C. 接触器 KM3　　D. 接触器 KM4

5. X62W 型万能铣床控制线路图中，KM3、KM4 常闭触头的作用是（　　）

A. 自锁　　B. 联锁　　C. 过载保护　　D. 失压保护

6. X62W 型万能铣床电气线路中采用了完备的电气联锁措施，主轴电动机与工作台进给电动机的启动先后顺序是（　　）

A. 工作台进给后，主轴才能启动　　B. 主轴启动后，工作台才可以进给

C. 工作台与主轴必须同时启动　　D. 只要不同时启动都可以

7. X62W 型万能铣床主轴电动机 M1 要求正反转，不用接触器控制而用组合开关控制，是因为（　　）

A. 接触器易损坏　　B. 改变转向不频繁

C. 操作安全方便　　D. 以上都对

8. X62W 型万能铣床主轴电动机 M1 的制动方式是（　　）

A. 能耗制动　　B. 反接制动

C. 电磁抱闸制动器制动　　D. 电磁离合器制动

9. 由于 X62W 型万能铣床中，圆工作台的通电回路经过______，所以，任意一个进给手柄不在零位时，都将使圆工作台停下来。（　　）

A. 进给系统位置开关的所有常闭触头

B. 进给系统位置开关的所有常开触头

C. 进给系统位置开关的所有常开及常闭触头

D. 进给系统部分位置开关的常开及常闭触头

10. X62W 型万能铣床更换铣刀时，要求主轴不能自由转动，必须将转换开关 SA1 扳到换刀位置，下列电磁离合器哪个得电动作（　　）

A. YC1　　B. YC2　　C. YC3　　D. 全部得电

二、填空题

1. X62W 型万能铣床主电路有________台电动机，主轴电动机 M1 由________控制，进给电动机由________和________控制，冷却泵电动机 M3 由________控制。

2. X62W 型万能铣床中，进给电动机 M2 必须在________启动后才能启动。

3. X62W 型万能铣床中，主轴电动机 M1 和冷却泵电动机 M3 在________中实现了顺序控制。

4. X62W 型万能铣床控制线路图中，工作台在 6 个方向上的进给运动由机械操作手柄带动相关的位置开关________、________、________、________，通过接触器________、________控制进给电动机 M2 正反转来实现。位置开关________分别控制工作台的向前、向下和向后、向上运动，________分别控制工作台的向右和向左运动。

5. X62W 型万能铣床在加工过程中不需要频繁变换主轴旋转的方向，因此用________来控制主轴电动机的正反转。

6. X62W 型万能铣床的主轴运动和进给运动是通过________来进行变速的，为保证变速齿轮进入良好啮合状态，要求铣床变速后作________。

7. 在 X62W 型万能铣床中，主轴电动机 M1 采用________控制方式，启动按钮 SB1 和 SB2 ________在一起，停止按钮 SB5 - 1 和 SB6 - 1 ________在一起。

8. 在 X62W 型万能铣床中，冷却泵电动机 M3 必须在 ________启动后才能启动，其控制开关是________。

9. 在 X62W 型万能铣床中，主轴更换铣刀时，应转换开关 SA1 扳向________位置，此时其常开触头 SA1 - 1 ________，电磁离合器________线圈得电，主轴处于________状态；同时常闭触头 SA1 - 2 ________，切断控制电路，保证了人身安全。

10. 圆形工作台是由转换开关________控制的，当其旋转时，触头________和________处于断开状态，________处于闭合状态，接触器________得电动作，电动机运转；当其停转时，触头________处于断开状态，________和________处于闭合状态。

三、问答题

1. X62W 型万能铣床中工件台能在哪些方向上调整位置或进给？是如何实现的？

2. 为防止刀具和机床损坏，对主轴旋转和进给运动顺序上有何要求？是如何实现的？

3. X62W 型万能铣床中，工作台垂直和横向移动与纵向移动之间是如何实现联锁的？

4. X62W 型万能铣床中主轴有哪些电气要求？

5. X62W 型万能铣床中进给系统有哪些电气要求？

6. 简述 X62W 型万能铣床中主轴变速冲动过程。

7. 简述 X62W 型万能铣床中进给变速冲动过程。

8. X62W 型万能铣床中主轴制动离合器 YC1 电路中有 SB5 - 2、SB6 - 2 和 SA1 三个常开触头并联，它们各有什么作用？

9. 简述主轴电动机的制动过程。

10. 简述圆工作台的控制过程。

11. 简述工作台快速进给的控制过程。

课题 12
T68 型卧式镗床电气控制线路的检修

知识目标

- □ 了解 T68 型卧式镗床的主要结构及运动形式、电力拖动特点及控制要求。
- □ 掌握 T68 型卧式镗床电气控制线路及其工作原理。

技能目标

- □ 能正确、熟练分析 T68 型卧式镗床电气控制线路。
- □ 能通电运行 T68 型卧式镗床，观察、分析其故障现象。
- □ 能选择检修工具和恰当方法查找故障点并排除。
- □ 能按安全规范和操作规程对 T68 型卧式镗床进行通电试车并交付验收。
- □ 能够完成工作记录、技术文件存档与评价反馈。

知识准备

镗床是一种精密加工机床，主要用于加工高精确度的孔和孔间距离要求较为精确的零件。镗床可分为卧式镗床、立式镗床、坐标镗床和专用镗床等。常用的是卧式镗床，它的镗刀主轴水平放置，是一种多用途的金属切削机床，不但能完成钻孔、镗孔等孔加工，而且能切削端面、内圆、外圆及铣平面等。

本课题以 T68 型卧式镗床为例，分析镗床电气控制线路的构成、工作原理及检修方法。

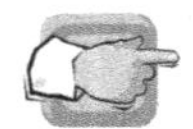

任务 1　T68 型卧式镗床的结构、运动形式及控制要求

1. T68 型卧式镗床的型号及含义

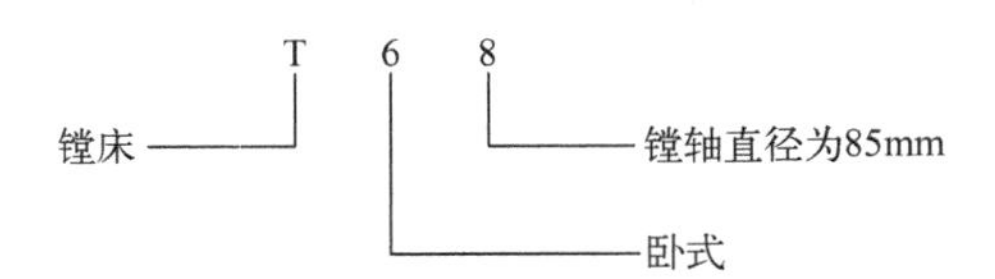

2. T68 型卧式镗床的主要结构

T68 型卧式镗床的外形如图 12-1 所示，其结构示意图如图 12-2 所示。它主要由床身、前立柱、镗头架、主轴、平旋盘、工作台和后立柱等部分组成。

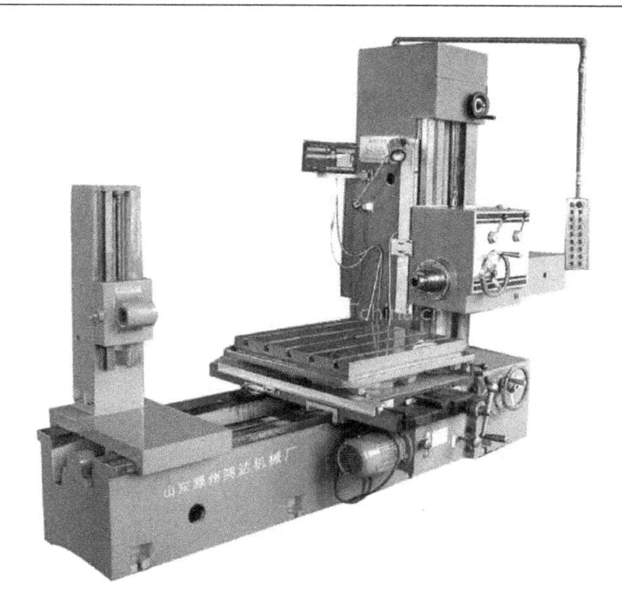

图 12-1　T68 型卧式镗床外形

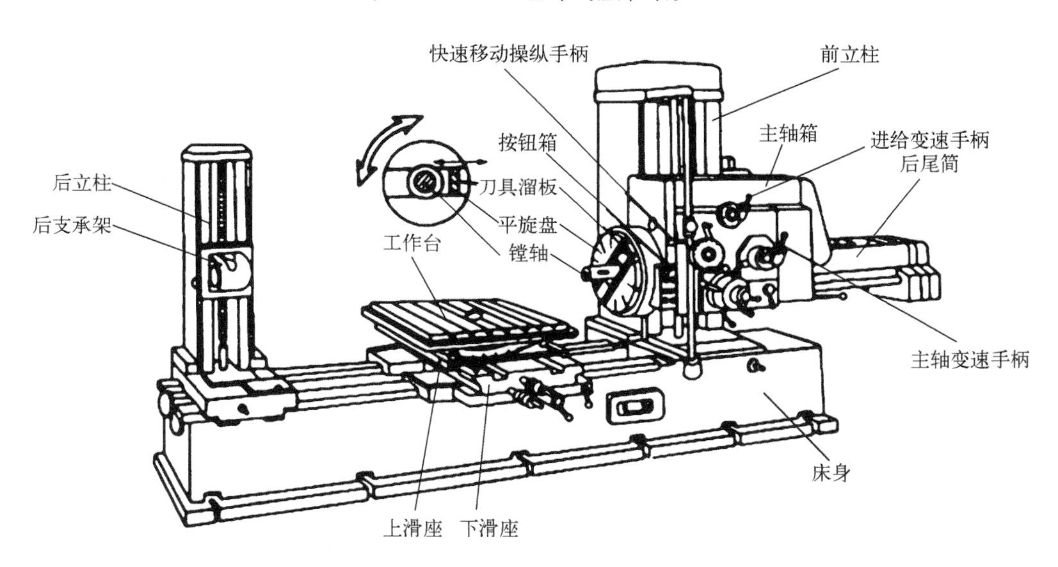

图 12-2　T68 型卧式镗床的结构示意图

T68 型卧式镗床的前立柱固定在床身上，在前立柱上装有可上下移动的镗头架；切削刀具固定在镗轴或平旋盘上；工作过程中，镗轴可一面旋转，一面带动刀具作轴向进给；后立柱在床身的另一端，可沿床身导轨作水平移动。工作台安置在床身导轨上，由下溜板及可转动的工作台组成，工作台可在平行于（纵向）或垂直于（横向）镗轴轴线的方向移动，并可绕工作台中心回转。

3. T68 型卧式镗床的运动形式及控制要求

T68 型卧式镗床的运动形式及控制要求如表 12-1 所示。

表 12-1　T68 型卧式镗床的主要运动形式及控制要求

运动种类	运动形式	控制要求
主运动	镗轴及花盘的旋转运动	该镗床镗刀装在镗轴前端孔内或装在花盘的刀具溜板上。 （1）其主运动和进给运动共用一台电动机拖动。 （2）采用机电联合调速，即用变速箱进行机械调速和用三相交流双速电动机进行电气调速。 （3）主轴电动机要求可正反转、点动、双速和制动
进给运动	主轴和花盘的轴向进给、镗头架的垂直进给及工作台的横向和纵向进给	
辅助运动	工作台的旋转运动、后立柱的水平移动和尾架的垂直移动	为缩短调整工件和刀具间相对位置时间，机床各部分还可以用快速移动电动机来拖动

 任务 2　T68 型卧式镗床电气控制线路的识读

T68 型卧式镗床控制线路图如图 12-3 所示，它分为主电路、控制电路和照明电路 3 部分。其主要电气设备如表 12-2 所示。

表 12-2　T68 型卧式镗床的电器元件明细表

符号	名　称	作　用	符号	名　称	作　用
M1	主轴电动机	主轴旋转及进给	SB5	点动按钮	主轴电动机 M1 反转点动
M2	快速移动电动机	进给快速移动	SQ1	位置开关	主轴进刀与工作台进给联锁保护
KM1	交流接触器	主轴电动机 M1 正转	SQ2	位置开关	
KM2	交流接触器	主轴电动机 M1 反转	SQ3	位置开关	进给速度变换
KM3	交流接触器	短接制动电阻 R	SQ4	位置开关	主轴速度变换
KM4	交流接触器	主轴电动机 M1 低速	SQ5	位置开关	进给速度变换
KM5	交流接触器	主轴电动机 M1 高速	SQ6	位置开关	主轴速度变换
KM6	交流接触器	进给电动机 M2 正转快速	SQ7	位置开关	控制电动机 M1 高低速
KM7	交流接触器	进给电动机 M2 反转快速	SQ8	位置开关	快速移动正转
KH	热继电器	主轴电动机 M1 过载保护	SQ9	位置开关	快速移动反转
KT	时间继电器	控制 M1 低速向高速自动转换	TC	控制变压器	提供控制电路和照明电路电源
KA1	中间继电器	控制主轴电动机 M1 正转			
KA2	中间继电器	控制主轴电动机 M1 反转	QS1	电源开关	总电源控制
KS	速度继电器	主轴电动机 M1 反接制动	QS2	转换开关	控制照明电路
R	电阻	限制电动机 M1 反接制动电流	FU1	熔断器	电动机 M1 短路保护
SB1	停止按钮	主轴电动机 M1 停止	FU2	熔断器	电动机 M2 短路保护
SB2	启动按钮	主轴电动机 M1 的正转启动	FU3	熔断器	控制电路短路保护
SB3	启动按钮	主轴电动机 M1 的反转启动	FU4	熔断器	照明电路短路保护
SB4	点动按钮	主轴电动机 M1 的正转点动	FU5	熔断器	指示灯电路短路保护

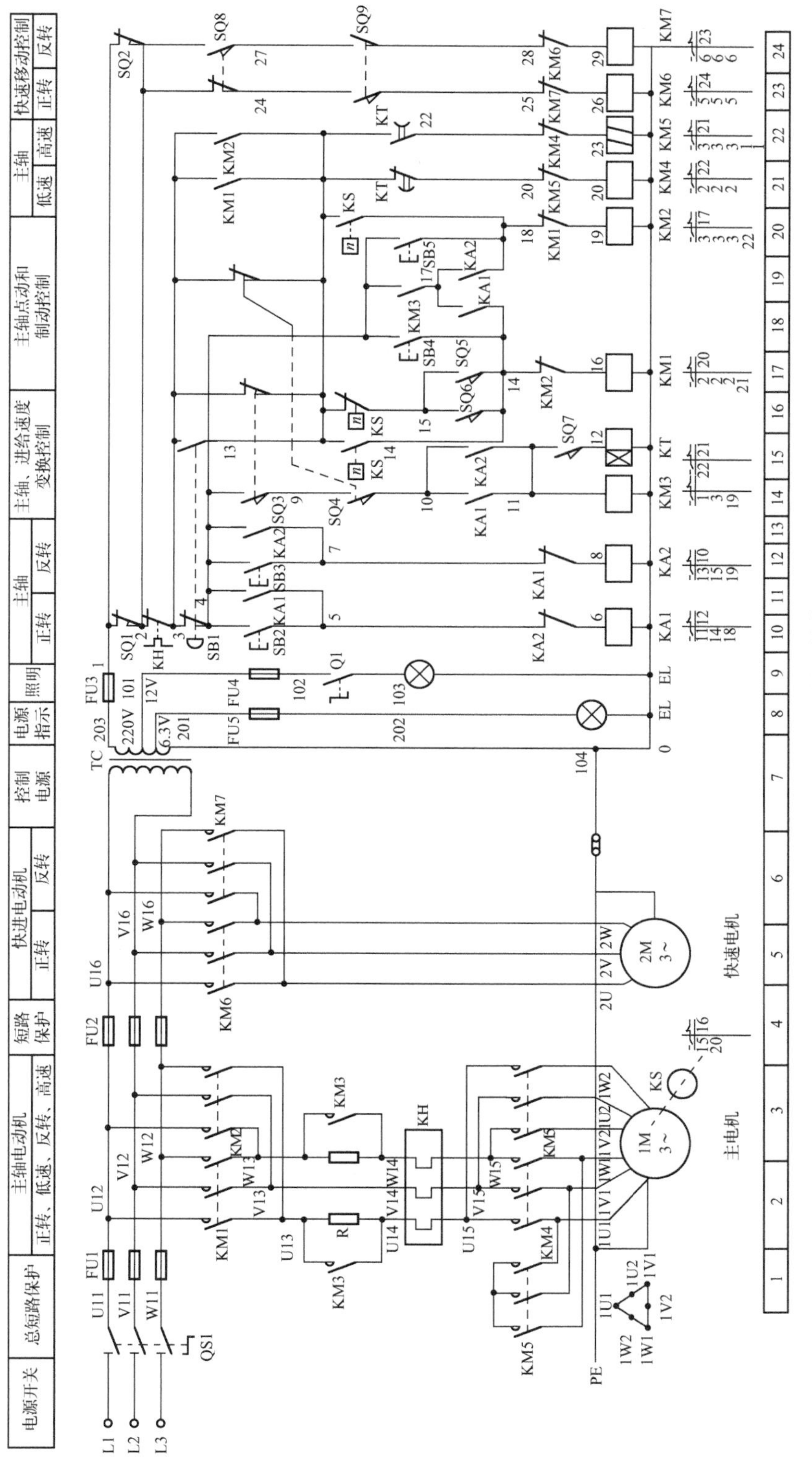

图12-3　T68型卧式镗床控制线路图

1. 主电路分析

T68 型卧式镗床有两台电动机，其控制和保护电器如表 12-3 所示。

表 12-3 主电路的控制和保护电器

名称与代号	作 用	控 制 电 器	过载保护电器	短路保护电器
主轴电动机 M1	通过变速箱等传动机构带动主轴及花盘旋转，同时还带动润滑油泵	交流接触器 KM1、KM2、KM3、KM4、KM5 和中间继电器 KA1、KA2	热继电器 KH	熔断器 FU1
快速移动电动机 M2	带动主轴的轴向进给、主轴箱垂直进给、工作台横向和纵向进给的快速移动	交流接触器 KM6、KM7	无	熔断器 FU2

想一想

■ 电阻 R 的作用是什么？
■ 快速移动电动机 M2 为什么不设过载保护？

2. 控制电路分析

1）主轴电动机的控制

（1）主轴电动机 M1 的正反转低速连续运转控制：主轴电动机 M1 启动前，主轴变速位置开关 SQ4 和进给变速位置开关 SQ3 已被操纵手柄压合，它们的常闭触头断开，常开触头闭合。

将变速手柄打到“低速”位置，这时变速位置开关 SQ7 处于断开位置。

按下正转启动按钮 SB2，中间继电器 KA1 线圈得电而吸合，KA1 常开触头（11 区 4－5 点）闭合自锁，KA1 常闭触头（12 区 7－8 点）分断起联锁作用，另一副 KA1 常开触头（14 区 10－11）闭合，接触器 KM3 线圈获电而吸合，KM3 主触头（2 区）闭合，将制动电阻 R 短接，KM3 常开触头（18 区 14－17 点）闭合，接触器 KM1 线圈获电吸合，KM1 主触头闭合（2 区），接通电源，KM1 常开触头（21 区 3－13 点）闭合，KM4 线圈获电吸合，KM4 主触头（2 区）闭合，电动机 M1 定子绕组按△形联结低速正向启动，同步转速为 1 500r/min。

反转时只需按 SB3 即可，其控制过程与正转相似。

（2）主轴电动机 M1 的点动控制：按下 SB4 或 SB5，接触器 KM1 或 KM2 因线圈获电而吸合。按下 SB4 时，KM1 常开触头（21 区 3－13 点）闭合，接触器 KM4 因线圈获电而吸合，KM1 和 KM4 主触头（2 区）闭合，电动机 M1 定子绕组接成△形联结，并串电阻 R 进行点动；按下 SB5 时动作过程与按下 SB4 时相似。

想一想

■ 说明主轴电动机 M1 的反转低速控制过程。
■ 在控制线路图中用虚线表示主轴电动机 M1 正转、反转低速连续运转控制的电流通路。
■ 在控制线路图中用虚线表示主轴电动机 M1 正转、反转点动控制的电流通路。

（3）电动机 M1 的停车制动控制：以低速正转停车制动为例。当电动机 M1 正转时，速度达到 120r/min 以上时，速度继电器 KS 的常开触头（20 区 13－18 点）闭合，为停车制动做好准备。

若要停车制动，按下停止按钮 SB1，中间继电器 KA1 和接触器 KM3 线圈断电而释放，KM3 的常开触头（19 区 4－17 点）分断，KM1 线圈断电而释放，KM1 常开触头（21 区 3－13 点）分断，KM4 线圈断电而释放，由于 KM1 和 KM4 主触头（2 区）分断，电动机 M1 断电后作惯性运转。与此同时，接触器 KM2 和 KM4 线圈获电而吸合，KM2 和 KM4 主触头（2、3 区）闭合，电动机 M1 串电阻 R 反接制动，当速度下降到 120r/min 时，速度继电器 KS 常开触头分断，接触器 KM2 和 KM4 线圈断电而释放，停车反接制动结束。

速度继电器 KS 另一副常开触头（15 区 13－14 点）在电动机 M1 反转停车制动时起作用。

想一想

■ 说明主轴电动机 M1 反转时的停车制动控制过程。

■ 说明主轴电动机 M1 在正、反转低速启动运行和制动时各由哪些电器元件来控制？

■ 在控制线路图中用虚线表示主轴电动机 M1 停车制动控制的电流通路。

（4）电动机 M1 的高、低速转换控制：如果选择电动机 M1 在低速（△形联结）运行，可将变速手柄扳到“低速”位置，这时变速位置开关 SQ7 处于分断位置。此时，时间继电器 KT 线圈不能得电，因而接触器 KM5 线圈也不能得电，电动机 M1 定子绕组不能接成YY形高速运行。按下启动按钮 SB2 或 SB3 时，电动机 M1 只能由接触器 KM4 接成△形联结作低速运行。

如果选择电动机 M1 在高速（YY形联结）运行，可将变速手柄扳到“高速”位置，这时变速位置开关 SQ7 处于闭合位置。若按下启动按钮 SB2 或 SB3 时，KA1 或 KA2 线圈获电而吸合，KT 和 KM3 线圈同时获电而吸合，KM1 或 KM2 线圈获电而吸合。由于 KT 的常开和常闭触头延时动作，故 KM4 线圈先获电吸合，电动机 M1 定子绕组先接成△形而低速启动，当 KT 常闭触头延时分断时，KM4 线圈断电而释放，同时 KT 常开触头延时闭合，KM5 线圈获电而吸合，电动机 M1 定子绕组接成YY形高速运转，主轴同时高速运转。

想一想

■ 说明主轴电动机 M1 正、反转低速启动、高速运行的控制过程。

■ 说明主轴电动机 M1 高速运行时，为什么要先低速启动后高速运行的原因？

■ 说明主轴电动机 M1 在正、反转低速启动、高速运行和制动时各由哪些电器元件来控制？

■ 在控制线路图中用虚线表示主轴电动机 M1 正、反转低速启动、高速运行控制的电流通路。

（5）主轴变速及进给变速控制：当主轴在旋转时，如果需要变速（以正转为例说明），可不必按停止按钮 SB1，只要将主轴变速操纵盘的操作手柄拉出，与变速手柄有机械联系的位置开关 SQ4 不再受压而分断，KM3 和 KM4 线圈先失电而释放，电动机 M1 断电后作惯性运行；同时由于位置开关 SQ4 常闭触头闭合及速度继电器 KS 常开触头（20 区 13－18 点）

闭合，KM2、KM4 线圈得电而吸合，电动机 M1 串接电阻 R 而反接制动。当主轴电动机 M1 转速较低时，速度继电器 KS 常开触头分断，这时便可转动变速操纵盘进行变速。变速后，将变速手柄推回到原位，位置开关 SQ4 重新压合，接触器 KM3、KM1、KM4 线圈获电吸合，电动机 M1 启动，主轴以新选定的速度运转。

主轴变速时，因齿轮卡住而手柄推不上时，此时变速冲动位置开关 SQ6 被压合（其常开触头闭合），速度继电器 KS 常闭触头（16 区 13 – 15 点）也已恢复闭合，接触器 KM1、KM4 线圈获电吸合，电动机 M1 低速启动。当速度高于 120r/min 时，速度继电器 KS 常闭触头（16 区 13 – 15 点）又分断，KM1、KM4 线圈断电而释放，电动机 M1 又断电。当速度降到 120r/min 时，速度继电器 KS 常闭触头（16 区 13 – 15 点）又恢复闭合，KM1、KM4 线圈获电而吸合，电动机 M1 再次启动，重复动作，直到齿轮啮合后，方能推合变速操纵手柄，变速冲动结束。

进给变速控制与主轴变速控制过程基本相同，只是在进给变速时，拉出操纵手柄是进给变速操纵手柄，此时压合的位置开关是 SQ5。

想一想

■ 在控制线路图中用虚线表示主轴电动机 M1 变速及进给变速控制的电流通路。

■ 主轴电动机 M1 变速时，为何可以不按停止按钮 SB1 直接进行变速？变速后电动机是如何恢复正常工作的？

■ 分析进给变速控制过程。

2）快速移动电动机 M2 的控制

主轴的轴向进给、主轴箱的垂直进给（包括尾架）、工作台的纵向和横向进给等的快速移动是由电动机 M2 通过齿轮、齿条等来完成的。将快速移动操纵手柄向里推动时，压合位置开关 SQ8，接触器 KM6 获电而吸合，电动机 M2 正转启动，实现快速正向移动。将快速移动操纵手柄向外拉时，压合位置开关 SQ9，KM7 线圈获电而吸合，电动机 M2 反向快速移动。

3）安全保护联锁装置

为了防止在工作台或主轴箱自动快速进给时又将主轴进给手柄扳到自动快速进给的误操作，采用与工作台和主轴箱进给手柄有机械连接的位置开关 SQ1。当上述手柄扳在工作台（或主轴箱）自动快速进给位置时，SQ1 被压合而分断。同样在主轴箱上还装有另一个位置开关 SQ2，它与主轴进给手柄有机械连接，当这个手柄动作时，SQ2 也受压被分断。电动机 M1 和 M2 必须在位置开关 SQ1 和 SQ2 中有一个处于闭合状态时，才可以启动。如果工作台或主轴箱在自动进给位置（SQ1 分断）时，再将主轴进给手柄扳到自动进给位置（SQ2 也分断），电动机 M1 和 M2 便都自动停转，从而达到联锁保护的目的。

4）照明电路

照明电路由降压变压器 TC 供给 36V 安全电压。HL 为电源指示灯，EL 为照明灯，由开关 QS2 控制。

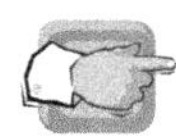 任务 3　T68 型卧式镗床电气控制线路的检修

T68 型卧式镗床电气控制线路的常见故障及处理方法如表 12-4 所示。

表 12-4　T68 型卧式镗床电气控制线路的常见故障及处理方法

故障现象	可能原因	处理方法
主轴电动机能低速启动，但不能高速运行	（1）手柄在高速位置时没有压合位置开关 SQ7 （2）位置开关 SQ7 触头接触不良 （3）时间继电器 KT 线圈断线或触头接触不良 （4）交流接触器 KM4 主触头粘连	（1）检查 SQ7 位置有无移动、松动，并调整好 （2）检查并更换 SQ7 （3）检查并更换 KT （4）检查并更换 KM4
主轴变速手柄拉开时不能冲动，或变速完毕后合上手柄，主轴电动机不能自行启动	当主轴变速手柄拉出后，通过变速机构的杠杆、压板使位置开关 SQ4 动作，主轴电动机断电而制动停车。速度选择好后，推上手柄，位置开关 SQ6 动作，使主轴电动机低速冲动。由于 SQ4、SQ6 位置偏移触头接触不良而完不成上述动作；或 SQ4、SQ6 绝缘击穿短路，造成手柄拉出后，SQ4 虽动作，但由于短路接通，使主轴仍以原来速度旋转	查明原因，进行检修或更换 SQ4、SQ6
主轴电动机不能制动	（1）速度继电器正转或反转常开触头不能闭合或接触不良或速度继电器的安装位置不对 （2）接触器 KM2 或 KM1 常闭辅助触头接触不良 （3）速度继电器常开触头接错	（1）先检查速度继电器的安装位置，再检修速度继电器，必要时更换 （2）查明原因，进行检修 （3）调换接线
主轴和工作台不能进给工作	（1）主轴和工作台的两个手柄都扳到自动进给位置 （2）位置开关 SQ8、SQ9 位置变动或撞坏，使其常闭触头都不能闭合	（1）将手柄扳到正常位置 （2）调整 SQ8、SQ9 位置，必要时更换

技能训练场 33　T68 型卧式镗床电气控制线路常见故障的检修

1. 训练目标

能正确分析 T68 型卧式镗床电气控制线路常见故障，会检修和排除故障。

2. 检修工具、仪表及技术资料

除机床配套电路图、接线图、电气布置图外，其余同技能训练场 28。

3. 检修步骤及工艺要求、注意事项及评价标准

参考技能训练场 28。

阅读材料 13　T68 型卧式镗床典型故障分析与检修步骤

以 T68 型卧式镗床主轴电动机 M1 能低速启动，但不能高速运行为例进行说明。该镗床主轴电动机 M1 由低速向高速运行是由时间继电器 KT 自动控制的。当主轴电动机 M1 只能低速启动、不能高速运行时，可先观察时间继电器 KT 是否动作，若不能动作，则可能是高低速选择开关打

在低速，这时可重新将选择开关打在高速挡。若选择开关位置正常，其分析与检修步骤如下。

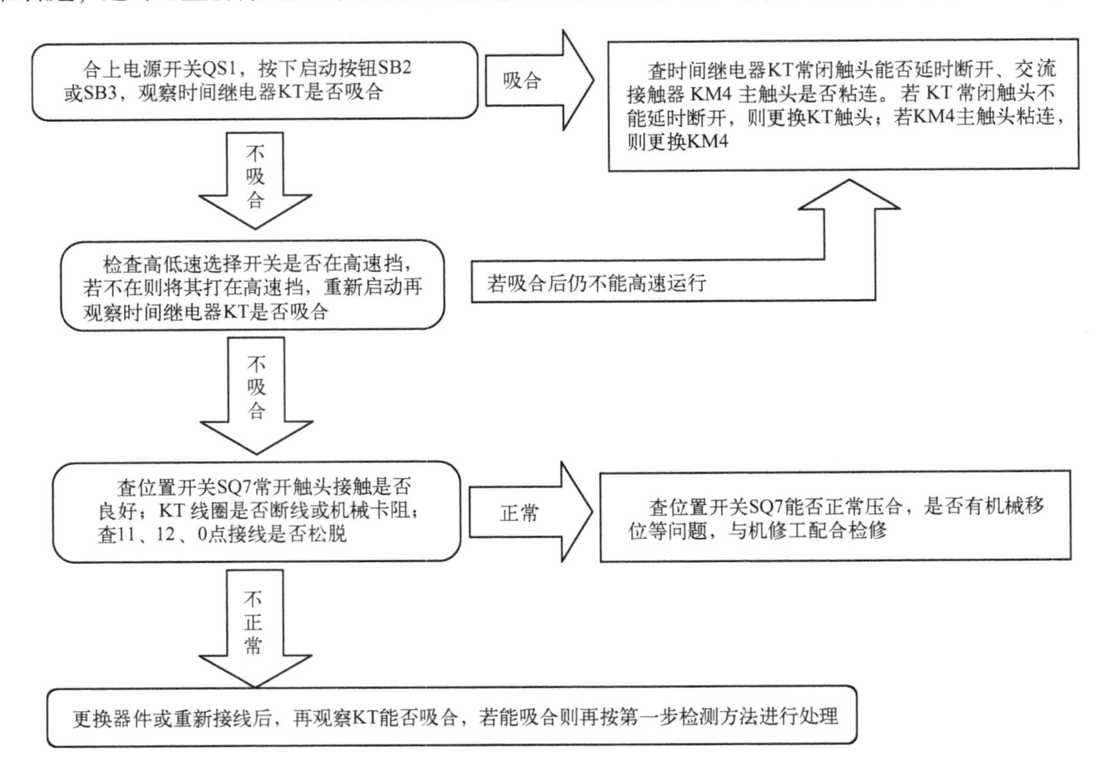

思考与练习

一、单项选择题（在每小题列出的四个备选答案中，只有一个是符合题目要求的）

1. T68型卧式镗床控制线路图中，用做工作台、主轴箱进给连锁保护的电器是（　　）

A. SQ1　　B. SQ2　　C. SQ3　　D. SQ4

2. T68型卧式镗床控制线路图中，实现主轴电动机M1制动电阻短接的接触器是（　　）

A. KM1　　B. KM2　　C. KM3　　D. KM4

3. T68型卧式镗床控制线路图中，主轴的停车制动采用（　　）

A. 能耗制动　　B. 反接制动　　C. 电容制动　　D. 回馈制动

4. T68型卧式镗床中，主轴的变速冲动是为了（　　）

A. 齿轮不滑动　　B. 提高齿轮速度

C. 提高齿轮转矩　　D. 齿轮容易啮合

5. T68型卧式镗床控制线路图中，主轴变速控制开关是（　　）

A. SQ3　　B. SQ4　　C. SQ5　　D. SQ7

6. T68型卧式镗床的主轴电动机采用（　　）

A. 三相笼型异步电动机　　B. 直流电动机

C. 双速笼型异步电动机　　D. 三相绕线式异步电动机

7. T68 型卧式镗床主轴电动机 M1 在点动时，其定子绕组接成 （ ）

A. Y形 B. YY形 C. △形 D. 延边△形

8. T68 型卧式镗床电气控制线路中，起控制电路短路保护的电器是 （ ）

A. FU1 B. FU2 C. FU3 D. FU4

9. T68 型卧式镗床电气控制线路中，主轴电动机 M1 正转高速运转时，需要动作的电器有 （ ）

A. KA1、KM3、KT、KM1、KM5 B. KA2、KM3、KT、KM2、KM5

C. KA1、KM3、KT、KM1、KM4 D. KA1、KM3、KT、KM2、KM5

10. T68 型卧式镗床电气控制线路中，按下主轴电动机 M1 点动正转按钮 SB4 时，会动作的接触器有 （ ）

A. KM1、KM4 B. KM1、KM5

C. KM1、KM3、KM4 D. KM1、KM3、KM5

二、填空题

1. T68 型卧式镗床主轴电动机 M1 的短路保护由________完成，进给电动机 M2 的短路保护由________完成。

2. T68 型卧式镗床的主轴电动机有________和________两种运行方式，停车时采用________方式制动。

3. T68 型卧式镗床主轴电动机 M1 从低速启动向高速运行是由________自动控制的。

4. T68 型卧式镗床主轴电动机 M1 主电路中串接电阻 R 的作用是________。

5. T68 型卧式镗床进给电动机 M2 不设过载保护的原因是________。

6. T68 型卧式镗床的主运动和进给运动采用机械滑移齿轮有级变速系统，为保证变速齿轮啮合良好，要求有________。

7. T68 型卧式镗床主轴电动机 M1 的定子绕组在低速运行时接成________形，在高速运行时接成________形。

8. T68 型卧式镗床快速移动电动机 M2 是由________接触器控制的，采用了________联锁保护。

9. T68 型卧式镗床电气控制线路图中，主要分________、________、________电路。

10. T68 型卧式镗床中，决定主轴电动机 M1 转动方向由接触器________和________控制；决定高低速则由接触器________和________控制。

三、综合题

1. 简述 T68 型卧式镗床主轴电动机的反转启动、高速运行过程。

2. 分析当主轴电动机 M1 反转高速运行时的制动过程。

3. T68 型卧式镗床主轴电动机 M1 高速运行时，为什么要先低速启动?

4. T68 型卧式镗床可以在运转过程中变速，试简述主轴的变速控制过程。

5. 分析位置开关 SQ1、SQ2 的作用。

6. 简述中间继电器 KA1、KA2 的作用。

课题 13
20/5T 桥式起重机电气控制线路的检修

知识目标

□ 了解 20/5T 桥式起重机的主要结构及运动形式、电力拖动特点及控制要求。
□ 掌握 20/5T 桥式起重机电气控制线路及其工作原理。

技能目标

□ 能正确、熟练分析 20/5T 桥式起重机电气控制线路。
□ 能通电运行 20/5T 桥式起重机，观察、分析其故障现象。
□ 能选择检修工具和恰当方法查找故障点并排除。
□ 能按安全规范和操作规程对 20/5T 桥式起重机进行通电试车并交付验收。
□ 能够完成工作记录、技术文件存档与评价反馈。

知识准备

起重机是一种吊起或放下重物并使重物在短距离内水平移动的起重设备。常见的起重机结构形式有桥式、塔式、门式、旋转式、缆索式等。在工厂中常用的是桥式起重机，常见的有 5T、10T 单钩及 15/3T、20/5T 双钩等，20/5T 桥式起重机如图 13－1 所示。

本课题以 20/5T 桥式起重机为例，分析起重设备的电气控制线路的构成、工作原理及检修方法。

图 13－1　20/5T 桥式起重机

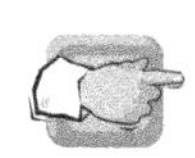

任务1　20/5T 桥式起重机的结构、电力拖动特点及控制要求的认识

1. 20/5T 桥式起重机的主要结构

桥式起重机的结构示意图如图 13-2 所示。

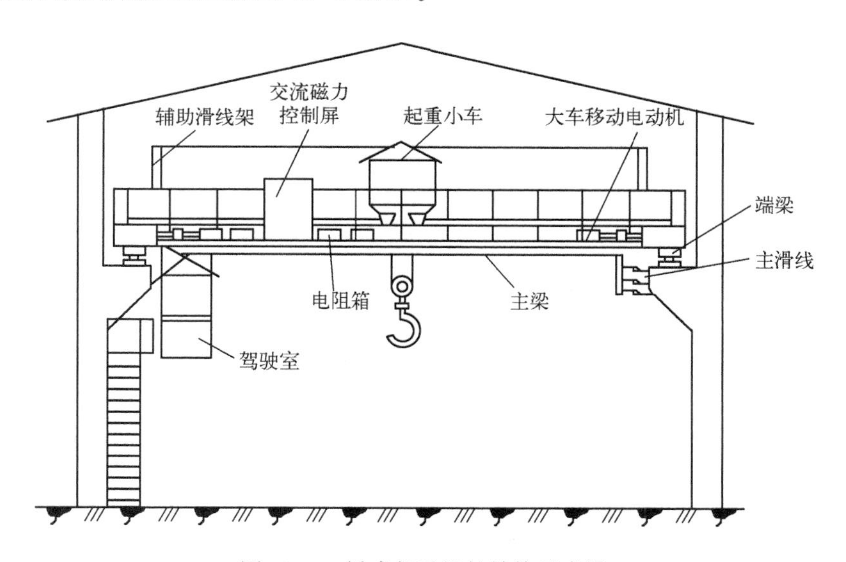

图 13-2　桥式起重机的结构示意图

桥式起重机主要由大车、小车组成，主钩（20T）和副钩（5T）组成提升机构。

（1）桥架。桥架是起重机的基体，它包括主梁、端梁、桥上走道等部分。主梁横跨在车间中间。主梁两端有端梁，组成箱式桥架。两侧设走道，一侧安装大车移行机构的传动装置，使桥架可沿车间长度铺设的轨道上纵向移动（左右移动）。另一侧安装小车所有的电气设备。主梁上铺有小车移动的轨道，小车可以前后（横向）移动。

（2）大车。大车移行机构由大车电动机、制动器、传动轴、万向联轴节、车轮等部分组成。拖动方式有集中传动和分别传动两种，前者用一台电动机经减速装置拖动大车的两个主动轮同时移动；后者采用两台电动机经减速装置分别拖动大车的两个主动轮同时移动。

（3）小车。小车又称跑车，主要由小车架、提升机构、小车移动机构和限位开关等组成。小车两端装有缓冲装置和限位开关保护。

根据要求，桥式起重机有 3 种运动情况：大车实现左右（纵向）移动、小车实现前后（横向）移动和提升机构升降运动。

2. 20/5T 桥式起重机的电力拖动特点及控制要求

起重机的工作条件十分恶劣，常处于多粉尘、高温、高湿度的环境中，工作负载性质属于重复短时工作制，常处于频繁带负载启动、制动、正反转状态，要承受较大过载和机械冲击。因而对电力拖动与电气控制提出了较高的要求。

（1）频繁启动：起重机经常带负载启动，要求电动机的启动电流小，启动转矩大。因而常采用绕线转子异步电动机拖动，在转子回路中串接电阻进行启动和调速。

（2）速度可以调节：起重机的负载为恒转矩，所以采用恒转矩调速。当改变转子外接电阻时，电动机便可获得不同转速。注意，绕线转子异步电动机转子绕组中串接电阻后，其机械特性将改变。

（3）重复短时工作制：起重机为重复短时工作制，拖动起重机运动的电动机在工作中的特点是：工作期内温度升高，由于时间短，来不及上升到稳定值；停止期内温度下降，也来不及冷却到周围环境温度。所以，在同样功率下，重复短时工作制比长期稳定的温升要低，允许过载运行。这种电动机要采用 YZR（绕线式）和 YZ（笼型）系统，因为这类电动机具有过载能力强、机械强度大、机械特性软的特点，能满足起重机负载的要求。

（4）下放重物与停车时制动：起重机的负载力矩为位能性反抗力矩，因而电动机可能运转在电动状态或制动状态，为了设备与人身的安全，下放重物时应工作在制动状态，停车时必须采用机械制动（采用断电型电磁抱闸制动器制动）。

（5）需要有保护措施：应具有必要的零位、短路、过载和终端保护功能。

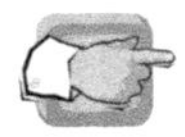 任务2 20/5T 桥式起重机电气控制线路的识读

20/5T 桥式起重机的控制线路图和分合表如图 13-3 所示。

一、20/5T 桥式起重机的供电特点

桥式起重机的电源电压为380V，由公共的交流电源供给，由于起重机在工作时经常移动，且大车与小车、小车与厂房之间存在相对运动，因此，要采用可移动的电源设备供电。一种是采用软电缆供电，软电缆可随着大、小车的移动而伸展或叠卷，多用于小型起重机（10T 以下）；另一种常用的方法是采用滑触线和集电刷供电。3 根主滑触线沿着平行于大车轨道的方向敷设在车间厂房的一侧。三相交流电源经由 3 根主滑触线与滑动的集电刷引进起重机驾驶室内的保护柜上，再从保护柜上引出两相电源到凸轮控制器，另一相称为电源的公用相，它直接从保护控制柜接到各电动机的定子绕组。

为了便于供电及各电气设备之间的连接，在桥架的另一侧装设了 21 根辅助滑触线，如图 13-3（e）所示。它们的作用是：用于主钩部分 10 根，3 根连接主钩电动机 M5 的定子绕组（5U、5V、5W）接线端；3 根连接转子绕组与转子附加电阻 5R；主钩电磁抱闸制动器 YB5、YB6 接交流磁力控制屏 2 根；主钩上升位置开关 SQ5 接交流磁力控制屏与主令控制器 2 根。用于副钩 6 根，其中 3 根连接副钩电动机 M1 的转子绕组与转子附加电阻 1R；2 根用于连接定子绕组接线端与凸轮控制器 AC1；另 1 根将副钩上升位置开关 SQ6 接在交流保护柜上。用于小车部分 5 根，其中 3 根连接小车电动机 M2 的转子绕组与转子附加电阻 2R；2 根连接 M2 定子绕组接线端与凸轮控制器 AC2。

滑触线通常采用角钢、圆钢、V 形钢等刚性导体制成。

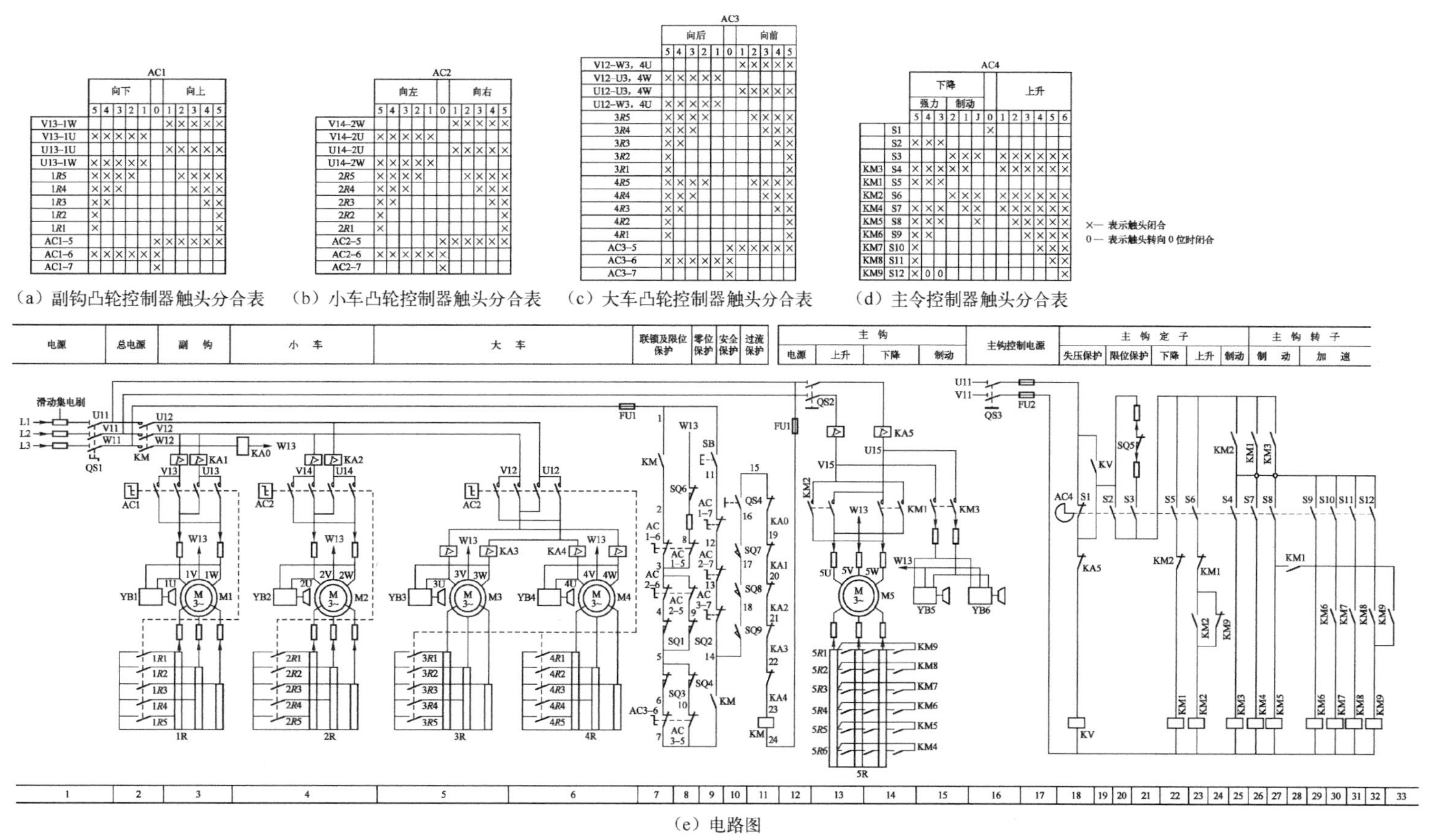

AC1	向下 5	向下 4	向下 3	向下 2	向下 1	0	向上 1	向上 2	向上 3	向上 4	向上 5
V13–1W							×	×	×	×	×
V13–1U	×	×	×	×	×						
U13–1U							×	×	×	×	×
U13–1W	×	×	×	×	×						
1R5	×	×	×	×				×	×	×	×
1R4	×	×	×						×	×	×
1R3	×	×								×	×
1R2	×										×
1R1	×										×
AC1–5						×	×	×	×	×	×
AC1–6	×	×	×	×	×	×					
AC1–7						×					

（a）副钩凸轮控制器触头分合表

AC2	向左 5	向左 4	向左 3	向左 2	向左 1	0	向右 1	向右 2	向右 3	向右 4	向右 5
V14–2W							×	×	×	×	×
V14–2U	×	×	×	×	×						
U14–2U							×	×	×	×	×
U14–2W	×	×	×	×	×						
2R5	×	×	×	×				×	×	×	×
2R4	×	×	×						×	×	×
2R3	×	×								×	×
2R2	×										×
2R1	×										×
AC2–5						×	×	×	×	×	×
AC2–6	×	×	×	×	×	×					
AC2–7						×					

（b）小车凸轮控制器触头分合表

AC3	向后 5	向后 4	向后 3	向后 2	向后 1	0	向前 1	向前 2	向前 3	向前 4	向前 5
V12–W3，4U							×	×	×	×	×
V12–U3，4W	×	×	×	×	×						
U12–U3，4W							×	×	×	×	×
U12–W3，4U	×	×	×	×	×						
3R5	×	×	×	×				×	×	×	×
3R4	×	×	×						×	×	×
3R3	×	×								×	×
3R2	×										×
3R1	×										×
4R5	×	×	×	×				×	×	×	×
4R4	×	×	×						×	×	×
4R3	×	×								×	×
4R2	×										×
4R1	×										×
AC3–5						×	×	×	×	×	×
AC3–6	×	×	×	×	×	×					
AC3–7						×					

（c）大车凸轮控制器触头分合表

AC4		下降 强力 5	下降 强力 4	下降 强力 3	下降 制动 2	下降 制动 1	下降 制动 J	0	上升 1	上升 2	上升 3	上升 4	上升 5	上升 6
	S1							×						
	S2	×	×	×										
	S3				×	×	×		×	×	×	×	×	×
KM3	S4	×	×	×	×	×			×	×	×	×	×	×
KM1	S5	×	×	×										
KM2	S6				×	×	×		×	×	×	×	×	×
KM4	S7	×	×	×		×	×		×	×	×	×	×	×
KM5	S8	×	×	×			×			×	×	×	×	×
KM6	S9	×	×								×	×	×	×
KM7	S10	×										×	×	×
KM8	S11	×											×	×
KM9	S12	×	0	0										×

×— 表示触头闭合
0— 表示触头转向 0 位时闭合

（d）主令控制器触头分合表

（e）电路图

图 13–3　20/5T 桥式起重机的电路图和分合表

二、20/5T 桥式起重机电气控制线路的识读

1. 20/5T 桥式起重机的主要电气设备

20/5T 桥式起重机的主要电器元件如表 13-1 所示。

表 13-1　20/5T 桥式起重机的电器元件明细表

符号	名　称	作　用	符号	名　称	作　用
M1	副钩电动机	控制副钩上升与下降	SB	启动按钮	启动主接触器
M2	小车电动机	驱动小车移动	KM	主接触器	接通大车、小车、副钩电动机电源
M3 M4	大车电动机	驱动大车移动	KA0	总过电流继电器	总过电流保护
M5	主钩电动机	控制主钩上升与下降	KA1 ~ KA4	过电流继电器	大车、小车、副钩电动机过电流保护
AC1	副钩凸轮控制器	控制副钩电动机	KA5	过电流继电器	主钩电动机过电流保护
AC2	小车凸轮控制器	控制小车电动机			
AC3	大车凸轮控制器	控制大车电动机	FU1	控制保护电源熔断器	短路保护
AC4	主钩主令控制器	控制主钩电动机			
YB1	副钩电磁制动器	副钩制动	KM1 KM2	主钩升降接触器	控制主钩电动机旋转
YB2	小车电磁制动器	小车制动			
YB3 YB4	大车电磁制动器	大车制动	KM3	主钩制动接触器	控制主钩电磁抱闸制动器
YB5 YB6	主钩电磁制动器	主钩制动	KM4 KM5	主钩预备级接触器	控制主钩附加电阻
1R	副钩电阻器	副钩电动机启动调速	KM6 ~ KM9	主钩加速级接触器	控制主钩附加电阻
2R	小车电阻器	小车电动机启动调速	KV	欠电压继电器	欠电压保护
3R 4R	大车电阻器	大车电动机启动调速	SQ5	主钩上升位置开关	限位保护
5R	主钩电阻器	主钩电动机启动调速	SQ6	副钩上升位置开关	限位保护
QS1	总电源开关	接通总电源	SQ1 ~ SQ4	大、小车限位位置开关	限位保护
QS2	主钩电源开关	接通主钩电源	SQ7	舱门安全开关	舱门安全保护
QS3	主钩控制电路电源开关	接通主钩电动机控制电路电源	SQ8、SQ9	横梁安全开关	横梁栏杆门安全保护
QS4	紧急开关	发生紧急情况断开			

2. 20/5T 桥式起重机的电气设备及控制、保护装置

（1）桥式起重机的大车桥架跨度较大，两侧装置两个主动轮，分别由两台同规格的电动机 M3、M4 拖动，沿大车轨道纵向同速运动。

（2）小车移动机构由电动机 M2 拖动，沿固定在大车桥架上的小车轨道横向运动。

（3）主钩升降由电动机 M5 拖动；副钩升降由电动机 M1 拖动。

（4）组合开关 QS1 为电源开关；凸轮控制器 AC1、AC2、AC3 分别控制副钩电动机 M1、小车电动机 M2、大车电动机 M3、M4；主令控制器 AC4 配合交流磁力控制屏（PQR）完成对主钩电动机 M5 的控制。

（5）起重机的保护环节由交流保护控制柜（GQR）和交流磁力控制屏（PQR）来实现。控制电路用熔断器 FU1、FU2 作为短路保护；总电源及各台电动机分别采用过电流继电器 KA0、KA1、KA2、KA3、KA4、KA5 实现过载和短路保护。

（6）为保障检修人员的安全，在驾驶室舱门盖上装有安全开关 SQ7；在横梁两侧栏杆门上分别装有安全开关 SQ8、SQ9；为了在发生紧急情况时操作人员能立即切断电源，防止事故扩大，在保护柜上还装有一只单刀单掷的紧急开关 QS4。

上述各开关在电路中均采用常开触头，与副钩、小车、大车的过电流继电器及总过电流继电器的常闭触头相串联，当驾驶舱门或横梁栏杆门打开时，主接触器 KM 线圈不能得电运行，或在运行中也会断电释放，使起重机的全部电动机都不能启动运转，保证了人身安全。

（7）电源总开关 QS1、熔断器 FU1、FU2、主接触器 KM、紧急开关 QS4 及过电流继电器 KA0 ~ KA5 都安装在保护柜上。保护柜、凸轮控制器、主令控制器均安装在驾驶室内，便于司机操作。

（8）起重机各移动部分均采用位置开关作为行程限位保护。它们是：位置开关 SQ1、SQ2 为小车横向限位保护；位置开关 SQ3、SQ4 为大车纵向限位保护；位置开关 SQ5、SQ6 分别为主钩和副钩提升的限位保护。当移动部件的行程超过极限位置时，利用移动部件上的挡铁压开位置开关，使电动机断电并制动，保护设备的安全运行。

（9）起重机上的移动电动机和提升电动机均采用电磁抱闸制动器制动，它们分别是：副钩制动器 YB1、小车制动器 YB2；大车制动器 YB3、YB4；主钩制动器 YB5、YB6。其中 YB1 ~ YB4 为两相电磁铁，YB5、YB6 为三相电磁铁。当电动机通电时，电磁抱闸制动器的线圈获电，使闸瓦与闸轮分开，电动机可以自由旋转；当电动机断电时，电磁抱闸制动器失电，闸瓦抱住闸轮，使电动机被制动停转。

（10）起重机还设置了零位联锁保护，只有当所有的控制器手柄全部处于零位时，起重机才能启动运行，其目的是为了防止电动机在转子回路电阻被切除的情况下直接启动，产生很大的冲击电流造成事故。

（11）起重机轨道及金属桥架应进行可靠的接地保护。

3. 20/5T 桥式起重机的电气控制线路分析

1）主接触器 KM 的控制

准备阶段：在起重机投入运行前，必须将所有凸轮控制器的手柄扳到“0”位置，零位联锁触头 AC1－7、AC2－7、AC3－7 处于闭合状态；合上紧急开关 QS4，并关好舱门、横

梁栏杆门，使位置开关 SQ7、SQ8、SQ9 的常开触头处于闭合状态。

启动运行阶段：合上电源开关 QS1，按下保护控制柜上的启动按钮 SB，主接触器 KM 的线圈得电吸合，KM 主触头闭合，使两相电源（U12、V12）引入各凸轮控制器，另一相电源（W13）直接引入各电动机定子绕组接线端。此时，由于各凸轮控制器操作手柄均在零位，所以电动机不会运转。同时主接触器 KM 两对常开辅助触头闭合自锁。当松开 SB 后，主接触器 KM 线圈经 1 – 2 – 3 – 4 – 5 – 6 – 7 – 14 – 18 – 17 – 16 – 15 – 19 – 20 – 21 – 22 – 23 – 24 到 FU1 形成通路而得电。

想一想

■ 设置舱门、横梁位置开关的目的是什么？
■ 主接触器 KM 线圈能够得电吸合的条件有哪些？
■ 在主接触器 KM 控制电路中，触头 AC1 – 7、AC2 – 7、AC3 – 7 的作用是什么？
■ 分析主接触器 KM 线圈不能得电的原因有哪些？
■ 在控制线路图中用虚线表示主接触器 KM 线圈吸合时的电流通路。

2）凸轮控制器的控制

起重机的大车、小车和副钩电动机容量较小，一般采用凸轮控制器控制。

大车由两台电动机 M3、M4 同时拖动，所以大车凸轮控制器 AC3 比 AC1、AC2 多用了 5 对常开触头，以用于切除电动机 M4 的转子电阻 3R1 ~ 3R5 和 4R1 ~ 4R5。大车、小车和副钩的控制过程基本相同。下面以副钩为例说明控制过程。

副钩凸轮控制器 AC1 共有 11 个位置，中间位置是零位，左右各有 5 个位置，用来控制电动机 M1 在不同转速下的正反转，即用来控制副钩的升、降。AC1 共用了 12 副触头，其中 4 对常开主触头控制电动机 M1 定子绕组的电源和换接电源相序以实现电动机 M1 的正反转；5 对常开辅助触头控制电动机 M1 转子电阻 1R 的切换；3 对常闭辅助触头作为联锁触头，其中 AC1 – 5 和 AC1 – 6 为电动机 M1 正反转联锁触头，AC1 – 7 为零位联锁触头。

在主接触器 KM 线圈获电吸合后，总电源接通的条件下，转动凸轮控制器 AC1 的手轮到向上位置“1”时，AC1 的主触头 V13—1W 和 U13—1U 闭合，触头 AC1 – 5 闭合，AC1 – 6 和 AC1 – 7 断开，电动机 M1 接通三相电源正转（此时电磁抱闸电磁铁 YB1 获电，闸瓦与闸轮已分开），由于 5 对常开辅助触头均断开，所以电动机 M1 转子回路串接全部附加电阻 1R 启动，电动机 M1 以最低转速带动副钩上升。转动 AC1 手轮，依次到向上的“2” ~ “5”位置时，5 对常开辅助触头依次闭合，短接电阻 1R5 ~ 1R1，电动机 M1 的转速逐渐升高，直到预定转速。

当凸轮控制器 AC1 的手轮转到向下挡位时，这时，由于触头 V13—1U 和 U13—1W 闭合，接入电动机 M1 的电源相序改变，电动机 M1 反转，带动副钩下降。

若断电或将手轮转到“0”位时，电动机 M1 断电，同时电磁抱闸制动器 YB1 也断电，电动机 M1 被迅速制动停转。副钩带有重负载时，考虑到负载的重力作用，在下降负载时，应先把手轮逐级扳到“下降”的最后一挡，然后根据速度要求逐级退回升速，以免引起快速下降而造成事故。

想一想

■ 在桥式起重机启动前，为什么要使各凸轮控制器手柄全部置于零位？
■ 电动机 M1、M2、M3、M4 的反转是用什么器件来改变电源相序的？
■ 分析小车、大车的控制过程。

3）主令控制器的控制

主钩电动机是桥式起重机容量最大的一台电动机，一般采用主令控制器配合磁力控制屏进行控制，即用主令控制器控制接触器，再由接触器控制电动机。为提高主钩电动机运行的稳定性，在切除转子附加电阻时，采取三相平衡切除，使三相转子电流平衡。

主钩运行有升、降两个方向，主钩上升与凸轮控制器的工作过程基本相似，区别在于它是通过接触器来控制。主钩下降时与凸轮控制器控制的动作有较明显的差别。

主钩运行前，先合上电源开关 QS1、QS2、QS3，接通主电路和控制电路电源，将主令控制器 AC4 手柄置于“0”位，其触头 S1（18 区）闭合，欠电压继电器 KV 线圈得电吸合，其常开触头（19 区）闭合，为主钩电动机 M5 启动做好准备工作。

（1）主钩的上升运动：主令控制器 AC4 手柄置于“0”位置时，根据触头分合表可知，其触头 S1 闭合，若电源电压正常，则欠电压继电器 KV 线圈得电，其常开触头闭合自锁，为主钩提升或下降做准备。主钩主令控制器处于各挡时，主钩电动机 M5 的工作状态如表 13-2 所示。

表 13-2　主钩上升时的工作状态

AC4 手柄位置	AC4 闭合触头	得电动作的接触器	主钩电动机的工作状态
提升“1”位置	S3、S4、S6、S7	KM2、KM3、KM4	触头 S3 闭合，将提升位置开关 SQ5 串入电路中，起到提升限位保护作用；触头 S4 闭合，将制动接触器 KM3 线圈接通，并吸合自锁。制动电磁铁 YB5、YB6 通电，松开电磁抱闸制动器，主钩电动机 M5 即可自由转动；触头 S6 闭合，将提升接触器 KM2 线圈接通，并自锁，电动机 M5 定子绕组加正相序电压，KM2 的辅助触头闭合，为切除各级电阻的接触器和制动电磁铁的接触器通电做准备；触头 S7 闭合，接触器 KM4 线圈得电，其常开触头闭合，转子切除第一级电阻；这时，电动机 M5 转子切除第一级 5R6 电阻，电磁抱闸制动器已松开，电动机 M5 定子加正相序电压低速启动，当电磁转矩等于阻力转矩时，电动机 M5 作低速稳定运转
提升“2”位置	S3、S4、S6、S7、S8	KM2、KM3、KM4、KM5	主钩电动机 M5 仍接正相序电压，但由于接触器 KM5 线圈得电，其主触头闭合，又切除第二级电阻 5R5，电动机 M5 的转速增加
提升“3”位置	S3、S4、S6、S7、S8、S9	KM2、KM3、KM4、KM5、KM6	主钩电动机 M5 仍接正相序电压，但由于接触器 KM6 线圈得电，其主触头闭合，又切除第三级电阻 5R4，电动机 M5 的转速增加。其辅助触头闭合，为 KM7 通电做准备
提升“4”、“5”、“6”位置	较“3”挡分别增加了触头 S10、S11、S12	较“3”挡分别增加了 KM7、KM8、KM9	主钩电动机 M5 仍接正相序电压，但由于接触器 KM7、KM8、KM9 线圈分别得电，其主触头闭合，又切除相应的各级电阻 5R3、5R2、5R1，电动机 M5 的转速增加到最高转速

（2）主钩的下降运动：主钩下降有 6 挡位置。“J”、“1”、“2”挡为制动下降位置，防止在吊有重负载货物下降时速度过快，这时电动机 M5 处于倒拉反接制动运行状态；“3”、“4”、“5”挡为强力下降位置，主要用于轻负载货物时快速强力下降。主令控制器在下降位

置时，6 个挡次的工作过程如表 13-3 所示。

表 13-3 主钩下降时的工作状态

AC4 手柄位置	AC4 闭合触头	得电动作的接触器	主钩电动机的工作状态
制动下降位置“J”挡	S3、S6、S7、S8	KM2、KM4、KM5	触头 S3 闭合，位置开关 SQ5 串入电路起上升限位保护；联锁触头 S6 闭合，提升接触器 KM2 线圈得电，KM2 联锁触头分断对 KM1 联锁，KM2 主触头和自锁触头闭合，电动机 M5 定子绕组通入三相正相序电压，KM2 常开辅助触头闭合，为切除各级转子电阻 5R 的接触器 KM4～KM9 和制动接触器 KM3 接通做准备；触头 S7、S8 闭合，接触器 KM4 和 KM5 线圈得电吸合，KM4、KM5 主触头闭合，转子切除两级附加电阻 5R6、5R5。这时，尽管电动机 M5 已接通电源，但由于主令控制器的常开触头 S4 没有闭合，接触器 KM3 线圈不能获电，故电磁抱闸制动器 YB5、YB6 线圈也不能获电，制动器没有释放，电动机 M5 仍处于抱闸制动状态，因而电动机虽然加正相序电压产生向上电磁转矩，但电动机 M5 也不能启动旋转。所以，习惯上称这一挡为下降准备挡，将齿轮等传动部件啮合好，以防下放重物时突然快速下降而使传动机构受到剧烈的冲击。手柄置于“J”挡，时间不能过长，以防烧坏电气设备
制动下降位置“1”挡	S3、S4、S6、S7	KM2、KM3、KM4	触头 S3 和 S6 仍闭合，保证串入提升限位的位置开关 SQ5 和提升接触器 KM2 通电吸合；触头 S4 和 S7 闭合，使制动接触器 KM3 和接触器 KM4 得电吸合，电磁抱闸制动器 YB5、YB6 的抱闸松开，转子切除一级附加电阻 5R6。这时电动机 M5 能自由旋转，运转于正向电动状态（提升重物）或倒拉反接制动状态（低速下放重物）。当重物产生的负载倒拉力矩大于电动机 M5 产生的正向电磁转矩时，电动机 M5 运转在负载倒拉反接制动状态，低速下放重物；反之，重物不能下放且被提升，这时必须把 AC4 迅速扳到下一挡。 接触器 KM3 吸合时，与 KM2、KM1 常开触头并联的 KM3 自锁触头闭合自锁，以保证主令控制器 AC4 进行制动下降“2”挡和强力下降“3”挡切换时，KM3 线圈仍通电吸合，YB5、YB6 处于非制动状态，防止换挡时出现高速制动而产生强烈的机械冲击
制动下降位置“2”挡	S3、S4、S6	KM2、KM3	由于触头 S7 分断，接触器 KM4 线圈断电释放，附加电阻全部接入转子回路，使电动机产生的电磁转矩减小，重负载下降速度比“1”挡时加快。这样，操作人员可根据重负载情况及下降速度要求，适当选择“1”或“2”挡下降
强力下降位置“3”挡	S2、S4、S5、S7、S8	KM1、KM3、KM4、KM5	触头 S2 闭合，为下降通电做准备。因为“3”挡为强力下降，这时提升位置开关 SQ5 失去保护作用。控制电路的电源通路改变为由触头 S2 控制；触头 S5 和 S4 闭合，反向接触器 KM1 和制动接触器 KM3 获电吸合，电动机 M5 定子绕组接入三相负相序电压，电磁抱闸制动器 YB5、YB6 的抱闸松开，电动机 M5 产生反向电磁转矩；触头 S7、S8 闭合，接触器 KM4、KM5 获电吸合，转子绕组中切除两级电阻 5R6、5R5。这时电动机 M5 运转在反转电动状态（强力下降重物），且下降速度与负载重量有关。对轻负载（空钩或轻载），则电动机 M5 处于反转电动状态；若负载较重，下放重物的速度很快，使电动机转速超过同步转速，则电动机 M5 将进入再生发电制动状态。负载越重，下降速度越快，应注意操作安全
强力下降位置“4”挡	S2、S4、S5、S7、S8、S9	KM1、KM3、KM4、KM5、KM6	接触器 KM6 线圈获电吸合，转子附加电阻 5R4 被切除，电动机 M5 进一步加速运动，轻负载下降速度变快。另外，KM6 常开辅助触头闭合，为接触器 KM7 线圈获电做准备
强力下降位置“5”挡	S2、S4、S5、S7、S8、S9、S10、S11、S12	KM1、KM3、KM4～KM9	使接触器 KM7、KM8、KM9 线圈依次得电吸合（因在每个接触器的支路中串接了前一个接触器的常开触头），转子附加电阻 5R3、5R2、5R1 依次逐级切除，以避免过大的冲击电流，同时电动机 M5 旋转速度逐渐增加，当转子电阻全部切除后，电动机 M5 以最高转速运行，负载下降速度最快。此挡若负载较重，使实际下降速度超过电动机 M5 的同步转速时，电动机 M5 将进入再生发电制动状态，电磁转矩变成制动力矩，保证了负载的下降速度不会太快，且在同一负载下，“5”挡下降速度比“4”、“3”挡速度低

主钩工作过程总结：

从以上的分析可知，主令控制器 AC4 手柄处于制动下降位置“J”、“1”、“2”挡时，电动机 M5 加正相序电压。其中“J”挡为准备挡。当负载较重时，“1”、“2”挡电动机 M5 均运转在负载倒拉反接制动状态，可获得重载低速下降，而“2”挡比“1”挡速度高。若负载较轻，电动机会运行于正向电动状态，重物不但不能下降，反而会提升。

当 AC4 手柄处于强力下降位置“3”、“4”、“5”挡时，电动机 M5 加负相序电压。若负载较轻或空钩时，电动机 M5 工作在电动状态，强迫下放重物，“5”挡速度最高，“3”挡速度最低；若负载较重，则可以得到超过同步转速的下降速度，电动机工作在再生发电制动状态，且“3”挡速度最高，“5”挡速度最低。由于“3”、“4”挡速度较高，很不安全，因而只能选用“5”挡速度。

桥式起重机在实际运行中，需要操作人员根据负载的具体情况选择不同的挡位。如主令控制器手柄处于强力下降位置“5”挡时，仅适用于下放负载较小的场合。如需要较低下降速度或起重负载较大时，需要把主令控制器手柄扳到制动下降位置“1”挡或“2”挡，进行反接制动下降。在操作过程中，必然要通过“4”挡和“3”挡，为防止转换过程中可能发生过高的下降速度，在接触器 KM9 的支路中常用辅助触头 KM9 自锁。同时，为不影响提升调速，在该支路中串联一个常开触头 KM1，保证主令控制器手柄由强力下降位置向制动下降位置转换时，接触器 KM9 线圈始终有电，只有手柄扳到制动下降位置后，接触器 KM9 线圈才断电。

在主令控制器 AC4 触头分合表中，强力下降位置“4”挡、“3”挡上有“0”的符号，表示手柄由“5”挡向“0”挡回转时，触头 S12 接通。如果没有以上联锁装置，在手柄由强力下降位置向制动下降位置转换时，若操作人员不小心，误把手柄停在了“3”挡或“4”挡，则正在高速下降的货物速度不但得不到控制，反而会使下降速度更快，很可能造成恶性事故。

另外，串接在接触器 KM2 支路中的 KM2 常开触头与 KM9 常闭触头并联，主要作用是当接触器 KM1 线圈断电释放后，只有在 KM9 线圈断电释放的情况下，接触器 KM2 线圈才允许获电并自锁，保证了只有转子回路中串接一定附加电阻的前提下，才能进行反接制动，防止反接制动时造成直接启动而产生过大的冲击电流。

想一想

■ 主钩控制电路中接触器 KM9 的自锁触头中再串联一个 KM1 常开辅助触头的原因是什么？

■ 主钩控制电路中，接触器 KM2 的常开辅助触头再并联一个 KM9 常闭辅助触头的原因是什么？

■ 主钩控制电路中，KM1、KM2、KM3 三个常开辅助触头并联使用的意义是什么？

■ 欠电压继电器 KV 是如何起到主令控制器 AC4 的零位保护作用的？

■ 位置开关 SQ5 的作用是什么？

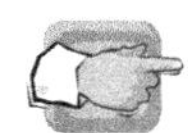

任务 3　20/5T 桥式起重机电气控制线路的检修

20/5T 交流桥式起重机电气控制线路的常见故障及处理方法如表 13-4 所示。

表 13-4　20/5T 交流桥式起重机电气控制线路的常见故障及处理方法

故障现象	可能原因	处理方法
合上电源开关 QS1 并按下启动按钮 SB 后，主接触器 KM 不吸合	（1）线路无电压 （2）熔断器 FU1 熔体熔断 （3）紧急开关 QS4 或安全开关 SQ7、SQ8、SQ9 没有合上 （4）主接触器 KM 线圈断线 （5）各凸轮控制器手柄没有在零位 （6）过电流继电器 KA0 ~ KA4 触头接触不良或动作后没有复位	（1）检查线路无电压的原因并排除 （2）更换熔体 （3）合上 QS4、SQ7、SQ8、SQ9 （4）更换 KM 线圈 （5）将凸轮控制器手柄恢复到零位 （6）检查过电流继电器触头，必要时更换；若动作，则将其复位
主接触器 KM 吸合后，过电流继电器 KA0 ~ KA4 立即动作	（1）凸轮控制器 AC1 ~ AC3 电路接地 （2）电动机 M1 ~ M4 绕组接地 （3）电磁抱闸制动器 YB1 ~ YB4 线圈接地	查明原因，进行检修或更换
电源接通后，转动凸轮控制器手轮，电动机不能启动	（1）凸轮控制器主触头接触不良 （2）滑触线与集电环接触不良 （3）电动机定子绕组或转子绕组断路 （4）电磁抱闸制动器线圈断路或制动器由于机械原因不能放松	（1）检查凸轮控制器主触头接触情况，严重时更换触头 （2）查明原因后修复 （3）检修或更换电动机 （4）检修电磁抱闸制动器线圈和不能放松的机械原因
制动电磁铁线圈过热	（1）电磁铁线圈电压与线路电压不符 （2）电磁铁的动、静铁芯间隙过大 （3）铁芯松动 （4）铁芯极面不平或变形 （5）电磁铁过载	（1）更换电磁铁线圈 （2）调整动、静铁芯间的间隙 （3）紧固铁芯 （4）修整铁芯极面 （5）查明原因
凸轮控制器在工作过程中卡住或转不到位	凸轮控制器动触头卡在静触头下面及定位机构松动	查明原因后修复
凸轮控制器在转动过程中火花过大	动、静触头接触不良或控制容量过大	修整触头或更换凸轮控制器

技能训练场 34　20/5T 桥式起重机电气控制线路常见故障的检修

1. 训练目标

进一步熟悉 20/5T 桥式起重机电气控制线路的工作原理，能分析和排除其电气控制线路的故障。

2. 检修工具、仪表及技术资料

除配套电路图、接线图、电气布置图外，其余同技能训练场 28。

3. 检修步骤、工艺要求及评价标准

参考技能训练场 28。

4. 检修注意事项

检修桥式起重机时，除应注意机床电气检修一般注意事项外，还应注意：

（1）由于是空中作业，必须严格遵守高空作业安全规程，做好各种安全防护措施。

（2）检修时必须思想集中，确保人身安全。特别应注意在起重机移动时不准走动，停车时走动也要手扶栏杆，以防发生意外。

（3）检修前应先备好所需的全部工具，操作时手要握紧工具，防止工具坠落伤人。

思考与练习

一、单项选择题（在每小题列出的四个备选答案中，只有一个是符合题目要求的）

1. 要使 20/5T 桥式起重机工作，当操作人员进入操作室后，合上总电源开关 QS1，按下启动按钮 SB 前，必须　（　　）

A. 各凸轮控制器置于零位　　B. 舱门及横梁门必须关好

C. 紧急开关 QS4 合上　　D. 前面三个条件均应具备

2. 20/5T 桥式起重机出现紧急情况时，需紧急制动，则操作________，使电路失电，电磁抱闸制动器将所有电动机轴抱住，以确保安全。　（　　）

A. 按钮 SB　　B. 紧急开关 QS4　　C. 电源开关 QS1　　D. 凸轮控制器

3. 20/5T 桥式起重机的大车、小车、副钩采用凸轮控制器控制，而主钩采用主令控制器控制接触器，再由接触器控制电动机，其原因是　（　　）

A. 主令控制器控制方便

B. 主令控制器的触头容量大

C. 主令控制器触头容量小，但控制接触器的容量已足够

D. 也可用凸轮控制器控制

4. 小车向前运行，走到极限位置时，位置开关________被压合，小车立即停止。　（　　）

A. SQ1　　B. SQ2　　C. SQ3　　D. SQ4

5. 主钩上升过程较简单，共分 6 挡，可以得到各种不同的提升速度。而下降过程较复杂，在“J”位置时，接通 S3、S6、S7、S8 触头，电动机 M5 接正序电压产生提升方向的电磁转矩，但电磁抱闸制动器装置仍抱紧，电动机 M5 制动状态，M5 转子电路接入 4 段电阻，其目的是　（　　）

A. 涨紧钢丝绳，为启动做好准备　　B. 使重负载下降

C. 使重负载上升　　D. 使轻负载下降

6. 主钩手柄处于下降位置“1”时，电动机 M5 接通正相序电压，电动机处于正转上升状态工作，但电磁抱闸制动器打开，电动机可以转动，由于与“J”位相比又接入一段电阻，使重力大于升力，所吊物体下降，电动机 M5 处于________，用于________。　（　　）

A. 制动状态　　B. 再生发电制动状态

C. 重物低速下降　　D. 重物提升

7. 20/5T 桥式起重机主钩放下空钩时，电动机工作在　（　　）

A. 正转电动状态　　B. 反转电动状态

C. 倒拉反转状态　　D. 再生发电状态

8. 在桥式起重机上为保障检修人员安全而安装的位置开关有　(　)

A. SQ1 和 SQ2　　B. SQ3 和 SQ4

C. SQ5 和 SQ6　　D. SQ7、SQ8 和 SQ9

9. 起重机轨道及金属桥架应当进行可靠的　(　)

A. 限位保护　B. 机械保护　C. 接地保护　D. 防腐保护

10. 20/5T 桥式起重机中采用的保护环节有　(　)

A. 短路保护　B. 过载保护　C. 终端与零位保护　D. 以上都是

二、填空题

1. 由于桥式起重机的工作环境恶劣，因此要求电动机能承受较高的________和较大的________，同时要求________大、________小，所以多选用________异步电动机。

2. 为保证人身和设备安全，桥式起重机停车时必须采用安全可靠的制动方式，其制动方式为________。

3. 20/5T 桥式起重机的控制和保护是由________和________来实现的。

4. 20/5T 桥式起重机设置零位联锁保护的目的是________________。

5. 20/5T 桥式起重机由于主钩容量较大，一般采用________ 配合________进行控制。

6. 20/5T 桥式起重机各移动部分均采用________作为行程和限位保护。

7. 20/5T 桥式起重机投入运行前应将所有的凸轮控制器手柄置于________位置。

8. 20/5T 桥式起重机的大车、小车和副钩电动机一般采用________控制。

9. 为提高 20/5T 桥式起重机主钩电动机的运行稳定性，在切除转子绕组上的附加电阻时，采用________方式切除，使三相转子绕组中电流________。

10. 20/5T 桥式起重机中，起过电流保护的电器元件有________。

三、综合题

1. 说明 20/5T 桥式起重机投入运行前的准备过程和启动运行过程。

2. 简述主钩控制电路中接触器 KM9 的自锁触头中再串入一个 KM1 常开辅助触头的原因是什么？

3. 简述主钩控制电路中，接触器 KM2 的常开辅助触头再并联一个 KM9 常闭辅助触头的原因是什么？

4. 分析主钩控制电路中，KM1、KM2、KM3 三个常开辅助触头并联使用的意义是什么？

5. 20/5T 桥式起重机，若合上电源开关 QS1 并按下启动按钮 SB 后，主接触器 KM 不吸合，则可能的原因有哪些？

6. 20/5T 桥式起重机，当主钩主令控制器手柄置于强力下降位置“5”挡时，AC4 有哪些触头闭合？哪些接触器得电动作？主钩的工作过程如何？

附录 A
常用电器、电机的图形与文字符号

（摘自 GB/T 4728－1996～2000 和 GB/T 7159－1987）

类别	名　　称	图形符号	文字符号	类别	名　　称	图形符号	文字符号
开关	单极控制开关	 或	SA	位置开关	常开触头		SQ
	手动开关一般符号	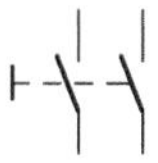	SA		常闭触头		SQ
	三极控制开关	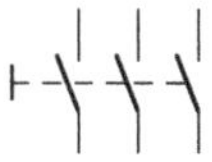	QS		复合触头		SQ
	三极隔离开关	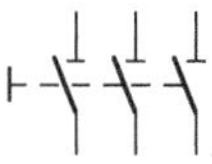	QS	按钮	常开按钮	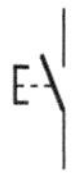	SB
	三极负荷开关	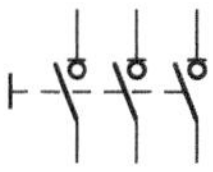	QS		常闭按钮		SB
	组合旋钮开关	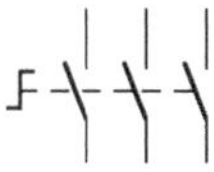	QS		复合按钮	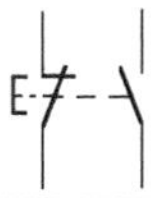	SB
	低压断路器	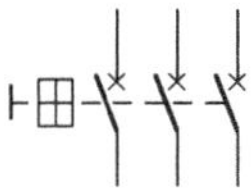	QF		急停按钮	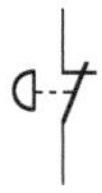	SB
	控制器或操作形关	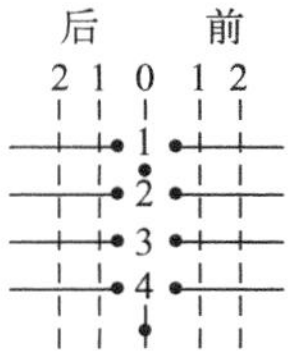 后　前 2 1 0 1 2 1 2 3 4	SA		钥匙操作式按钮	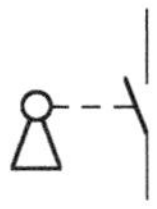	SB
接触器	线圈操作器件	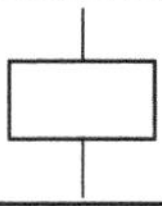	KM	中间继电器	线圈	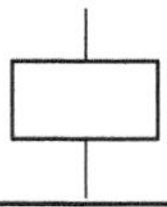	KA

续表

类别	名　　称	图形符号	文字符号	类别	名　　称	图形符号	文字符号
接触器	常开主触头		KM	中间继电器	常开触头		KA
	辅助常开触头		KM		常闭触头		KA
	辅助常闭触头		KM	电流继电器	过电流线圈	$I>$	KA
热继电器	热元件		KH		欠电流线圈	$I<$	KA
	常闭触头		KH		常开触头		KA
时间继电器	通电延时（缓吸）线圈		KT		常闭触头		KA
	断电延时（缓放）线圈		KT		过电压线圈	$U>$	KV
	瞬时闭合的常开触头		KT	电压继电器	欠电压线圈	$U<$	KV
	瞬时断开的常闭触头		KT		常开触头		KV
	延时闭合的常开触头	或	KT		常闭触头		KV
	延时断开的常闭触头	或	KT	非电量控制的继电器	速度继电器常开触头	n	KS
	延时闭合的常闭触头	或	KT		压力继电器常开触头	p	KP
	延时断开的常开触头	或	KT	熔断器	熔断器		FU

续表

类别	名　称	图形符号	文字符号
电磁操作器	电磁铁的一般符号	或	YA
	电磁吸盘		YH
	电磁离合器		YC
	电磁制动器		YB
	电磁阀		YV
电动机	三相笼型异步电动机	M 3~	M
	三相绕线转子异步电动机	M 3~	M
	他励直流电动机	M	M
	并励直流电动机	M	M
	串励直流电动机	M	M
发电机	发电朵	G	G
	直流测速发电机	TG	TG
变压器	单相变压器		TC
	三相变压器		TM
灯	信号灯（指示灯）		HL
	照明灯		EL
接插器	插头或插座	或	X 插头 XP 插座 XS
互感器	电流互感器		TA
	电压互感器		TV
	电抗器		L

参考文献

[1] 杜德昌．电工基本技能训练．北京：高等教育出版社，2005.

[2] 劳动和社会保障部教材办公室组织．电力拖动控制线路与技能训练（第四版）．北京：中国劳动社会保障出版社，2007.

[3] 沈柏民．工厂电气控制技术．北京：高等教育出版社，2008.

[4] 田建苏，张文燕，朱小琴．电力拖动控制线路与技能训练．北京：科学出版社，2009.